Andreas Heintz
Guido A. Reinhardt

Chemie und Umwelt

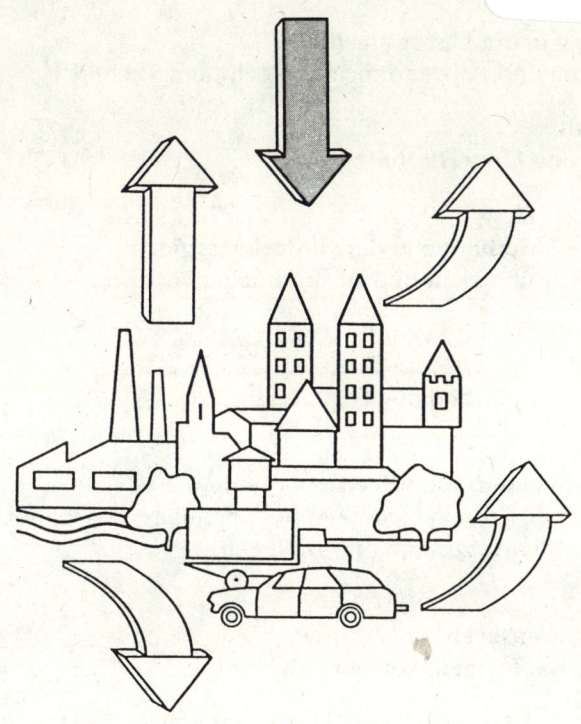

Vorwort zur dritten Auflage

Die erfreulich rege Nachfrage machte eine dritte Auflage von „Chemie und Umwelt" erforderlich. Wir haben bei dieser Gelegenheit das Buch in fast allen Kapiteln überarbeitet und erweitert. Insbesondere wurde dabei der neuen politischen Situation in Zentraleuropa Rechnung getragen, d. h. es wurden Daten aus dem Gebiet der ehemaligen DDR und anderen europäischen Ländern eingearbeitet. Kapitel 12 ist durch einen neuen Abschnitt über Papierproduktion und ihre Umweltrelevanz ergänzt worden. Soweit wie möglich haben wir auch Hinweise und Verbesserungsvorschläge aus Leserzuschriften in die neue Auflage mit aufgenommen.

Wir danken Herrn Dr. Falk Fischer für seine hilfreiche redaktionelle Mitarbeit, Herrn Rolf Koch für die Anfertigung der neuen Zeichnungen sowie Herrn Dietmar Popp für das sorgfältige Korrekturlesen. Dem Verlag Friedr. Vieweg & Sohn gilt unser Dank für die bewährte Zusammenarbeit und seine Bereitschaft, die dritte Auflage auf Recycling-Papier zu drucken. Insbesondere danken wir Frau Dr. Brigitte Döbert und Frau Dr. Angelika Schulz, die bei der Fertigstellung des neuen Layouts viel Mühe und Sorgfalt aufgebracht haben.

Heidelberg, im Juli 1993

Andreas Heintz
Guido Reinhardt

Vorwort zur ersten Auflage

Der Gedanke, ein Buch zum Thema „Chemie und Umwelt" zu schreiben, entstand aufgrund unserer Erfahrungen mit einem Seminar desselben Titels, das in den Wintersemestern 1987/88 und 1988/89 am Physikalisch-Chemischen Institut der Universität Heidelberg stattfand. Es zeigte sich, daß dieses Thema offenbar nicht nur für die Studierenden der Chemie, sondern auch für diejenigen verwandter Fachrichtungen von größtem Interesse ist, es aber andererseits kaum Bücher gibt, die im Stil eines Lehrbuches eine zusammenfassende, fachübergreifende Information anbieten.

Angesichts der immer bedrohlicher werdenden Auswirkungen von chemischen Prozessen und Chemieprodukten auf unser Leben sollte es ein Gebot für die Lehrenden an einer Universität sein, den Studierenden bei ihrer naturwissenschaftlichen Ausbildung eine ebenso fachlich fundierte wie kritische Auseinandersetzung mit dieser Problematik zu ermöglichen. Es ist selbstverständlich, daß nicht alles, was zum Thema „Chemie und Umwelt" gehört, in einem Buch des vorliegenden Umfangs behandelt werden kann. Die thematische Auswahl beschränkt sich auf den eigentlich schon sehr ausgedehnten Komplex der Schadstoffbelastung von Luft, Wasser und Boden, der die wichtigsten umweltrelevanten Themenbereiche umfaßt. Der Problemkreis Kerntechnik und radioaktive Belastung wurde bewußt ausgeklammert, da seine angemessene Behandlung den Rahmen dieses Buches gesprengt hätte.

Die Ansprüche, die an die Vorbildung des Lesers gestellt werden, sind unterschiedlich. Grundkenntnisse chemischer, physikalischer und biologischer Gesetzmäßigkeiten werden meistens vorausgesetzt. Dort, wo die Darstellung über die Basis dieses Grundwissens hinausgeht, haben wir uns bemüht, die Zusammenhänge ausführlich zu entwickeln. In einigen Fällen wurden dazu auch mathematische Hilfsmittel verwendet. Jedoch ist auch für diejenigen der „rote Faden" verfolgbar und die Schlußfolgerung jedes Kapitels nachvollziehbar, die solche Passagen überspringen. Zahlreiche Literaturhinweise und Quellenangaben ermöglichen einen Zugang zu weiterführender Literatur.

Ziel des Buches ist es, Grundwissen zu vermitteln und gleichzeitig das Problembewußtsein für eine Thematik zu intensivieren, die uns alle angeht und die letztlich auch Fragen nach der Rolle und Aufgabe des Menschen und seines Umgangs mit der Natur berühren muß. Wir wünschen uns kritische Leserinnen und Leser, die nach der Lektüre nicht nur neue Kenntnisse erworben haben, sondern auch nachdenklich geworden sind.

Für die Hilfe, die uns von vielen Seiten beim Zustandekommen dieses Buches zuteil wurde, sind wir dankbar. Frau Petra Reinhardt und Herr Prof. Dr. Rüdiger Lichtenthaler haben uns durch Geduld und viel Verständnis für Autorennöte unterstützt. Von den Herren Dr.-Ing. Herbert A. Feyen, Dipl. Phys. Jürgen Giegrich, Prof. Dr. Bertold Hock, Dr. Ulrich Höpfner, Dipl. Biol. Jürgen Knirsch, Prof. Dr. German Müller, Prof. Dr. Christian-Dietrich Schönwiese und Dipl. - Phys. Sebastian Zwickler erhielten wir wertvolle Ratschläge und Hinweise. Herr Harald Ramspeck hat mit Sorgfalt die Zeichnungen angefertigt. Unser ganz besonderer Dank aber gilt Frau Martina Wetzel, die nicht nur einen großen Teil der mühsamen Schreibarbeit des Textes, sondern auch mit viel Sachverstand das zeitraubende Korrekturlesen übernommen hat.

Wir bedauern, daß das Buch nicht auf Recyclingpapier gedruckt werden konnte, wie es unserem Wunsch entsprach. Unser Dank gilt dem Verlag Friedr. Vieweg & Sohn für die gute Zusammenarbeit, insbesondere Herrn Björn Gondesen, der die Entstehung des Buches mit kritischem Interesse und viel Engagement begleitet hat.

Heidelberg, im September 1989

Andreas Heintz
Guido Reinhardt

Inhaltsverzeichnis

Einleitung

Die zunehmende Belastung der Erdoberfläche und der Lufthülle durch Umweltchemikalien und die damit verbundene Gefährdung des Lebens ist eine Tatsache geworden, die heute von niemandem mehr ernsthaft bestritten wird. Einigkeit herrscht auch weitgehend darüber, daß die Ursache dieser immer bedrohlicher werdenden Umweltbelastung der ständig steigende Energieverbrauch einer rapide wachsenden Weltbevölkerung ist, aber auch die ungebremst zunehmende Konsumgüterproduktion der westlichen Industrienationen, die sich auch auf die osteuropäischen Länder und die sogenannten Schwellenländer auszudehnen beginnt [1, 2].

Auffallenderweise hat diese allgemein akzeptierte Erkenntnis bisher im Handeln der Menschen kaum zu Konsequenzen geführt, die dieser vom Menschen verursachten und für seine eigene Existenz so bedrohlichen Entwicklung wirksam Einhalt gebieten könnten. In diesem Verhalten liegt eine selbstmörderische Inkonsequenz. Die vorausschauende Vernunft des Menschen stößt offenbar an Grenzen, wenn es um die Erhaltung der eigenen Art geht. Ein ähnliches Phänomen begegnet uns in der widersprüchlichen Tatsache, daß es ständig bewaffnete Konflikte und Gewaltanwendungen gibt, daß nach wie vor weltweit gewaltige Mengen an Vernichtungswaffen zum Einsatz bereit gehalten werden, obwohl fast jeder Mensch nach Frieden strebt. Dieses Problem ist nicht Thema dieses Buches, aber es weist darauf hin, in welchem größeren Zusammenhang das Thema „Chemie und Umwelt" betrachtet und verstanden werden soll.

Es wird häufig gefordert, daß in der Diskussion der Umweltproblematik emotionsfreie Sachlichkeit herrschen müsse. Es ist unserer Meinung nach falsch, Emotionen beiseite zu lassen, wenn es um Existenzfragen geht. So kann beispielsweise Angst Anstöße geben, wenn sie sich auf die tatsächlich drohenden Gefahren bezieht und uns handlungsfähig macht, diesen Gefahren mit Vernunft zu begegnen. Angst und Beunruhigung als richtige Wegweiser zu benutzen, wird allerdings heute auch in der Umweltdiskussion immer schwieriger. Dazu benötigen wir Information und Verständnis der Zusammenhänge von immer komplizierter werdenden Vernetzungen von Ursachen und Wirkungen. Das sachliche Urteilsvermögen, das man sich damit erwirbt, sollte die Emotionen aber nicht verdrängen. Jeder sachlich Informierte hat beispielsweise Anlaß zu Angst und Sorge, wenn es um die Gefahr der Klimaänderung durch den Treibhauseffekt oder den Abbau der lebensschützenden Ozonschicht geht. Das gilt insbesondere auch für das weltweite Aussterben vieler Pflanzen- und Tierarten, ein Prozeß, der mit einer in der überschaubaren Erdgeschichte noch nie dagewesenen Geschwindigkeit abläuft.

Neben Information und Verständnis von Zusammenhängen wird ein weiterer Aspekt des sachlichen Urteilens oft nicht genügend beachtet. Sachliches Urteil ohne Wertmaßstäbe, ohne ethische Normen, kann es nicht geben. Diese Einsicht fällt uns bei Problemen im kleinen, für uns überschaubaren und persönlich betreffenden Bereich leichter als bei globalen Problemen, die fern von unserer Einflußnahme zu liegen scheinen. In unserer Zeit aber müssen wir lernen, globale Probleme zu unseren persönlichen Problemen werden zu lassen, wenn wir und die uns nachfolgenden Generationen überleben wollen. Bezogen auf das Thema „Chemie und Umwelt" wollen wir dazu zwei Beispiele anführen.

Die von der chemischen Industrie entwickelten Schaumstoffe haben angenehme Vorteile, sie dienen uns als Verpackungsmaterial für den sicheren Transport empfindlicher Wertgegenstände, als leichte aber stabile Formteile in vielen Bereichen des alltäglichen Lebens, als Isoliermaterial in Kühlaggregaten und als Wärmedämmungsmittel in der Bauindustrie. Auf der anderen Seite ist allgemein bekannt, daß das leichte Verpackungsmaterial aus Schaumstoff dazu beiträgt, unseren Müllberg in unverantwortlicher Weise zu erhöhen, und daß aus Schaumstoffen noch jahrelang die sogenannten Fluorchlorkohlenwasserstoffe als Gase entweichen können, die zur Zerstörung der Ozonschicht beitragen.

Das zweite Beispiel betrifft den hohen Fleischkonsum bei uns und in anderen Industrieländern, der als Zeichen des verdienten Wohlstandes gilt. Abgesehen davon, daß er weit über unsere natürlichen Bedürfnisse zur Deckung des Eiweißbedarfes hinausgeht, trägt er dazu bei, daß beispielsweise in Mittel- und Südamerika Tropenwälder gerodet werden, um Weideland für das fleischproduzierende Vieh oder um Ackerland zum Anbau von Viehfuttermittel zu gewinnen. Mit dem Verschwinden der tropischen Regenwälder werden die Bodenerosion und der Treibhauseffekt durch Erhöhung der Kohlendioxidkonzentration in der Atmosphäre gefördert. Bei uns im eigenen Land verursacht die Gülle aus der Massentierhaltung eine wachsende Belastung des Grundwassers durch Nitrat und gefährdet so unsere Trinkwasserversorgung.

Die Sachkenntnis solcher Zusammenhänge fordert von uns eine Entscheidung. Was ist uns mehr wert, uneingeschränkter Konsum oder eine ungefährdete und intakte Umwelt? Manchmal sind solche Entscheidungen nicht einfach zu treffen. Kehren wir dazu zum ersten Beispiel zurück. Verzicht auf wärmedämmende Schaumstoffe bedeutet beispielsweise Inkaufnahme größerer Energieverluste beim Beheizen von Gebäuden. Folglich müssen mehr fossile Brennstoffe verbrannt werden, was einen Anstieg der Kohlendioxidmenge in der Atmosphäre bedeutet. Das ist aber wegen der drohenden Gefahren durch den Treibhauseffekt unbedingt zu vermeiden. Ersatzstoffe zur Wärmedämmung sind weniger wirksam und/oder teurer. Hier ist unsere Bereitschaft gefordert, sowohl bewußter Energie zu sparen als auch die Kosten zur Entwicklung ökologisch vertretbarer Stoffe mitzutragen. Das wird zweifelsfrei in irgendeiner Weise unseren Geldbeutel belasten und bedeutet, in doppelter Weise Verzicht zu leisten. Im Rahmen eines sozial gerechten Verfahrens muß das einer reichen Industrienation zuzumuten sein. Häufig genug werden jedoch auch Problemlösungen angeboten verbunden mit der Behauptung, Verzicht sei nicht nötig und gleichzeitige Konsumsteigerung sogar möglich. Tatsache ist, daß das uneingeschränkte Konsumstreben sowohl zu schweren ökologischen Schäden als auch zu sozialer Ungerechtigkeit geführt hat. Dazu brauchen wir nur an den Unterschied der Lebensbedingungen der Bevölkerung in den Industrienationen und der in den Ländern der Dritten Welt zu denken [2].

Die Zahl der Stimmen verantwortungsvoll denkender und handelnder Menschen wächst, die für ein wieder neu entdecktes Bewußtsein eintreten, das den Menschen als ein nicht außerhalb und über der Natur – einschließlich seiner eigenen – stehendes Lebewesen ansieht, das zu uneingeschränkter Ausbeutung und Manipulation der Natur und ihrer Ressourcen berechtigt ist. Vielmehr wird die Natur in diesem erneuerten Bewußtsein eher als „Mitwelt" und weniger als „Umwelt" für den Menschen angesehen. Verzicht ist nicht nur eine ökonomische Notwendigkeit, sondern Ausdruck einer Bescheidenheit, die uns Mensch und Umwelt als eine Einheit wieder neu begreifen läßt. Es lassen sich viele Beispiele anführen, die zeigen, daß ein solches Verständnis noch nicht sehr weit verbreitet ist. Um beispielsweise dem um sich greifenden Waldsterben zu begegnen, wurden noch kürzlich Programme zur Züchtung schadstoffresistenter Bäume gefördert [3], statt daß die aufgewandten Mühen dafür eingesetzt werden, die Schadstoffquellen wie SO_2- und NO_x-haltige Rauchgase aus Kraftwerken, Hausbrand, Verkehr und Industrie einzudämmen. Bei allem Verständnis für die Schwierigkeiten, Lösungen zu finden und in die Praxis umzusetzen, muß doch festgestellt werden, daß hier das Recht zur Manipulation der Natur vor das Existenzrecht der lebenden Natur geht und es in der Regel letztlich dem Interesse dient, die Erfüllung von Konsumwünschen nicht zu gefährden. Ein weiteres, besonders groteskes Beispiel wird aus Chile berichtet. Dort trägt man sich zur Lösung des Smogproblems in der Hauptstadt Santiago mit dem Gedanken, die Spitze eines 1259 m hohen Berges zu sprengen und ihn auf 850 m abzutragen, so daß die in der Stadt freigesetzten Schadstoffe durch den Wind ungehindert wegtransportiert werden können [4].

Ähnlich hilflos und absurd zugleich wirken die ernsthaft diskutierten Vorschläge, den dichten

Smog über Mexico-City mit Hilfe riesiger vertikal ausgerichteter Ventilatoren wegzublasen und über das Land zu verteilen [5] oder die Idee, die Erde mit einer hauchdünnen Folie zu umhüllen, die als Solarschutzschirm dem vom Menschen verursachten Treibhauseffekt entgegenwirken soll [6].

Wir wollen eine bereits vielfach geforderte Rangordnung von Verhaltensmaßnahmen formulieren, die ein praktischer Leitfaden bei der Bewältigung von Umweltproblemen sein soll:

- **Vermeidung geht vor Wiederverwertung**. Die Entstehung von Schadstoffen soll möglichst vermieden werden. 1. Beispiel: In Kraftwerken sollten eher schwefelarme Brennstoffe eingesetzt werden, als daß die bei der Verbrennung entstehenden Schwefeloxide mit großem technischen Aufwand zurückgewonnen werden. 2. Beispiel: Aufwendiges Verpackungsmaterial zu vermeiden ist besser als Recycling dieses Materials.

- **Wiederverwertung geht vor Entsorgung**. Abfallstoffe sollen wiederverwertet anstatt entsorgt, d. h. verbrannt oder deponiert bzw. weggeworfen werden. 1. Beispiel: Glas- und Papierrecycling ist besser als der Weg in die Mülltonne. 2. Beispiel: Rückgewinnung von Schwefel aus Rauchgas.

- **Entsorgung geht vor Symptombekämpfung**. Die Entsorgung von in die Umwelt gelangten Schadstoffen hat Vorrang vor der reinen Symptombekämpfung der Schadstoffwirkung. 1. Beispiel: Mit Nitrat oder auch Pflanzenschutzmittel verseuchtes Grundwasser sollte aufbereitet werden, statt daß die Bevölkerung über Tanklastwagen mit Trinkwasser versorgt wird. In vielen Fällen gilt auch „Vermeiden vor Symptombekämpfung": 2. Beispiel: Statt die Waldböden zu kalken, sollten die eigentlichen Ursachen des Sauren Regens beseitigt werden.

Diese Rangordnung des Handelns ist auch eine Rangordnung für den Grad der Verantwortung, den wir zur Erhaltung von Mensch und Natur als ganzheitlichem Wert zu tragen bereit sind.

In der Praxis hat man sich realistischerweise darauf einzurichten, daß sich die genannten Verhaltensmaßnahmen nur im Rahmen wirtschaftlicher und politischer Randbedingungen durchführen lassen. Wenn die Vermeidung von Schadstoffentstehung nicht möglich ist, so muß durch wirtschaftliche bzw. politische Maßnahmen wenigstens gewährleistet sein, daß möglichst wenige Schadstoffe in die Umwelt gelangen können. Wie dies im Prinzip zu realisieren ist, wollen wir anhand eines Beispiels näher beschreiben. Dazu wählen wir die Lösung eines Schadstoffes in einem Medium, etwa in Wasser. Aus der Thermodynamik ist bekannt, daß die Entfernung eines gelösten Stoffes aus seiner Lösung, also in unserem Beispiel die Abtrennung des Schadstoffes vom Wasser, einen Mindestarbeitsaufwand erfordert, dem die Abnahme der Entropie entspricht, die mit dem Vorgang der Stoffabtrennung verbunden ist. Wir nehmen der Einfachheit halber an, daß es sich um eine sogenannte ideale Mischung zweier Stoffe handelt, dann gilt für die sogenannte freie Energie F dieser Mischung [7]:

$$F = n_1 \cdot F_1^0 + n_2 \cdot F_2^0 + R \cdot T \cdot \left[n_1 \cdot \ln \frac{n_1}{n_1 + n_2} + n_2 \cdot \ln \frac{n_2}{n_1 + n_2} \right] \tag{1}$$

Dabei bedeuten F_1^0 und F_2^0 die molaren freien Energien der reinen Stoffe, also von reinem Schadstoff (Index 1) und von reinem Wasser (Index 2). n_1 und n_2 sind die Molzahlen der beiden Stoffe, R ist die Gaskonstante und T die absolute Temperatur. Die freie Energie hat die Bedeutung eines nutzbaren Energieinhalts, der prinzipiell in Arbeit umgewandelt werden kann. Entfernen wir nun eine bestimmte Menge Δn_1 ($\Delta n_1 \leq n_1$) des Schadstoffes aus dieser Mischung bzw. Lösung, so beträgt die gesamte freie Energie F', bestehend aus der freien Energie der neuen, weniger Schadstoff enthaltenden Mischung plus der freien Energie des reinen, entfernten Schadstoffanteils:

$$\begin{aligned} F' =\ & (n_1 - \Delta n_1) \cdot F_1^0 + n_2 \cdot F_2^0 + \Delta n_1 \cdot F_1^0 \\ & + R \cdot T \cdot \left[(n_1 - \Delta n_1) \cdot \ln \tfrac{n_1 - \Delta n_1}{n_1 - \Delta n_1 + n_2} + n_2 \cdot \ln \tfrac{n_2}{n_1 - \Delta n_1 + n_2} \right] \end{aligned} \tag{2}$$

Der Mindestarbeitsaufwand A, den diese teilweise Abtrennung des Schadstoffes aus der wässrigen Lösung erfordert, ist durch die Differenz von Gl. (2) und Gl. (1) gegeben:

$$A = F' - F = n_1 \cdot R \cdot T \left[\ln \frac{1 - r \cdot x_1}{1 - r} - r \cdot \ln \frac{(1 - r) \cdot x_1}{1 - r \cdot x_1} - \frac{x_1}{1 - x_1} \cdot \ln(1 - r \cdot x_1) \right] \quad (3)$$

Hierbei haben wir $n_1/(n_1 + n_2)$ mit x_1, dem Molenbruch des Schadstoffes abgekürzt. Der Molenbruch ist ein Konzentrationsmaß für den Schadstoff. $r = \Delta n_1/n_1$ nennen wir den *Rückgewinnungs!grad* oder *Recyclinggrad*. r kann Werte zwischen 0 und 1 annehmen. A, bezogen auf $n_1 \cdot R \cdot T$, ist als Funktion von r schematisch in Abb. 1 dargestellt für den Fall, daß x_1 vor dem Recyclingprozeß 0.1 bzw. 0.01 beträgt. Das heißt also, daß die Lösung 10 % bzw. 1 % Schadstoff enthält.

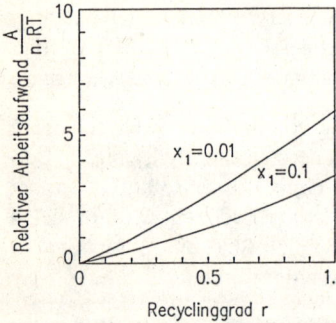

Abb. 1
Relativer Arbeitsaufwand zur Entfernung von Wert- oder Schadstoffen aus einer Lösung in Abhängigkeit vom Recyclinggrad

Sowohl Gl. (3) als auch Abb. 1 sagen aus, daß der Mindestarbeitsaufwand zur vollständigen Entfernung des Schadstoffes ($r = 1$) aus dem Wasser unendlich hoch ist. Ferner gilt: Je verdünnter der Schadstoff ist, je kleiner also x_1 ist, desto größer ist der Arbeitsaufwand, um einen bestimmten Recyclinggrad zu erreichen. Aus diesem Ergebnis ist zu schließen, daß es schon aus energiewirtschaftlichen Gründen sinnvoll ist, durch geeignete Verfahren Schadstoffe gar nicht erst entstehen zu lassen, wenn man sie sowieso hinterher wieder entfernen muß. Andererseits sieht man, daß die Forderung unerfüllbar ist, einen Schadstoff wirklich vollständig aus seiner Lösung in Wasser oder in der Luft zu entfernen.

Ist der Schadstoff gleichzeitig ein Wertstoff wie beispielsweise Silber oder Kupfer, dessen Rückgewinnung sich lohnt, so läßt sich der wirtschaftlich optimale Recyclinggrad berechnen. Der Mindestarbeitsaufwand A ist proportional zu den Kosten, die er verursacht. Man kann nun eine Mischkalkulation durchführen, bei der n_1 Mole des Wertstoffes zum einen Teil durch Recycling (Δn_1), zum anderen Teil aus neuem Rohstoff ($n_1 - \Delta n_1$) gewonnen werden. Die Kostenbilanz K zur Produktion von n_1 Molen Wertstoff lautet dann:

$$K = k_0 \cdot (1 - r) \cdot n_1 + f_K \cdot A \quad (4)$$

Hierbei bedeutet f_K den Energiepreis (DM/Mol) für die beim Recycling mindestens aufzubringende Energie A, und k_0 ist der Rohstoffpreis für ein Mol Wertstoff bzw. Schadstoff. Damit ist K eine Funktion von r, die in Abb. 2 dargestellt ist. Dort, wo K ein Minimum hat, ist der wirtschaftlich optimale Recyclinggrad erreicht. Er liegt bei umso höheren Werten von r, je größer der Rohstoffpreis ist und je konzentrierter der Wertstoff bzw. Schadstoff in der Lösung vorliegt.

Wenn es sich um einen Schadstoff handelt, der keinen Recyclingwert hat, beispielsweise ein chlorierter Kohlenwasserstoff, kann k_0 als spezifischer bzw. molarer Schadstoffabgabebetrag angesehen werden, den der Schadstoffemittent, etwa ein chemischer Betrieb, an den Staat zu zahlen hat für die Einleitung bzw. Emission in die Umwelt, z. B. in ein Gewässer oder in die Luft. Auf diese Weise

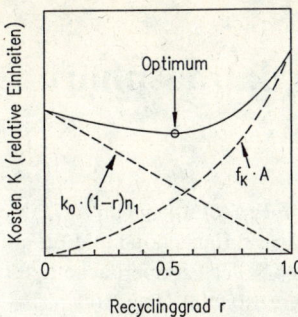

Abb. 2
Kosten für Wertstoffrückgewinnung bzw. für Schadstoffabgabe in
Abhängigkeit vom Recyclinggrad

können vom Gesetzgeber ökonomische Prinzipien eingesetzt werden, um ökologische Ziele zu erreichen, denn je höher der Schadstoffabgabebetrag ist, desto höher ist der Recyclinggrad, den der Verursacher der Schadstoffemission aus Kostenoptimierungsgründen einzuhalten gezwungen ist. Auf diese Weise kann eine Verminderung der Umweltbelastung erreicht werden.

Es sei aber nochmals betont, daß solche hier dargestellten Methoden eher Hilfsmaßnahmen sind, die zum Erreichen von Schadstoffminderungen derzeit von praktischer Bedeutung sind. Langfristig gesehen – die Länge dieser Frist ist allerdings beschränkt – wird nach unserer Auffassung nur die strenge Befolgung der oben angeführten Rangordnung von Verhaltensmaßnahmen, verbunden mit dem oben beschriebenen „neuen" Bewußtsein, eine Wende in der zerstörerischen Entwicklung unseres Umganges mit der Natur erreichen. Die Literatur, in der diese Fragen von verschiedenen Standpunkten aus ausführlicher behandelt werden, ist reichhaltig. Eine Auswahl findet sich in den angegebenen Literaturhinweisen [8–23].

1 Entwicklung und Struktur der Erdatmosphäre

Der Lebensraum auf der Oberfläche der Erde ist klein im Vergleich zum Erdvolumen. Nur auf dem festen Land sowie in den Meeren und Gewässern gibt es Leben, denn dessen Entstehung und Erhaltung benötigt das Licht der Sonne als Energiequelle. Der Lebensraum auf der Erdoberfläche heißt Biosphäre. Das Leben spielt sich in drei Bereichen ab, dem Wasser (Hydrosphäre), dem Boden (Pedosphäre) und der Erdatmosphäre mit ihren lebenswichtigen Gasen Sauerstoff O_2 und Kohlendioxid CO_2. Der in der Luft mengenmäßig am häufigsten vorkommende Stickstoff N_2 spielt dabei eine untergeordnete, wenn auch keineswegs vernachlässigbare Rolle.

Seit Jahrmillionen hat sich die Zusammensetzung der Erdatmosphäre nicht wesentlich verändert, das gilt auch für die sogenannten Spurengase, zu denen neben CO_2 und Wasserdampf Gase wie Ozon O_3, Distickstoffmonoxid N_2O, Methan CH_4 und diverse andere gehören. Die Zusammensetzung der Erdatmosphäre ist das Ergebnis eines ausbalancierten Gleichgewichtes, das sich das Leben im Laufe seiner Evolution weitgehend selbst geschaffen hat und das auch nach dem Auftreten des Menschen über Jahrtausende hinweg nicht merklich beeinflußt worden ist. In den letzten hundert Jahren jedoch ist eine zunehmende Veränderung in der Erdatmosphäre eingetreten, die vor allem die Zusammensetzung der Spurengase betrifft und die in den letzten Jahrzehnten ein bisher unbekanntes Ausmaß angenommen hat.

Ursachen hierfür sind die explosionsartig anwachsende Weltbevölkerung und als Folge davon ein entsprechend wachsender Energieverbrauch sowie die zunehmende Industrialisierung und Landwirtschaft, wobei als Motor dieser ganzen Entwicklung vor allem das uneingeschränkte Konsumverhalten der Bevölkerung in den Industrieländern angesehen werden muß. Damit verbunden ist eine wachsende Freisetzung (mit *Emission* bezeichnet) von Schadstoffen in die Atmosphäre und infolgedessen eine Veränderung der Spurengaskonzentrationen. Diese Entwicklung hat bedrohliche Konsequenzen für das Leben auf der Erde. Dennoch ist sie vom Leben selbst, genauer gesagt vom Menschen, in Gang gebracht worden. Bevor in späteren Kapiteln auf diese Zusammenhänge näher eingegangen wird, soll als Verständnisgrundlage in diesem Kapitel die erdgeschichtliche Entwicklung und die Struktur der Erdatmosphäre dargestellt werden.

Unter den Planeten unseres Sonnensystems nimmt die Erde und ihre Atmosphäre eine Sonderstellung ein. Aus Tab. 1-1 ist ersichtlich, daß die Atmosphären der Nachbarplaneten der Erde, also von Venus und Mars, fast nur aus Kohlendioxid bestehen. Die Erdatmosphäre dagegen besteht zu 78.09 % aus Stickstoff und zu 20.95 % aus Sauerstoff, die restlichen Gase sind Argon, Wasserdampf und verschiedene Spurengase, unter ihnen Kohlendioxid CO_2, dessen Anteil in der Erdatmosphäre nur ca. 0.03 % ausmacht. Dieser signifikante Unterschied zu Venus und Mars muß etwas mit den besonderen Bedingungen zu tun haben, unter denen sich die Erdatmosphäre entwickelt hat, und die ganz entscheidend dadurch gekennzeichnet sind, daß auf der Erdoberfläche mit einer mittleren Temperatur von 15 °C, anders als bei den Nachbarplaneten, Wasser in flüssiger Form vorliegt.

Der weitaus größte Teil des Kohlenstoffs auf der Erde ist in carbonathaltigen Sedimenten wie $CaCO_3$ und $MgCO_3$ sowie in lebendem und fossilem organischen Material (Pflanzen, Erdöl, etc.) gebunden. Würde dieser gesamte Kohlenstoff in CO_2 verwandelt und in die Atmosphäre abgegeben werden, so erhielte man das Hunderttausendfache der Menge an CO_2, die die Erdatmosphäre gegenwärtig enthält. Sie bestünde dann zu ca. 96 % aus CO_2, und die Hauptbestandteile der heutigen Erdatmosphäre, Stickstoff und Sauerstoff, betrügen nur noch 3.2 % bzw. 0.8 %. Der Atmosphärendruck am Erdboden läge bei ca. 40 bar. Damit wären sich die Lufthüllen von Erde und Venus ziemlich ähnlich. Dies gibt uns einen Hinweis darauf, daß sich Erde und Venus in ihrer Entstehungsgeschichte zunächst analog entwickelt haben, es aber später zu ganz verschiedenen Wegen der Entwicklung gekommen sein muß, die zu solch unterschiedlichen Atmosphären geführt haben, wie wir sie heute vorfinden.

Tabelle 1-1 Strukturmerkmale und Zusammensetzung der Atmosphäre der Erde und ihrer Nachbarplaneten

Merkmale	Venus	Erde	Mars
Mittlere Oberflächentemperatur (°C)	462	15	– 50
Druck an der Oberfläche (bar)	95	1	0.007
Masse der Atmosphäre (g)	$5.3 \cdot 10^{23}$	$5.3 \cdot 10^{21}$	$2.4 \cdot 10^{19}$
Masse CO_2 in der Atmosphäre (g)	$5.1 \cdot 10^{23}$	$1.6 \cdot 10^{18}$	$2.3 \cdot 10^{19}$
Masse N_2 in der Atmosphäre (g)	$0.2 \cdot 10^{23}$	$4.1 \cdot 10^{21}$	$7.2 \cdot 10^{17}$
Masse O_2 in der Atmosphäre (g)	$1.6 \cdot 10^{20}$	$1.1 \cdot 10^{21}$	$3.1 \cdot 10^{16}$
Prozentuale Zusammensetzung der Atmosphäre (in Vol.-%)			
Kohlendioxid	95–97	0.03	95.0
Stickstoff	3.5–4.5	78.09	3.0
Sauerstoff	0.03	20.95	0.13
Argon	0.03	0.93	1.5
Quelle: [1, 2, 3]			

Im folgenden Abschnitt kommt es bei der Darstellung der Evolutionsgeschichte der Erde und ihrer Uratmosphäre sowie der Entstehung des atmosphärischen Sauerstoffs weniger auf Details und Beweisführungen an als auf die Schilderung der wesentlichen Entwicklungsstufen, die für ein grundsätzliches Verständnis notwendig sind.

1.1 Evolution der Erde und ihrer Uratmosphäre

Nach dem heutigen Stand der Kenntnis ist die Entstehung der Erde mit dem sogenannten Akkretions-modell am wahrscheinlichsten zu erklären. Es beschreibt die Entstehung der Erde als mehrstufigen Prozeß, der vor ca. 4.6 Milliarden Jahren begann. Bald nach der Bildung der Sonne war der heutige interplanetare Raum unseres Sonnensystems mit Resten des solaren Gasnebels erfüllt, in dessen Zentrum die Sonne entstanden war. Dieser Gasnebel bestand hauptsächlich aus Wasserstoff sowie Edelgasen und schwerflüchtigen Elementen in geringen Konzentrationen. Bei seiner Abkühlung bildeten sich kleine feste Materieteilchen, die aus leicht auskondensierbarem, schwerflüchtigem Material bestanden, wie z. B. Metalloxide (FeO, MgO, Al_2O_3), Metalle (Fe, Ni) und Silicate. Durch Gravitationswirkungen vereinigten sich diese kondensierten Partikel allmählich zu größeren Gebilden, und es entstanden auf diese Weise die vier inneren Planeten Merkur, Venus, Erde und Mars in ihrer Urform, die sogenannten Protoplaneten. Im Gegensatz zu der Zusammensetzung des solaren Nebels enthielt die Urerde praktisch keine flüchtigen Bestandteile wie Wasserstoff und Edelgase. Die Tatsache, daß die heutige Erdatmosphäre ca. 1 % Argon enthält, rührt daher, daß sich seit der Entstehung der Erde Argon durch radioaktiven Zerfall aus Kalium-40 ständig neu bildet und in der Atmosphäre anreichert.

Solange noch kondensierbare Materie vorhanden war, nahm die Masse der Protoplaneten rasch zu. Dabei heizten sie sich aus folgenden Gründen ständig auf:

- Bei dem damals häufigen Aufprall von Materie (Meteoriten) wurde kinetische Energie in Wärme umgewandelt.

- Radioaktive Elemente erzeugten bei ihrem Zerfall Wärme, die vom Erdkörper gespeichert wurde.

- Die Erde als Protoplanet bestand bis in dieses frühe Stadium ihrer Entstehungsgeschichte hinein aus einem homogenen Gemenge von Metallen, Metalloxiden und Silicaten. Durch das Aufheizen wurde nun die Schmelztemperatur der Metalle (im wesentlichen Eisen und Nickel) erreicht. Sie sanken aufgrund ihres hohen spezifischen Gewichtes ins Erdinnere und bildeten den Erdkern. Bei diesem Prozeß wurde nochmals Gravitationsenergie in Wärme umgewandelt, und die Erde heizte sich noch weiter auf.

Der Trennungsvorgang in Erdkern und Erdmantel war wahrscheinlich innerhalb weniger hunderttausend Jahre abgeschlossen. Wegen ihrer hohen Temperatur besaß die Erde als Protoplanet noch keine Atmosphäre. In der Folgezeit, in der durch Wärmeabstrahlung eine langsame Abkühlung eintrat, kondensierte nun aber weiteres kosmisches Material auf der Erdoberfläche, das aus der weitgehend abgekühlten interplanetaren Materie stammte. Dieses enthielt bereits umgesetztes Eisen in seiner zweiwertigen (aber nicht dreiwertigen) Form, welches noch heute in den magmatischen Gesteinen weit verbreitet ist. Hier dürften auch schon leichter flüchtige Bestandteile wie Kristallwasser mit enthalten gewesen sein. Diese Kondensationsschicht bildete den oberen Erdmantel. Die Temperatur der sich nun langsam weiter abkühlenden Erde war aber noch groß genug, um aus dem Kondensat des oberen Erdmantels nicht gebundene, leichter flüchtige Bestandteile auszugasen, die die sogenannte Uratmosphäre der Erde bildeten. Gleichzeitig begann sich nun eine feste Erdkruste, die *Lithosphäre*, auszubilden.

Man kann davon ausgehen, daß in der damaligen Uratmosphäre solche Gase vorlagen, die auch noch heute bei der Entgasung des Erdmantels – z. B. bei Vulkanausbrüchen – freigesetzt werden. In der Hauptsache sind das Kohlendioxid, Wasser und in geringeren Mengen noch andere Gase wie Stickstoff, Schwefeldioxid, Ammoniak, Methan etc. in verschiedenen Mischungsverhältnissen. Aufgrund neuerer geologischer Untersuchungen kann entgegen früheren Annahmen davon ausgegangen werden, daß weder Methan noch Ammoniak in größeren Konzentrationen in der Uratmosphäre vorlagen, da zweiwertiges Eisen, welches in dem damaligen Erdzeitalter die vorherrschende Oxidationsform des Eisens im äußeren Bereich des Erdmantels war, bei der Anwesenheit von Methan und Ammoniak zu metallischem Eisen reduziert worden wäre:

$$7\,FeO + CH_4 + 2\,NH_3 \longrightarrow 7\,Fe + CO_2 + N_2 + 5\,H_2O \qquad (1.1)$$

Die Uratmosphäre bestand also im wesentlichen aus Kohlendioxid, Wasserdampf und Stickstoff. Mit Sicherheit war damals die Atmosphäre sauerstofffrei, da der reaktive Sauerstoff chemisch vollständig in Form von Metalloxiden und Silicaten im Gestein der Erdkruste gebunden war. Auch heute enthält die Lithosphäre Eisen noch überwiegend in zweiwertiger Form. Wenn Sauerstoff mit zweiwertigem Eisen in Berührung kommt, findet leicht eine Oxidation zu dreiwertigem Eisen statt. Wäre Sauerstoff in der Frühgeschichte der Erde aus der Gesteinskruste ausgegast worden, so hätte er sich deshalb niemals als Luftsauerstoff in der Atmosphäre anreichern können.

Daher findet man heute nur im Oberflächenbereich der Lithosphäre dreiwertiges Eisen in Gesteinen und Sedimenten, wo der Luftsauerstoff in Berührung mit den Gesteinen kommt. Auch heute würde die Menge an zweiwertigem Eisen in der Lithosphäre ausreichen, um den gesamten Luftsauerstoff binden zu können. Daß dies dennoch nicht geschieht, liegt daran, daß diese Reaktion sehr langsam abläuft (sogenannte Oxidationsverwitterung des Gesteins) im Vergleich zu den biologischen Bildungs- und Verbrauchsreaktionen des Luftsauerstoffs. Wichtig ist es aber festzuhalten, daß sich das System Luftsauerstoff/Lithosphäre weit entfernt vom thermodynamischen Gleichgewicht befindet, da die Gleichgewichtseinstellung kinetisch gehemmt ist, und daß der heute in der Erdatmosphäre vorhandene Sauerstoff nicht aus dem Erdinneren stammen kann.

Wir kommen zurück zur sauerstofffreien Uratmosphäre: Der Wasserdampf und das CO_2 der Uratmosphäre absorbierten einen Großteil der von der Planetenoberfläche abgestrahlten Wärmeenergie, die aus der eingestrahlten Sonnenenergie stammte. Dadurch heizte sich der untere, bodennahe Teil der Atmosphäre auf. Das bezeichnet man als den Treibhauseffekt einer Atmosphäre. Einzelheiten dazu sind in Abschnitt 2.2 ausführlich dargestellt.

Der Treibhauseffekt führt zu umso höheren Temperaturen in der Atmosphäre, je höher die Konzentration von atmosphärischen Gasen wie H_2O und CO_2 ist und je höher die eingestrahlte Intensität des Sonnenlichtes ist. Ähnliche Verhältnisse lagen z. B. auch bei der Venus vor. Der entscheidende Unterschied zwischen der Situation auf der Erde und der Venus, der maßgeblich für die weitere Entwicklung dieser beiden Planeten war, liegt an ihrem unterschiedlichen Abstand zur Sonne. Wegen des größeren Abstandes der Erde zur Sonne und der damit verbundenen niedrigeren Intensität des eingestrahlten Sonnenlichtes konnte auf der Erde Wasserdampf als flüssiges Wasser auskondensieren. Somit war ein Teil des Wassers der Atmosphäre entzogen und infolgedessen für den Treibhauseffekt unwirksam. Dadurch beschleunigte sich der Abkühlungsprozeß, und es bildete sich innerhalb von nur wenigen hunderttausend Jahren eine mehr oder weniger zusammenhängende Wasserfläche, der Urozean. Das hatte weitreichende Konsequenzen: Nun konnten auch die großen Mengen an atmosphärischem CO_2 der Atmosphäre entzogen werden, denn CO_2 löst sich in flüssigem Wasser:

$$CO_2 + 3\,H_2O \rightleftharpoons 2\,H_3O^+ + CO_3^{2-} \qquad (1.2)$$

Gl. (1.2) stellt eine Gleichgewichtsreaktion dar, sie wird aber durch einen Sekundärprozeß weit auf die rechte Seite hin verschoben, der im damaligen Urozean abzulaufen begann. Wegen der schwach sauren Wirkung von CO_2 in Wasser wurden durch den ständigen Verdunstungs- und Kondensationskreislauf des Wassers Ca^{2+}-Ionen aus dem auf der Erdoberfläche freiliegenden Gestein gelöst und in den Urozean gespült:

$$2\,H_3O^+ + CaO \cdot (Al_2O_3)_x \cdot (SiO_2)_y \longrightarrow Ca^{2+} + 3\,H_2O + (Al_2O_3)_x \cdot (SiO_2)_y \qquad (1.3)$$

Diese Ca^{2+}-Ionen bilden mit den Carbonationen aus Gl. (1.2) schwerlösliches Calciumcarbonat:

$$Ca^{2+} + CO_3^{2-} \longrightarrow CaCO_3 \qquad (1.4)$$

Addiert man die Gln. (1.2) bis (1.4), so erhält man die Nettobilanz für die CO_2-Fixierung:

$$CO_2 + CaO \cdot (Al_2O_3)_x \cdot (SiO_2)_y \longrightarrow CaCO_3 + (Al_2O_3)_x \cdot (SiO_2)_y \qquad (1.5)$$

Völlig analoge Reaktionen laufen ab, wenn in den Gln. (1.3) bis (1.5) Calcium- durch Magnesiumionen ersetzt werden. $MgCO_3$ ist ebenfalls schwer löslich und wird in den Sedimenten abgelagert. Auch Eisen, das im Gestein fast ausschließlich als FeO, also in zweiwertiger Form, eingebunden war, gelangte so durch Verwitterung des Gesteins in Lösung. Fe^{2+}-Ionen bilden allerdings keine schwerlöslichen Carbonate und blieben daher zunächst im Wasser gelöst.

Die Calciumcarbonate bildeten auf diese Weise die Kalksteinsedimente der Erde, in denen heute
ca. 80 % des ursprünglichen CO_2 der Uratmosphäre gebunden sind. Dieser Prozeß der Bindung
von CO_2 in Form von Carbonaten war nur dadurch möglich, daß Wasser in flüssiger Form vorlag
und als Lösungsmittel fungierte. Die Prozesse der Gesteinsverwitterung, der CO_2-Bindung und der
Sedimentbildung liefen vor ca. 4 Milliarden Jahren auf der Erde ab und sind in Abb. 1-1 illustriert.

Auf der Venus, die wahrscheinlich nie flüssiges Wasser besaß, konnte dieser Prozeß nicht ablaufen, und das CO_2 verblieb in der Venusatmosphäre. Die heutige Venusatmosphäre ähnelt also der
Uratmosphäre der Erde: hohe Temperaturen von mehreren hundert Grad Celsius mit CO_2 und N_2 als
Hauptbestandteile der Atmosphäre. Der größte Teil des Wasserdampfes der Venusatmosphäre ist im
Lauf der Zeit wahrscheinlich photolytisch zersetzt worden. Bei der Erde allerdings änderte sich durch
den Entzug von Wasserdampf und CO_2 die Zusammensetzung der irdischen Atmosphäre völlig, sie
bestand nun überwiegend aus Stickstoff.

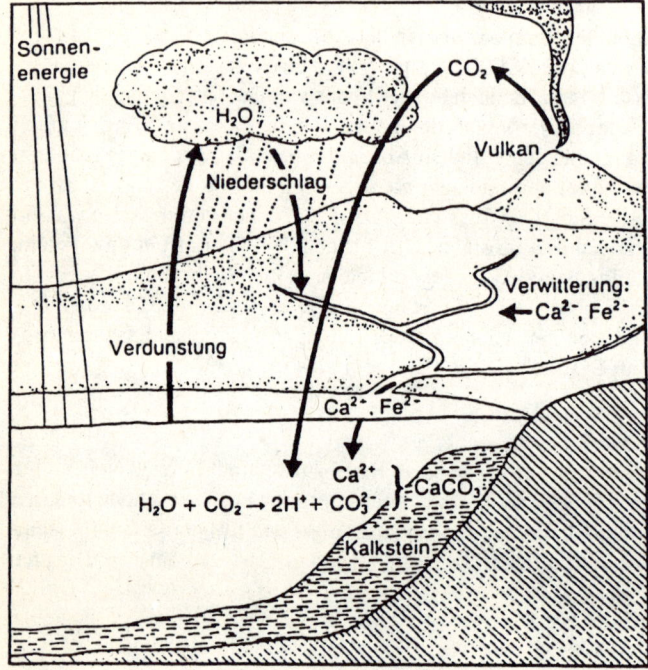

Abb. 1-1
Evolutionsstadium der
Erdatmosphäre vor ca. 4 Milliarden
Jahren ©Spektrum der Wissenschaft
(Quelle: [1])

Wir wissen jetzt, warum sich die Zusammensetzung der Atmosphäre der Erde von der der Venus
im Kohlendioxidgehalt so drastisch unterscheidet. Die Frage nach der heute vorliegenden hohen
Sauerstoffkonzentration der Erdatmosphäre von ca. 21 % (s. Tab. 1-1) ist damit aber noch nicht be-
antwortet. Sicher ist lediglich, daß die heute existierende Menge an Luftsauerstoff nur außerhalb der
Gesteinsschicht in der Atmosphäre oder auch in der Hydrosphäre entstanden sein kann.

1.2 Entstehung des atmosphärischen Sauerstoffs

Der Sauerstoff der Erdatmosphäre könnte grundsätzlich auf anorganischem Weg gebildet worden sein, nämlich durch Photolyse von Wasserdampf und Kohlendioxid der Atmosphäre durch kurzwellige UV-Strahlung mit Wellenlängen kleiner als 200 nm („$h\nu$" steht für Lichtquanten):

$$2\,CO_2 \xrightarrow{h\nu} 2\,CO + O_2 \tag{1.6}$$

$$2\,H_2O \xrightarrow{h\nu} 2\,H_2 + O_2 \tag{1.7}$$

Durch diese beiden Reaktionen kann aber nur ein sehr kleiner Teil des heute vorhandenen Sauerstoffs entstanden sein und zwar aus folgenden Gründen:

1. Bei der Photolyse von CO_2 nach Gl. (1.6) entstehen doppelt soviele CO-Moleküle wie O_2-Moleküle. Da CO mit Sicherheit zu schwer ist, um in größeren Mengen aus der Erdatmosphäre ins Weltall zu entweichen, müßte sich doppelt so viel CO in der Atmosphäre angereichert haben wie O_2. Dies ist nicht der Fall. CO ist mit weniger als 1 Millionstel % an der Zusammensetzung der Erdatmosphäre beteiligt.

2. Bei der Photolyse von H_2O laut Gl. (1.7) kann man davon ausgehen, daß ein großer Teil des entstehenden Wasserstoffs H_2 aus dem Schwerefeld der Erde entwichen wäre, bevor er mit O_2 wieder zu H_2O hätte zurückreagieren können. So könnte man zunächst denken, daß in dem Maße, wie H_2 entwich, O_2 gebildet wurde und sich langsam in der Atmosphäre angereichert haben könnte. Rechnungen zeigen aber, daß innerhalb von 4 Milliarden Jahren auf diese Weise höchstens 0.1 % des heutigen O_2-Gehaltes der Erdatmosphäre hätten entstehen können [1]. Dabei ist berücksichtigt, daß mit steigendem O_2-Gehalt die UV-Strahlung der Sonne ($\lambda < 240$ nm) zunehmend O_2 spaltet anstatt H_2O. Dies verlangsamte den Prozeß der O_2-Anreicherung erheblich.

Durch Photodissoziation ist die große Menge Sauerstoff in der Atmosphäre demnach nicht entstanden. Wir wissen heute, daß der gesamte atmosphärische Sauerstoff erst *nach* der Entstehung des Lebens auf biologische Weise gebildet wurde. Im folgenden werden die wichtigsten Abschnitte dieser Entwicklung erörtert.

Die Erdatmosphäre, die vor ca. 4 Milliarden Jahren vorwiegend aus N_2, CO_2 und H_2O-Dampf bestand, war wegen des Treibhauseffektes von CO_2 und H_2O-Dampf mit Sicherheit heißer als heute. Mit der Abnahme von CO_2 durch das Auflösen im Wasser der Urozeane und die Umwandlung in Carbonate entsprechend der Gl. (1.5) sank jedoch die Temperatur soweit ab, daß auch organische Moleküle existieren konnten, die die Voraussetzung für die Entwicklung von Leben sind. Heute ist bekannt, daß durch Bestrahlung von CO_2, N_2 und H_2O mit UV-Licht Vorstufen von Eiweißkörpern und Kohlenhydraten entstehen können, die wahrscheinlich zur Bildung der ersten sich selbst replizierenden Lebewesen (Eobionten) geführt haben, welche in der Lage waren, aus den durch Photolyse rein anorganisch erzeugten Kohlenhydraten Nahrung bzw. Energie zur Aufrechterhaltung ihrer Existenz zu beziehen. Sie müssen in einigen Metern Tiefe im flüssigen Wasser existiert haben, wo sie ungefährdet von dem harten UV-Licht ($\lambda < 310$ nm) ihren Stoffwechsel ohne Sauerstoff (anaerob) betreiben konnten. Die diesem Stoffwechsel zugrundeliegende *Milchsäuregärung* setzt Kohlenhydrate wie beispielsweise Glucose zu Milchsäure $C_3H_6O_3$ um:

$$C_6H_{12}O_6 \longrightarrow 2\,C_3H_6O_3 \tag{1.8}$$

Bei der Bildung von 2 Molen Milchsäure wird 199 kJ an freier Enthalpie ΔG^0 erzeugt, die zum Aufbau und Fortbestehen der Eobionten genutzt wurde. Allgemein versteht man unter der freien Reaktionsenthalpie ΔG^0 die maximal mögliche Arbeit, die bei einem Formelumsatz aus der betreffenden chemischen Reaktion bei konstantem Druck und konstanter Temperatur erzeugt werden kann, bzw. die minimale Arbeit, die dabei aufgebracht werden muß.

Aus diesen ersten primitiven Lebewesen entwickelten sich Mutanten, Cyanobakterien oder auch Blaualgen genannt, die eine Methode entwickelten, energiereiche Nahrung selbst zu produzieren. Sie waren somit nicht mehr auf zufällig entstandene Nahrungsprodukte, wie Kohlenhydrate, angewiesen, sondern nutzten die Energie des Sonnenlichtes aus, um direkt aus Wasser und dem darin gelösten CO_2 Kohlenhydrate zu produzieren:

$$6\,CO_2 + 6\,H_2O \xrightarrow{h\nu} C_6H_{12}O_6 + 6\,O_2 \qquad (1.9)$$

Diesen Mechanismus nennt man *Photosynthese*. Dabei wird molekularer Sauerstoff O_2 frei. Die Existenz der Cyanobakterien ist in Sedimenten, die 3.4 Milliarden Jahre alt sind, nachgewiesen [1]. Seit dem Zeitpunkt des Auftretens dieser Lebewesen wird in Sedimenten auch organischer Kohlenstoff abgelagert, der aus abgestorbener Bakterienmasse stammt. Da laut Gl. (1.9) bei der Bildung von jedem organischen sedimentierten C-Atom auch ein O_2-Molekül entstand, kann man aus der Menge an organischem Kohlenstoff in verschieden alten Sedimenten die pro Zeiteinheit gebildete Sauerstoffmenge berechnen. Sie ist in Abhängigkeit von den vergangenen 4 Milliarden Jahren in Abb. 1-2 dargestellt. Demnach müßte schon vor Beginn der sedimentären Überlieferung soviel O_2 produziert worden sein, wie sich heute in der Atmosphäre und gelöst in den Ozeanen befindet. Wir wissen jedoch aus verschiedenen Quellen, daß die Atmosphäre bis vor 2 Milliarden Jahren weniger als 1 % des heutigen Wertes der O_2-Konzentration gehabt haben muß! Dieser Widerspruch läßt sich aufklären, wenn man bedenkt, daß ursprünglich in den Urozeanen durch Gesteinsverwitterung große Mengen an Fe^{2+}-Ionen gelöst waren. Fe^{2+} ist, wie schon erläutert, sehr oxidationsempfindlich und reagiert mit O_2 zu dreiwertigem Eisen in Form von Fe_2O_3:

$$4\,Fe^{2+} + 12\,H_2O + O_2 \longrightarrow 2\,Fe_2O_3 + 8\,H_3O^+ \qquad (1.10)$$

Fe_2O_3 ist in Wasser unlöslich und setzt sich als eisenhaltiger Schlamm ab. Die sogenannten gebänderten Eisensteine in über 3 Milliarden Jahren alten Sedimenten beweisen, daß biologisch erzeugter Sauerstoff durch Oxidation von Fe^{2+}-Ionen gebunden wurde und solange nicht in die Atmosphäre gelangen konnte, bis der größte Teil des in den Gewässern und Ozeanen gelösten zweiwertigen Eisens umgesetzt war.

Ein weiterer Prozeß, der ebenfalls den molekularen Sauerstoff binden konnte, war die Oxidation von Sulfid-Ionen S^{2-} zu Sulfat-Ionen SO_4^{2-}, die in den Sedimenten dieser Zeit als große Sulfatablagerungen gefunden werden:

$$S^{2-} + 2\,O_2 \longrightarrow SO_4^{2-} \qquad (1.11)$$

Erst nachdem alle oxidierbaren Stoffe im Wasser verbraucht waren, konnte O_2 auch in die Atmosphäre gelangen und sich dort langsam anreichern. Es kam jedoch zunächst auch hier zu einem verzögerten Anstieg der O_2-Konzentration in der Atmosphäre, da ein Großteil des Sauerstoffs zur Oxidation von FeO des noch nicht verwitterten Gesteins außerhalb der Ozeane auf den Urkontinenten verbraucht wurde:

$$4\,FeO + O_2 \longrightarrow 2\,Fe_2O_3 \qquad (1.12)$$

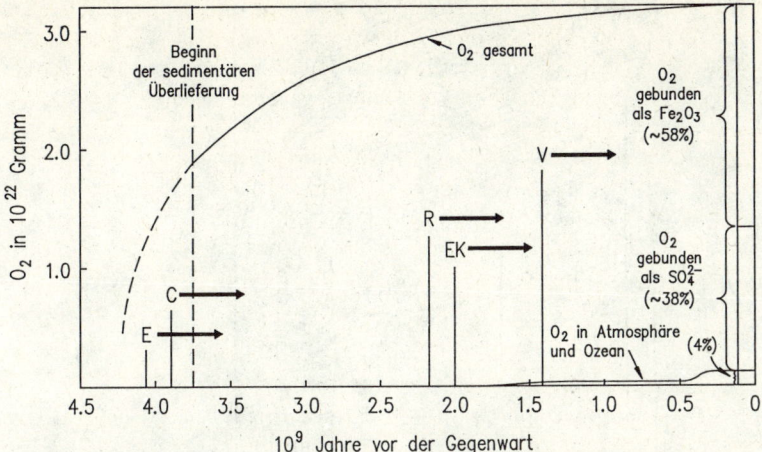

Abb. 1-2 Durch Photosynthese produzierter Sauerstoff. C = Cyanobakterien, E = Eobionten, EK = Eukaryonten, R = Rotsteinsediment, V = Vielzeller. Pfeilbeginn kennzeichnet das jeweilige Auftreten des Phänomens (Quelle: [1])

Das Auftreten der sogenannten Rotsteinsedimente bezeugt diesen Vorgang. Sie entstanden vor über 2 Milliarden Jahren und beweisen die Existenz merklicher Mengen an O_2 in der Atmosphäre (ca. 1 % des heutigen Wertes). Dieses Stadium der Entwicklung ist in Abb. 1-3 dargestellt.

Mit der anwachsenden O_2-Konzentration der Atmosphäre wurde auch immer mehr O_2 im Wasser gelöst, denn nach dem Henryschen Gesetz gilt:

$$c_{O_2} = H \cdot p_{O_2} \tag{1.13}$$

Dabei ist p_{O_2} der Partialdruck des Sauerstoffs in der Atmosphäre. H ist die Henrysche Konstante für Sauerstoff in Wasser und c_{O_2} bezeichnet die Konzentration von in Wasser gelöstem O_2. Gl. (1.13) besagt, daß proportional zum Partialdruck p_{O_2} bzw. zur Konzentration von O_2 in der Atmosphäre auch die O_2-Konzentration im Wasser c_{O_2}, also im Meer, ansteigt.

Vor ca. 1.5 Milliarden Jahren brachte die biologische Evolution eine neue Art von Lebewesen hervor: die Eukaryonten. Sie sind Einzeller mit Zellkern, die anfangs noch, geschützt vor der für sie tödlichen UV-Strahlung der Sonne ($\lambda < 300$ nm), im Wasser lebten. Die wachsende Konzentration des im Wasser gelösten Sauerstoffs konnte von den Eukaryonten zu einem neuen und sehr effektiven Stoffwechselvorgang, der *Atmung*, benutzt werden. Hierbei wird abgestorbenes organisches Material aus photosynthesebetreibenden Lebewesen oxidiert:

$$C_6H_{12}O_6 + 6\,O_2 \xrightarrow{h\nu} 6\,CO_2 + 6\,H_2O \tag{1.14}$$

Dieser Reaktionsschritt ist die Umkehrung der in Gl. (1.9) beschriebenen Photosynthese. Bei der Atmung wird pro Formelumsatz gemäß Gl. (1.14) 2848 kJ als freie Enthalpie ΔG^0 erzeugt, die zu Aufbau, Erhaltung und Vermehrung der Eukaryonten zur Verfügung steht. Der Vergleich dieses Stoffwechselweges mit dem der ersten Eobionten laut Gl. (1.8) zeigt, daß mit der Atmung ein 14mal effektiverer Umsatz von freier Enthalpie möglich wurde!

Abb. 1-4 zeigt schematisch verkürzt, daß der Abbau von $C_6H_{12}O_6$ (= Traubenzucker) zu CO_2 und H_2O bis zur Brenztraubensäure für die anaerobe Milchsäuregärung derselbe ist wie der für den aeroben Prozeß (Glykolyse). Der evolutionär ältere Schritt der Glykolyse wurde nun durch den Zitronensäurezyklus mit der Atmungskette als neue evolutionäre Erfindung erweitert.

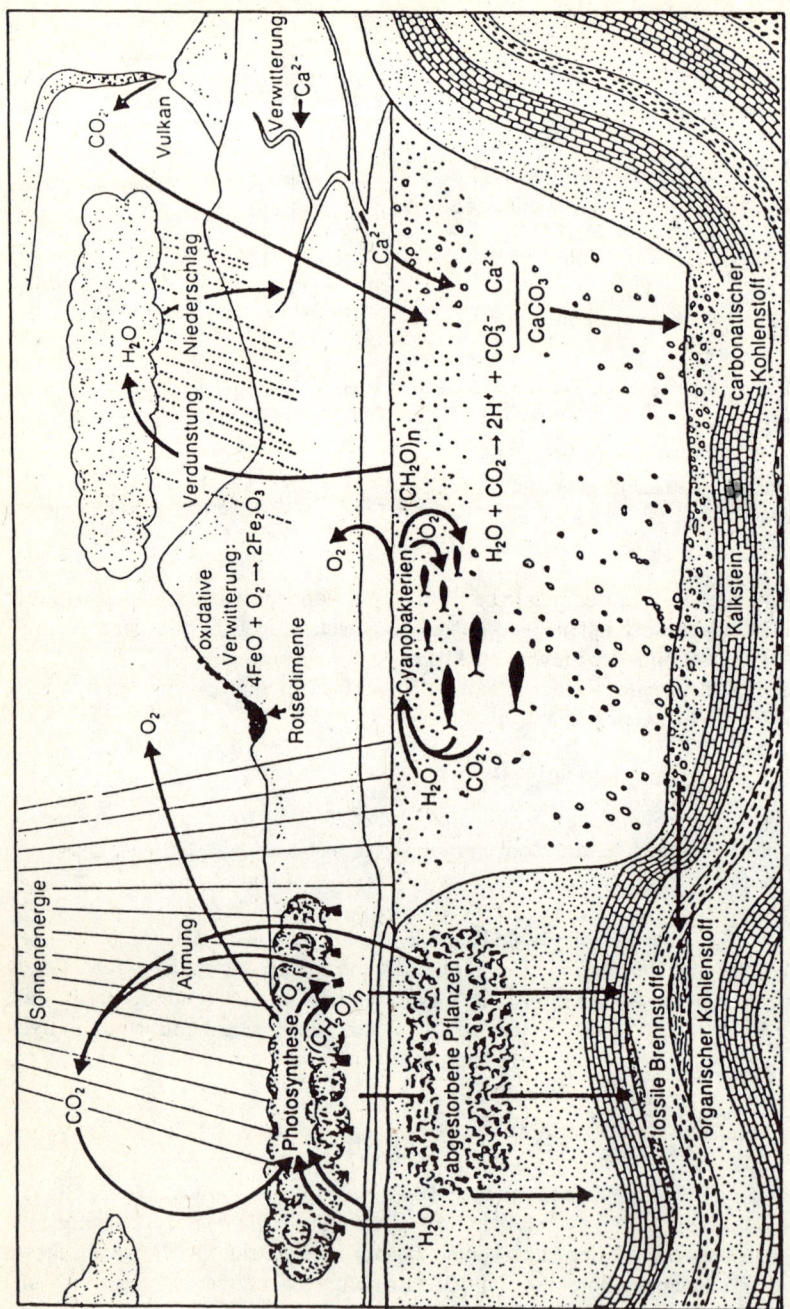

Abb. 1-3 Evolutionsstadium der Erdatmosphäre vor 2 bis 0.5 Milliarden Jahren
©Nach: Spektrum der Wissenschaft (Quelle: [1])

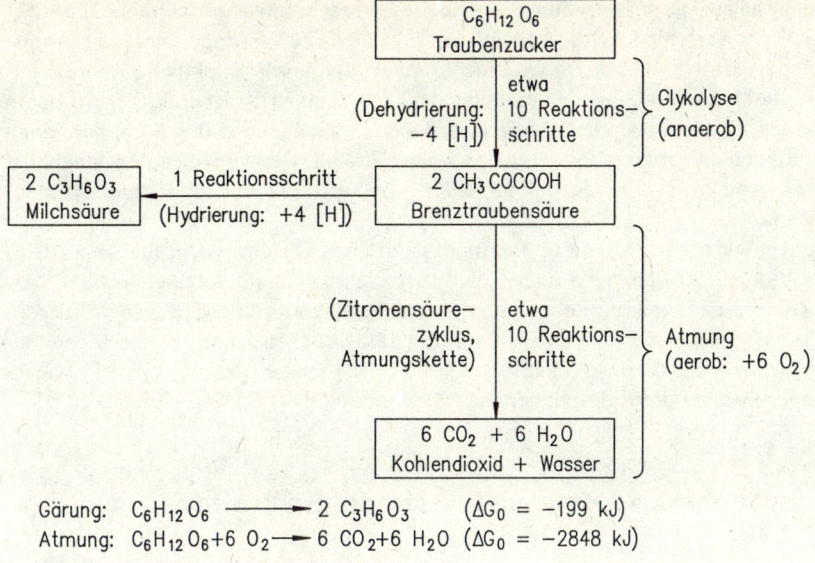

Gärung: $C_6H_{12}O_6 \longrightarrow 2\ C_3H_6O_3$ $(\Delta G_0 = -199\ kJ)$

Atmung: $C_6H_{12}O_6 + 6\ O_2 \longrightarrow 6\ CO_2 + 6\ H_2O$ $(\Delta G_0 = -2848\ kJ)$

Abb. 1-4 Milchsäuregärung und Atmungskette

Der Atmungsprozeß verkoppelte den CO_2-Verbrauch und die O_2-Bildung in der Atmosphäre und in der Hydrosphäre zu einem gemeinsamen Kreislauf. Die Abnahme von CO_2 und die Zunahme von O_2, die durch die Photosynthese eingeleitet wurden, wurden nun durch die Atmung rückgängig gemacht. Es entstand langsam ein Gleichgewicht zwischen Verbrauch und Produktion von CO_2 und O_2. Die Umwandlung von Kohlenstoff in die Sedimente ging erheblich langsamer vor sich als der Aufbau und Abbau von Biomasse. Die der Oxidation (Atmung und Verwesung) entzogene Biomasse, die in den Sedimenten gespeichert ist, akkumulierte sich dort zu Lagerstätten. Dort entstanden dann Kohle, Erdöl und Erdgas, die späteren Quellen der fossilen Brennstoffe für den Menschen.

Zu diesem Zeitpunkt stieg also die O_2-Konzentration in der Atmosphäre noch weiter an. Eine neue Entwicklungsphase begann, als die Sauerstoffmenge der Atmosphäre mehr als 10 % des heutigen Wertes erreichte. Oberhalb eines solchen O_2-Gehaltes kann das durch Photodissoziation aus O_2 in der Atmosphäre entstandene Ozon O_3 den größten Teil der lebenszerstörenden UV-Strahlung mit Wellenlängen $\lambda < 310$ nm absorbieren (s. auch Kapitel 4). Dieser Zustand dürfte vor ungefähr 700 bis 500 Millionen Jahren erreicht worden sein. Dies ermöglichte, daß sich auch Leben außerhalb des Wassers auf den Kontinenten ausbreiten konnte. Vor ca. 400 Millionen Jahren gab es nachweislich die ersten Landpflanzen. Die geschilderte Entwicklung der Erdatmosphäre (vor 2 bis 0.5 Milliarden Jahren) ist in Abb. 1-4 schematisch dargestellt. In der Folgezeit entwickelte sich das Leben auf der Erde rasch und kontinuierlich, seit 350 Millionen Jahren dürfte der O_2-Gehalt der Atmosphäre bereits dem heutigen Wert entsprechen.

Somit ist der heutige hohe Sauerstoffgehalt der Atmosphäre von knapp 21 % auf das Entstehen des Lebens auf der Erde zurückzuführen. Allerdings ist der Vorgang der Photosynthese keineswegs der alleinige Sauerstofflieferant. Neben der Photosynthese gibt es noch weitere biologische Prozesse, die zur stationären Konzentration an Sauerstoff in der Atmosphäre beitragen. Dazu zählt vor allem der als Denitrifikation bezeichnete Vorgang der mikrobiologischen Reduktion von Nitrat und Nitrit im Boden (s. auch Abschnitt 9.1). Hierbei werden durch Bodenbakterien aus abgestorbener organischer Substanz Stickoxide reduziert, wobei Distickstoffoxid N_2O, Stickstoff und Sauerstoff gebildet werden.

Thermodynamisch gesehen war die Entstehung des Lebens eine sehr unwahrscheinliche Entwicklung. Die Komplexität der verschiedenen Lebensformen bedeutet eine Verringerung der Entropie gegenüber der unbelebten Erdoberfläche. Dieser Prozeß ist nur durch sehr effektive Stoffwechselvorgänge möglich, die durch einen ständigen Energiefluß der Umgebung in das lebende System hinein aufrecht erhalten werden. So wird auch verständlich, daß sich das Leben erst durch die Erfindung der energetisch sehr effizienten Atmung (Gl. (1.14)) in seiner Vielfalt, wie wir sie heute kennen, hat entwickeln können, während die Evolution zuvor ungefähr 2 Milliarden Jahre lang (Cyanobakterien) nahezu auf der Stelle trat.

Somit steht das Leben auf der Erde nicht im thermodynamischen Gleichgewicht mit seiner Umgebung und wird nur durch einen ständigen Energiefluß aufrechterhalten, der letztlich aus der Sonnenenergie stammt. Würde das gesamte Leben auf der Erde schlagartig erlöschen, so würde der Sauerstoff der heutigen Atmosphäre innerhalb von nur ca. 300 Millionen Jahren in den Meeressedimenten eingelagert werden, das thermodynamische Gleichgewicht wäre wieder hergestellt wie zu der Zeit, als noch kein Leben auf der Erde existierte.

1.3   Atmosphärische Stoffkreisläufe am Beispiel des Kohlenstoffs

Alle Bestandteile der Erdatmosphäre unterliegen Stoffkreisläufen, d. h. es gibt sowohl Quellen, aus denen die Gase in die Atmosphäre gelangen, als auch Senken, durch die sie der Atmosphäre wieder entzogen werden. Im stationären Zustand laufen beide Vorgänge gleich schnell ab, so daß die Gesamtmenge des betreffenden Gases in der Atmosphäre konstant bleibt. Der Kreislauf des Stickstoffes verläuft sehr langsam. Dennoch ist er nicht unbedeutend für das Leben auf der Erde (s. Kapitel 8). Sehr wichtige Rollen spielen auch der Kreislauf des Wassers, auf den wir in Kapitel 7 näher eingehen werden, und der des Kohlenstoffs, der eng mit dem des Sauerstoffs gekoppelt ist.

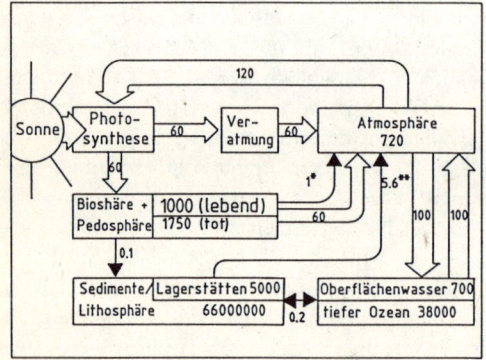

Abb. 1-5
Kohlenstoffkreislauf (Quelle: [4])
* aus Wald- und Bodenzerstörung; aus Brennholz
**aus Verbrennung fossiler Brennstoffe

Der Kohlenstoffkreislauf ist in Abb. 1-5 schematisch dargestellt. Während in den Ozeanen mit ca. $38000 \cdot 10^{12}$ kg der weitaus größte Teil des Kohlenstoffs gespeichert ist, enthält die Atmosphäre derzeit etwa $720 \cdot 10^{12}$ kg Kohlenstoff in Form von CO_2. Davon werden jährlich $120 \cdot 10^{12}$ kg durch die Photosynthese der Pflanzen gemäß Gl. (1.9) umgesetzt. Die eine Hälfte der dadurch gebildeten Kohlenhydrate wird in die Biomasse der Pflanzen eingebaut, die andere Hälfte dient der Energieproduktion für die Pflanzen, d. h. der gebildete Traubenzucker $C_6H_{12}O_6$ wird entsprechend Gl. (1.14) wieder veratmet. Hierdurch wird Kohlenstoff wieder in Form von CO_2 in die Atmosphäre abgegeben. Von der lebenden ($1000 \cdot 10^{12}$ kg Kohlenstoff) und der abgestorbenen Biomasse ($1750 \cdot 10^{12}$

kg Kohlenstoff) werden jährlich $60 \cdot 10^{12}$ kg durch Verwesung, also über den Stoffwechsel von Mikroorganismen, in CO_2 umgewandelt und gelangen so zurück in die Atmosphäre. Nur ein kleiner Bruchteil des Kohlenstoffs der abgestorbenen Biomasse wird in den Sedimenten gespeichert, nämlich $0.1 \cdot 10^{12}$ kg pro Jahr. Dies ist der einzige natürliche Vorgang, durch den Kohlenstoff dem Kreislauf entzogen wird.

Ein weiterer Kohlenstoffaustausch findet zwischen der Atmosphäre und dem Oberflächenwasser der Ozeane statt. Jährlich werden dabei $100 \cdot 10^{12}$ kg Kohlenstoff in Form von CO_2 im Ozean gelöst und wieder in die Atmosphäre abgegeben. Somit stellen die Photosynthese und die CO_2-Aufnahme in den Ozeanen die beiden wichtigsten Senken für den Kohlenstoff dar. Hierbei spielt das Meeresplankton eine besonders wichtige Rolle: Es fixiert in den Ozeanen ca. 65 % des Kohlenstoffs, das die gesamte Pflanzenwelt bei der Photosynthese aufnimmt!

Durch Eingriff des Menschen wird seit einiger Zeit jedoch die Bilanz des Kohlenstoffkreislaufs gestört. Mittlerweile sind 4 % des jährlich in die Atmosphäre emittierten Kohlendioxids *anthropogenen* Ursprungs, d. h. vom Menschen verursacht (1986) [4]. Durch Verbrennung fossiler Brennstoffe ($5.6 \pm 0.5 \cdot 10^{12}$ kg Kohlenstoff/Jahr), die aus Sedimenten bzw. Lagerstätten stammen, sowie von nichtfossilen Brennstoffen wie Holz ($0.55 \cdot 10^{12}$ kg Kohlenstoff/Jahr) werden über 50mal soviel Kohlenstoff in Form von CO_2 an die Atmosphäre abgegeben, als in Form von abgestorbener Biomasse in die Sedimente gelangt. Tab. 1-2 zeigt die jeweiligen Anteile der verschiedenen Energieträger.

Zusätzlich zu den $6.13 \cdot 10^{12}$ kg/Jahr durch gezielte Verbrennung entstehenden Mengen an CO_2-Kohlenstoff gelangen durch Wald- und Bodenzerstörung weitere ca. $0.5 \cdot 10^{12}$ kg Kohlenstoff jährlich (durch Abholzen bzw. Brandroden der tropischen Regenwälder zur Erschließung von Weideflächen und Anbauflächen für Kulturpflanzen) als CO_2 in die Atmosphäre. In Abb. 1-5 sind die beiden anthropogenen, nichtfossilen CO_2-Quellen, also CO_2-Kohlenstoff aus Wald- und Bodenzerstörung sowie aus der Verbrennung von Holz, als Summe angegeben. Die Vernichtung der tropischen Regenwälder stellt also bei weitem nicht die größte anthropogene CO_2-Quelle dar, wie oft angenommen wird. Durch Aufforstung ließe sich höchstens diejenige Menge CO_2 wieder binden, die durch Rodung zuvor in die Atmosphäre emittiert wurde.

Das Beispiel des Kohlenstoffkreislaufs zeigt, daß die Stoffkreisläufe der Atmosphäre mit dem Leben auf der Erde verknüpft sind. Durch Eingriffe des Menschen stieg der CO_2-Gehalt der Atmosphäre in den letzten 100 Jahren drastisch an, was zu gefährlichen Rückwirkungen für das Leben auf der Erde führen kann. Mit diesen Problemen beschäftigen wir uns in Kapitel 2.

Tabelle 1-2 Aufteilung des 1986 weltweit anthropogen in die Atmosphäre emittierten Kohlenstoffs in Form von CO_2 durch gezieltes Verbrennen von Energieträgern zur Energiegewinnung

		Verbrennung von Energie-trägern (in %)	Emittierter Kohlenstoff (in 10^{12} kg)
fossile Energieträger	Erdöl	40	2.45
	Kohle	37	2.27
	Erdgas	14	0.86
Zwischensumme			**5.58**
nichtfossile Energieträger	Brennholz	9	0.55
insgesamt		100	**6.13**
Quelle: [4, 5]			

1.4   Temperatur- und Druckverhältnisse in der Erdatmosphäre

Der Luftdruck und damit auch die Dichte der Luft nehmen mit zunehmender Höhe über dem Erdboden ab. Dieser Zusammenhang läßt sich ganz allgemein für Planetenatmosphären mit Hilfe der
sogenannten hydrostatischen Gleichung beschreiben. Für die differentielle Druckänderung dp bei
differentieller Höhenänderung dh (h = Höhe über dem Erdboden) gilt:

$$dp = -\varrho \cdot g \cdot dh \tag{1.15}$$

Dabei ist ϱ die Dichte der Atmosphäre in g/m^3 und g die Schwerebeschleunigung (im Falle der Erde
ist $g = 9.81$ m/s^2).

Andererseits ist der Druck p mit der Dichte ϱ und der mittleren Molmasse der Luft M durch die
Zustandsgleichung für ideale Gase verknüpft:

$$p = \frac{\varrho}{M} \cdot RT \tag{1.16}$$

Hierbei ist $M = 29$ g/mol, T die Temperatur in K, und $R = 8.314$ J/(K $\cdot$ mol) ist die universelle
Gaskonstante. Gl. (1.16) eingesetzt in Gl. (1.15) ergibt:

$$\frac{dp}{p} = -\frac{g \cdot M}{RT} dh \tag{1.17}$$

Integration der Gl. (1.17) von p_0, dem Druck am Erdboden, bis p, dem Druck, der in der Höhe h
herrscht, ergibt:

$$\ln \frac{p}{p_0} = -\int_0^h \frac{g \cdot M}{RT} dh \tag{1.18}$$

Unter der Annahme, daß die Temperatur T der Erdatmosphäre konstant, also unabhängig von der
Höhe h ist, ergibt sich die *barometrische Höhenformel*:

$$p = p_0 \cdot \exp\left[-\frac{h}{H}\right] \tag{1.19}$$

$H = RT/(g \cdot M)$ ist die sogenannte Skalenhöhe. Sie beträgt 8 km und gibt diejenige Höhe über dem
Erdboden an, bei der der Druck auf 1/e (e ≈ 2.7182) von p_0 abgefallen ist. Gl. (1.19) besagt, daß der
Druck exponentiell mit der Höhe abfällt. Unter anderem bedeutet das auch, daß die Erdatmosphäre
nach außen prinzipiell keine Grenzen hat.

Aus Gl. (1.19) erhält man für eine Lufttemperatur von 0 °C und eine Höhe $h = 5.5$ km:

$$\frac{p}{p_0} = e^{-0.689} \approx 0.5 \tag{1.20}$$

Es gilt also die Faustregel, daß der Druck alle 5.5 km auf die Hälfte seines Wertes abfällt. Die
barometrische Höhenformel ist für die Beschreibung der Druckverhältnisse der Erdatmosphäre bis
zu einer Höhe über dem Meeresspiegel von ungefähr 70 km recht gut geeignet. Bei größeren Höhen
treten deutliche Abweichungen auf. Der Grund hierfür liegt darin, daß in großen Höhen durch
Einwirkung hochenergetischer Strahlung O_2-Moleküle in Atome gespalten werden, so daß sich die
mittlere Molmasse der Luft verändert.

Verbunden mit dieser Strahlungsabsorption ist aber auch eine starke Temperaturzunahme ab Höhen von ca. 100 km, so daß auch die Annahme einer ungefähr konstanten Temperatur in diesem Bereich nicht mehr zutrifft. Der Temperaturverlauf als Funktion der Höhe h ist in Abb. 1-6 gezeigt. Daraus geht hervor, daß auch schon bei geringer Höhe die Temperatur nicht konstant ist. Der Temperaturverlauf läßt sich folgendermaßen deuten: Auf die Erdoberfläche treffen ständig energiereiche Sonnenstrahlen, die dort in langwellige, energieärmere Wärmestrahlen umgewandelt und wieder ins Weltall abgestrahlt werden. Folglich heizt sich die Erdoberfläche solange auf, bis die Abstrahlung an Wärmeenergie mit der eingestrahlten Energiemenge im Gleichgewicht steht, was bei einer mittlere Oberflächentemperatur von 288 K (15 °C) der Fall ist (näheres s. Abschnitt 2.2). Die im Mittel 15 °C warme Luft über der Erdoberfläche steigt nach oben, dehnt sich dabei ohne Wämeaustausch mit der Umgebung, d. h. adiabatisch aus, wobei sie sich gleichzeitig abkühlt. Daher nimmt die Temperatur mit zunehmender Höhe ständig ab.

Eine genaue Rechnung, die in Anhang 1 durchgeführt wird, ergibt für den Temperaturgradienten (dT/dh) folgenden Wert:

$$\frac{dT}{dh} = -0.0098 \quad \text{K/m} \tag{1.21}$$

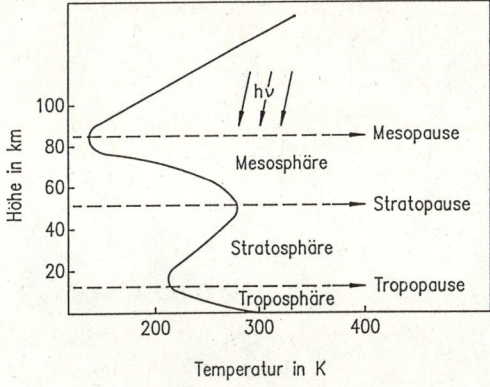

Abb. 1-6
Temperaturverlauf der Erdatmosphäre als Funktion der Höhe über dem Meeresspiegel

Nach dieser Gleichung nimmt die Temperatur pro km Höhe also um ca. 10 K ab. Dieser Wert gilt allerdings nur für trockene Luft. Enthält die Luft Wasserdampf, so bleibt er nur bis zu einer Höhe gültig, bei der der Kondensationspunkt des Wassers erreicht wird (Wolkenbildung!). Danach fällt die Temperatur langsamer ab, da die adiabatische Abkühlung durch freiwerdende Kondensationswärme des Wassers teilweise kompensiert wird. Im Mittel beträgt daher der Temperaturgradient dT/dh –6.0 K/km. Das entspricht in etwa dem in Abb. 1-6 gezeigten Verlauf.

Es fällt jedoch auf, daß sich der Temperaturverlauf in ca. 12, 50 und 80 km Höhe jeweils umkehrt. Die Höhenbereiche dieser Umkehrpunkte heißen *Pausen*, die dazwischenliegenden Schichten *Sphären*. So trennt die Tropopause in 12 km Höhe die Troposphäre (0–12 km) von der Stratosphäre (12–50 km). In Abb. 1-6 sind Mittelwerte für die gemäßigten Breiten angegeben. Die Höhe der Tropopause schwankt zwischen 18 km in den Tropen und 8 km an den Polkappen.

Für den Temperaturanstieg in der Stratosphäre ist die Ozonschicht der Erdatmosphäre verantwortlich. Sauerstoffmoleküle werden im Bereich zwischen 12 und 30 km durch Absorption von UV-Licht der Sonne in Atome gespalten und dann in Ozon umgewandelt (s. Kapitel 4). Bei der Lichtabsorption entsteht Wärme, d. h. die Atmosphäre heizt sich auf. In größeren Höhen, jenseits der Stratopause, sinkt die Temperatur in der Mesosphäre wieder ab, da hier praktisch kein Ozon mehr gebildet wird. Der erneute Temperaturanstieg ab etwa 90 km Höhe ist schließlich durch die Absorption sehr harten UV-Lichts bei der Ionisation durch Luftmoleküle verursacht. Infolge der hohen Energieaufnahme steigt die Temperatur der Atmosphäre hier bis zu 2000 °C.

Für das Klima und die Atmosphärenchemie der Spurenstoffe ergibt sich aus diesem Temperatur-profil eine wichtige Konsequenz für die Troposphäre und die Stratosphäre: Eine Gasschichtung, bei der die Temperatur mit der Höhe abnimmt, ist mechanisch nicht stabil, da die oben liegende Gas-schicht schwerer ist als die darunterliegende. So kommt es, daß warme Luft aufsteigt, sich abkühlt und aufgrund ihrer dabei zunehmenden Dichte wieder absinkt, d. h. in der Troposphäre herrscht ein ständiger Austausch von Luftmassen, den man *vertikale Konvektion* nennt. In der Stratosphäre dagegen ist die Luftschichtung stabil, weil Schichten mit höherer Temperatur und geringerer Dichte immer über den dichteren Schichten mit niedrigerer Temperatur liegen. Dementsprechend verteilen sich in der Troposphäre Gase und also auch Schadstoffe relativ schnell, während sie in der Strato-sphäre nur langsam durch molekulare Diffusion transportiert werden. Diese Tatsache spielt für die Schadstoffbelastung der Atmosphäre und die Verteilung der Schadstoffe eine wichtige Rolle.

2 Der Treibhauseffekt der Erdatmosphäre und sein Einfluß auf das Weltklima

> Die von Spurengasen bewirkten Klimaänderungen kündigen sich nicht spektakulär an, sondern treten im Verlauf von Jahrzehnten ganz allmählich in Erscheinung ... Die Klimaänderungen sind – abgesehen von einem Krieg mit Kernwaffen – eine der größten Gefahren für die Menschheit, eng verknüpft mit der übermäßigen Ressourcen-Nutzung und Umweltbelastung (...) und der Bevölkerungsexplosion der weniger entwickelten Nationen.

Dieses Zitat stammt aus einer gemeinsamen Erklärung der Deutschen Physikalischen Gesellschaft und der Deutschen Meteorologischen Gesellschaft, dem Aufruf „Warnung vor drohenden weltweiten Klimaänderungen durch den Menschen" [1], an der führende bundesdeutsche Klimatologen beteiligt waren. Wie kamen die Wissenschaftler zu dieser doch sehr erschreckenden Aussage, und welche Auswirkungen für das Leben auf der Erde haben wir zu befürchten? Um dieser Frage nachzugehen, ist es zunächst notwendig zu wissen, von welchen Faktoren die klimatischen Verhältnisse am Erdboden wie mittlere Jahrestemperatur, Wolkenbildung und Niederschläge sowie Hauptströmungsrichtungen der Luftmassen und der Meere abhängen. Die Hauptfaktoren sind:

- Intensität der Sonneneinstrahlung auf der Erde

- Zusammensetzung der Erdatmosphäre

In der jüngeren Erdgeschichte hat es offensichtlich immer wieder Schwankungen der **Einstrahlungsintensität** der Sonne gegeben, verursacht durch sich langsam ändernde Bahnparameter der die Sonne umkreisenden Erde. Dazu gehören z. B. die Exzentrizität der Erdbahn und der Neigungswinkel der Erdachse zur Umlaufachse. Aber auch Änderungen der Strahlungsintensität der Sonne selbst haben zu diesen Schwankungen beigetragen. Klimaschwankungen, wie sie sich durch das wechselnde Auftreten von Eiszeiten und Zwischeneiszeiten in der Vergangenheit bemerkbar machten, waren die Folge.

Der zweite Hauptfaktor, der für Klimaveränderungen verantwortlich ist, ist die Änderung der **Zusammensetzung der Erdatmosphäre**. Wir haben im vorigen Kapitel gesehen, daß die erdgeschichtliche Entwicklung der Atmosphäre zu einer Zusammensetzung ihrer gasförmigen Bestandteile geführt hat, die seit Millionen von Jahren bis vor ungefähr 150 Jahren weitgehend konstant geblieben ist. Das gilt nicht nur für ihre Hauptbestandteile Stickstoff und Sauerstoff, sondern auch für die Spurengase wie z. B. H_2O-Dampf, Ozon O_3, Distickstoffmonoxid N_2O und Methan CH_4. Verbunden mit wechselnden Eis- und Warmzeiten schwankten nur die Konzentrationen von CO_2 in einem gewissen Ausmaß. Hier ist es wichtig zu wissen, daß Veränderungen der Konzentrationen vor allem der Spurengase einen sehr wesentlichen Einfluß auf das globale Erdklima haben. Gerade weil diese Stoffe in sehr geringen Mengen in der Lufthülle enthalten sind, hat der Mensch z. B. durch seine industrielle Tätigkeit und dem damit verbundenen ständig ansteigenden Verbrauch fossiler Energie Einfluß darauf, diese Spurengaskonzentrationen und damit auch das Klima zu verändern.

Wir wollen uns nun mit diesem Einfluß und seinen physikalisch-chemischen Grundlagen beschäftigen sowie die Auswirkungen auf globale Temperatur- und Klimaverhältnisse erörtern, die diese klimarelevanten Spurengase haben. Dabei wird der sogenannte Treibhauseffekt im Mittelpunkt der Diskussion stehen.

2.1 Klimarelevante Spurengase

Die auf den Erdboden einfallende Sonnenstrahlung wird dort in Wärme umgewandelt und letztlich in Form von Wärmestrahlung im infraroten (IR) Spektralbereich wieder von der Erde in das Weltall abgestrahlt. Der größte Teil dieser Wärmestrahlung wird jedoch von einigen bestimmten Spurengasen wieder absorbiert und als Wärmeenergie in der Atmosphäre gespeichert. Diese wird als Wärmestrahlung zum Teil wieder zurück zur Erdoberfläche und zum Teil ins Weltall gestrahlt. Die Absorptionsfähigkeit der Spurengase im IR-Spektralbereich beeinflußt stark den Wärmehaushalt der Erdatmosphäre und damit auch das Klima und die Temperatur der Erdoberfläche. Die dafür verantwortlichen Spurengase werden daher als *klimarelevante Spurengase* bezeichnet, die mit einigen ausgewählten Eigenschaften in Tab. 2-1 aufgelistet sind.

Zu den wichtigsten klimarelevanten Spurengasen gehören CO_2, H_2O-Dampf, CH_4, N_2O und Ozon aber auch Substanzen wie die Fluorchlorkohlenwasserstoffe (FCKW), die in den vergangenen Jahrzehnten allein durch die Tätigkeit des Menschen in die Atmosphäre gelangt sind (s. auch Kapitel 4).

Wie wir noch sehen werden, bewirken Konzentrationsänderungen der Spurengase Änderungen der Temperatur und des Klimas auf der Erde. Wie es zu Konzentrationsänderungen kommen kann, ist folgendermaßen zu erklären: Alle Gase der Atmosphäre unterliegen einem Kreislauf, bei dem sich die Emissions- bzw. Entstehungsrate Q_i und die Ablagerungsrate (= Depositionsrate) bzw. chemische Abbaurate S_i des Spurengases i im stationären Zustand die Waage halten.

Es gilt dann $Q_i = -S_i = $ const., d. h. :

$$Q_i = \frac{dm_i}{dt} = V_A \frac{c_i}{t_{N_i}} \qquad (2.1)$$

Dabei ist m_i die Gesamtmenge des Spurengases i in der Atmosphäre, c_i ist dessen Konzentration und V_A das Atmosphärenvolumen. t_{N_i} ist die mittlere Verweildauer des Gases i in der Atmosphäre. Die Emissionsraten Q_i sind meistens durch chemische oder biochemische Prozesse bestimmt, z. B. bei CO_2 die Atmung (s. Gl. (1.14)) und die Verbrennung kohlenstoffhaltiger Brennstoffe. Die Depositionsraten S_i sind durch chemische und/oder physikalische Prozesse bestimmt, z. B. bei CO_2 durch die Photosynthese und die Absorption durch die Ozeane. Sind die Emissions- oder Depositionsraten und die Konzentration eines Spurengases in der Atmosphäre bekannt, so kann nach Gl. (2.1) die mittlere Verweildauer t_{N_i} angegeben werden. Je größer t_{N_i} ist, desto homogener ist das Spurengas in der Atmosphäre verteilt. Je kürzer t_{N_i} ist, desto größer sind lokale Unterschiede der Konzentration. Die Konzentration ist dann meistens größer in der Nähe der entsprechenden Emissionsquelle. Beispielsweise hat das troposphärische Ozon eine relative geringe mittlere Verweildauer, seine Konzentration ist dort am größten, wo es auch vor allem emittiert, d. h. photochemisch erzeugt wird, nämlich in der Nähe von Industrieballungszentren.

Aus den Daten in Tab. 2-1 erkennt man nun aber, daß die Spurengaskonzentrationen der Erdatmosphäre nicht mehr im stationären Gleichgewicht sind, sondern daß die Emissions- bzw. Entstehungsraten die Depositions- bzw. Abbauraten übertreffen, mit Ausnahme des stratosphärischen Ozons. Das hat einen Anstieg der Konzentration dieser Gase in der Atmosphäre zur Folge.

Es ist unbestreitbar, daß diese Nichtgleichgewichtssituation durch Aktivitäten des Menschen herbeigeführt worden ist. Falls diese Tendenz anhält, wird sie zu einer weiteren dramatischen Erhöhung der Spurengaskonzentration führen und ebenso dramatische Änderungen des Klimas und der Lebensbedingungen auf unserem Planeten nach sich ziehen. Wenn man bedenkt, daß nachweislich die Konzentration des atmosphärischen CO_2 während der letzten 500000 Jahre in langsamen Perioden zwischen 200 ppm (in den großen Eiszeiten) und 300 ppm (Zwischeneiszeiten) geschwankt hat, wir aber innerhalb von nur 150–200 Jahren den Wert von ca. 280 ppm auf derzeit fast 350 ppm erhöht

Tabelle 2-1 Eigenschaften klimarelevanter Spurengase

Spurengase	Quellen anthropogene	natürliche	Senken	mittlere Verweilzeit	Konzentration** vorindustriell	derzeit	Änderung in % pro Jahr
CO_2	fossile Brennstoffe, Wald-rodungen	Respiration	Photosynthese, Absorption durch Ozean	6-10ᵃ	280 ppm	350 ppm	+ 0.4
H_2O-Dampf (Troposphäre)	vernachlässigbar gering	Verdampfung aus Gewässern	Niederschlag	10ᵈ	10 ppm-2 %	10 ppm-2 %	± 0
H_2O-Dampf (Stratosphäre)	Flugzeugemissionen	Verdampfung aus Gewässern	Niederschlag	2ᵃ	2 ppm	2 ppm	± 0
O_3 (Troposphäre)	Photochemie von Kfz-Abgasen	photochemische Prozesse	Oxidationsprozesse	30-90ᵈ	< 0.01 ppm	0.03 ppm	+ 1.0
O_3 (Stratosphäre)	keine	Photochemie aus Absorption der UV-Strahlung der Sonne	photochemische Prozesse	1-2ᵃ	8-10 ppm	5-10 ppm	- 0.4
N_2O	Stickstoffdüngung	Bakterielle Aktivität	Photochemie in Stratosphäre	150-200ᵃ	0.29 ppm	0.32 ppm	+ 0.25
CH_4	Reisanbau, Viehhaltung, Mülldeponien	Bakterien (anaerob), Waldbrände	photochemische Oxidation in Troposphäre	4-7ᵃ	0.7 ppm	1.65 ppm	+ 1.5
FCKW (gesamt)	Treib-, Kühl-, Lösungs- und Schäummittel	keine	Photochemie in Stratosphäre	50-100ᵃ	0	0.3 ppb	+ 4.0
NH_3	Viehhaltung, Düngung, Kläranlagen	Bakterielle Aktivität	photochemische Oxidation	7-14ᵈ	k. A.	0.1 ppb	k. A.
CO	Verbrennung fossiler Brennstoffe	Oxidation von Kohlenwasserstoffen, Waldbrände	Photochemie in Troposphäre	2-6ᵐ	k. A.	50-200 ppb	+ 1.5

Volumenanteile ppm = parts per million (10^{-6}); ppb = parts per billion (10^{-9})
ᵃ = Jahr, ᵈ = Tag, ᵐ = Monat

Quelle: [2, 3]

Korrekturblatt zu A. Heinz/ G. A. Reinhardt, **Chemie und Umwelt**, 3. Auflage 1993.
Friedr. Vieweg & Sohn, Braunschweig/Wiesbaden. ISBN 3-528-26349-0
Tabelle 2-1, Seite 23, lautet korrekt wie folgt:

haben durch Verbrennung fossiler Brennstoffe wie Kohle, Öl und Erdgas sowie durch Abholzen der Regenwälder, kann man geradezu von einem explosionsartigen Anstieg sprechen. Eine solch hohe CO_2-Konzentration hat es wahrscheinlich während der letzten 1–2 Millionen Jahre nie gegeben! Abb. 2-1, (s. S. ??) zeigt den Konzentrationsverlauf von CO_2 während der letzten 200 Jahre mit dem deutlich beschleunigten Anstieg seit Beginn der Industrialisierung Mitte des 19. Jahrhunderts.

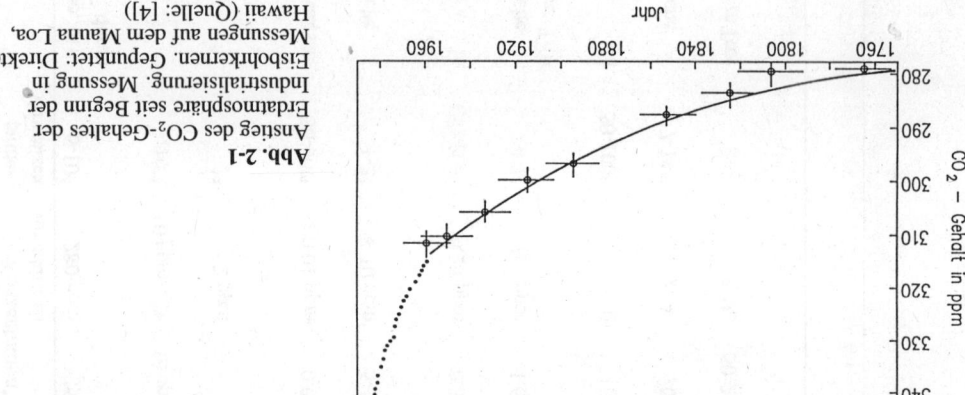

Abb. 2-1 Anstieg des CO_2-Gehaltes der Erdatmosphäre seit Beginn der Industrialisierung. Messung in Eisbohrkernen. Gepunktet: Direkte Messungen auf dem Mauna Loa, Hawaii (Quelle: [4])

Tabelle 2-2 Daten zur CO_2-Emission ausgewählter Länder (1987)

Land	10^6 t pro Jahr	t pro Kopf u. Jahr	t/TJ	Anteil weltweit
USA	4766	19.7	68.9	23.8 %
UdSSR	3737	13.2	k. A.	18.6 %
VR China	2030	1.9	k. A.	10.1 %
BRD + DDR	1067	13.7	81.5	5.3 %
BRD	715	11.7	76.4	3.6 %
DDR	352	21.2	94.3	1.8 %
Großbritannien	676	11.9	84.9	3.4 %
Polen	478	12.7	91.2	2.4 %
Frankreich	384	6.9	79.1	1.9 %
Spanien	189	4.9	81.0	0.9 %
Österreich	55	7.2	72.1	0.3 %
Schweiz	42	6.4	75.8	0.2 %
Quelle: [5, 6]				

An dem derzeitigen Anstieg sind die einzelnen Länder in unterschiedlichem Maß beteiligt. Tab. 2-2 (s. S. 24) listet für einige ausgewählte Staaten deren jährliche mit der Nutzung von Energie verbundenen CO_2-Emissionen auf, sowie deren Anteile an den weltweit emittierten Mengen. Die Industrieländer, in denen nur ein Viertel der Weltbevölkerung lebt, emittieren ungefähr drei Viertel der globalen CO_2-Menge. Allein die USA sind für ca. ein Viertel der globalen CO_2-Emissionen verantwortlich und weisen heute die höchste pro-Kopf Emission an CO_2 auf. Sie wird nur noch übertroffen von der der ehemaligen DDR. Das liegt vor allem an der besonders schlechten Effizienz der Energienutzung in der ehemaligen DDR. Die in Tab. 2-2 angegebenen energiebezogenen Werte

(Tonnen pro Tera-Joule) sind bezogen auf den Verbrauch **fossiler** Primärenergieträger und machen die Effizienz der Energienutzung deutlicher als die pro-Kopf Angaben. Der gesamte Energieverbrauch eines Landes spiegelt sich darin allerdings nicht wider, da von Land zu Land unterschiedliche Anteile der Energieerzeugung auf Kernkraftwerke entfallen, die praktisch als CO_2-emissionsfrei gelten.

Tabelle 2-3 Energiebedingte CO_2-Emissionen für die Bundesrepublik (alte Bundesländer) im Jahr 1987 aufgeteilt nach Verursachern in Prozent

Verursacher	%
Elektrizitätswirtschaft	36
Verkehr	20
Industrie	18
Haushalte	16
Kleinverbraucher/sonstige	10
gesamt	100
Quelle: [5]	

Wie sich die CO_2-Emissionen auf die verschiedenen Verursachergruppen aufteilen, zeigt Tab. 2-3 exemplarisch für die Bundesrepublik.

CO_2 ist nicht das einzige klimarelevante Spurengas mit einem so markanten Konzentrationsanstieg in der Atmosphäre. Wir wollen noch die Entwicklungen von zwei weiteren wichtigen Spurengasen näher erläutern, nämlich die von Ozon und die von Methan.

Das Ozon der Troposphäre gehört zu den Spurengasen mit einer relativ kurzen Lebensdauer. Daher gibt es in der Troposphäre lokal sehr unterschiedliche Änderungen der Konzentration.

Während im Mittel die troposphärische O_3-Konzentration zunimmt, nimmt sie in der Stratosphäre tendentiell ab. In Abb. 2-2 ist der Luftdruck, der hier als Höhenmaß über dem Erdboden dient, als Funktion der Konzentrationsänderungen von Ozon in % gezeigt einschließlich extrapolierter Kurven bis zum Jahr 2050 [7]. Wie in Tab. 2-1 vermerkt, erhöht sich der O_3-Gehalte in der Troposphäre, in der die absolute Ozonkonzentration relativ gering ist, durch photochemische Sekundärreaktionen der Abgase von Verbrennungsmotoren (Näheres s. Kap. 3), während in Höhen zwischen 15 und 50 km, in denen sich 90 % des gesamten atmosphärischen Ozons befindet, die Konzentration bereits nachweislich zurückgegangen ist und wahrscheinlich weiterhin zurückgeht, hauptsächlich durch die Einwirkung von FCKW (Näheres s. Kap. 4). Damit verbunden sind die ebenfalls in Abb. 2-2 dargestellten Temperaturänderungen, die in Erdbodennähe zunehmende und in höheren Atmosphärenbereichen abnehmende Tendenz zeigen.

Abb. 2-3 zeigt die Situation beim Methan: Ausgehend von 0.7 ppm um das Jahr 1500 wird eine exponentielle Zunahme von Methan beobachtet mit einem dramatischen Anstieg seit Mitte des 19. Jahrhunderts. Die Kurve ist gemittelt über Konzentrationsdaten, die aus der Untersuchung von Eisbohrkernen aus Grönland und der Antarktis stammen, wobei eingeschlossene Luftbläschen analysiert wurden. Die Tiefe der Bohrproben dient dabei als erdgeschichtlicher Zeitmaßstab. Aufschlußreich ist der Vergleich der Wachstumsraten von Weltbevölkerung und Methangehalt in der Atmosphäre. Abb. 2-4 zeigt einen linearen Zusammenhang beider Größen. Das ist ein deutlicher Hinweis auf den anthropogenen Ursprung des exponentiellen Methananstieges, der seine Ursache in einer parallel zur Weltbevölkerung anwachsenden Menge an Nahrungsmitteln hat, wie z.B. die von Reis oder des Viehbestandes, beides Quellen für die Methanemission (vgl. Tab. 2-1). Sowohl in den Verdauungsorganen von Wiederkäuern als auch in den Reissümpfen finden sich ideale Lebensbedingungen für anaerob arbeitende Bakterien, die Methan produzieren.

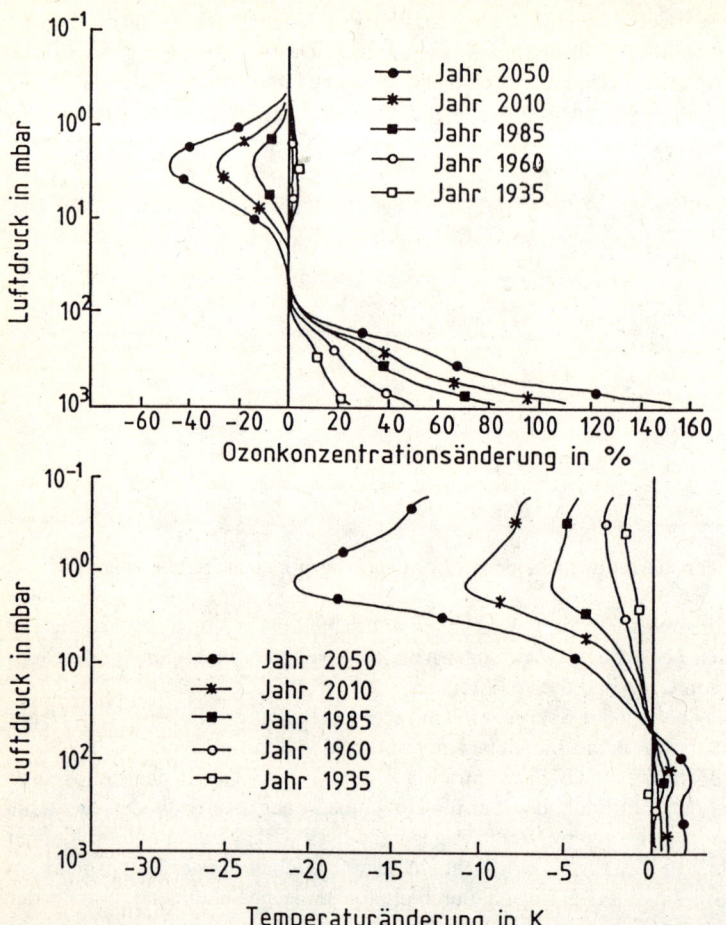

Abb. 2-2 Berechnete mittlere Ozonkonzentrations- und Temperaturänderungen bei gemeinsamer Wirkung von CO_2, CH_4, FCKW und N_2O bezogen auf die vorindustrielle Atmosphäre (Quelle: [8])

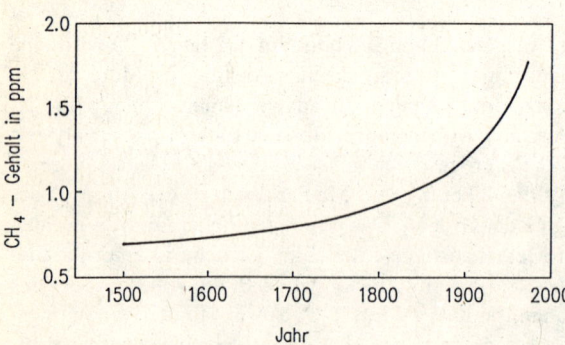

Abb. 2-3
Konzentrationszunahme von Methan in der Atmosphäre (Quelle: [3])

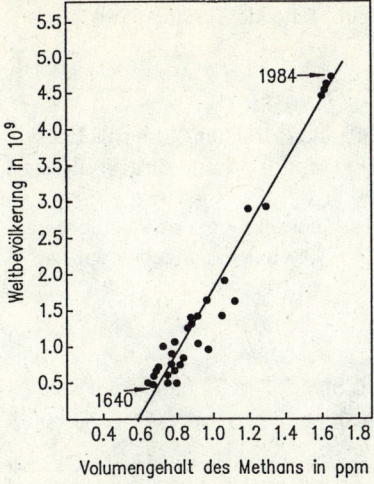

Abb. 2-4
Linearer Zusammenhang zwischen dem Wachstum der
Weltbevölkerung und der Zunahme der Methankonzentration in
der Atmosphäre (Quelle: [3])

2.2 Strahlungsbilanz und Energiehaushalt der Erde

Die Temperatur der Erdoberfläche und der unteren Atmosphäre wird bestimmt durch den Energiefluß, der mit der einfallenden Sonnenstrahlung die Erdoberfläche erreicht. Sie wird dort zu einem kleinen Teil in sogenannte latente Wärme umgewandelt und in dieser Form an die Atmosphäre abgegeben. Dazu gehört beispielsweise das Verdampfen von Wasser an der Erdoberfläche, welches dann in höheren Schichten der Atmosphäre wieder kondensiert. Der überwiegende Teil wird jedoch in Form von Wärmestrahlung im infraroten (IR) Spektralbereich wieder von der Erde in das Weltall abgestrahlt. Der größte Teil dieser Wärmestrahlung wird aber zunächst von den klimarelevanten Gasen, von denen im vorigen Abschnitt die Rede war, wieder absorbiert und als Wärmeenergie gespeichert. Diese Gase strahlen die aufgenommene Energie wieder in alle Richtungen als Wärme ab, d. h. teils in den Weltraum und teils zurück zur Erde. Dadurch entsteht insgesamt eine Art „Wärmestau", der im stationären Zustand die Erdoberfläche und die Atmosphäre natürlich stärker aufheizt, als dies ohne absorbierende Spurengase der Fall wäre. Genauer betrachtet heizt sich dabei aber nur der untere Teil der Troposphäre auf, während die höheren Atmosphärenschichten (Stratosphäre) eher abkühlen. Die wärmestauende Wirkung dieser Gase ähnelt der eines Treibhauses – daher spricht man auch von einem *Treibhauseffekt* und bezeichnet die dafür verantwortlichen Spurengase auch als *Treibhausgase*.

Zum besseren Verständnis des Treibhauseffektes wollen wir zunächst die Strahlungsbilanz und deren Zusammenhang mit der Temperatur auf der Erdoberfläche näher untersuchen. Nach dem Gesetz von Stefan und Boltzmann strahlt ein Körper mit der Temperatur T (in Kelvin) pro Fläche und Zeiteinheit die Energie σT^4 ab, wobei σ die sogenannte Stefan-Boltzmann-Konstante ist ($\sigma = 5.67 \cdot 10^{-8}$ W·m^{-2}·K^{-4}). Diese Beziehung gilt streng nur für sogenannte *schwarze Strahler*, die in allen Wellenlängenbereichen Strahlung vollständig absorbieren und wieder emittieren. Die Sonne und auch die Erdoberfläche können in guter Näherung als schwarze Strahler behandelt werden.

Die Sonne strahlt eine Leistung L_S von $3.88 \cdot 10^{26}$ W aus. Aus dem Stefan-Boltzmann-Gesetz folgt mit

$$L_S = \sigma \cdot T_S^4 \cdot 4\pi r_S^2 \tag{2.2}$$

eine Oberflächentemperatur T_S der Sonne von 5700 K. Dabei ist r_S der Sonnenradius ($r_S = 7 \cdot 10^8$ m). Die Intensität der Sonnenstrahlung beträgt im Abstand a von der Sonne nur noch $L_S/4\pi a^2$. Wenn a die mittlere Entfernung zwischen Sonne und Erde ist ($a = 1.5 \cdot 10^{11}$ m), so ist die auf die Projektionsfläche (Wirkungsquerschnitt) der Erde πr_E^2 (r_E = Erdradius = $6.371 \cdot 10^6$ m) fallende Energie I pro Zeit:

$$I = \frac{L_S}{4\pi a^2} \cdot \pi r_E^2 \cdot (1 - A) \tag{2.3}$$

Dabei ist in Gl. (2.3) berücksichtigt, daß ein Bruchteil A der einfallenden Strahlung, ohne als Energie von der Erde und ihrer Atmosphäre aufgenommen zu werden, direkt in den Weltraum zurückreflektiert wird. A ist die sogenannte *Albedo*; sie hat bei der Erde den Wert 0.3.

Unter der Annahme, daß alle auf der Erde eingefallene und absorbierte Energie in Wärme umgewandelt wird und als Strahlung von der gesamten Erdoberfläche ($4\pi r_E^2$) wieder abgegeben wird, muß im stationären Strahlungsgleichgewicht gelten:

$$4\pi r_E^2 \cdot T_E^4 \cdot \sigma = S_0 \cdot \pi r_E^2 (1 - A) \tag{2.4}$$

Dabei ist T_E die Strahlungsgleichgewichtstemperatur der Erde, und $L_S/4\pi a^2$ haben wir mit S_0 abgekürzt. S_0 ist die sogenannte Solarkonstante der Erde. Sie beträgt 1372 W/m^2. Gl. (2.4) ergibt nun nach T_E aufgelöst:

$$T_E = \sqrt[4]{\frac{(1 - A)}{\sigma} \cdot \frac{S_0}{4}} = 255 \quad \text{K} \tag{2.5}$$

Die Strahlungsgleichgewichtstemperatur der Erde T_E beträgt also nach dieser Rechnung 255 K = $-18\,^\circ$C. Das entspricht ungefähr der Temperatur, die man mit Hilfe von Satellitenmessungen als effektive Strahlungstemperatur der Erdatmosphäre beobachtet. Aber dieser Wert ist deutlich niedriger als die tatsächliche mittlere Temperatur T_0 an der Erdoberfläche, denn diese beträgt 288 K = $+15\,^\circ$C! Die Differenz $T_0 - T_E = 33$ K ist die Folge des *natürlichen Treibhauseffekts*.

Wir wollen uns im folgenden noch etwas detaillierter mit der Ursache des natürlichen Treibhauseffektes beschäftigen. Zum besseren Verständnis betrachten wir zunächst Abb. 2-5, in der die spektrale Intensitätsverteilung für die einfallende Sonnenstrahlung und für die von der Erde abgegebene Strahlung dargestellt ist. In der linken oberen Bildhälfte ist die Intensitätsverteilung der solaren Einstrahlung außerhalb der Erdatmosphäre gezeigt. Diese Kurve begrenzt die Fläche A. Ihr Maximum liegt im Bereich des sichtbaren Spektrums (0.4–0.8 μm). Sie entspricht der eines schwarzen Strahlers mit 5700 K, das ist die effektive Temperatur der Sonnenoberfläche. Die Intensitätskurve, die die Fläche A begrenzt, liegt tiefer, da durch Reflexion und Absorption vor allem durch Ozon O_3 unterhalb 0.3 μm und durch H_2O im nahen IR-Bereich (0.9–2 μm) die Sonneneinstrahlung geschwächt wird. Die Fläche A ist die gesamte einfallende Strahlungsintensität am Erdboden. Die rechte obere Bildhälfte zeigt die spektrale Intensitätsverteilung der terrestrischen Ausstrahlung bei 255 K, der Strahlungsgleichgewichtstemperatur der Erde. Sie liegt im IR-Bereich. Die tatsächliche spektrale Verteilung der von der Erde nach außen abgestrahlten Energie pro Fläche und Zeit entspricht der die Fläche B begrenzenden Kurve. Sie weicht erheblich von der Kurve ohne Absorption ab. Der Grund liegt darin, daß die Strahlung, die im wesentlichen vom Erdboden und tiefen Schichten der Atmosphäre ausgeht, durch die Spurengase der darüberliegenden Luftschichten absorbiert wird. Im Strahlungsgleichgewicht der Erde muß die schraffierte Fläche A gleich der schraffierten Fläche B sein.

In der unteren Bildhälfte der Abb. 2-5 sind die Absorptionsspektren der drei wichtigsten Treibhausgase der Atmosphäre dargestellt. H_2O und O_3 absorbieren sowohl im Sonnenspektralbereich als auch im IR-Abstrahlungsbereich der Erde. Beide Gase tragen daher in entgegengesetztem Sinn zum Treibhauseffekt bei: O_3 leistet sowohl in negativer Weise in der Stratosphäre durch Absorption des Sonnen-UV-Lichtes (kleiner 0.3 μm) als auch in positiver Weise in der Troposphäre durch seine Absorptionsbanden im IR-Bereich Beiträge zum Treibhauseffekt. Beim H_2O überwiegt der positive

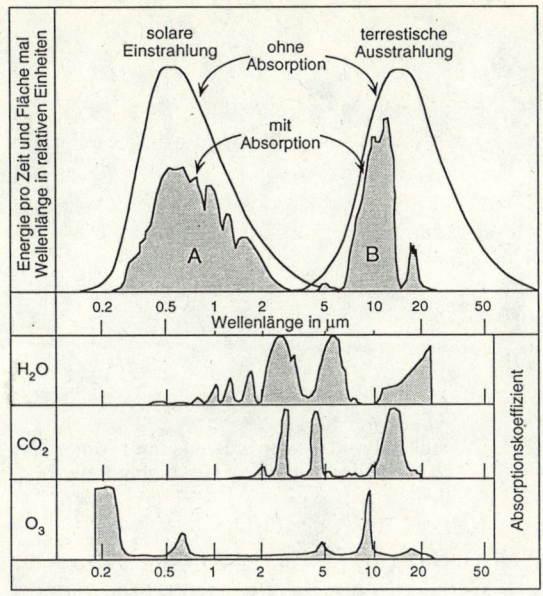

Abb. 2-5
Spektrale Strahlungsflußdichte der solaren
Einstrahlung und terrestrischen Ausstrahlung. Absorptionsspektren der Spurengase
H_2O, CO_2 und O_3

Beitrag. CO_2 zeigt praktisch nur Absorptionsbanden im IR-Bereich der Abstrahlung und ist daher
ein typisches Treibhausgas. Auch die sogenannten Fluorchlorkohlenwasserstoffe (FCKW) (siehe
Kap. 4), die ausschließlich anthropogenen Ursprungs sind, zählen zu den wichtigen Treibhausgasen.
Ihr Absorptionsbereich liegt zwischen 9 und 14 μm.

Wir wollen nun die Absorptionseigenschaften der Atmosphäre in Zusammenhang bringen mit der
Strahlungsbilanz der Erde, die in Abb. 2-6 schematisch dargestellt ist. Beim ersten Lesen können die
folgenden Abschnitte übergangen und bei Gl. (2.15), dem Ergebnis des Modells der Strahlungsbilanz
der Erde, weitergelesen werden.

Wir verwenden relative Einheiten der Strahlungsintensität, so daß die auf die gesamte Erdoberfläche
gemittelte, einfallende Strahlungsintensität $S_0/4$ gerade 100 relative Einheiten beträgt. Davon werden
insgesamt 30 Einheiten, nämlich $\frac{S_0}{4} \cdot A$, reflektiert (26 durch Wolken, Luftmoleküle und Aerosole
und 4 durch die Erdoberfläche). Weitere 25 Einheiten werden in der Atmosphäre absorbiert, vor
allem durch O_3 und H_2O. Von den 49 Einheiten, die den Erdboden erreichen, werden 4 Einheiten
reflektiert, so daß 45 Einheiten übrig bleiben ($= \tau_K \cdot \frac{S_0}{4}(1 - A)$). τ_K, der Transmissionskoeffizient für
die kurzwellige Sonnenstrahlung, bezeichnet dabei den Bruchteil der nicht reflektierten Strahlung,
der den Erdboden erreicht.

Die Ausstrahlungsbilanz sieht folgendermaßen aus: Die erwärmte Erde gibt 112 relative Einheiten
in Form von Wärmestrahlung (σT_0^4) an die Atmosphäre ab. Weitere 29 Einheiten werden in Form
von konvektivem Wärmefluß und latenter Wärme (Verdunstungswärme von Wasser), zusammen als
Φ_H bezeichnet, abgegeben. Der Anteil der direkt ins Weltall abgestrahlten Wärmeleistung ($\tau_A \cdot \sigma T_0^4$)
beträgt nur 4 Einheiten, wobei τ_A der Transmissionskoeffizient der Wärmestrahlung ist, also den
Bruchteil der nicht reflektierten Strahlung bezeichnet, der ungehindert in das Weltall entweicht.

Die Atmosphäre strahlt nun ihrerseits entsprechend einer mittleren Temperatur T_A in **beide** Rich-
tungen Wärme ab, also zurück zum Boden ($\epsilon_A^- \cdot \sigma T_A^4$) und hinaus ins Weltall ($\epsilon_A^+ \cdot \sigma T_A^4$). ϵ_A^- und ϵ_A^+
sind die Emissionskoeffizienten für die beiden Strahlungsrichtungen. Die Werte der Emissionsko-

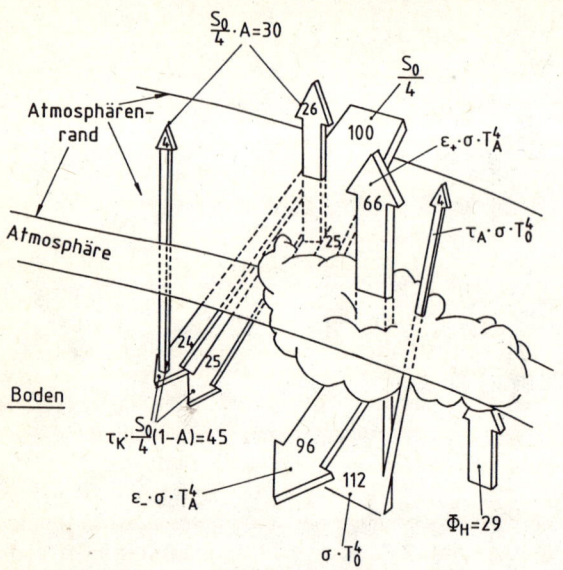

Abb. 2-6
Strahlungsbilanz der Erde und ihrer Atmosphäre in relativen Einheiten. (Erklärung siehe Text) (Quelle: [9])

effizienten liegen zwischen 0 und 1, und es gilt allgemein $\epsilon_A^- > \epsilon_A^+$. Das liegt daran, daß sich die Temperatur der Atmosphäre mit der Höhe ändert. Wäre die Atmosphäre isotherm, d. h. wäre der Temperaturgradient gleich Null, so würde $\epsilon_A^- = \epsilon_A^+$ gelten. Der Grund dafür wird in Anhang 2 näher erläutert.

Aufgrund des Schemas von Abb. 2-6 können wir jetzt zwei Energieflußbilanzen aufstellen, eine für den oberen Atmosphärenrand und eine für den Erdboden. Unter der Voraussetzung, daß ein stationäres Strahlungsgleichgewicht vorliegt, gilt für den Atmosphärenrand, daß die einfallende Strahlungsleistung (Pfeilrichtung nach unten) gleich der Summe der austretenden Strahlungsleistungen (Pfeilrichtung nach oben) sein muß. Es gilt also:

$$\frac{S_0}{4} = \frac{S_0}{4} \cdot A + \epsilon_A^+ \cdot T_A^4 \cdot \sigma + \tau_A \cdot \sigma \cdot T_0^4 \tag{2.8}$$

Entsprechend lautet die Bilanz am Erdboden:

$$\tau_K \cdot \frac{S_0}{4}(1 - A) + \epsilon_A^- \cdot T_A^4 \cdot \sigma = \Phi_H + \sigma \cdot T_0^4 \tag{2.9}$$

Man überprüft leicht anhand der in Abb. 2-6 angegebenen Zahlenwerte, daß die Gl. (2.8) (100 = 30 + 66 + 4) und Gl. (2.9) (45 + 96 = 29 + 112) erfüllt sind, d. h. insgesamt nimmt die Erde genau soviel Strahlungsenergie auf, wie auch wieder abgegeben wird, nämlich 70 % der einfallenden Sonneneinstrahlungsleistung. Aus den Gln. (2.8) und (2.9) läßt sich nun die Größe $\sigma \cdot T_A^4$ eliminieren und man kann nach T_0 auflösen:

$$T_0 = T_E \cdot \sqrt[4]{\frac{\tilde{\epsilon} + (1 - \alpha) \cdot \tau_K}{1 + \tau_A \cdot \tilde{\epsilon}}} \tag{2.10}$$

Hierbei haben wir entsprechend Gl. (2.5) den Term $\sqrt[4]{\frac{S_0}{4}(1 - A)/\sigma}$ durch T_E ersetzt und $\epsilon_A^-/\epsilon_A^+$ mit $\tilde{\epsilon}$ abgekürzt. Der Faktor α ist das Verhältnis von Φ_H zu $\tau_K \cdot \frac{S_0}{4} \cdot (1 - A)$. Die Größen τ_K, τ_A, α und $\tilde{\epsilon}$ lassen sich aus den in Abb. 2-6 angegebenen Prozentzahlen für die verschiedenen Strahlungs- bzw. Energieflüsse berechnen. Es gilt:

$$\tau_K = \tau_K \cdot \tfrac{S_0}{4}(1-A)/\tfrac{S_0}{4}(1-A) = \frac{45}{70} = 0.643 \tag{2.11}$$

$$\alpha = \Phi_H/[\tau_K \cdot \tfrac{S_0}{4}(1-A)] = \frac{29}{45} = 0.644 \tag{2.12}$$

$$\tau_A = \tau_A \cdot \sigma \cdot T_0^4/\sigma \cdot T_0^4 = \frac{4}{112} = 0.036 \tag{2.13}$$

$$\tilde{\epsilon} = (\epsilon_A^- \cdot \sigma T_A^4)/(\epsilon_A^+ \cdot \sigma T_A^4) = \frac{96}{66} = 1.455 \tag{2.14}$$

wobei wir für die Albedo $A = 0.3$ eingesetzt haben. Einsetzen der Zahlenwerte aus den Gln. (2.11) bis (2.14) in Gl. (2.10) ergibt mit $T_E = 255$ K (s. Gl. 2.5):

$$T_0 = T_E \cdot \sqrt[4]{1.60} = 287\,\mathrm{K} \tag{2.15}$$

Der mit diesem Modell aus der Strahlungsbilanz der Erde mit Gl. (2.10) berechnete Wert für T_0 ist also praktisch identisch mit dem tatsächlich beobachteten Wert für die mittlere Oberflächentemperatur von 288 K. Mit Hilfe von Gl. (2.10) kann der natürliche Treibhauseffekt also prinzipiell erklärt werden. Sie kann auch benutzt werden, um wenigstens qualitativ abzuschätzen, was geschieht, wenn sich die Spurengaskonzentrationen erhöhen. Dazu benötigt man die exakte Beschreibung des weiter oben schon eingeführten Transmissionskoeffizienten τ_A für die Wärmestrahlung, der folgendermaßen definiert ist (vgl. auch Anhang 2):

$$\tau_A = \exp\left[-\int_0^\infty \kappa \cdot \rho \cdot dz\right] \tag{2.16}$$

ρ stellt die gemittelte Dichte aller Spurengase der Atmosphäre dar. κ kann als effektiver Absorptionskoeffizient bezeichnet werden und ist ein Mittelwert über alle Wellenlängen der Wärmestrahlung und verschiedenen Konzentrationen der Spurengase. Er hängt von der spektralen Intensitätsverteilung der Wärmestrahlung (Plancksche Funktion) ab und auch davon, an welcher Stelle im Spektrum die einzelnen Spurengase i absorbieren, d. h. wie die einzelnen κ_i von der Wellenlänge abhängen. Zu beachten ist, daß nicht grundsätzlich $\kappa \cdot \rho = \sum \kappa_i \rho_i$ gilt. Diese Schreibweise ist nur gültig, wenn die einzelnen Banden, bei denen Strahlung absorbiert wird, im Spektrum voneinander getrennt sind. Ist das nicht der Fall, und kommt es zur Bandenüberlappung, so ist die einfache Addition der $\kappa_i \rho_i$-Werte unzulässig. Im allgemeinen gilt, daß zwei Spurengase, deren Banden sich nicht überlappen, eine stärkere Absorption zeigen, als wenn die beiden Banden überlappen. Dennoch bleibt gültig, daß eine Erhöhung der einzelnen Spurengasdichten ρ_i den τ_A-Wert nach Gl. (2.16) auf jeden Fall erniedrigt. Daraus resultiert nach Gl. (2.10) eine Erhöhung von T_0. Obwohl τ_A im Falle des natürlichen Treibhauseffektes nur einen Wert von 0.036 hat, führt eine Erniedrigung dieses Wertes zu einem erheblich höheren T_0, als man nach Gl. (2.10) auf den ersten Blick annehmen sollte, da eine Erniedrigung von τ_A gleichzeitig auch zu einer Erhöhung von $\tilde{\epsilon}$ führt, da $\tilde{\epsilon}$ von τ_A abhängig ist. Beispiele dazu werden in Anhang 2 gegeben.

Tabelle 2-4 Anteile der einzelnen Spurengase am natürlichen Treibhauseffekt

	H$_2$O-Dampf	CO$_2$	O$_3$ (Trop.)	N$_2$O	CH$_4$	Rest
Temperaturbeitrag ΔT_i in K ($\sum_i \Delta T_i = 33$ K)	20.6	7.2	2.4	1.4	0.8	0.6
ΔT_i in %	62.4	21.8	7.3	4.3	2.4	1.8

Quelle: [3]

Mit Hilfe detaillierter Modellrechnungen kann man angeben, wieviel Grad die einzelnen Spurengase mit ihrer derzeitigen Konzentration zum natürlichen Treibhauseffekt von 33 K beitragen [3]. Die Ergebnisse sind in Tab. 2-4 dargestellt. Diesen Daten entnimmt man, daß H_2O-Dampf (einschließlich der Wolken) und CO_2 den Hauptbeitrag zum natürlichen Treibhauseffekt leisten. In den Ergebnissen ist unberücksichtigt, daß H_2O und O_3 auch den Transmissionskoeffizienten τ_K der Sonnenstrahlung beeinflussen, da beide Stoffe im Spektralband des Sonnenlichtes absorbieren. Auch die Albedo hängt wegen der Wolkenbildung vom H_2O-Dampfgehalt der Atmosphäre ab. Da eine Erhöhung der atmosphärischen Konzentration von H_2O und O_3 sowohl zu einer Erhöhung der Albedo (durch H_2O) als auch zu einer Erniedrigung von τ_K und τ_A (durch H_2O und O_3) führt, während CO_2, CH_4 und N_2O nur τ_A beeinflussen, sind genaue Berechnungen, wie sie zur Ermittlung der in Tab. 2-4 angegebenen Daten durchgeführt wurden, recht aufwendig und erfordern die genaue Kenntnis des Absorptionsspektrums, d. h. die Wellenlängenabhängigkeit des Absorptionskoeffizienten κ_i der einzelnen Spurengase. Die größte Unsicherheit bei diesen Berechnungen entsteht allerdings durch die Schwierigkeit, mögliche Änderungen des Wasserhaushaltes (Wolkenbildung und damit Änderung der Albedo) abzuschätzen. Dennoch können von den Meteorologen unter bestimmten Voraussetzungen recht genaue Voraussagen darüber gemacht werden, was geschieht, wenn sich die Konzentrationen der klimarelevanten Spurengase in der Atmosphäre erhöhen, und vor allem, welche Klimaänderungen dadurch in den kommenden Jahrzehnten zu erwarten sind.

2.3   Folgen eines anwachsenden Treibhauseffektes

Eine direkte Auswirkung einer weiter steigenden Konzentration an Treibhausgasen in der Erdatmosphäre ist die Erhöhung der mittleren Temperatur T_0 am Erdboden. Eine gewisse Unsicherheit in der Voraussage, um wieviel Grad sich die Temperatur in 50 oder 100 Jahren erhöht haben wird, liegt nicht nur an der Ungenauigkeit der wissenschaftlichen Voraussagemöglichkeiten, sondern vor allem an einer gewissen Unkenntnis darüber, wie sich die Erhöhung der klimarelevanten Spurengaskonzentrationen im Lauf der nächsten Jahrzehnte entwickeln wird. Da dies der entscheidende Punkt bei den Klimavoraussagen ist, wollen wir näher darauf eingehen.

H_2O-Dampf hat eine relativ kurze mittlere Verweilzeit in der Troposphäre mit starken lokalen Schwankungen (s. Tab. 2-1), sein Kreislauf (Verdunstung → Wolkenbildung → Niederschläge) wird schnell durchlaufen. Zusätzliche anthropogene Emissionen, etwa durch Verbrennung, sind angesichts der relativ großen Mengen an H_2O-Dampf, die umgesetzt werden, nicht bedeutend und würden zudem durch zusätzliche Niederschläge (H_2O-Senken) ausgeglichen werden. Die mittlere Konzentration dürfte sich daher allein durch zusätzliche Emission kaum ändern. Langfristig könnte sich allerdings sehr wohl der Wasserdampfgehalt der Atmosphäre mit zunehmender Temperatur erhöhen, da der Dampfdruck einer Flüssigkeit mit steigender Temperatur zunimmt. Dadurch kann es zu einer Verstärkung des Treibhauseffektes kommen. Es handelt sich hierbei also um eine den Treibhauseffekt fördernde Rückkoppelung durch Zunahme von Temperatur und Bewölkung.

Auch von Flugzeugen emittierter Wasserdampf zählt zu den Spurengasen, die den Treibhauseffekt verstärken. Allein über dem Gebiet der Bundesrepublik (alte Bundesländer) betrug 1983 die flugzeugbedingte Wasserdampfemission $3.4 \cdot 10^6$ t, mit seither steigender Tendenz. Der in der Troposphäre durch Flugzeuge emittierte Wasserdampf trägt zu der Gesamtmenge des troposphärischen Wassers nur eine winzige, vernachlässigbare Menge bei, nicht aber im Bereich der Tropopause und der unteren Stratosphäre. Dort nämlich sublimiert der Wasserdampf bei entsprechend tiefen Temperaturen zu Eiskristallen, und es bilden sich Kondensstreifen, die in diesen Höhen Eiswolken, sogenannte *Cirruswolken* oder auch *Cirren*, bilden können.

Cirren tragen jedoch beträchtlich zum Treibhauseffekt bei, da sie die Sonnenstrahlung nahezu ungehindert zum Erdboden passieren lassen, die infrarote Wärmeabstrahlung der Erde aber sehr effektiv absorbieren. Die natürliche Cirrenbildung ist in Tab. 2-4 in dem Anteil des Beitrages des Wasserdampfes schon berücksichtigt. Zusätzliche Cirrenbildung bedingt durch Flugzeugemissionen können den Treibhauseffekt demnach grundsätzlich verstärken. Modellrechnungen ergaben, daß sich die Globaltemperatur bei einer 2 %igen Erhöhung des Bedeckungsgrades durch Cirruswolken um 1 K erhöht! Die Gefahr, daß eine solche Prognose zutrifft, kann nur dadurch vermieden werden, daß der ständig wachsende Flugverkehr Flughöhen oberhalb der Tropopause vermeidet (s. auch Abschnitt 4.2). Weitere Informationen, die die Flugzeugemissionen und deren Auswirkungen auf die Umwelt betreffen, werden in [10, 11] gegeben. Abgesehen von der Gefahr, die von solchen besonderen Bedingungen ausgeht, spielt H_2O bei der Verstärkung des Treibhauseffektes zur Zeit noch keine Rolle.

Anders ist die Situation beim CO_2. Ungefähr 90 % des weltweiten Primärenergieaufkommens stammt aus fossilen Brennstoffen (Kohle, Öl, Gas) und ca. 8 % aus der Verbrennung von Holz. Dadurch werden jährlich ca. $6.3 \cdot 10^9$ t Kohlenstoff in Form von CO_2 in die Atmosphäre abgegeben, ungefähr die Hälfte davon wird im Laufe der Zeit vom Ozean absorbiert. Daraus würde eine Steigerung von zur Zeit 350 ppm auf ca. 600 ppm an CO_2 in der Atmosphäre in ungefähr 100 Jahren resultieren, wenn die Verbrennung fossiler Brennstoffe gleichbliebe. Daß mit einer konstanten CO_2-Emissionsrate nicht zu rechnen ist, vielmehr eine weitere Steigerung zu erwarten ist, zeigt folgende Überschlagsrechnung: In den Industrieländern (einschließlich Osteuropa) leben derzeit 1.2 Milliarden Menschen, die insgesamt etwas mehr als doppelt soviel Energie (und damit auch Kohlenstoff) verbrauchen wie die Menschen in der Dritten Welt, deren Zahl zur Zeit 3.8 Milliarden beträgt (Stand 1990). Daraus resultiert ein Kohlenstoffverbrauch pro Kopf von 3.6 t pro Jahr in den Industrieländern und 0.5 t pro Jahr in den Ländern der Dritten Welt. Die globale Emission an Kohlenstoff in Form von CO_2 beträgt also zur Zeit $6.22 \cdot 10^9$ t pro Jahr. Es wird angenommen, daß in den nächsten 50 Jahren die Bevölkerung in den Industrieländern auf 1.4 Milliarden und die in den Ländern der Dritten Welt auf 6.6 Milliarden ansteigen wird [12]. Bei gleichbleibendem pro-Kopf-Verbrauch würde sich die jährliche CO_2-Emission auf insgesamt $8.4 \cdot 10^9$ t Kohlenstoff steigern. Selbst unter der Annahme, daß in den Industriestaaten durch Energiesparmaßnahmen und Erschließung alternativer Energiequellen der Kohlenstoffverbrauch pro Kopf um 33 % gesenkt werden würde, betrüge die globale jährliche Gesamtemission an Kohlenstoff in 50 Jahren immer noch $6.7 \cdot 10^9$ t pro Jahr, also mehr als heute.

Damit wird deutlich, daß die angenommenen 600 ppm CO_2 in der Atmosphäre in ca. 100 Jahren als zu niedrig angesehen werden müssen und wir mit noch höheren Werten zu rechnen haben. Es gibt Prognosen, die den bei obiger Rechnung zugrundegelegten Bevölkerungszuwachs berücksichtigen, aber ein Ansteigen des durchschnittlichen Energie-pro-Kopf-Verbrauchs der Menschen in der Dritten Welt mit beinhalten. Aufgrund solcher Prognosen haben wir in ca. 100 Jahren mit mehr als 1000 ppm CO_2 in der Atmosphäre zu rechnen [2, 13].

Hinzu kommt, daß von den ca. 30 % Waldflächen, die die Erde bedecken, jährlich über 200000 km^2 (ein Gebiet der Größe von ca. 2/3 der Bundesrepublik!) gerodet werden [5]. Dieser Vegetationsverlust trägt durch Verbrennung des gerodeten Holzbestandes und durch oxidative Verrottung der Humusschicht zusätzlich zum CO_2-Anstieg bei.

Fazit: Man muß davon ausgehen, daß sich die atmosphärische CO_2-Konzentration spätestens in 100 Jahren verdoppelt haben wird, falls nicht weltweit einschneidende Maßnahmen gegen diese Entwicklung getroffen werden.

Von den anderen klimarelevanten Spurengasen sind ebenfalls aus Gründen des Bevölkerungswachstums Steigerungen der jährlichen Emissionen zu erwarten. Das gilt für CH_4 (Reisanbau, Rinderhaltung), N_2O (mikrobielle Zersetzung mineralischen Stickstoffdüngers), O_3 (Verbrennung, Kfz-Verkehr) und die FCKW (Treibgase in Spraydosen, Kühlmittel, Aufschäummittel).

Ebenso wie CO_2 tragen auch die erwähnten Spurengase CH_4, N_2O, O_3 und FCKW zu einem Anstieg des Treibhauseffektes bei, dem sogenannten *zusätzlichen* oder *anthropogenen* Treibhauseffekt. Bereits heute ist die mittlere Temperatur gegenüber dem vorindustriellen Wert um 0.5–0.7 K angestiegen. In Tab. 2-5 sind die Beiträge der einzelnen Treibhausgase zusammengestellt, die zu diesem anthropogenen Treibhauseffekt beitragen.

Tabelle 2-5 Anteile der einzelnen Spurengase zum gegenwärtigen anthropogenen Treibhauseffekt und Prognosen

	CO_2	CH_4	FCKW	O_3^{***}	N_2O	Rest	Summe
Temperaturbeitrag ΔT_i^* in K	0.42	0.11	0.08	0.05	0.03	0.01	0.70
(gegenwärtig) ΔT_i in %	61	15	11	7	4	2	100
Konzentrationsänderungen in der Atmosphäre in ppm (Prognose)**							
von	300	1.7	0.0003	0.03	0.3	0	–
bis	600	3.0	0.0010	0.06	0.6	0.006	–
Temperaturbeitrag ΔT_i^* in K	3.0	0.3	0.6	0.9	0.4	0.4	5.6
(Prognose)** ΔT_i in %	54	5	11	16	7	7	100

$^*\Delta T_i$ bezieht sich auf die vorindustrielle Temperatur.

** Die Prognose bezieht sich auf die angegebenen Konzentrationsänderungen, die in ca. 100 Jahren zu erwarten sind bei Trendfortschreibung der gegenwärtigen Emissionen. Zu berücksichtigen ist, daß ΔT_i für CO_2 eine Schwankungsbreite von 1.5–4.5 K aufweist.

*** troposphärisches Ozon

Quelle: [3, 5, 14]

Tabelle 2-6 Treibhauspotentiale (GWP) von Spurengasen pro Masseneinheit und relativ zu CO_2 (Zeithorizont: 20 Jahre)

	CO_2	CH_4	N_2O	FCKW 11	FCKW 12	FCKW 22
GPW	1	63	270	4500	7100	1600

Quelle: [5]

Man erkennt, daß der Anteil der anderen Spurengase am anthropogenen Treibhauseffekt schon fast genauso groß ist wie der von CO_2. Das erscheint zunächst erstaunlich, da die Spurengase N_2O, CH_4 und FCKW doch im Vergleich zum CO_2 in sehr geringer Konzentration in der Atmosphäre vorkommen (s. Tab. 2-1). Diese Spurengase können jedoch viel effektiver die IR-Strahlung vom Erdboden absorbieren als CO_2 und tragen damit trotz ihrer vergleichsweise geringen Konzentrationen erheblich effektiver zur Temperaturerhöhung bei. Die Effektivität eines Treibhausgases wird quantitativ durch das sogenannte *Treibhauspotential GWP* (Greenhouse Warming Potential) ausgedrückt. Der *GWP-Wert* gibt an, wievielmal effektiver ein Spurengas zur Temperaturerhöhung beiträgt als dieselbe Menge an CO_2. Tabelle 2-6 gibt GWP-Werte der wichtigsten Spurengase wieder. Bei den in Tab. 2-6 angegebenen Daten ist berücksichtigt, daß 20 Jahre nach Emission der Spurengase durch chemischen Abbau die emittierte Menge bereits etwas reduziert ist. Das spielt jedoch nur bei CH_4 eine Rolle, da CH_4 eine mittlere Lebensdauer von ca. 7 Jahren hat. Tab. 2-6 besagt also, daß z. B. 1 g FCKW 11 genausoviel zur Temperaturerhöhung durch den Treibhauseffekt beiträgt wie 4500 g CO_2! Sie verdeutlicht außerdem, wie gefährlich auch geringe Mengen von Spurengasen sein können, d. h. ein Anstieg der Emissionsraten dieser Gase (vgl. Tab. 2-1) muß unbedingt verhindert werden.

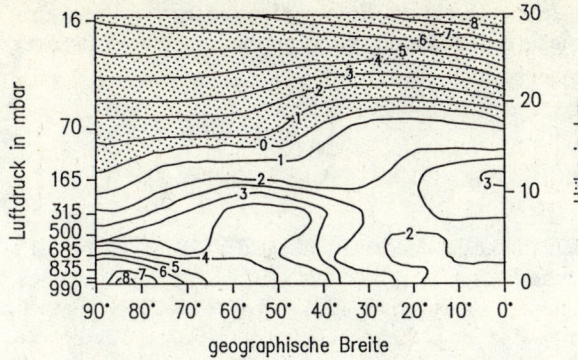

Abb. 2-7
Erwartete Temperaturänderung der Atmo-
sphäre in 50 Jahren bezogen auf 1985 in
Abhängigkeit von der geographischen
Breite (Nordhemisphäre) und der Höhe
über dem Meeresspiegel (Quelle: [3])

Als vorsichtige, allgemein anerkannte Prognose gilt, daß innerhalb der nächsten 50 Jahre mit einer Temperatursteigerung von 1.5 bis 4.5 K und in 100 Jahren mit einer Temperatursteigerung von 5 bis 6 K auf der Erdoberfläche zu rechnen ist, vorausgesetzt, daß keine einschneidenden Maßnahmen ergriffen werden, d. h. bei sogenannter Trendfortschreibung. Das gilt für die global gemittelte Temperaturentwicklung. Eine detailliertere Aussage über lokale Änderungen der Temperatur ist aus dem Diagramm in Abb. 2-7 ersichtlich. Dort sind in der Auftragung Höhe über dem Erdboden gegen geographische Breite Kurven gleicher Temperaturerhöhung eingezeichnet, die aufgrund der Annahme einer alleinigen (!) Erhöhung des CO_2-Gehaltes von 300 ppm auf 600 ppm berechnet wurden. Man sieht, daß vor allem bei hohen geographischen Breiten Temperaturerhöhungen bis zu 8 K zu erwarten sind, während bei niedrigen Breiten viel geringere Erhöhungen vorausgesagt werden. Bei Höhen über 10–12 km deutet sich eine Temperaturabnahme an. Die mittlere Temperaturerhöhung am Erdboden beträgt in dem in Abb. 2-7 gezeigten Beispiel 3 K (vgl. Tab. 2-5). Neueste Studien des Intergovernmental Panel on Climate Change (IPCC), bei denen auch Austauschprozesse mit tiefen Ozeanschichten berücksichtigt wurden, bestätigen im wesentlichen das in Abb. 2-7 gezeigte Ergebnis, wenngleich die Temperaturänderungen nicht ganz so stark ausfallen [14].

Als Folgen solcher Temperaturänderungen seien einige klimatische Zukunftsperspektiven erwähnt:

- Der global gemittelte Meeresspiegel wird bei Verdoppelung der Konzentration der Treibhausgase um ca. 30 cm steigen [14]. Dafür ist zur Hälfte die thermische Expansion der oberen Schicht der Ozeane, zur anderen Hälfte das Abschmelzen von polaren Landeismassen verantwortlich. Die Menge des geschmolzenen Eises ist dabei relativ gering (schmölze das gesamte Landeis, würde der Meeresspiegel um 81.5 m steigen). Gebiete mit flacher Küste wie in Holland, Florida oder Bangladesch wären schon bei einem Meeresspiegelanstieg in der Größenordnung von 1 m durch Überflutungen gefährdet. Ganze Inselgruppen wie die Malediven könnten im Meer versinken.

- Allgemein wird das kontinentale Inlandklima der unteren gemäßigten Breiten heißer und trok- kener, in den Küstengebieten wärmer und feuchter. In den USA wird der Mittelwesten und Kalifornien von Dürre bzw. Wassermangel bedroht sein, ähnliches gilt für Teile Rußlands, wo allerdings, wie auch in Kanada, im Norden durch Auftauen des Permafrostbodens neuer landwirtschaftlich nutzbarer Boden hinzukommt.

- Entgegen früheren Prognosen zeigen neuere Klimamodelle einen Rückgang des Niederschlags in den Tropen und insbesondere für den Bereich der Subtropen [15]. Das gilt beispielsweise auch für die Sahelzone. Die Gebiete des Mittelmeerraumes werden immer wüstenähnlicher.

- Die insgesamt landwirtschaftlich nutzbare Fläche auf der Erde wird zurückgehen. Diese Prognose ist besonders beunruhigend angesichts der Ernährungsprobleme einer rapide wachsenden Weltbevölkerung.

2.4   Mögliche Maßnahmen zur Reduktion von CO_2-Emissionen

Um die geschilderte Entwicklung abzubremsen, müßte der auf der Grundlage der fossilen Brennstoffe beruhende „Energieverbrauch" durch drastische Energiesparprogramme (Erhöhung des Wirkungsgrades bei Kraftwerken, Kraft-Wärmekopplung bei Kraftwerken, Einsatz von Wärmekraftpumpen, Wärmedämmung, etc.) und Einsatz alternativer Energiequellen wie Solarenergie oder Wasserstofftechnologie global erniedrigt werden. Gerade auf dem letzten Gebiet sind in jüngster Zeit verschiedene erwähnenswerte Vorschläge gemacht und Untersuchungen durchgeführt worden. Sie basieren auf einer Entsorgungs- bzw. Rückgewinnungsstrategie für CO_2 aus Kraftwerken, die mit fossilen Energieträgern (Kohle, Erdöl, Erdgas) betrieben werden. Das zurückgehaltene CO_2 kann zur Erzeugung neuer Brennstoffe dienen, wenn Wasserstoff zur Verfügung steht, der ohne Einsatz von fossilen Brennstoffen erzeugt wird, also z. B. aus Elektrolyse von H_2O mit Sonnenlicht als Energiequelle:

$$2 H_2O + h\nu \longrightarrow 2 H_2 + O_2 \tag{2.17}$$

Bei der CO_2-Rückgewinnung ist es denkbar, das aus Kraftwerken emittierte CO_2 durch eine Absorberlösung, etwa Äthanolamin zu binden und in einem zweiten Schritt die Niedertemperaturwärme des entspannten Wasserdampfes der Kraftwerksturbine zu nutzen, um das CO_2 weitgehend aus der Absorberlösung wieder auszutreiben und zu verdichten. Eine genaue Bilanzierung dieser Prozesse zeigt, daß zwar der Wirkungsgrad eines Kraftwerkes von 38 % auf 29 % sinkt, dabei aber 90 % des emittierten CO_2 zurückgehalten werden könnte [16]. Will man das zurückgewonnene CO_2 nicht deponieren wie beispielsweise durch Einpressen in ausgeschöpfte Erdgas- oder Erdöllagerstätten oder durch Versenken in der Tiefsee – Möglichkeiten, die in der Literatur ebenfalls ernsthaft diskutiert werden [17]–, so bietet sich an, CO_2 mit dem nach Gl. (2.17) erzeugten Wasserstoff zunächst katalytisch zu Kohlenmonoxid umzusetzen:

$$2 CO_2 + 2 H_2 \longrightarrow 2 CO + 2 H_2O \tag{2.18}$$

Für die weitere katalytische Umsetzung von CO gibt es die Möglichkeit der Bildung von Methanol oder Methangas als neu einsetzbare Brennstoffe:

$$CO + 2 H_2 \longrightarrow CH_3OH \tag{2.19}$$

$$CO + 3 H_2 \longrightarrow CH_4 + H_2O \tag{2.20}$$

Der hierbei eingesetzte Wasserstoff entstammt ebenfalls aus Gl. (2.17). Letztlich wird also CO_2 rückverwandelt in die Brennstoffe Methanol oder Methan. Die Energie dazu stammt aus dem solartechnisch erzeugten Wasserstoff, der hier nur als Zwischenträger für die Energie fungiert.

Eine weitere Möglichkeit besteht in der Vergasung von Kohle [18]:

$$2 C + H_2O + O_2 \longrightarrow CO + CO_2 + H_2 \tag{2.21}$$

CO_2 kann dann mit H_2 nach Gl. (2.18) weiter zu CO umgesetzt werden. In der Bilanz bedeutet das:

$$2 C + O_2 \longrightarrow 2 CO \tag{2.22}$$

CO kann nun nach Gl. (2.19) mit solartechnisch hergestelltem H_2 zu Methanol umgesetzt werden. Letztlich wird also Kohle (C) zu Methanol umgewandelt, das als Brennstoff z. B. für Kraftfahrzeuge dient [18]. Dabei entsteht zwar wieder CO_2, aber die Menge an freigesetztem CO_2 pro erzeugter Energieeinheit ist erheblich geringer als bei direkter Verbrennung von Kohle, da ein Teil der Energie vom eingesetzten Wasserstoff herrührt.

Als letzte Möglichkeit soll noch die Erzeugung von Brennstoffen aus Biomasse erwähnt werden. Zu diesen mit *nachwachsenden Rohstoffen* bezeichneten Energieträgern gehören Alkohole, die aus Zuckerrohr (vor allem in Brasilien), Zuckerrüben, Mais oder auch Weizen gewonnen werden. Auch Pflanzenöle, die aus Raps, Sonnenblumen, Ölpalmen etc. stammen, aber auch Holz und Pflanzen, die zur sogenannten Ganzpflanzenverbrennung angebaut werden wie Chinaschilf (Miscanthus gig.) oder auch Pfahlrohr (= Riesenschilf, Arundo donax) können als Energieträger eingesetzt werden. Die energetische Nutzung nachwachsender Rohstoffe scheint auf den ersten Blick in der Bilanz frei von CO_2 zu sein, da ja das CO_2, das bei der Verbrennung von Biomasse entsteht, zu dessen Aufbau zuvor der Atmosphäre gemäß der Photosynthesegleichung (1.9) entzogen wurde. Tatsächlich aber muß zur Produktion von nachwachsenden Rohstoffen externe Energie (Produktion und Ausbringung von Düngemitteln, Kraftstoff für Traktoren etc.) aufgebracht werden, welche ihrerseits wieder mit CO_2-Emissionen verbunden ist. In der Gesamtbilanz ist daher die CO_2-Emission beim Einsatz nachwachsender Rohstoffe keineswegs gleich Null. Außerdem muß die Nutzung von Biomasse auch wegen des großen Agrarflächenbedarfs als beschränkt angesehen werden. Auch führen solche Monokulturen in der Landwirtschaft zu neuen ökologischen Problemen [19]. Dennoch werden in naher Zukunft solche oder ähnliche Maßnahmen zur CO_2-Reduktion weltweit eine größere Rolle spielen müssen, um den Mindestenergiebedarf zu decken.

Zu beachten ist aber auch, daß CO_2-Recycling-Maßnahmen wie CO_2-Deponierung oder auch die erwähnte Energieerzeugung durch nachwachsende Rohstoffe eigentlich dem im Einleitungskapitel dargestellten Prinzip der Priorität von „Vermeiden" vor „Wiederverwertung" entgegenstehen. Die oben erwähnten Energiesparmaßnahmen sollten daher in der zukünftigen Energiepolitik Vorrang erhalten. Ein wesentlicher Verursacherbereich für CO_2-Emissionen ist der Personen- und Güterverkehr (s. Tab. 2-3). Hier läßt sich das Prinzip der Vermeidung von CO_2-Emissionen am besten dadurch realisieren, daß man der wachsenden Zahl von Kraftfahrzeugen und der ständig zunehmenden Fahrleistung durch geeignete steuerpolitische Regelungen z. B. beim Kraftstoffverbrauch Einhalt gebietet.

Maßnahmen, die zu einer verminderten CO_2-Emission führen, müssen in den Industriestaaten wirksam werden, aber auch in den Ländern der Dritten Welt (vgl. Tab. 2-2). Das ist deshalb wichtig, weil in der Dritten Welt die Bevölkerungszahlen besonders rasch steigen. Initiative und Investition für solche Maßnahmen müssen von den Industrieländern ausgehen. Aber angesichts einer politischen Situation, in der die Industriestaaten noch über Schuldenerlaßfragen für die Länder der Dritten Welt debattieren, ist eine solche Entwicklung eher unwahrscheinlich. Es wird also voraussichtlich zu keinem einschneidenden globalen Rückgang der CO_2-Emission in der nächsten Zeit kommen, wie wir schon in dem Rechenbeispiel am Anfang des Abschnitts gezeigt haben.

Ähnliches gilt auch für die anderen „Treibhausgase". Der Anstieg der N_2O-Emission hängt direkt mit der Agrartechnik zusammen, die für die Ernährung der wachsenden Weltbevölkerung benötigt wird. Alternative Techniken werden zwar vorgeschlagen und diskutiert, sind aber noch weiter von ihrer Realisierung entfernt als die auf dem Energiesektor. Die CH_4-Emissionsrate wird auch nicht zurückgehen, solange der Rindfleischkonsum nicht eingeschränkt wird und Reis nicht vermehrt im Trockenfeldanbau angepflanzt wird. Und selbst bei den FCKW tut man sich schwer, obwohl gerade hier geeignete Maßnahmen zu deren Reduktion am ehesten realisierbar wären (s. Kapitel 4).

In dem zu Anfang dieses Kapitels zitierten Aufruf wird eine Verminderung aller Spurengasemissionen auf ein Drittel des heutigen Wertes innerhalb der nächsten 50 Jahre als Minimalforderung gestellt, obwohl die Autoren es für „schwierig" halten, dieses Ziel zu erreichen. Diese Forderung wurde auch von der Enquête-Kommission „Vorsorge zum Schutz der Erdatmosphäre" des Deutschen Bundestages in verschärfter Form gestellt [5]. Vorgeschlagen wurde eine Reduktion der CO_2-Emissionen um 20 bis 25 % im Durchschnitt der Industrieländer jeweils bis zum Jahr 2005. In der Bundesrepublik sollten die Reduktionen bis zum Jahr 2020 dann 50 % und bis zum Jahr 2050 gar 80 % betragen – jeweils bezogen auf das Jahr 1987. Derartig drastische Maßnahmen würden weitreichende und vor allem schnelle Beschlüsse von Parlament und Exekutive erfordern, gleichzeitig aber auch aktive Unterstützung und Mithilfe der Bevölkerung. Probleme, die mit dem Anschluß der ehemaligen DDR an die Bundesrepublik verbunden sind sowie Probleme mit der Umrüstung des bereits bestehenden Kraftwerkparks lassen erkennen, daß derart ehrgeizige Ziele, so notwendig sie auch sind, nicht einmal in der Bundesrepublik erreicht werden können. Allein beim Verkehr, der allem Anschein nach relativ einfache Einsparungsmöglichkeiten zuläßt, ist dieses Ziel bis zum Jahr 2005 schon jetzt nicht mehr zu erreichen [20]. Dennoch hat eine konsequente Energiesparpolitik oberste Priorität, um die Zeitspanne, für die uns überhaupt noch fossile Brennstoffe zur Verfügung stehen, zur Entwicklung alternativer Energiequellen zu nutzen.

3   Chemie der Troposphäre

Die Chemie der Troposphäre ist im wesentlichen eine Photochemie der atmosphärischen Spurengase unter dem Einfluß der Sonnenstrahlung. Sie ist eng verknüpft mit den chemischen Prozessen in der Biosphäre. Durch das Eingreifen des Menschen ist es zu Störungen der natürlichen Abläufe dieser Prozesse gekommen. Umweltauswirkungen wie Smog, Saurer Regen, Wald- und Gebäudeschäden sind die Folge. Die Ursachen dieser Probleme, von denen eine große Gefahr für den Menschen und insgesamt für die belebte Natur ausgeht, werden in diesem Kapitel behandelt.

3.1   Spurengase und Luftschadstoffe

Die Troposphäre ist die unterste Luftschicht der Erdatmosphäre, die sich bis zu einer Höhe von ca. 12 km über dem Erdboden erstreckt. Wie bereits in Kapitel 1 dargestellt wurde, zeichnet sich die Troposphäre durch eine relativ rasche konvektive Durchmischung der Luftmassen aus. Neben ihren Hauptbestandteilen N_2 und O_2 enthält die Troposphäre eine Reihe sogenannter Spurengase, von denen Ar, CO_2 und H_2O-Dampf mengenmäßig die wichtigsten sind. Daneben gibt es jedoch noch eine Reihe weiterer Spurengase, die zwar nur in geringer Konzentration in der Troposphäre vorkommen, die aber für die Qualität der Luft, die wir atmen und die die Vegetation für ihren Stoffwechsel benötigt, von großer Bedeutung sind. Diese Spurengase sind teils natürlichen Ursprungs und unterliegen einem natürlichen Kreislauf, teils ist ihr Vorkommen jedoch auf menschliche Aktivitäten in Industrie, Verkehr, Haushalten und Landwirtschaft zurückzuführen.

In Tab. 2-1 wurden bereits einige dieser Stoffe und ihre Eigenschaften erwähnt. Weitere für die Troposphäre und Biosphäre wichtige Stoffe und ihre Eigenschaften sind in Tab. 3-1 (s. S. 54) aufgeführt. Aus dieser Tabelle ist ersichtlich, daß bei einigen dieser Spurengase die Anteile der Emissionsraten, die anthropogenen Ursprungs sind, diejenigen natürlichen Ursprungs deutlich übertreffen. Das ist insbesondere bei NO_X und CO der Fall.

Es handelt sich bei diesen Zahlenangaben um direkte Emissionswerte der betreffenden Stoffe. In der Troposphäre können diese Stoffe entweder weiterreagieren oder zusätzlich aus anderen Quellen meist auf chemischem Weg entstehen, so daß das Verhältnis von natürlichen zu anthropogenen Emissionsraten nicht dem Verhältnis der Konzentrationen des betreffenden Stoffes in der Atmosphäre aus natürlichem zu anthropogenem Ursprung entsprechen muß.

Beispielsweise werden, wie später erläutert wird, Methan, dessen Emissionsrate zu fast 40 % natürlichen Ursprungs ist, sowie die anderen in die Atmosphäre emittierten, vorwiegend aus natürlichen Quellen stammenden Kohlenwasserstoffe über CO zu CO_2 abgebaut.

Das hat zur Folge, daß die Gesamtmenge an CO in der Atmosphäre nur zu ungefähr 50 % anthropogenen Ursprungs ist, obwohl die direkt in die Atmosphäre emittierte Menge an CO größtenteils (90 %) anthropogener Natur ist.

In Tab. 3-1 wurden der Einfachheit halber größere, chemisch miteinander vergleichbare Verbindungsgruppen zusammengefaßt wie beispielsweise die Kohlenwasserstoffe. Ähnliches gilt auch für die Schwefelverbindungen. Schwefel wird in Form von SO_2 auf natürliche Weise nur durch Vulkanismus in die Atmosphäre eingebracht. Andere natürliche in die Atmosphäre emittierte Schwe-

Tabelle 3-1   Eigenschaften wichtiger Spurengase in der Troposphäre

Spurengas	Emissionsrate weltweit in 10^9 kg/a	anthropogener Anteil in %	mittlere Lebensdauer	Quellen anthropogene	Quellen natürliche	Schadwirkungen
NO, NO$_2$	160	80	trop.: 1^d strat.: 1^a	Verbrennung fossiler Brennstoffe	Blitze (Gewitter)	Smog, Ozon- und Säurebildner, Atmungserkrankungen, Saurer Regen, Waldschäden
SO$_2^*$	400	40	4^d	Verbrennung von Erdöl und Erdgas	Sümpfe, Vulkane, Ozeane	Smog, Ozon- und Säurebildner, Atmungserkrankungen, Saurer Regen, Waldschäden
CO	3400	90	$1\text{-}3^m$	Verbrennung fossiler Brennstoffe und Biomasse, Oxidation anthropogen emittierter KW**	Pflanzen, Ozeane, Oxidation natürlich emittierter KW**	giftig, Smog
KW**	1000	10	k. A.	Kraftfahrzeuge, Lösungsmittel	Bäume (Terpene, Isoprene)	wichtig bei Ozonbildung im Photosmog, z. T. cancerogen
CH$_4$	500	60	$8\text{-}16^a$	Tierhaltung, Reisfelder	Sümpfe, Termiten, geothermische Aktivität	wichtig bei Ozonbildung im Photosmog
HCl	k. A.	100	k. A.	Verbrennung chlorhaltiger Substanzen	–	giftig, Saurer Regen
CKW***	k. A.	100	k. A.	Lösungsmittel	–	giftig, z. T. cancerogen

* alle Schwefelverbindungen, umgerechnet auf SO$_2$; ** KW = Kohlenwasserstoffe ohne Methan
*** CKW = Chlorkohlenwasserstoffe; ^{d} = Tag, ^{m} = Monat, ^{a} = Jahr, k. A. = keine Angaben

Quelle: [2]

felformen sind $(CH_3)_2S$, H_2S, CS_2 und CH_3SH, die durch biologische Prozesse freigesetzt werden und mengenmäßig im Verhältnis zu SO_2 keineswegs zu vernachlässigen sind (s. Tab. 3-2 auf 41). Diese Schwefelgase werden allesamt durch chemische Reaktionsprozesse in der Atmosphäre zu SO_2 aufoxidiert, so daß der größte Teil des aus biogenen Quellen stammenden SO_2 nicht direkt als SO_2 emittiert wird. Insgesamt 40 % des in die Atmosphäre abgegebenen Schwefels und somit auch 40 % des troposphärischen SO_2 ist demnach anthropogener Natur.

Tabelle 3-2 Weltweite jährliche Schwefelemissionen in die Atmosphäre (umgerechnet auf Schwefel)

Ursache	Schwefel	%
Biogene Schwefelemissionen (org. S-Verb., H_2S)	$10 \cdot 10^{13}$ g/a	38
Anthropogene Schwefelemissionen (SO_2)	$10 \cdot 10^{13}$ g/a	38
Seesalzaerosol (Sulfate)	$5 \cdot 10^{13}$ g/a	20
Vulkanischen Ursprungs (SO_2, H_2S)	$1 \cdot 10^{13}$ g/a	4
gesamt	$26 \cdot 10^{13}$ g/a	100
Quelle [1]		

Von wenigen Ausnahmen wie den Fluorchlorkohlenwasserstoffen abgesehen, werden die einmal emittierten Spurengase wegen ihrer chemischen Reaktivität in der Troposphäre wieder relativ rasch abgebaut. Die mittleren Lebensdauern sind in Tab. 3-1 angegeben. Bedingt durch ihre kurze mittlere Lebensdauer können sich viele Spurengase in der Erdatmosphäre nicht gleichmäßig verteilen, so daß ihre lokale Konzentration um ein Vielfaches über dem globalen Mittelwert liegen kann. Genau darin besteht aber die Gefahr. Da lokal hohe Emissionsraten vor allem in Großstädten und industriellen Ballungszentren auftreten, herrschen gerade dort entsprechend hohe Schadgaskonzentrationen, wo die Bevölkerungsdichte hoch ist.

Tabelle 3-3 Schwefelgehalt verschiedener fossiler Brennstoffe in kg bezogen auf die Menge an Brennstoff, die einem Brennwert von einem GJ (1 GJ = 1 Gigajoule = 10^9 J) entspricht

Brennstoff	Schwefelgehalt	Brennstoff	Schwefelgehalt
Steinkohle	10.9	Dieselkraftstoff	1.7
Braunkohle	8.0	Ottokraftstoff	·0.8
schweres Heizöl	6.7	Erdgas	0.2
leichtes Heizöl	1.7		
Quelle: [3]			

In den Abbn. 3-1 und 3-2 sind die primären anthropogenen Emissionen der wichtigsten Luftschadstoffe, bezogen auf die Fläche der Bundesrepublik bzw. der ehemaligen DDR für das Jahr 1989 dargestellt und nach Verursachergruppen aufgeschlüsselt. Hierbei zeigen sich teils gegenläufige Verhältnisse.

Kohlenmonoxid CO hat mit Abstand die größte absolute Emissionsrate der in der Bundesrepublik emittierten Luftschadstoffe. Es entsteht bei Verbrennungsprozessen unter Sauerstoffmangel, also zum Beispiel während der Warmlaufphase von Verbrennungsmotoren und bei schlecht ziehenden Heizungsanlagen. Der Sektor Verkehr machte 1989 fast zwei Drittel der CO-Emissionen aus. Der Rest stammte zu etwa gleichen Teilen aus Haushalten und der Industrie. Anders lagen die Verhältnisse

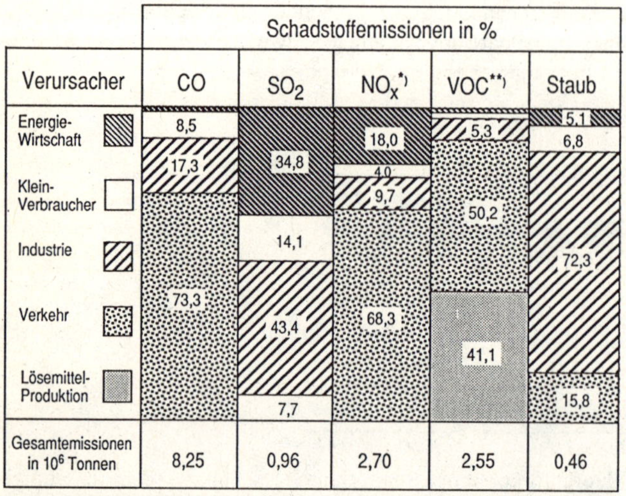

Abb. 3-1

Verursacher	Schadstoffemissionen in %				
	CO	SO_2	NO_x[*]	VOC[**]	Staub
Energie-Wirtschaft	8,5	34,8	18,0	5,3	5,1 / 6,8
Klein-Verbraucher	17,3		4,0 / 9,7	50,2	
Industrie		14,1			72,3
Verkehr	73,3	43,4	68,3	41,1	
Lösemittel-Produktion		7,7			15,8
Gesamtemissionen in 10^6 Tonnen	8,25	0,96	2,70	2,55	0,46

*) umgerechnet aud NO_2 **) volatile organic compounds (flüchtige organische Kohlenwasserstoffe)

Anthropogene Emissionen 1989 in der Bundesrepublik (Quelle: [4])

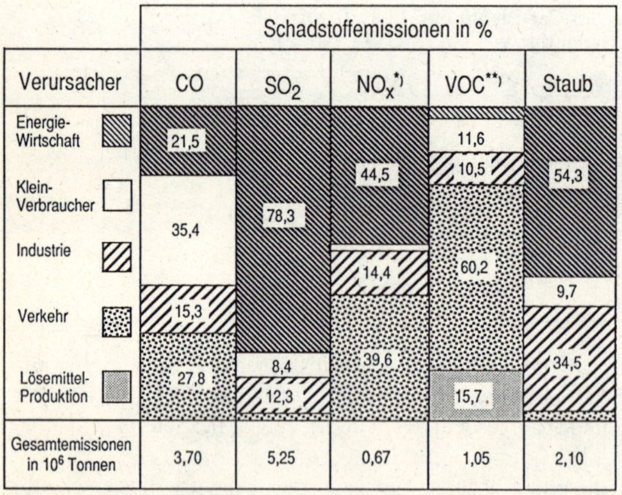

Abb. 3-2

Verursacher	Schadstoffemissionen in %				
	CO	SO_2	NO_x[*]	VOC[**]	Staub
Energie-Wirtschaft	21,5	78,3	44,5	11,6	54,3
Klein-Verbraucher	35,4			10,5	
Industrie	15,3		14,4	60,2	9,7
Verkehr	27,8	8,4 / 12,3	39,6	15,7	34,5
Lösemittel-Produktion					
Gesamtemissionen in 10^6 Tonnen	3,70	5,25	0,67	1,05	2,10

*) umgerechnet auf NO_2 **) volatile organic compounds (flüchtige organische Kohlenwasserstoffe)

Anthropogene Emissionen 1989 in der ehemaligen DDR (Quelle: [4])

1989 in der ehemaligen DDR. Wegen des gegenüber der Bundesrepublik wesentlich geringeren Anteils des Verkehrs am Energieverbrauch und wegen der schlechten Verbrennungstechniken waren die CO-Emissionen relativ gleichmäßig auf die einzelnen Sektoren verteilt.

Schwefeldioxid entsteht bei der Verbrennung fossiler Brennstoffe, vor allem von Kohle, wie aus Tab. 3-3 ersichtlich ist. Die Verbrennung von Öl trägt dazu weniger bei, da Öl normalerweise nicht so stark schwefelhaltig ist. Nahezu zwei Drittel des anthropogen emittierten SO_2 stammten aus der Verbrennung fossiler Brennstoffe in der Energiewirtschaft. Trotz des etwa dreifach höheren fossilen Primärenergieeinsatzes in der Bundesrepublik Deutschland gegenüber dem in der ehemaligen DDR betrugen die SO_2-Emissionen der Bundesrepublik, die durch die Energiewirtschaft verursacht wurden, im Jahr 1989 nur ein Zwölftel der in der ehemaligen DDR emittierten Menge. Grund hierfür sind die Entschwefelungsanlagen, mit denen die Kraftwerke in der Bundesrepublik Deutschland ausgerüstet sind, während das in der DDR praktisch nicht der Fall war. Außerdem wurde dort vorwiegend mit schwefelhaltiger Braunkohle gefeuert.

Stickoxide entstehen ebenfalls in Kraftwerken. Dabei werden sie bei hohen Verbrennungstemperaturen vor allem aus dem Stickstoff und dem Sauerstoff der Luft gebildet. Der überwiegende Anteil der Stickoxide in unserer Luft stammt jedoch aus Verbrennungsmotoren von Kraftfahrzeugen, in denen sie durch Oxidation des Luftstickstoffs entstehen (s. auch Kapitel 5). Auch hier zeigen sich aus ähnlichen Gründen wie bei CO in der Bundesrepublik Deutschland und der ehemaligen DDR unterschiedliche Anteile der Verursachergruppen. Tabelle 3-4 gibt Emissionswerte für SO_2 und NO_x für einige europäische Länder wieder. Der Vergleich zeigt, daß osteuropäische, aber auch südeuropäische Länder (Beispiel: Spanien) deutlich höhere energiespezifische SO_2-Emissionen als die hochindustrialisierten Länder Mitteleuropas haben, wo in der Regel die Kraftwerke mit modernen Rauchgasentschwefelungsanlagen (s. Kapitel 5) ausgerüstet sind.

Tabelle 3-4 Gesamt SO_2- und NO_X-Emissionen ausgewählter europäischer Länder 1988/89 in kg pro Jahr und Terajoule Energieeinsatz (1 Terajoule = 10^{12} J)

	SO_2	NO_x (als NO_2)
Niederlande	96	191
Bundesrepublik	133	304
Österreich	149	278
Schweiz	174	386
Frankreich	254	333
Großbritannien	460	311
Polen	798	274
Spanien	939	407
CSSR	1033	350
DDR	1406	179
Quelle: [5]		

Flüchtige organische Kohlenwasserstoff-Verbindungen werden mit VOC abgekürzt (volatile organic compounds). Diese Verbindungen, insbesondere alicyclische und aromatische Kohlenwasserstoffe, sind wegen der unvollständigen Verbrennung in den Abgasen von Kfz-Motoren enthalten. Viele Kohlenwasserstoffe gelangen durch Leckagen in Gasleitungen und Verdampfung beim Tanken von Benzin in die Luft. Eine andere große Problemgruppe der VOC sind Lösemittel in Farben und Lacken, die bei ihrer Verwendung als Dämpfe in die Luft gelangen. Viele organische Substanzen aus den beiden zuletzt genannten Gruppen stehen im Verdacht, Krebs zu erzeugen oder seine Entstehung zu fördern.

Stäube entstehen ebenfalls bei Verbrennungsprozessen (z. B. Ruß). In Stahlwerken und in der Metallindustrie treten Schwermetallstäube auf, die potentiell sehr gefährlich sind, da Schwermetalle nicht chemisch abgebaut werden können (s. auch Kapitel 10). Es sei darauf hingewiesen, daß auch beim Rauchen schwermetallhaltige Stäube entstehen, die zwar in der Gesamtmenge kaum ins Gewicht fallen, wegen ihrer hohen lokalen Konzentration in der Lunge jedoch ein hohes Gefahrenpotential für die menschliche Gesundheit darstellen. Weitere, schon in geringen Konzentrationen gefährliche Luftschadstoffe wie HCl und vor allem die gefürchteten Dibenzodioxine und Dibenzofurane können bei der Verbrennung chlorhaltiger Verbindungen entstehen. Auf diese besondere Problematik wird in Kapitel 12 näher eingegangen.

Photochemische Reaktionen einiger dieser Luftschadstoffe führen, wie in Abschnitt 3.3 näher erläutert wird, zu Umwandlungsprodukten wie Säuren (z. B. HNO_3, H_2SO_4) und Photooxidantien (z. B. Ozon), die verantwortlich gemacht werden für Smog, Sauren Regen und die damit verbundenen Umweltbelastungen wie beispielsweise die neuartigen Waldschäden.

3.2   Transportvorgänge von Luftschadstoffen

Wie die am Erdboden emittierten Schadstoffe von ihrer Emissionsquelle aus in der Troposphäre weitertransportiert werden, bevor sie chemisch umgewandelt und/oder abgelagert werden, ist für ihre Auswirkung auf die Umwelt von größter Bedeutung. Abb. 3-3 illustriert zwei häufig anzutreffende Situationen.

Im Fall A ist eine typische Normalwetterlage dargestellt. Die warme Luft steigt mit ihren Schadstoffen aus Industrie, Haushalten, Kraftwerken und Kfz-Verkehr wegen ihrer geringen Dichte nach oben auf, während kältere Luftmassen nach unten sinken (vertikaler Luftaustausch). Nur ein relativ kleiner Schadstoffanteil wird direkt im Ballungszentrum wieder abgelagert. Die Ablagerung von Stoffen bezeichnet man als *Deposition*. Der größere Teil der Schadstoffe wird in Höhen von ungefähr 1000 m von horizontalen Windströmungen erfaßt und wegtransportiert (*Transmission*), bis er ausgeregnet wird oder langsam absinkt und es zur Deposition kommt. Dies geschieht bevorzugt in Höhenlagen von Gebirgsketten. Unter Einwirkung der Sonnenstrahlung finden während der Transmission photochemische Reaktionen statt, durch die einige primäre Schadstoffe zu Säuren, Ozon und anderen Stoffen umgewandelt werden. Kommt es dann zur Deposition solcher Stoffe, so sind häufig Versauerung von Gewässern und Schädigung der Vegetation die Folge (s. auch Kapitel 6).

Im Fall B der Abb. 3-3 liegt eine sogenannte *Inversionswetterlage* vor, in der die höheren Luftschichten wärmer sind als die bodennahen. Als Folge davon kann die schadstoffreiche Abluft des Ballungszentrums nicht abziehen. Es stellt sich dort wegen des fehlenden vertikalen Luftaustausches eine ständig anwachsende Schadstoffkonzentration ein. Die photochemischen Reaktionen führen zu ähnlichen Umwandlungsprodukten wie im Fall A (Säuren oder auch Ozon), die nun aber zu besonders hohen, gesundheitsschädlichen Konzentrationen im Großstadtbereich führen. Diese Situation nennt man *Smog*.

Die Luftverschmutzungen wirken auf Menschen, Tiere, Pflanzen und auch Sachgüter ein. Solche Einwirkungen bezeichnet man generell als *Immissionen*. Die Meßgröße der Immission wird im Fall von Luftverschmutzungen in der Regel als Konzentration des Schadstoffs in der Luft angegeben, bei Staub beispielsweise aber auch als die Menge, die sich auf eine bestimmte Fläche (m^2) pro Tag niederschlägt. Mit dem Begriff der Immission werden also sowohl die einzelnen Einwirkungen als auch die entsprechenden Konzentrationsmaße bezeichnet.

Bei normaler Wetterlage kann sich die Transmission von Luftschadstoffen über Tausende von Kilometern erstrecken, bevor es zur Deposition kommt. Am Beispiel des SO_2 sind in Abb. 3-4

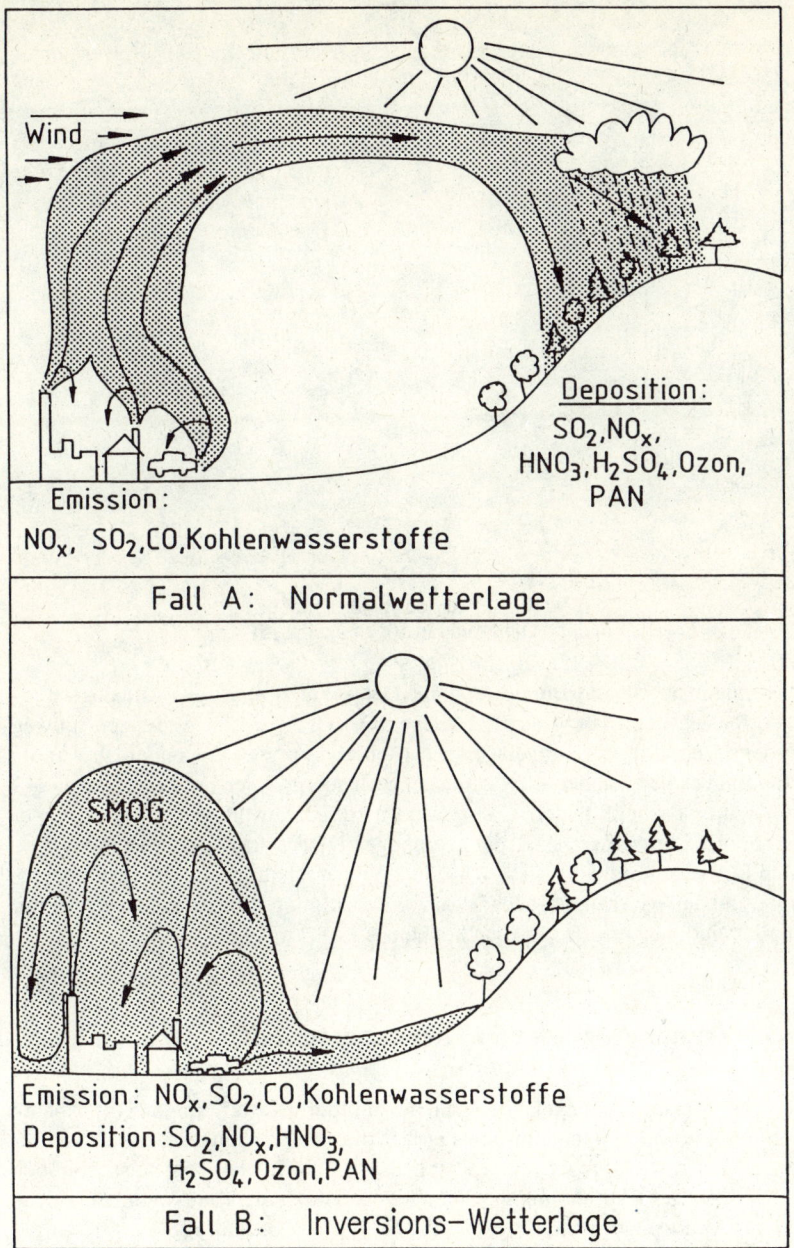

Abb. 3-3 Emission und Deposition bei verschiedenen Wetterlagen

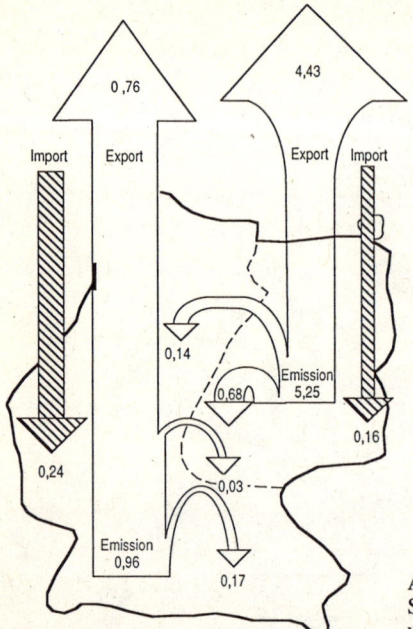

Abb. 3-4
Schwefelbilanz für die Bundesrepublik
und die DDR 1989 in 10^6 t (Quelle: [5])

die Export- und Importverhältnisse für die Bundesrepublik Deutschland und die DDR des Jahres 1989 dargestellt. Es ist offensichtlich, daß wesentlich mehr SO$_2$ über die Ländergrenzen hinweg exportiert und somit in den Nachbarländern abgelagert wird – hier zum überwiegenden Teil in die osteuropäischen und skandinavischen Länder – als von Nachbarländern – hier im wesentlichen aus Frankreich und einigen osteuropäischen Ländern – importiert wird. Ein jeweils nur relativ geringer Teil wird in der Bundesrepublik Deutschland bzw. der ehemaligen DDR selbst wieder abgelagert.

Das Beispiel zeigt, daß Luftverschmutzung nicht vor Ländergrenzen halt macht, also ein internationales Problem darstellt, und daß wirksame Maßnahmen zur Beseitigung von Luftschadstoffen nur durch Zusammenarbeit aller Nationen erreicht werden können.

3.3 Photochemische Primärprozesse von Luftschadstoffen

Wir wenden uns nun den chemischen Vorgängen zu, denen die emittierten Stoffe in der Troposphäre unterliegen. Wegen ihres relativ hohen Sauerstoffgehaltes hat die Erdatmosphäre oxidierende Eigenschaften. Die chemischen Umwandlungen der Luftschadstoffe sind daher fast ausschließlich Oxidationsprozesse. Im Gegensatz zu Verbrennungsvorgängen ist jedoch die Temperatur für solche Oxidationsreaktionen in der Atmosphäre zu niedrig, und die Schadstoffkonzentrationen sind zu gering. Die einzige Möglichkeit von atmosphärischen Oxidationsreaktionen besteht in der Photochemie, also im Ablauf von chemischen Reaktionen, die durch das Sonnenlicht induziert werden.

Nahezu allen chemischen Umwandlungsprozessen von Schadstoffen in der Atmosphäre gehen sogenannte photochemische Primärreaktionen voraus. Darunter versteht man die photolytische Spaltung eines Moleküls durch ein Lichtquant, z. B.:

$$XY \xrightarrow{h\nu} X + Y \tag{3.1}$$

Das Molekül XY dissoziiert in die Bruchstücke X und Y. $h\nu$ symbolisiert die Energie des Lichtquants. Für diese Dissoziation gibt es eine Grenzwellenlänge $\lambda = c/\nu$, die nicht überschritten werden darf, wenn die Energie $h\nu$ noch zur Spaltung der chemischen Bindung in XY ausreichen soll. Die Geschwindigkeit der Photolyse hängt im einfachsten Fall von der Konzentration c_{XY} des Schadstoffes und der Intensität I_λ des Lichtes ab:

$$\frac{dc_{XY}}{dt} = -k \cdot I_\lambda \cdot c_{XY} \tag{3.2}$$

Integration von Gl. (3.2) ergibt:

$$c_{XY} = c_{XY_{(t=0)}} \cdot \exp\left(-\frac{t}{\tau}\right) \qquad \text{mit} \quad \tau = \frac{1}{k \cdot I_\lambda} \tag{3.3}$$

k ist dabei eine temperatur- und wellenlängenabhängige Konstante, und τ hat die Bedeutung der mittleren Lebensdauer des Stoffes XY (s. auch Tab. 3-1). Licht verschiedener Wellenlänge und Intensität wird von der auf die Erde einfallenden Sonnenstrahlung geliefert (s. auch Kapitel 2).

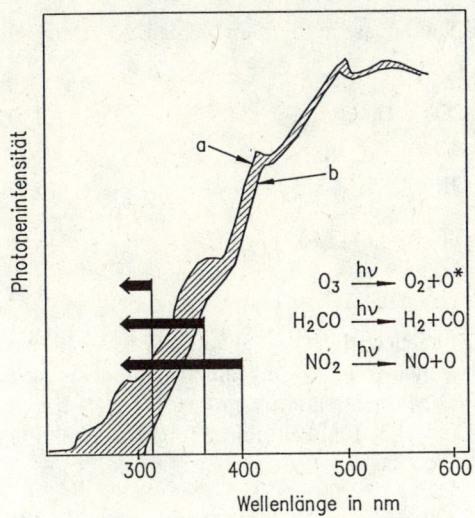

Abb. 3-5
Spektrale Verteilung des Sonnenlichtes und die Grenzwellenlängen für drei wichtige Photolysereaktionen
a = Spektrum außerhalb der Erdatmosphäre
b = Spektrum am Erdboden (Quelle: [6])

Abb. 3-5 zeigt die spektrale Intensitätsverteilung des Sonnenlichtes außerhalb der Atmosphäre (Kurve a) und am Erdboden (Kurve b). Der schraffierte Bereich beschreibt die durch die Atmosphäre ausgefilterte Sonnenstrahlung. Zudem sind in Abb. 3-5 drei wichtige photolytische Primärreaktionen von atmosphärischen Spurengasen zusammen mit ihren Grenzwellenlängen dargestellt. Der photolytische Zerfall von troposphärischem Ozon in O_2 und energetisch angeregte Sauerstoffatome O^* ist eine relativ langsame Reaktion, da Licht mit Wellenlängen unterhalb der Grenzwellenlänge von 310 nm (s. auch Kapitel 4) in der Troposphäre nur in sehr geringer Intensität vorhanden ist. Die Reaktion $NO_2 \xrightarrow{h\nu} NO + O$ dagegen läuft rascher ab, da die Lichtintensitäten unterhalb 400 nm im Sonnenspektrum in Erdbodennähe erheblich höhere Werte haben. Die photolytisch entstandenen Stoffe können nun sekundäre chemische Reaktionen mit anderen emittierten Schadstoffen eingehen – meistens handelt es sich dabei um radikalische Kettenreaktionen – die zu vielfältigen Oxidationsprodukten von Schadstoffen führen. Einige dieser Oxidationsprodukte, die selbst wieder oxidierende Eigenschaften haben wie etwa Ozon, werden als *Photooxidantien* bezeichnet. Im folgenden sollen einige wichtige Reaktionsketten und ihre Produkte besprochen werden.

3.4   Chemie der Photooxidantien

Die möglichen Reaktionswege, auf denen Spurengase bzw. Schadstoffe chemisch umgewandelt werden, sind kompliziert und vielfältig. Dennoch läßt sich eine gewisse Systematik erkennen, mit deren Hilfe die wichtigsten Mechanismen darstellbar sind. Eine zentrale Rolle spielt dabei das OH-Radikal, das aus Ozon über eine Reaktion mit Wasser gebildet wird.

Durch Diffusion aus der Stratosphäre gelangt immer etwas Ozon in die Troposphäre. Da es durch Licht mit einer Wellenlänge $\lambda < 310$ nm nur sehr langsam in der Troposphäre photolytisch gespalten wird, ist die Bildungsrate von Sauerstoffatomen relativ klein:

$$O_3 \xrightarrow{h\nu} O_2 + O^* \tag{3.4}$$

Das energetisch angeregte Sauerstoffatom O^* ist sehr reaktiv und bildet mit Wasser OH-Radikale, die eine wichtige Schlüsselfunktion in der Troposphärenchemie haben:

$$O^* + H_2O \longrightarrow 2\,OH \tag{3.5}$$

Die OH-Radikale leiten eine Reaktionskette ein, in der Spurengase aufoxidiert werden. Am Beispiel des CO wollen wir das erläutern:

$$CO + OH \longrightarrow CO_2 + H \tag{3.6}$$

$$H + O_2 \longrightarrow HO_2 \tag{3.7}$$

$$HO_2 + O_3 \longrightarrow OH + 2\,O_2 \tag{3.8}$$

Dementsprechend lautet die Gesamtbilanz von Gl. (3.6) bis Gl. (3.8):

$$CO + O_3 \longrightarrow CO_2 + O_2 \tag{3.9}$$

In diesem Kettenmechanismus treten neben den OH-Radikalen auch HO_2-Radikale auf. In der Bilanz erscheinen jedoch beide Radikale nicht. Da sie in dem Mechanismus sowohl einmal gebildet als auch einmal verbraucht werden, ändern sich ihre Konzentrationen insgesamt nicht. OH und HO_2 haben also katalytische Funktionen. Als Senke für die OH- und HO_2-Radikale findet folgende Reaktion statt, die die Oxidationskette, die zu Gl. (3.9) führt, beenden kann:

$$OH + HO_2 \longrightarrow H_2O + O_2 \tag{3.10}$$

Eine weitere Kettenabbruchsreaktion ist auch:

$$2\,HO_2 \longrightarrow H_2O_2 + O_2 \tag{3.11}$$

Ähnlich, wenn auch etwas komplizierter, läuft die Oxidation von CH_4 ab. Die Bilanz hierfür lautet:

$$CH_4 + O_3 \longrightarrow CO + 2\,H_2O \tag{3.12}$$

Das entstandene CO wird dann nach Gl. (3.9) zu CO_2 weiter aufoxidiert. Man nimmt an, daß 20–50 % des CO in der Atmosphäre allein aus der Oxidation von Methan stammen [7].

Von den in die Atmosphäre gelangenden Stickoxiden gehören NO und NO_2 zu den leicht oxidierbaren Verbindungen. N_2O ist relativ inert und wird zum größten Teil erst in der Stratosphäre umgesetzt (s. Kapitel 4). NO entsteht auf natürliche Weise bei Blitzentladungen in Gewittern und anthropogen bei Verbrennungsvorgängen (s. Tab. 3-1). NO_2 entsteht hauptsächlich aus photochemischer Oxidation von NO über einen Mechanismus, der an die Oxidation anderer Spurengase wie CO oder CH_4 gekoppelt ist. Wir wollen das am Beispiel von CO erläutern. Zunächst wird CO entsprechend den Gln. (3.6) und (3.7) zu CO_2 aufoxidiert, wobei HO_2-Radikale entstehen. Diese reagieren allerdings bei Anwesenheit von ausreichend hohen Mengen an NO bevorzugt mit NO und **nicht** mit Ozon weiter:

$$HO_2 + NO \longrightarrow OH + NO_2 \qquad (3.13)$$

Daher ergibt sich insgesamt:

$$CO + NO + O_2 \longrightarrow CO_2 + NO_2 \qquad (3.14)$$

NO_2 ist in der Troposphäre photochemisch nicht stabil und zerfällt, wie in Abb. 3-5 dargestellt, durch Lichteinwirkung ($\lambda < 400$ nm):

$$NO_2 \xrightarrow{h\nu} NO + O \qquad (3.15)$$

Das sich dabei bildende NO tritt wieder in die Reaktionskette gemäß Gl. (3.13) ein. Die nach Gl. (3.15) entstandenen Sauerstoffatome reagieren rasch mit O_2 zu Ozon:

$$O + O_2 \longrightarrow O_3 \qquad (3.16)$$

Addieren der letzten drei Gleichungen ergibt:

$$CO + 2\,O_2 \xrightarrow{h\nu} CO_2 + O_3 \qquad (3.17)$$

Auf diese Weise wird CO unter **Bildung** von Ozon zu CO_2 aufoxidiert, während bei der Oxidation von CO entsprechend Gl. (3.9) Ozon **verbraucht** wird! In ähnlicher Weise werden auch die anderen oxidierbaren Spurengase in der Troposphäre umgesetzt.

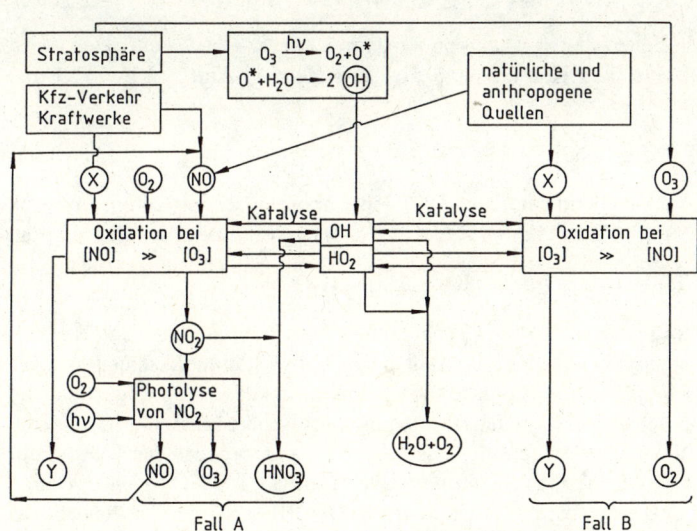

Abb. 3-6
Wege der
Photooxidationsreaktionen
in der Troposphäre
X = emittierte Schadstoffe
Y = oxidierte Schadstoffe

Daraus ergibt sich eine wichtige Schlußfolgerung. In Gebieten mit niedrigen NO-Konzentrationen werden oxidierbare Spurengase unter katalytischer Mitwirkung von OH-Radikalen bei gleichzeitigem Verbrauch von Ozon aufoxidiert, wie es am Beispiel von CO (Gl. (3.9)) gezeigt wurde. In Gebieten höherer NO-Konzentration wird NO zu NO_2 und simultan dazu das oxidierbare Spurengas aufoxidiert, in unserem Beispiel CO zu CO_2 (Gl. (3.14)). NO_2 wird photolytisch wieder in NO und O-Atome gespalten, wobei letztere mit Sauerstoff zu Ozon reagieren. Es wird also insgesamt Ozon gebildet (s. Gl. (3.17)). Das Schema dieser konkurrierenden Reaktionswege ist in Abb. 3-6 dargestellt, wobei wir statt CO allgemein X und statt CO_2 allgemein Y schreiben.

Da NO in der Troposphäre eine mittlere Verweilzeit von nur einem Tag hat, kann das troposphärische Ozon nur in den Gebieten gebildet werden, in denen NO emittiert wird, also in dichtbevölkerten Regionen mit Kfz-Verkehr und in der direkten Umgebung von Kraftwerken. Das ist eine Voraussetzung für die Entstehung einer bestimmten Art von Smog, der auf photolytischem Weg gebildet wird und deswegen als *Photosmog* oder auch als *Sommersmog* bezeichnet wird, da er in unseren Breiten praktisch nur in den Sommermonaten auftritt.

Der Photosmog entsteht bei einer Inversionswetterlage, wie sie im Fall B der Abb. 3-3 skizziert ist: Es herrschen hohe Emissionen an NO bei gleichzeitiger Emission von Kohlenwasserstoffen. Diese Situation ist typisch für Großstädte mit starkem Fahrzeugverkehr bei Inversionswetterlage und Sonneneinstrahlung. Ein Beispiel ist Los Angeles am frühen Morgen im Berufsverkehr, weswegen der Photosmog oft auch *Los-Angeles-Smog* genannt wird. Aber diese Situation ist generell in allen Ballungszentren der Welt möglich, wo Inversionswetterlagen auftreten können.

Während einer Photosmogperiode kommt es zu folgenden chemischen Reaktionen in der Troposphäre: statt des CO oder CH_4 sind es beim Photosmog vor allem längerkettige Kohlenwasserstoffe wie Propan, Butan oder auch Oktane, abgekürzt mit $R–CH_3$, die oxidiert werden. Das OH-Radikal ist auch hier das Startmolekül der Reaktionskette:

$$
\begin{aligned}
R–CH_3 + OH &\longrightarrow R–CH_2 + H_2O \\
R–CH_2 + O_2 &\longrightarrow R–CH_2O_2 \\
R–CH_2O_2 + NO &\longrightarrow R–CH_2O + NO_2 \\
R–CH_2O + O_2 &\longrightarrow R–CHO + HO_2 \\
NO + HO_2 &\longrightarrow NO_2 + OH
\end{aligned}
\qquad (3.18)
$$

Über mehrere Zwischenstufen, in denen die sogenannten Peroxiradikale $R–CH_2O_2$ auftreten, wird also in der Bilanz unter O_2-Verbrauch der Kohlenwasserstoff $R–CH_3$ zum Aldehyd $R–CHO$ und gleichzeitig NO zu NO_2 aufoxidiert:

$$
R–CH_3 + 2\,O_2 + 2\,NO \longrightarrow R–CHO + 2\,NO_2 + H_2O \qquad (3.19)
$$

Das entstandene NO_2 wird dann entsprechend der Gl. (3.15) wieder photolytisch gespalten. Addition des Zweifachen der Gln. (3.15) und (3.16) zu Gl. (3.19) ergibt als Gesamtbilanz für den Photosmog:

$$
R–CH_3 + 4\,O_2 \longrightarrow R–CHO + 2\,O_3 + H_2O \qquad (3.20)
$$

Beim Photosmog geschieht also folgendes: Der Kfz-Verkehr emittiert am Vormittag NO und Kohlenwasserstoffe, die im wesentlichen aus unvollständig verbrannten Benzinen stammen (s. auch Kapitel 5). Dabei ergibt sich bei Sonnenschein und Inversionswetterlage im Verlauf des Tages folgendes Bild für den Konzentrationsablauf von Schadstoffen in der Photosmog-Atmosphäre über einer Großstadt: Die Kohlenwasserstoff- und NO-Konzentrationen, die anfangs hoch sind, nehmen rasch ab, dafür steigt zunächst die Konzentration an Aldehyden und giftigem Ozon stark an. Die NO_2-Konzentration durchläuft zeitlich ein Maximum, da zunächst NO_2 entsprechend Gl. (3.19) gebildet, später aber in Salpetersäure umgewandelt wird, die somit eine echte NO_2-Senke darstellt:

$$NO_2 + OH \longrightarrow HNO_3 \tag{3.21}$$

Bei ungesättigten Kohlenwasserstoffen laufen die Reaktionsketten ähnlich, wenn auch komplizierter ab, wobei z. B. aus Propen Formaldehyd und Acetaldehyd entsteht. Die Bilanz hierfür lautet:

$$CH_3CHCH_2 + 2\,O_2 + 2\,NO \longrightarrow CH_3CHO + H_2CO + 2\,NO_2 \tag{3.22}$$

Häufig sind die Aldehyde nicht das Ende der Oxidationskette. Der am häufigsten vorkommende Aldehyd, der Acetaldehyd, kann weiterreagieren zum Peroxiacetylnitrat (PAN). Diese Reaktion stellt gleichzeitig eine weitere Senke für das nach Gl. (3.19) gebildete NO_2 dar:

$$\begin{aligned} CH_3CHO + OH &\longrightarrow CH_2CHO + H_2O \\ CH_2CHO + O_2 &\longrightarrow CH_3C(O)O_2 \\ CH_3C(O)O_2 + NO_2 &\rightleftharpoons CH_3C(O)O_2NO_2 \quad (PAN) \end{aligned} \tag{3.23}$$

Insgesamt erhält man also:

$$CH_3CHO + OH + O_2 + NO_2 \longrightarrow PAN + H_2O \tag{3.24}$$

Die Reaktionskette für die Aldehydoxidation startet also ähnlich wie die der Kohlenwasserstoff-Oxidation, wobei es allerdings im 3. Schritt in Gl. (3.23) zu einer Reaktion mit NO_2 kommt, bei der das PAN entsteht. Abb. 3-7 zeigt einen Simulationsversuch im Labor, der genau den geschilderten Verhältnissen des Photosmogs entspricht, wobei als Kohlenwasserstoff Propen eingesetzt wurde.

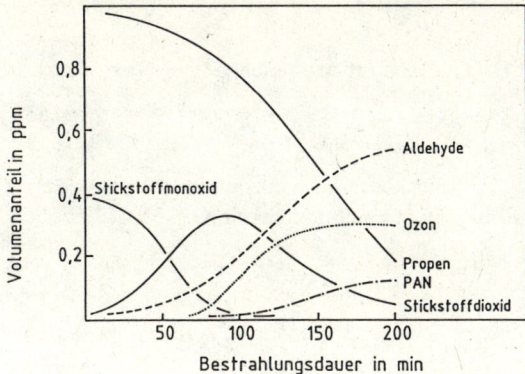

Abb. 3-7
Zeitlicher Verlauf der photochemischen Smogbildung im Laborexperiment (Quelle: [6])

Ähnlichen Oxidationsmechanismen wie denen von CO und der Kohlenwasserstoffe unterliegen auch andere Luftschadstoffe wie beispielsweise SO_2. In Gegenwart von NO, also unter Photosmogbedingungen, laufen folgende Reaktionen ab:

$$\begin{aligned} SO_2 + OH &\longrightarrow SO_2OH \\ SO_2OH + O_2 &\longrightarrow SO_3 + HO_2 \\ HO_2 + NO &\longrightarrow OH + NO_2 \end{aligned} \tag{3.25}$$

Die Bilanz lautet daher:

$$SO_2 + O_2 + NO \longrightarrow SO_3 + NO_2 \tag{3.26}$$

NO_2 wird wieder photolytisch laut Gl. (3.15) gespalten. Dann wird nach Gl. (3.16) wieder Ozon gebildet, so daß sich folgender Gesamtumsatz ergibt:

$$SO_2 + 2\,O_2 \longrightarrow SO_3 + O_3 \tag{3.27}$$

Bei NO-Mangel läuft die Reaktion analog wie die mit CO ab (vgl. Gln. (3.6) bis (3.9)):

$$SO_2 + OH \quad \longrightarrow \quad SO_3 + H \tag{3.28}$$

$$H + O_2 \quad \longrightarrow \quad HO_2 \tag{3.29}$$

$$HO_2 + O_3 \quad \longrightarrow \quad OH + 2\,O_2 \tag{3.30}$$

Dementsprechend lautet die Gesamtbilanz:

$$SO_2 + O_3 \longrightarrow SO_3 + O_2 \tag{3.31}$$

SO_3 reagiert in Gegenwart von H_2O direkt zur Schwefelsäure H_2SO_4 weiter.

Die Methanoxidation unter NO-freien Bedingungen wurde bereits besprochen (Gl. (3.12)). Wir betrachten auch noch den Fall der Methanoxidation in Gegenwart von NO, die zunächst ganz analog wie Gl. (3.18) mit R–CH$_3$ abläuft. In diesem Fall ist R=H. Insgesamt ergibt sich:

$$CH_4 + 2\,O_2 + 2\,NO \longrightarrow H_2CO + H_2O + 2\,NO_2 \tag{3.32}$$

Der entstehende Formaldehyd kann photolytisch zu H_2 und CO (s. Abb. 3-5) gespalten werden, oder aber er reagiert nun in ähnlicher Weise wie die anderen Kohlenwasserstoffe mit den OH-Radikalen weiter:

$$\begin{aligned} H_2CO + OH &\longrightarrow CHO + H_2O \\ CHO + O_2 &\longrightarrow CO + HO_2 \\ HO_2 + NO &\longrightarrow OH + NO_2 \end{aligned} \tag{3.33}$$

In der Bilanz wird also Formaldehyd zu CO und H_2O aufoxidiert bei gleichzeitiger Oxidation von NO zu NO_2:

$$H_2CO + O_2 + NO \longrightarrow CO + H_2O + NO_2 \tag{3.34}$$

Das entstandene CO wird dann wiederum nach der schon besprochenen Reaktion entsprechend Gl. (3.14) zu CO_2 aufoxidiert, so daß die gesamte Bilanz für die Methanoxidation bei NO-Überschuß lautet:

$$CH_4 + 4\,O_2 + 4\,NO \longrightarrow CO_2 + 2\,H_2O + 4\,NO_2 \tag{3.35}$$

Unter Berücksichtigung der Weiterreaktion entsprechend den Gln. ,3.15) und (3.16) ergibt sich der Gesamtumsatz:

$$CH_4 + 8\,O_2 \longrightarrow CO_2 + 2\,H_2O + 4\,O_3 \tag{3.36}$$

Wir wollen zum Abschluß dieses Abschnittes noch der Frage nachgehen, wie das im Photosmog gebildete Ozon wieder abgebaut wird. Am Beispiel der Bilanzgleichungen (3.9), (3.12) oder (3.31) wird ersichtlich, daß Ozon durch oxidierbare Spurengase abgebaut wird, wenn NO nicht oder nur in sehr geringer Konzentration vorhanden ist. Höhere NO-Konzentrationen führen dagegen in Gegenwart oxidierbarer Spurengase zur Ozonbildung, wobei NO gleichzeitig verschwindet. Das entspricht dem Beispiel der Bilanzgleichungen (3.17), (3.20) oder (3.27). Hohe O_3-Konzentrationen schließen demnach gleichzeitig hohe NO-Konzentrationen aus und umgekehrt. Das wird deutlich an den in Abb. 3-7 gezeigten Kurvenverläufen der NO- und O_3-Konzentrationen. Die eigentliche Ursache dafür, daß diese beiden Stoffe sich nicht „vertragen", liegt in folgender schnell ablaufenden Reaktion:

$$NO + O_3 \longrightarrow NO_2 + O_2 \tag{3.37}$$

Man kann generell daraus folgenden Schluß ziehen. In Gebieten mit relativ reiner, d. h. NO-freier Luft wie in Gebirgslagen können sich hohe Ozonkonzentrationen relativ lange aufrechterhalten, in Stadt-zentren und Straßenschluchten mit hohem Kfz-Verkehr und entsprechend hohen NO-Konzentrationen ist der O_3-Gehalt der Luft gering. Erst Stunden nach der „rush hour" entsteht Ozon. Das macht Abb. 3-7 deutlich; dort findet die simulierte „rush hour" zum Zeitpunkt t = 0 Minuten statt. Ozon wird zwar langsam durch Oxidation von Spurengasen abgebaut, ein rascher Abbau von Ozon erfolgt gemäß Gl. (3.37) vor allem erst dann, wenn erneut bei einer „rush hour" NO emittiert wird mit der Folge, daß Ozon dann wieder Stunden später gebildet wird. Bei periodischen NO-Emissionen entstehen also entsprechende periodische, zeitlich verschobene O_3-Konzentrationsmaxima, die meist auch an anderen Orten auftreten als dort, wo die NO-Emissionen entstanden sind, da Windbewegungen den Ort des Geschehens verlagern (s. Abschnitt 3.2 und Abb. 3-3).

In diesem Zusammenhang wollen wir diskutieren, ob eine Photosmogverordnung, wie sie ana-log zur bestehenden Wintersmogverordnung (s. Abschnitt 5.4) vorgeschlagen wurde, sinnvoll wäre. Sie sieht im Extremfall einen Kfz-Verkehrsstopp vor, wenn bestimmte O_3-Konzentrationswerte in Stadtbereichen mit hoher Verkehrsdichte überschritten werden. Dadurch wird ein plötzlicher, lokal begrenzter NO-Emissionsstopp erreicht, der lediglich eine Ozonbildung einschränkt, die sowieso erst Stunden später auftreten würde und zwar in der Regel nicht im Stadtzentrum. Der NO-Emissionsstopp verhindert aber nach Gl. (3.37) den Abbau von schon vorhandenem Ozon in der Stadtluft, das nach der Verordnung Grund für den Kfz-Verkehrsstopp bzw. NO-Emissionsstopp wäre. Diese Vorhersa-gen liefern entsprechende Studien und Photosmog-Modellrechnungen [8]. Kurzzeitige lokale Kfz-Verkehrsstopps führen insgesamt zu keiner Reduktion der Ozonbildung im Sommersmog, solange nicht über längere Zeiträume durch Kfz-Verkehrsverbote eine NO-Emissionsreduktion wirksam wird.

Die Folge ist, daß mit lokalen Maßnahmen dem Photosmog nicht entgegengewirkt werden kann. Nur großflächig angelegte Maßnahmen könnten hier Abhilfe leisten. Neben einer europaweiten, konsequenten Einführung von Kfz-Katalysatoren wären hier in erster Linie Maßnahmen zu nennen, die eine merkliche Abnahme der Verkehrsleistung bewirken.

Zusammenfassung

Es gibt zwei voneinander wesentlich verschiedene Oxidationsmechanismen für oxidierbare Spuren-gase bzw. Schadstoffe in der Troposphäre: Bei geringer NO-Konzentration wird unter O_3-Verbrauch oxidiert und Sauerstoff gebildet, bei höheren NO-Konzentrationen wird dagegen bei der Oxidation des Spurengases Luftsauerstoff verbraucht und gleichzeitig NO zu NO_2 oxidiert, wobei in einer Folgereaktionskette Ozon entsteht. Welcher der beiden Mechanismen dominiert, hängt von dem Konzentrationsverhältnis von NO zu O_3 ab (s. Abb. 3-6). Entscheidende katalytische Funktion hat in beiden Fällen das OH-Radikal, das in der Troposphäre primär bei der Reaktion von energetisch angeregten Sauerstoffatomen O^* mit H_2O gebildet wird (vgl. Gl. (3.5)), wobei die O^*-Atome aus der Photolyse von Ozon stammen (vgl. (Gl. (3.4)).

Bei hohen NO-Konzentrationen entstehen als endgültige Oxidationsprodukte vor allem O_3 und die Mineralsäure HNO_3. Bei zusätzlicher Emission von SO_2 wird auch SO_3 bzw. H_2SO_4 gebildet. Diese Stoffe erreichen bei Photosmogbedingungen gefährlich hohe, lokale Konzentrationen in Bal-lungszentren, aber auch bei Normalwetterlagen entstehen sie. Die primär emittierten Schadstoffe (NO_X, SO_2, $R–CH_3$ etc.) werden in diesem Fall durch den Wind abtransportiert (s. Fall A der Abb. 3-3) und erst während des Transportweges zum großen Teil in ähnlicher Weise wie beim Photosmog oxidiert, so daß es dann durch Niederschlag oder dem Wind entgegenstehende Bergketten zur De-position von SO_2, NO_X, aber auch von Säuren, O_3 und PAN kommt. So wird verständlich, daß z. B. in den mittleren Höhenlagen des Schwarzwaldes Regen oder Nebel auftritt, der extrem säurehaltig ist (HNO$_3$, H$_2$SO$_4$), und daß in diesen stadtfernen Regionen besonders hohe Ozonkonzentrationen auftreten können.

Beide Erscheinungen, der Saure Regen (im Regenwasser gelöste Stoffe wie HNO$_3$, H$_2$SO$_4$, SO$_2$) sowie erhöhte Konzentrationen von SO$_2$, NO$_X$ und Ozon in der Luft, führen vor allem in den Mittelgebirgen von Europa, denen große Industriezentren vorgelagert sind, zu Säureeinträgen in Waldgebieten. Sie gelten als wesentliche Ursache für die weitflächigen Waldschäden (s. Kapitel 6). Eine weitere Folge säurehaltiger Niederschläge ist die in den vergangenen Jahrzehnten immer rascher zunehmende Verwitterung von kalkhaltigem Gestein, die zur erheblichen Zerstörung von Steinkunstwerken, Baudenkmälern und auch Betonbauten geführt hat (s. Abschnitt 6.5).

3.5   Schadstoffoxidation ohne Photochemie

Als Beispiele für Oxidationsprozesse in der Troposphäre, bei denen das OH-Radikal keine Rolle spielt, zeigen wir, wie HNO$_3$ und H$_2$SO$_4$ auch auf andere Weise aus NO$_X$ und SO$_2$ gebildet werden können, ohne daß dabei die photolytisch initiierte Radikalkette unter katalytischer Mitwirkung von OH-Radikalen beteiligt ist.

Während der Nacht kann Ozon nicht mehr photolytisch gespalten werden. Hier wird ein anderer Reaktionsmechanismus wichtig, bei dem intermediär das NO$_3$-Radikal und N$_2$O$_5$ auftreten:

$$\begin{aligned}
O_3 + NO_2 &\longrightarrow NO_3 + O_2 \\
NO_3 + NO_2 &\longrightarrow N_2O_5 \\
N_2O_5 + H_2O &\longrightarrow 2\,HNO_3
\end{aligned} \tag{3.38}$$

In der Bilanz ergibt sich:

$$O_3 + 2\,NO_2 + H_2O \longrightarrow 2\,HNO_3 + O_2 \tag{3.39}$$

Die Reaktionskette in Gl. (3.38) kann tagsüber nicht ablaufen, da das NO$_3$-Radikal extrem instabil gegenüber Lichteinwirkung ist und sehr leicht photolytisch gespalten wird.

Die Oxidation von SO$_2$ zu SO$_3$ bzw. H$_2$SO$_4$ kann statt auf „trockenem" Weg entsprechend Gl. (3.31) auch durch Reaktion in wässriger Lösung erfolgen. SO$_2$ ist gut wasserlöslich:

$$SO_2^{gel.} + 2\,H_2O \rightleftharpoons HSO_3^- + H_3O^+ \tag{3.40}$$

Ein Teil des SO$_2$ wird auf diese Weise im Wasser der Regentropfen oder Nebeltropfen gelöst, bevor es „trocken" oxidiert werden kann. In der Lösung wird dann das HSO$_3^-$-Ion oxidiert. Als Oxidationsmittel kommt hier im wesentlichen H$_2$O$_2$ in Frage, das aus der Rekombination zweier HO$_2$-Radikale in der Troposphäre entsteht (s. Gl. (3.11)) und ebenfalls gut wasserlöslich ist. In wässriger Lösung läuft dann folgende Reaktion ab:

$$HSO_3^- + H_2O_2 \longrightarrow SO_4^{2-} + H_3O^+ \tag{3.41}$$

Dabei entstehen Sulfationen bzw. Schwefelsäure. Die gebildeten H$_3$O$^+$-Ionen drängen jedoch nach Gl. (3.41) bei einem vorgegebenen Partialdruck p_{SO_2} des gasförmigen SO$_2$ die HSO$_3^-$-Ionenkonzentration zurück. Es gilt nach dem Henryschen Gesetz:

$$[SO_2]_{gel.} = H \cdot p_{SO_2} \tag{3.42}$$

Dabei ist H die Henrysche Konstante und $[SO_2]_{gel}$ die Konzentration des gelösten SO$_2$. Mit der Dissoziationskonstante

$$K = \frac{[\mathrm{H_3O^+}] \cdot [\mathrm{HSO_3^-}]}{[\mathrm{SO_2}]_{\mathrm{gel.}}} \tag{3.43}$$

folgt für die Konzentration von Hydrogensulfit $[\mathrm{HSO_3^-}]$:

$$[\mathrm{HSO_3^-}] = \frac{K \cdot H \cdot p_{\mathrm{SO_2}}}{[\mathrm{H_3O^+}]} \tag{3.44}$$

Eine Erhöhung der $\mathrm{H_3O^+}$-Ionenkonzentration findet durch die Oxidation von $\mathrm{HSO_3^-}$ entsprechend Gl. (3.41) statt, dadurch wird die $\mathrm{HSO_3^-}$-Ionenkonzentration erniedrigt, so daß der gesamte Oxidationsprozeß durch negative Rückkoppelung verlangsamt wird. Diese „nasse" Oxidation von $\mathrm{SO_2}$ ist eine alternative Reaktion zur „trockenen" $\mathrm{SO_2}$-Oxidation, wie sie in Gl. (3.31) beschrieben wurde. Beide Reaktionswege laufen mehr oder weniger parallel in der Troposphäre ab.

Es gibt auch noch eine dritte Möglichkeit, wie $\mathrm{SO_2}$ zu $\mathrm{H_2SO_4}$ aufoxidiert werden kann. Sie besteht in der katalytischen Oxidation an schwermetallhaltigen Ruß- und Staubteilchen:

$$\mathrm{SO_2 + H_2O} + \frac{1}{2}\,\mathrm{O_2} \longrightarrow \mathrm{H_2SO_4} \tag{3.45}$$

Die Gegenwart von kleinen Wassertropfen in Form von Nebel begünstigt diesen Reaktionsablauf besonders. Die Nebeltröpfchen werden dabei stark schwefelsäurehaltig.

Man spricht in diesem Fall vom *Sauren Smog*. Er wurde in früheren Jahren häufig in London beobachtet, wo die Verwendung schwefelhaltiger Brennstoffe, die Art der Heiztechnik in Fabriken und Haushalten und die niedrige Höhe der Schornsteine die Ausbildung des Sauren Smogs in Bodennähe stark begünstigte. Deshalb bezeichnet man den Sauren Smog auch als *London-Smog*. Der Saure Smog wirkt besonders schädigend auf die Atmungsorgane, da die entstehende Schwefelsäure in den kleinen Nebeltröpfchen gelöst ist, somit also in der Luft bleibt und nicht unmittelbar durch Ausregnen in den Boden eingebracht wird. Im Gegensatz zum Photosmog, der vor allem während der Mittagszeit in den sonnenreichen Sommermonaten seine stärksten Auswirkungen findet, tritt der London-Smog eher morgens oder abends in der feuchtkalten Jahreszeit des Winters auf und wird deshalb auch als *Wintersmog* bezeichnet. Wegen drastischer Maßnahmen, die eine uneingeschränkte Verbrennung von besonders schwefelhaltiger Braunkohle in Haushalten und Kleingewerben verbieten, gibt es den Sauren Smog in London heute nur noch selten. Um kurzfristig den Auswirkungen des Sauren Smogs entgegenzuwirken, wurden in der Bundesrepublik 1984 für jedes Bundesland etwas unterschiedliche Smog-Verordnungen eingeführt. Ihre Anwendung in der letzten Ausführungsstufe, u. a. Einstellen des Verkehrs, führt zu einem kurzfristigen Rückgang der Luftschadstoffemissionen (s. Abschnitt 5.4). Solche symptombekämpfende Maßnahmen sind zwar in akuten Situationen wirksam; wichtiger aber ist eine langfristige Vorsorgepolitik, wie z. B. die Einführung des erwähnten Verbots einer uneingeschränkten Verbrennung von Braunkohle.

3.6 Umweltbelastungen durch Luftschadstoffe

Die gesamte Biosphäre ist den Luftschadstoffen ausgesetzt. Wir wollen uns auf die möglichen Gefahren für die Umwelt beschränken, die von den Schadgasen $\mathrm{SO_2}$, $\mathrm{NO_X}$ und verschiedener Photooxidantien und vom Sauren Regen ausgehen. Unter *Saurem Regen* verstehen wir die Gesamtheit aller säurebildenden Luftschadstoffe, die im Regenwasser gelöst sind. Der Saure Regen wird vor allem aus $\mathrm{H_2SO_4}$ und $\mathrm{HNO_3}$ entsprechend den photochemischen Bildungsmechanismen der Gln. (3.21) und

(3.31) oder über die „nasse" SO_2-Oxidation gebildet (s. Abschnitt 3.5). Weitere wichtige Komponenten sind die schweflige Säure H_2SO_3, die durch direktes Lösen von SO_2 in Wasser entsteht, und auch Salzsäure HCl, die durch Verbrennung chlorhaltiger Verbindungen in die Atmosphäre gelangt. Sie kann sich dort aber auch durch photochemische Prozesse aus dem biogen emittierten Methylchlorid CH_3Cl und vor allem aus den anthropogen emittierten Chlorkohlenwasserstoffen bilden. Allein durch letztgenannten Mechanismus entstehen jährlich ca. 120000 t HCl in der Atmosphäre. Das Regenwasser hat wegen der Säurebelastung in der Bundesrepublik einen mittleren pH-Wert von 4.1 mit Spitzenwerten von 2.4 [9]. Unbelastetes Regenwasser ist wegen des darin gelösten CO_2 schwach sauer mit einem pH-Wert von 5.6.

Die volkswirtschaftlichen Gesamtkosten, die durch die Luftverschmutzung allgemein entstehen, betragen nach einer Schätzung der OECD (Organisation für wirtschaftliche Zusammenarbeit und Entwicklung) bundesweit zwischen 40 und 70 Milliarden DM pro Jahr [9]! Die Emissionen an Luftschadstoffen wurden zwar in den letzten Jahren in einigen Bereichen verringert, dennoch ist durch die schon jetzt sichtbar gewordenen Umweltschäden erkennbar, daß bisher weder effizient noch schnell genug gehandelt wurde, vor allem nicht, um die Emissionen auf internationaler Ebene zu verringern. Welche technischen Möglichkeiten dazu bestehen und was bisher auf politischer Ebene bereits getan wurde und noch zu tun bleibt, wird in Kapitel 5 ausführlich behandelt.

Im folgenden wollen wir auf vier Bereiche der Umweltbelastung durch Luftschadstoffe noch näher eingehen. Es handelt sich dabei um:

- Gesundheitsgefährdung

- Versauerung von Böden und Gewässern

- Waldschäden

- Schäden an Sachgütern

Gesundheitsgefährdung

Die Immission von Luftschadstoffen stellt für den Menschen eine beträchtliche Gesundheitsgefährdung dar. Exakte quantitative Abschätzungen sind aber nicht möglich, da einerseits die Wirkungen auf die menschliche Gesundheit nur teilweise erforscht sind, und andererseits luftschadstoffbedingte Krankheiten meist zeitlich versetzt zur Exposition auftreten (vor allem bei Krebserkrankungen) und kaum monokausal erklärt werden können, da es sich in der Regel um ein Zusammenspiel verschiedenartiger Parameter handelt. Dennoch lassen sich bestimmte Zusammenhänge erkennen.

Zahlreiche Untersuchungen verbinden die Immission der Schadgase SO_2, NO_X und Ozon mit Gesundheitsschäden [10]. Dazu gehören vor allem Schleimhautreizungen der Augen und Schädigungen der oberen Atemwege. Besondere Risikogruppen sind Kinder und Personen mit chronischer Bronchitis bzw. Asthmatiker. Ozon ist darüberhinaus selbst noch hochtoxisch. Das vermehrte Auftreten von *Pseudo-Krupp*, einer entzündlichen Schleimhautschwellung im Kehlkopfbereich, von der besonders Kleinkinder betroffen sind, wird ebenfalls mit Luftverschmutzung in Kombination mit Sekundärparametern wie Virusinfektionen oder auch allergischen Erkrankungen in Zusammenhang gebracht.

Smog-Situationen können zu besonders lebensbedrohenden Gesundheitsbelastungen beitragen. Insbesondere sind davon Personen betroffen, deren Gesundheit ohnehin schon geschwächt ist. Die bisher wohl spektakulärste, bekannt gewordene Smog-Katastrophe ereignete sich im Dezember 1952 in London. Während einer über mehrere Tage anhaltenden London-Smog-Periode starben an den Folgen dieser Belastung mehrere tausend Menschen [9].

Die volkswirtschaftlichen Kosten, die auf die Gesundheitsschäden durch Luftschadstoffe zurückzuführen sind, sind beträchtlich. Das Umweltbundesamt schätzt, daß von den 1986 in der Bundesrepublik durch Erkrankungen der Atemwegsorgane herbeigeführten Kosten von 11.7 Milliarden DM allein 2.3–5.8 Milliarden DM durch Luftverschmutzung verursacht wurden [9].

Versauerung von Böden und Gewässern

Wie in der Bundesrepublik durch die Waldschäden, so wurde man in Skandinavien durch das sich ausbreitende Fischsterben auf die Luftverschmutzung aufmerksam. Ursache ist hier hauptsächlich der Saure Regen. Fällt er auf Böden mit kalkarmem Gestein wie Granit, Gneis oder Porphyr, so wird die Säure nicht neutralisiert, d. h. Böden und Gewässer versauern. Diese Situation gibt es in Skandinavien, Kanada, Nordost-USA wie auch im Bayrischen Wald sowie in einigen Regionen der Alpen. In diesen Gegenden haben die Niederschläge einen pH-Wert von durchschnittlich 4.4, der Schnee sogar einen von 4.0.

Der Säuregehalt ist für die Ökologie eines Gewässers von besonderer Bedeutung. Bereits bei Unterschreiten eines pH-Wertes von 6.5 treten erste Schäden auf. Ab einem pH-Wert von 5.5 gelten die Gewässer als übersäuert, ab pH 5.0 ist das Gewässer tot, Kleinsttiere bis hin zu Fischen sind gestorben. In den vergangenen 12000 Jahren sank der pH-Wert der schwedischen Seen von 7 auf 6. Seit den fünfziger Jahren aber erniedrigte sich der pH-Wert auf 4.5. In Schweden sind 18000 Seen (das entspricht mehr als einem Fünftel aller schwedischen Seen) übersäuert [11]. In Südnorwegen sind schon 13000 km^2 Gewässer ohne Fische. Norwegen importiert 90 % SO_2 über die Luft aus anderen Ländern. In Kanada, das zwei Drittel seiner Schwefeldepositionen den USA zu verdanken hat, zeigen sich ähnliche Entwicklungen. Allein im Bundesstaat Ontario sind 1200 Seen tot, 3400 am Sterben und 11400 kurz vor dem Umkippen. In Quebec sind bereits 17 % der Seen versauert. Auch die ehemals reichlichen Lachsvorkommen sind zurückgegangen, in über 10 Flüssen Nova Scotias beispielsweise ist er bereits ausgestorben und in weiteren 20 gilt der Bestand als gefährdet [11].

Neben der Artenverarmung in den durch den Sauren Regen betroffenen Gewässern und den volkswirtschaftlichen Schäden durch den Rückgang der Fischpopulation stellt die Mobilisierung sedimentierter Schwermetalle durch saures Oberflächenwasser eine weitere Gefahr dar (s. auch Kapitel 10). Dadurch kann das Grundwasser kontaminiert werden und die Schwermetalle können sich in der Nahrungskette, die oftmals beim Menschen endet, anreichern.

Waldschäden

Die Luftschadstoffe, allen voran der Saure Regen, werden für die seit Beginn der 80er Jahre stark zugenommenen Waldschäden verantwortlich gemacht. In Kapitel 6 wird ausführlich dargestellt, wie die Bäume durch direkte Exposition und durch indirekte Wirkungen wie Sauren Regen, der zum Freisetzen toxischer Metallionen führt, geschädigt werden.

Die durch die Waldschäden entstehenden volkswirtschaftlichen Kosten werden sich bis zum Jahr 2060 auf mindestens 210 Milliarden DM belaufen, wie am Ende des 6. Kapitels aufgezeigt ist.

Schäden an Sachgütern

Zu den Schäden an Sachgütern, die von den Luftverschmutzungen betroffen sind, zählen Schäden an Baudenkmälern, die aus Natursteinen bestehen, Schäden an Bronzeskulpturen und Glasgemälden, an Industrie- und Gebrauchsgütern sowie an Archivgut. SO_2, NO_X und weitere säurebildende Gase sowie Staub und die verschiedenen Photooxidantien beschleunigen die natürlichen Verwitterungs- und Alterungsvorgänge.

Vor allem sind es aber die SO_2-Immissionen, die in Form von schwefliger Säure und Schwefelsäure den Materialien zusetzen. Die carbonathaltigen Baustoffe vieler Kunst- und Baudenkmäler werden – vereinfacht dargestellt – zu Sulfaten umgesetzt:

$$CaCO_3 + H_2SO_4 \longrightarrow CaSO_4 + CO_2 + H_2O \qquad (3.46)$$

Sulfate aber haben einen höheren Kristallwassergehalt als die carbonatischen Gesteine, mit der Folge, daß sie auch ein größeres Volumen einnehmen als das ursprüngliche Gestein und es dadurch aufsprengen. Darüber hinaus sind die Sulfate auch noch wasserlöslicher als die Carbonate und können mit Wasser an die Gesteinsoberfläche transportiert werden und dort auskristallisieren (ausblühen). Es entstehen Gipskrusten, und übrig bleibt ein geschwächtes Gefüge, das bald durch mechanische Einwirkungen wie Regen zerstört wird.

Bei den Bronzedenkmälern bildet sich durch Einwirken saurer Gase grüne *Patina* an der Oberfläche, eine Kruste aus basischem Kupfercarbonat und Kupfersulfat. Sie kann bis zu einigen Millimetern dick werden, allmählich aufplatzen und abfallen.

Bei den Schäden an Glasgemälden beispielsweise von Kirchenfenstern handelt es sich um einen Korrosionsvorgang, bei dem die kaliumreiche Glassubstanz alter Glasgemälde verwittert bzw. sich auflöst. Durch Sauren Regen bildet sich Kaliumsulfat. Gläser der Neuzeit enthalten anstelle von Kaliumoxid weitgehend Natriumoxid, das für die Beständigkeit eines Glases günstiger ist. Es ist also nicht das geringere Alter, sondern die geänderte Zusammensetzung, die bewirkt, daß die Glasfenster des 19. Jahrhunderts geringere Verwitterungsschäden aufweisen als die des Mittelalters.

Immissionsbedingte Schäden an Industrie- und Gebrauchsgütern betreffen mineralische Baustoffe wie Zement bzw. Beton, verschiedene Metalle, Anstriche, Textilien und Textilfarbstoffe. Dabei werden die Materialien meist durch SO_2 angegriffen. Bei den Baustoffen Zement bzw. Beton bilden sich gefügesprengende Reaktionsprodukte. Bei Verwendung von Stahlbeton korrodieren darüber hinaus die Metallanteile der Bausubstanz, wenn die Alkalireserve des Betons durch die säurebildenden Gase verbraucht wurde wie beispielsweise bei den Gebäuden der Ruhr-Universität Bochum.

Die wirtschaftlichen Schäden an Sachgütern durch Luftverunreinigungen betrug nach einer Schätzung des Umweltbundesamtes ca. 6.5 Milliarden DM jährlich (Bezugsjahr 1987). Davon betrugen die Materialschäden an Gebäuden ungefähr 2 Milliarden DM, die Korrosionsschäden ca. 1.5 Milliarden DM und die den Bürgern entstehenden Kosten für zusätzlichen Wasch- und Reinigungsaufwand ca. 3.6 Milliarden DM. Eine Verminderung der Emission von Luftschadstoffen vor allem durch Vermeidungsstrategien ist also sowohl aus gesundheitspolitischen und umweltpolitischen als auch aus volkswirtschaftlichen Gründen erstrebenswert. Wie dieses Ziel zu erreichen ist und welche technischen Möglichkeiten dazu heute bestehen, wird in Kapitel 5 ausführlich behandelt.

4 Entstehung, Stabilität und Gefährdung der atmosphärischen Ozonschicht

Die Atmosphäre der Erde besitzt in 15–50 km Höhe, also in der Stratosphäre, eine Luftschicht, in der neben den Luftbestandteilen Stickstoff und Sauerstoff auffallend hohe Konzentrationen an Ozon O_3 auftreten, die sogenannte *Ozonschicht*. Die Gesamtmenge des atmosphärischen Ozons ist recht klein. Würde man das Gas in einer einzigen über der Erdoberfläche verteilten homogenen Schicht auf 1 bar bei 0°C komprimieren, so wäre diese Schicht nur ca. 3.5 mm dick. Dennoch ist die Ozonschicht für das Leben auf der Erde von existenzieller Bedeutung, da Ozon die sehr kurzwellige UV-Strahlung der Sonne absorbiert, die – könnte sie den Erdboden erreichen – dort das Leben außerhalb des Wassers und auch knapp unterhalb der Wasseroberfläche zerstören würde. Besorgnis und Interesse der Öffentlichkeit wurde durch Forschungsergebnisse geweckt, die zeigten, daß infolge der Emission bestimmter Spurengase, vor allem der sogenannten Fluor-Chlor-Kohlenwasserstoffe (FCKW), die wachsende Gefahr eines zunehmenden Abbaus der Ozonschicht und damit einer Zunahme der schädigenden Wirkung kurzwelliger UV-Strahlung besteht.

Wir wollen uns im folgenden mit den physikalisch-chemischen Mechanismen beschäftigen, die für Entstehung, Stabilität und Gefährdung der Ozonschicht von Bedeutung sind.

4.1 Physikalisch-chemische Mechanismen zur Erklärung einer stabilen Ozonschicht

In Abb. 1-6 ist das Temperaturprofil der irdischen Lufthülle dargestellt. In der Troposphäre wird mit steigender Höhe eine starke Temperaturabnahme beobachtet. Damit verbunden ist eine rasche konvektive Zirkulation der Luftmassen in vertikaler Richtung. Oberhalb von ca. 15 km, in der Stratosphäre, steigt jedoch die Temperatur bis zu einer Höhe von ca. 50 km wieder an – ein Anzeichen für die Wirksamkeit einer Wärmequelle –, um dann erneut wieder abzufallen. Die Wärmequelle kann nur durch die Absorption eines bestimmten Anteiles des einfallenden Sonnenlichtes verursacht werden.

Abb. 4-1 macht verständlich, um welchen Anteil der Sonnenstrahlung es sich dabei handelt. Die äußere durchgezogene Kurve ist das Sonnenlichtspektrum, wie man es außerhalb der Lufthülle ohne die Lichtabsorption durch die Erdatmosphäre beobachtet und wie es ohne Absorption durch die Bestandteile der Atmosphäre am Erdboden zu beobachten wäre. Die Sonne ist in guter Näherung ein sogenannter *schwarzer Strahler* und hat ihre maximale Strahlungsintensität bei ca. 480 nm, also im grünen Bereich des sichtbaren Spektrums. Das entspricht einer Oberflächentemperatur der Sonne von ca. 5700 K.

Die gestrichelte Kurve der Abb. 4-1 ist das Spektrum, das man am Erdboden beobachtet. Den Erdboden erreicht praktisch keine Strahlung mit Wellenlängen < 310 nm. Der schraffierte Bereich des Spektrums entspricht der Energie, die pro Zeiteinheit durch die Ozonschicht der Stratosphäre absorbiert wird.

In Abb. 4-2 ist als mittlere Eindringtiefe der Sonnenstrahlung die Höhe über dem Erdboden aufgetragen, in der vom einfallenden UV-Licht der Sonne 50 % absorbiert sind. Man sieht, daß oberhalb von 310 nm das UV-Licht praktisch ungeschwächt den Erdboden erreicht, während unterhalb von 310 nm bis ca. 240 nm allein Ozon und bei noch niedrigeren Wellenlängen zusätzlich Sauerstoff

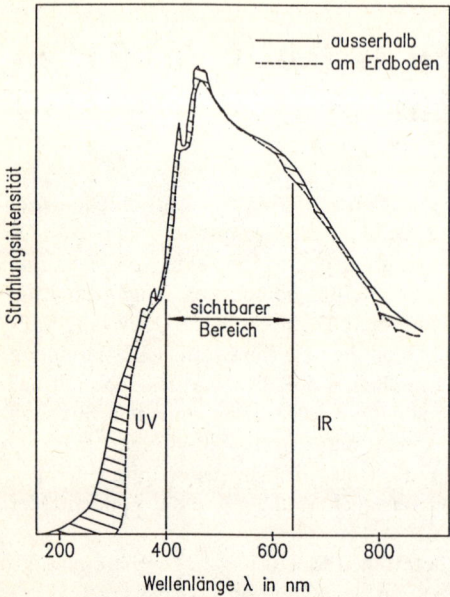

Abb. 4-1
Sonnenlichtspektrum

O_2 für die UV-Lichtabsorption verantwortlich ist. Erst unterhalb von 100 nm beginnt auch Stickstoff das harte UV-Licht zu absorbieren. Die Strahlungsintensität unterhalb 200 nm ist allerdings sehr gering (s. Abb. 4-1), so daß im wesentlichen das Ozon der UV-Strahlungsfilter der Atmosphäre ist.

Wir wollen uns jetzt der Frage zuwenden, wie das Ozon in der Stratosphäre entsteht und wie es dort eine stabile Konzentrationsschicht ausbilden kann.

Nachdem aus spektroskopischen Beobachtungen, die später durch Messungen mit Höhenballons bestätigt wurden, feststand, daß die Erdatmosphäre eine Ozonschicht besitzt, hat der englische Geophysiker S. Chapman im Jahr 1930 einen chemischen Mechanismus vorgeschlagen und daraus ein kinetisches Modell entwickelt, das das Phänomen der stabilen Ozonschicht erklärt und das auch heute noch im wesentlichen gültig ist [1]. Durch die einfallende harte UV-Strahlung der Sonne unterhalb 240 nm wird in der Stratosphäre molekularer Sauerstoff O_2 in zwei Sauerstoffatome gespalten („$h\nu$" steht für Lichtquanten):

$$O_2 \xrightarrow{h\nu} 2\,O \qquad (\lambda < 240\ \text{nm}) \tag{4.1}$$

Die dabei entstehenden energetisch angeregten, sehr reaktiven Sauerstoffatome reagieren bei Anwesenheit eines zusätzlichen Stoßpartners M mit O_2-Molekülen zu Ozon:

$$O + M + O_2 \xrightarrow{k_1} O_3 + M \tag{4.2}$$

k_1 ist die Geschwindigkeitskonstante der Reaktion. Der Stoßpartner M spielt für die Reaktion selbst keine Rolle, er ist nur nötig, um überschüssige Energie bei diesem Reaktionsschritt als kinetische Energie abzuführen. Als Stoßpartner kommen vor allem O_2 oder auch N_2 in Frage. Das entstandene Ozon wird aber seinerseits auch wieder durch Licht mit Wellenlängen unterhalb 310 nm unter Rückbildung von O_2 und angeregten O-Atomen gespalten:

$$O_3 \xrightarrow{h\nu} O_2 + O \qquad (\lambda < 310\,\text{nm}) \tag{4.3}$$

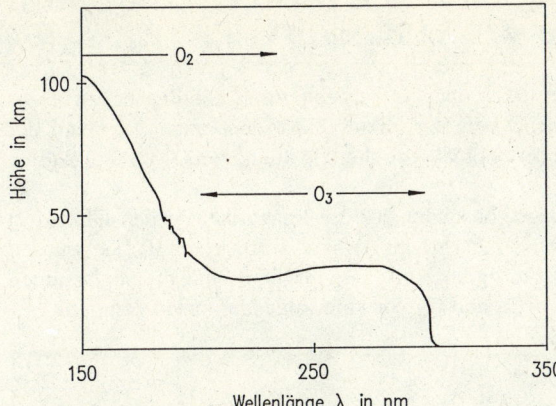

Abb. 4-2
Mittlere Eindringtiefe der Sonnenstrahlung

Schließlich kann O_3 auch durch Reaktion mit O-Atomen wieder zu O_2 abgebaut werden (k_2 ist die zugehörige Geschwindigkeitskonstante):

$$O_3 + O \xrightarrow{k_2} 2\,O_2 \tag{4.4}$$

Die Reaktionsschritte in den Gln. (4.1) bis (4.4) stellen den sogenannten *Chapman-Mechanismus* dar, der zeigt, daß O_3 durch ständigen Auf- und Abbau in einem stationären Gleichgewicht gehalten werden kann.

Weitere Reaktionen sind denkbar, spielen aber keine größere Rolle. Beispielsweise ist die simultane Reaktion von M mit zwei O-Atomen sehr unwahrscheinlich und besitzt somit eine nur sehr kleine Reaktionsgeschwindigkeit:

$$M + O + O \longrightarrow O_2 + M \tag{4.5}$$

Eine andere denkbare Reaktion läuft ebenfalls nur sehr langsam ab:

$$O_3 + M \longrightarrow O_2 + M + O \tag{4.6}$$

Um angeben zu können, von welchen Faktoren die Ozonkonzentration abhängt, ziehen wir die Gesetze der chemischen Kinetik heran, mit denen die zeitliche Entwicklung von Konzentrationen in chemischen Reaktionen beschrieben werden können. Für einen bimolekularen Reaktionsschritt X + Y $\longrightarrow$ Z gilt, daß die zeitliche Änderung der Konzentration von X oder Y proportional zum Produkt der Konzentrationen von X und Y ist, d. h.:

$$\frac{d[\mathrm{X}]}{dt} = \frac{d[\mathrm{Y}]}{dt} = -k \cdot [\mathrm{X}] \cdot [\mathrm{Y}] \tag{4.7}$$

Die Konzentrationen [X] und [Y] werden in der Regel in mol/l angegeben. Das negative Vorzeichen bedeutet eine Abnahme von [X] bzw. [Y] mit der Zeit t. k ist die Geschwindigkeitskonstante. Dementsprechend lassen sich nun aus den Reaktionsschritten des Chapman-Mechanismus (Gln. (4.1) – (4.4)) die Bilanzen für Aufbau- und Abbauschritte von O_3 und O durch folgende Gleichungen darstellen [2]:

$$\frac{d[O_3]}{dt} = k_1[O][O_2][M] - [O_3](J_{O_3} + [O]k_2) \tag{4.8}$$

$$\frac{d[O]}{dt} = 2[O_2]J_{O_2} + [O_3]J_{O_3} - [O]([O_2][M]k_1 + [O_3]k_2) \tag{4.9}$$

Positive Terme auf der rechten Seite der Gln. (4.8) und (4.9) tragen zur Erhöhung, negative zur Erniedrigung der Konzentrationen von O_3 und O bei. Der Faktor 2 vor dem ersten Term auf der rechten Seite von Gl. (4.9) rührt daher, daß bei der photochemischen Spaltung von O_2 zwei O-Atome entstehen (s. Gl. (4.1)).

k_1 und k_2 sind die Reaktionsgeschwindigkeitskonstanten für die Reaktionen in den Gln. (4.2) und (4.4). Die Zahlenwerte k_1 und k_2 betragen $2 \cdot 10^6$ $l^2/(s \cdot mol^2)$ bzw. $1 \cdot 10^6$ $l/(s \cdot mol)$. Sie wurden in unabhängigen Laborexperimenten auf der Erde gemessen. J_{O_2} und J_{O_3} sind die sogenannten photochemischen Dissoziationskoeffzienten von O_2 und O_3. Sie sind folgendermaßen definiert:

$$J_{O_2} = \int I_{h\nu} A_{O_2}(\nu) d\nu \tag{4.10}$$

$$J_{O_3} = \int I_{h\nu} A_{O_3}(\nu) d\nu \tag{4.11}$$

Die Größen A_{O_2} und A_{O_3} in den Gln. (4.10) und (4.11) sind photochemische Stoßquerschnitte. Sie sind proportional zu der Wahrscheinlichkeit, daß ein Lichtquant der Energie $h\nu$ mit O_2 bzw. O_3 unter Dissoziation der Moleküle reagiert. A_{O_2} und A_{O_3} sind abhängig von der Lichtfrequenz ν ($\nu = c/\lambda$). Zur Ermittlung von J_{O_2} und J_{O_3} müssen A_{O_2} und A_{O_3} mit der Intensität des Lichtes $I_{h\nu}$ multipliziert und das Produkt über den gesamten Frequenzbereich integriert werden. Da $I_{h\nu}$ von der Höhe über dem Erdboden abhängt, hängen natürlich auch J_{O_2} und J_{O_3} davon ab. Wie diese Abhängigkeit aussieht, zeigt Abb. 4-3, in der im logarithmischen Maßstab J_{O_2} und J_{O_3} gegen die Höhe aufgetragen sind.

Wichtig für die folgende Betrachtung ist vor allem, daß J_{O_2} mit sinkender Höhe sehr rasch abnimmt. Das ist verständlich, denn die Lichtintensität $I_{h\nu}$ mit Wellenlängen unterhalb 240 nm wird beim Einfall in die Erdatmosphäre schon in relativ großen Höhen wegen der Absorption durch O_2 verringert (s. Abb. 4-2) und daher bei niedrigen Höhen sehr klein. Entsprechend sinkt auch J_{O_2} stark ab. J_{O_3} nimmt ebenfalls mit sinkender Höhe ab, aber längst nicht so stark wie J_{O_2}.

Die beiden Terme $[O_3] \cdot J_{O_3}$ und $2 \cdot [O_2] \cdot J_{O_2}$ in den Gln. (4.8) bzw. (4.9) haben die Bedeutung von Reaktionsgeschwindigkeiten der Reaktionen von O_2 bzw. O_3 mit der integralen Lichtintensität als „Reaktionspartner". Das Verhalten von J_{O_2} kann man auch relativ einfach in quantitativer Weise erfassen. Wir beschränken uns dabei auf den Fall des senkrechten Lichteinfalls. Dazu betrachten wir den Intensitätsverlust $dI_{h\nu}$, der infolge der Absorption der Lichtquanten $h\nu$ durch O_2-Moleküle in der Höhe h über dem Erdboden in einer Einheitsfläche mit der differentiellen Schichtdicke dh zustande kommt:

$$dI_{h\nu} = -[O_2] \cdot A_{O_2} \cdot I_{h\nu} \cdot dh \tag{4.12}$$

Wenn man für $[O_2]$ die barometrische Höhenformel (Gl. (1.19)) einsetzt, ergibt sich Gl. (4.12) zu:

$$dI_{h\nu} = -[O_2]_0 \cdot \exp\left[-\frac{h}{H_{O_2}}\right] \cdot A_{O_2} \cdot I_{h\nu} \cdot dh \tag{4.13}$$

wobei H_{O_2} die Skalenhöhe von O_2 und $[O_2]_0$ die Sauerstoffkonzentration am Erdboden ist. Integration über h in den Grenzen von ∞ bis h liefert dann:

$$I_{h\nu} = I_{h\nu}^{\infty} \cdot \exp\left[-A_{O_2} \cdot H_{O_2} \cdot [O_2]_0 \cdot \exp\left[-\frac{h}{H_{O_2}}\right]\right] \tag{4.14}$$

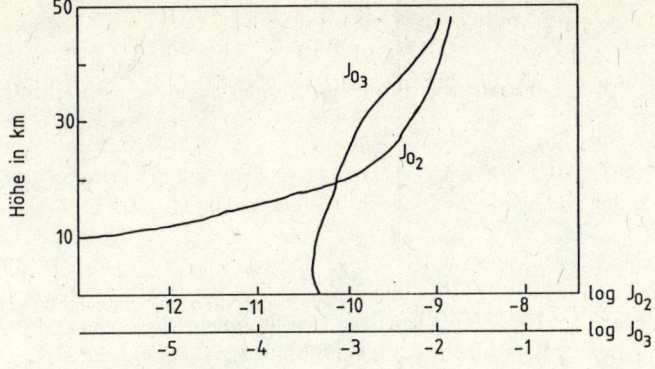

Abb. 4-3
Photochemische
Dissoziationskoeffizienten J_{O_2} und
J_{O_3} in Abhängigkeit von der Höhe
über dem Meeresspiegel

Hierbei ist $I_{h\nu}^{\infty}$ die Lichtintensität außerhalb der Erdatmosphäre. Gl. (4.14) sagt aus, daß $I_{h\nu}$ sehr rasch mit sinkender Höhe zum Erdboden hin abnimmt. Gl. (4.14) in Gl. (4.10) eingesetzt ergibt logarithmisch dargestellt den in Abb. 4-3 gezeigten Verlauf von J_{O_2}.

Die Gln. (4.8) und (4.9) stellen mathematisch gesehen ein gekoppeltes Differentialgleichungssystem dar, aus dem sich bei vorgegebenen Anfangsbedingungen zu einem bestimmten Zeitpunkt die Konzentration von Ozon $[O_3]$ bzw. die der O-Atome $[O]$ prinzipiell berechnen läßt. Wir sind jedoch nur an Lösungen im sogenannten *stationären Zustand* interessiert, d. h. an der Situation, in der sich die Konzentrationen $[O_3]$ und $[O]$ zeitlich nicht mehr ändern, also Auf- und Abbaugeschwindigkeiten für Ozon und die O-Atome gleich sind. Das bedeutet:

$$\frac{d[O_3]}{dt} = \frac{d[O]}{dt} = 0$$

Damit vereinfachen sich die Gln. (4.8) und (4.9) zu zwei Gleichungen mit den zwei Unbekannten $[O_3]$ und $[O]$. Eliminieren von $[O]$ ergibt folgende Näherungslösung für die Konzentration an Ozon $[O_3]$:

$$[O_3] \cong \sqrt{\frac{k_1}{k_2}[O_2]^2[M]\frac{J_{O_2}}{J_{O_3}}} \tag{4.15}$$

$[O_3]$ hängt nur noch von der Höhe h ab, da sowohl $[O_2]$ und $[M] = [O_2] + [N_2]$, entsprechend der barometrischen Höhenformel, als auch J_{O_2} und J_{O_3} von der Höhe h abhängen. Gl. (4.15) ist in Abb. 4-4 graphisch als durchgezogene Kurve dargestellt. Demnach besitzt die Ozonkonzentration in etwa 25 km Höhe ein scharfes Maximum (logarithmischer Maßstab für $[O_3]$!). Das ist nach Gl. (4.15) auch qualitativ verständlich, da $[O_2]$ bzw. $[M]$ einerseits und J_{O_2} andererseits gegenläufige Abhängigkeiten von der Höhe besitzen. Am Erdboden, wo J_{O_2} sehr klein ist, und in großer Höhe, wo $[O_2]$ und $[M]$ sehr klein sind, muß auch $[O_3]$ nach Gl. (4.15) klein sein und notwendigerweise dazwischen ein Maximum durchlaufen.

Die theoretisch berechnete Kurve in Abb. 4-4 stimmt mit der tatsächlich gemessenen Kurve (gestrichelter Kurvenverlauf) qualitativ befriedigend überein. Bildung und Stabilität der Ozonschicht wird also durch den Chapman-Mechanismus prinzipiell gut beschrieben. Quantitativ besteht aber eine erhebliche Diskrepanz zwischen theoretischer und gemessener Kurve, die im Maximum fast eine Größenordnung beträgt. Abb. 4-4 zeigt deutlich, daß die Ozonkonzentration in allen Höhen geringer ist, als es der einfache Chapman-Mechanismus voraussagt.

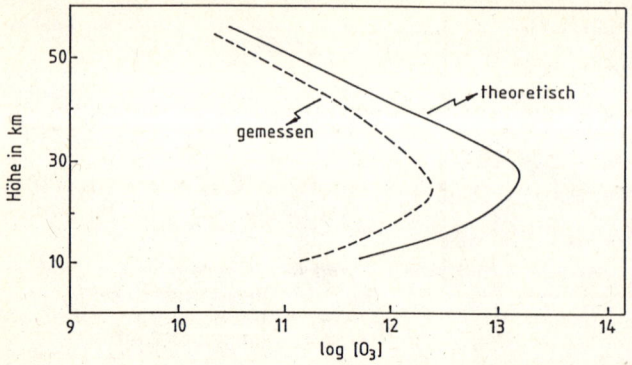

Abb. 4-4
Ozonkonzentration in Abhängigkeit von
der Höhe über dem Meeresspiegel ($[O_3]$
in Moleküle pro cm^3)

4.2 Einfluß von Spurengasen auf das Ozon-Konzentrationsprofil

Die Ursache für die oben genannte Diskrepanz im Ozonprofil zwischen Meßwerten und theoretischer Voraussage liegt, wie wir heute wissen, darin, daß das Chapman-Modell ein reines Sauerstoff-Modell ist, das den Einfluß von Spurengasen in der Erdatmosphäre nicht berücksichtigt [3–6]. Der Einfluß der häufigsten natürlichen Spurengase wie Kohlendioxid und Argon kann wegen ihrer chemisch inerten Natur vernachlässigt werden. Andere Spurengase natürlichen Ursprungs aber kommen dafür in Frage, wie z. B. H_2O und N_2O. Abb. 4-5 zeigt gemessene Konzentrationen einiger Spurengase in der Erdatmosphäre als Funktion der Höhe über dem Meeresspiegel. Als Konzentrationsmaß ist der Logarithmus des Verhältnisses des Partialdruckes P_{Gas} des jeweiligen Spurengases zum herrschenden Luftdruck P_{Luft} gewählt worden. Aus der Abbildung ist ersichtlich, daß diese Spurengaskonzentrationen oberhalb von 10 km, d. h. oberhalb der Tropopause, um einen Faktor 10^{-5} bis 10^{-7} kleiner sind als die Luftkonzentration, und daß O_3 im Bereich von 30 km das in größter Konzentration auftretende Spurengas ist.

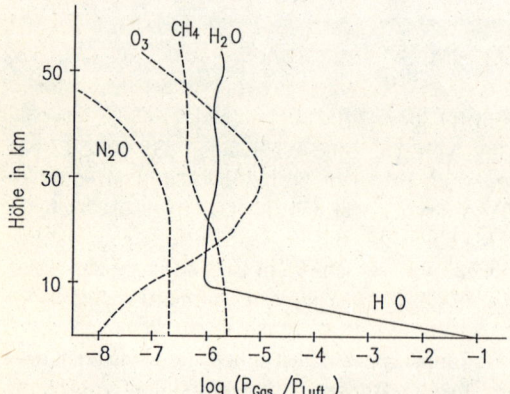

Abb. 4-5
Spurengaskonzentration in Abhängigkeit von der
Höhe über dem Meeresspiegel (Quelle: [4])

Die Wirkung solcher Spurengase auf den Auf- und Abbaumechanismus von Ozon kann wegen ihrer geringen Konzentration nur katalytischer Natur sein. Spurengase wie H_2O und N_2O, die durch die Troposphäre wandern, ohne chemisch abgebaut zu werden, und in die Stratosphäre eindringen, werden durch das dort vorhandene UV-Licht mit Wellenlängen $\lambda < 185$ nm bzw. 320 nm photolytisch gespalten:

$$H_2O \xrightarrow{h\nu} OH + H \qquad (\lambda < 185 \text{ nm}) \qquad (4.16)$$

$$N_2O \xrightarrow{h\nu} N_2 + O \qquad (\lambda < 320 \text{nm}) \qquad (4.17)$$

N_2O kann aber auch mit den dort in zunehmender Konzentration auftretenden O-Atomen (vgl. Gl. (4.1)) direkt reagieren :

$$N_2O + O \longrightarrow 2\,NO \qquad (4.18)$$

Wenn wir die so entstandenen Radikale wie OH und NO mit X bezeichnen, kann folgender Mechanismus für den katalytischen Ozonabbau formuliert werden:

$$O_3 + X \longrightarrow O_2 + XO \qquad (4.19)$$

$$XO + O \longrightarrow O_2 + X \qquad (4.20)$$

Die Reaktionsbilanz lautet dementsprechend:

$$O_3 + O \longrightarrow 2\,O_2 \qquad (4.21)$$

Diese Bilanz zeigt, daß zusätzlich zum *direkten* Mechanismus (Gl. (4.4)) ein *katalytischer* Mechanismus mit derselben Bilanzgleichung (Gl. (4.21)) zum Abbau von Ozon beiträgt, wobei die Radikale X bzw. XO im ersten Schritt verbraucht bzw. gebildet werden und umgekehrt im zweiten Schritt wieder gebildet bzw. verbraucht werden (Gln. (4.19) bzw. (4.20)), so daß die Konzentrationen von X bzw. XO insgesamt unverändert bleiben. Das ist die Wirkung eines Katalysators. Weitere Spurengase, zu denen die katalytisch sehr effektiv wirksamen FCKW gehören, z. B. CF_3Cl, reagieren ähnlich [7, 8]:

$$CF_3Cl \xrightarrow{h\nu} CF_3 + Cl \qquad (\lambda < 220 \text{ nm}) \qquad (4.22)$$

Das Cl-Atom tritt ebenfalls als wirksamer Katalysator X auf und trägt so zum zusätzlichen Ozonabbau bei. Ebenso wirken auch Br-Atome, die aus bromierten organischen Verbindungen stammen. Die wichtigsten, aus den Spurengasen photolytisch gebildeten, katalytisch wirksamen Stoffe sind also:

$$X = OH, NO, Cl, Br \qquad (4.23)$$

$$XO = HO_2, NO_2, ClO, BrO \qquad (4.24)$$

Es muß an dieser Stelle betont werden, daß die natürlichen Spurengase H_2O und auch N_2O, das infolge bakterieller Aktivität im Erdboden entsteht, schon immer existierten, also auch schon im vorindustriellen Zeitalter. Auch die Halogenradikale Cl und Br in der Stratosphäre sind in früheren Jahren ausschließlich natürlichen Ursprungs gewesen. Sie entstammen den jeweiligen Methylverbindungen, die beide im Ozean gebildet werden. Heutzutage ist der Anteil der Cl- und Br-Atome, der aus dieser natürlichen Quelle stammt, allerdings äußerst gering im Vergleich zum anthropogenen Anteil. Die Existenz dieser Katalysatoren ist im wesentlichen für die in Abb. 4-4 dargestellte Diskrepanz von gemessenem und nach dem Chapman-Modell berechneten Ozonkonzentrationsprofil verantwortlich, denn der zusätzliche katalytische Mechanismus wirkt sich effektiv wie eine Erhöhung der Konstanten k_2 in Gl. (4.15) aus. Dadurch wird das gesamte theoretisch berechnete Konzentrationsprofil erniedrigt und kann mit dem gemessenen Profil weitgehend in Übereinstimmung gebracht werden.

Damit ist der empfindliche Einfluß von Spurengasen in der Erdatmosphäre auf die Form und Stabilität des Ozonkonzentrationsprofils erklärbar. Außerdem wird damit auch die große Gefahr deutlich, die von Spurengasen ausgeht, die durch menschliche Aktivität zusätzlich in die Atmosphäre gelangen, selbst wenn deren Emissionsraten gering sind. Zu diesen Spurengasen zählen vor allem die verschiedenen Fluorchlorkohlenwasserstoffe (FCKW) und die sogenannten *Halone*, vollhalogenierte bromhaltige Alkane, die allesamt industriell produziert werden und somit anthropogenen Ursprungs sind. Bis auf Methylchlorid und Methylbromid sind bio- und geogene Quellen von halogenierten Kohlenwasserstoffen nicht bekannt [9]. Schon in der Mitte der 70er Jahre wurde ihr Einfluß auf einen zusätzlichen Abbau der atmosphärischen Ozonschicht diskutiert [7].

Bei den FCKW handelt es sich um Moleküle, bei denen Alkane, meist Methan oder Ethan, entweder teilweise oder vollständig mit Fluor und/oder Chlor halogeniert sind (in der angelsächsischen Literatur mit CFC bezeichnet). Da die halogenierten Methane mengenmäßig am häufigsten eingesetzt werden, spricht man auch oft von CFM (chlorofluoromethanes). Wegen der vielfältigen Kombinationsmöglichkeiten der Methan- bzw. Ethanhalogenierung wurde speziell für die FCKW eine Nomenklaturregelung getroffen, die in Anhang 3 näher erläutert ist.

Die FCKW finden wegen ihrer chemisch inerten Natur und ihrer besonderen physikalischen Eigenschaften als „Flüssiggase" (Siedepunkte zwischen $-40\,°C$ und $+50°C$) zahlreiche Anwendungen in Industrie und Technik (s. Tab. 4-1). Sie werden benutzt als Kältemittel in Kühlaggregaten (z. B. in Kühlschränken und Klimaanlagen), als Aufschäummittel bei der Schaumstoff-, Kunststoff- und bei der Wärmeisolierstoffherstellung, zu der auch die Herstellung von Verpackungsmaterialien wie z. B. von Polyurethanen, Styrodur usw. gehört. Das Produkt Styropor enthält keine FCKW. FCKW werden ferner immer noch zu einem gewissen Prozentsatz als Treibgase in Spraydosen aller Art eingesetzt. Allerdings ist der Verbrauch von FCKW in Spraydosen weltweit deutlich gesunken. In der Bundesrepublik Deutschland (altes Gebiet) betrug der Verbrauch 1980 noch 36 000 Tonnen und sank bis 1990 auf ca. 2000 Tonnen [10]. Von den Halonen finden beispielsweise $CBrF_3$ (Halon 1301) oder $CBrClF_2$ (Halon 1211) in Feuerlöschern Verwendung. Ihre Produktionsmenge stieg ständig an. Während EG-weit 1980 noch ca. 2300 Tonnen verbraucht wurden, waren es 1990 bereits über 7000 Tonnen [10].

Tabelle 4-1 Eigenschaften und Einsatzgebiete einiger Fluorkohlenwasserstoffe

Name	chemische Formel	Siedepunkt in °C	Anwendung
FCKW 11	CCl_3F	+ 23.8	Treibgas, Polyurethanschaumherstellung, Polystyrolschaumherstellung, Reinigungs- und Lösemittel in Textil- und Elektroindustrie
FCKW 12	CCl_2F_2	– 29.8	Treibgas, Kältemittel in Kühlaggregaten, Polystyrolschaumherstellung
FCKW 113	$CClF_2–CCl_2F$	+ 47.6	Reinigungs- und Lösemittel in Textil- und Elektroindustrie
FCKW 114	$CClF_2–CClF_2$	+ 3.6	Treibgas
FCKW 115	$CClF_2–CF_3$	– 38.0	Kältemittel in Kühlaggregaten
FCKW 22*	$CHClF_2$	– 40.8	Kältemittel in Kühlaggregaten
FCKW 502	Azeotrop**	– 45.6	Kältemittel in Kühlaggregaten

* FCKW 22 gehört zu den teilhalogenierten FCKW, die auch als H-FCKW bezeichnet werden (s. Abschnitt 4.4).
** von 48.8 % H–FCKW 22* und 51.2 % FCKW 115

Quelle: [11]

Am Beispiel der FCKW ist in Abb. 4-6 der Mechanismus, der zum zusätzlichen Abbau der Ozonschicht durch Spurengase beiträgt, dargestellt. Wegen ihrer hohen chemischen und photochemischen Stabilität wandern am Erdboden emittierte FCKW ungehindert durch die Troposphäre und überstehen unbeschadet auch den langsamen Diffusionsschritt durch die Tropopause, bevor sie in die Stratosphäre eindringen. Dazu benötigen sie ca. 10 Jahre. In der Stratosphäre werden sie durch Diffusion langsam weitertransportiert und erst in Höhen ab 20 km durch das dort einwirkende harte UV-Licht, das ja wegen der absorbierenden Wirkung der Ozonschicht nicht in die Troposphäre bzw. bis zum Erdboden vordringen kann, photolytisch gemäß Gl. (4.22) gespalten. Dabei entstehen Chlorradikale, die dann in den katalytischen Abbau von Ozon entsprechend den Gln. (4.19) und (4.20) eintreten können.

Ein einziges derartiges Chlorradikal durchläuft den katalytischen Zyklus des Ozonabbaus mehrere tausendmal, bevor es selbst desaktiviert und damit katalytisch unwirksam wird.

Die Desaktivierung der katalytisch wirksamen Spezies (Gln. (4.23) und (4.24)) erfolgt durch Abbaureaktionen, durch die stabile, katalytisch unwirksame Stoffe entstehen (z. B. HCl).

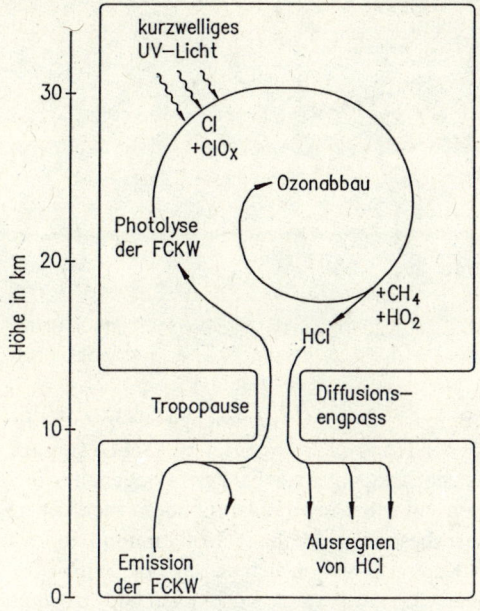

Abb. 4-6
Reaktionsweg der FCKW in der Erdatmosphäre
(Quelle: [5])

Die Hauptquelle für die Desaktivierung von Chlor-Atomen rührt von der Reaktion des ebenfalls in die Stratosphäre eindiffundierten Methans CH_4 mit Cl her, die zu HCl führt. Weitere Abbaureaktionen der katalytisch wirksamen Radikale sind z. B.:

$$Cl + O_2H \longrightarrow HCl + O_2 \tag{4.25}$$

$$NO + O_2H \longrightarrow HNO \tag{4.26}$$

$$ClO + OH \longrightarrow HCl + O_2 \tag{4.27}$$

$$NO_2 + OH \longrightarrow HNO \tag{4.28}$$

$$ClO + NO_2 \longrightarrow ClONO_2 \tag{4.29}$$

Man sieht, daß die verschiedenen Spezies X und XO auch miteinander zu stabilen Abbauprodukten reagieren können. Diese Reaktionen laufen relativ langsam ab, da die Konzentrationen jeweils beider Reaktionspartner sehr klein ist. HCl, $ClONO_2$ (Chlornitrat) und HNO_3 sind die Senken für Chlor und die Stickoxide in der Stratosphäre, da diese Verbindungen dort chemisch und photochemisch recht stabil sind. Sie wandern langsam zurück in die Troposphäre, wo sie dann ausgeregnet werden.

Heute steht fest, daß die anthropogene FCKW-Emission bereits zu einem Abbau der Ozonschicht geführt hat und diese auch langfristig schädigen wird. Vorausberechnungen dazu gibt es schon seit den 70er Jahren. Aktuelle Berechnungen der globalen Entwicklung der Ozonmenge in der Atmosphäre sind in Abb. 4-7 dargestellt, und zwar getrennt für die nördliche Hemisphäre (N. H.) und südliche Hemisphäre (S. H.). Diese Berechnungen wurden aufgrund aller wichtigen heute bekannten chemischen und physikalischen Prozesse in der Atmosphäre sowohl für die Vergangenheit als auch für

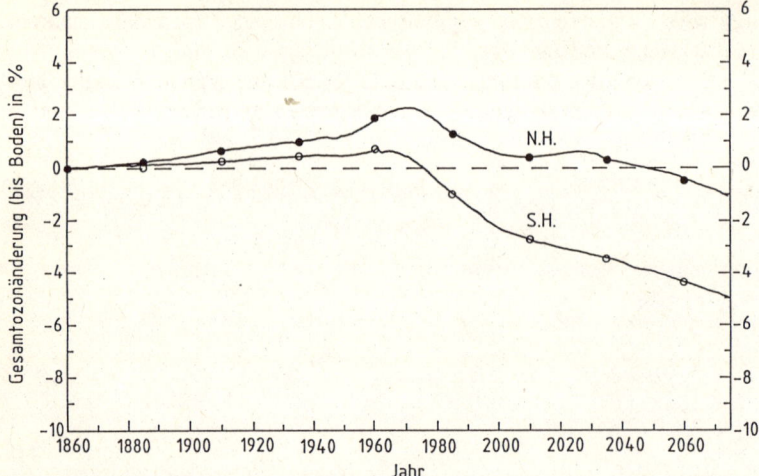

Abb. 4-7 Gesamtozonänderung in % seit 1860 (zurückgerechnet) bis 2060 (vorausgerechnet) für die nördliche (N. H.) und die südliche Hemisphäre (S. H.) (Quelle: [12])

die Zukunft durchgeführt. Es handelt sich dabei um die Berechnung der Gesamtmenge an Ozon, die in der Stratosphäre und in der Troposphäre enthalten ist. In der Troposphäre erwartet man im Gegensatz zur Stratosphäre eine Zunahme der Ozonmenge. Schon in der Vergangenheit hat der Ozongehalt in der Troposphäre zugenommen. Der Grund dafür liegt in den seit Mitte des 19. Jahrhunderts steigenden anthropogenen Emissionen von Kohlenwasserstoffen (insbesondere Methan), Kohlenmonoxid und Stickoxiden in die Troposphäre (s. Tab. 2-1). Wie in Kapitel 3 ausführlich gezeigt ist, wird z. B. Methan CH_4 unter Beteiligung von NO photochemisch zu CO_2 aufoxidiert, wobei auch NO_2 entsteht (s. Gl. (3.35)). Das aus der photolytischen Spaltung von NO_2 resultierende O-Atom kann mit einem O_2-Molekül Ozon bilden. Somit wird durch den troposphärischen CH_4-Abbau Ozon gebildet, wobei NO und NO_2 lediglich Katalysatorfunktionen zukommen.

Wir wollen nun die in Abb. 4-7 gezeigten prozentualen Änderungen des gesamten atmosphärischen Ozons diskutieren. Bezogen auf das Jahr 1860 stieg die globale Ozonkonzentration zunächst langsam an, da durch die Industrialisierung der wachsenden Weltbevölkerung immer mehr Kohlenwasserstoffe wie z. B. Methan und auch Stickoxide emittiert wurden. Dies führte zu Zuwachsraten an troposphärischem Ozon, auch wenn das Ozon wegen seiner oxidierenden Eigenschaften bald wieder abgebaut wird und daher nur eine relative kurze Zeit von wenigen Monaten in der Troposphäre verweilt (s. Tab. 2-1). Der Anstieg des troposphärischen Ozons macht sich an Orten hoher Emissionsraten bemerkbar, also vor allem in der nördlichen Hemisphäre, in der die Industrienationen liegen.

Ab ca. 1970 wird aber nach Abb. 4-7 ein umgekehrter Trend wirksam, der zu einer Abnahme der globalen Ozonkonzentration führt, die für die südliche Hemisphäre erheblich stärker ist als für die nördliche. Ursache hierfür ist der Ozonabbau in der Stratosphäre, der im wesentlichen auf der steigenden Emissionsrate der FCKW beruht. Er beginnt die troposphärische Ozonzunahme zu überkompensieren, so daß mit großer Wahrscheinlichkeit davon ausgegangen werden muß, daß in 50 Jahren das gesamte Ozon in der Nordhemisphäre um ca. 2 % und in der Südhemisphäre um ca. 4 % bezogen auf die heutige Ozonmenge abgenommen haben wird. Daß die Nordhemisphäre davon weniger stark betroffen ist, liegt daran, daß Änderungen der Menge des troposphärischen Ozons weitgehend dort zu finden sind, wo sie photochemisch gebildet werden, nämlich auf der Nordhemisphäre. Die ozonabbauenden FCKW werden zwar ebenfalls weitgehend auf der Nordhalbkugel emittiert, verteilen sich aber wegen ihrer recht langen mittleren Lebensdauer gleichmäßig in der Stratosphäre, bevor sie dort das Ozon zerstören.

Auf die Tatsache, daß die Ozonabnahme der Stratosphäre durch eine Ozonzunahme in der Troposphäre zumindest teilweise kompensiert wird, wurde schon in Kapitel 2 hingewiesen. Dort sind in Abb. 2-2 die höhenabhängigen Ozonzunahmen bzw. Ozonabnahmen für die Zeit seit 1935 bis 2050 gezeigt.

In jüngster Zeit wird auch diskutiert, ob der stark angestiegene Luftverkehr mit seinen Emissionen von Rußpartikeln, Wasserdampf und vor allem Stickoxiden auch zum Abbau der Ozonschicht beitragen könnte. Letzteren wird nachgesagt, daß sie besonders ozongefährdend sind. Die Wasserdampfemissionen erhöhen zwar ebenfalls die stratosphärische OH-Konzentration, bewirken aber lediglich eine Umverteilung der Geschwindigkeit der einzelnen Ozonabbauschritte und keine signifikante Änderung der Gesamtabbaurate. Außerdem kann emittierter Wasserdampf erst ab 20 km Höhe katalytisch aktiv werden. Unterhalb dieser Höhe ist es so kalt, daß der Wasserdampf sofort kondensiert und Wolken bildet.

Die NO_X-Emissionen der Flugzeuge müssen dagegen differenzierter betrachtet werden. Sie betragen in der Bundesrepublik bezogen auf den gesamten Verkehrssektor zwar lediglich 1.3 %, stellen im Stratosphären- und Tropopausenbereich allerdings die einzige anthropogene NO_X-Quelle dar. 30 % der NO_X-Emissionen aus Flugzeugen wird oberhalb von 10 km Höhe emittiert. NO_X in diesen Höhen haben eine mittlere Lebensdauer von ca. einem Jahr gegenüber einem Tag in der Troposphäre. Der zusätzlichen Eintrag von NO bzw. NO_2 verstärkt entsprechend den Gln. (4.19) und (4.20) mit X=NO und $XO=NO_2$ den Abbau des Ozons, allerdings nur oberhalb der Tropopause. Unterhalb herrschen andere Mechanismen vor (s. Kapitel 3), bei denen NO_X die Ozonbildung fördert.

Das heutige Luftverkehrsaufkommen bewirkt global gemittelt eine Ozonzunahme und keine Ozonabnahme, da in Höhen zwischen 10 und 12 km geflogen wird. Während lokal die Ozonzunahme bis zu 10 % beträgt, sind es im globalen Mittel weniger als 1 %. Bezüglich des Ozonabbaus ist der Einsatz der derzeitigen Luftverkehrsflotten, im Gegensatz zu den Auswirkungen auf den Treibhauseffekt also unbedenklich (s. Abschnitt 2.3).

Bedenklich stimmen aber die Prognosen für die kommende Entwicklung des Luftverkehrsaufkommens. Gegenüber 1988 soll sich bereits im Jahr 2000 (bis spätestens 2010, je nach Quelle) die weltweite Luftverkehrsflotte verdoppelt haben. Da der Luftraum über stark frequentierten Gebieten wie der Bundesrepublik praktisch ausgelastet ist, sind neue Luftkorridore in einer Flughöhe von 20 km geplant. Das hätte dann aber sehr wohl einen zusätzlichen stratosphärischen Ozonabbau zur Folge. Modellrechnungen prognostizieren eine Reduktion der Ozonschicht um 7 % gegenüber heute, wenn 500 Flugzeuge täglich 7 Stunden in einer Höhe von 20 km fliegen würden [13, 14].

4.3 Das Ozonloch über der Antarktis

Über der Antarktis wurden in den letzten Jahren von der Jahreszeit abhängige, drastische Verluste an Ozon gemessen. Dieses sogenannte *Ozonloch* entsteht über der Antarktis in den Monaten September bis November, also im antarktischen Frühling, und heilt nach bisherigen Beobachtungen während der antarktischen Sommer- und Herbstmonate weitgehend wieder aus, wurde aber seit 1980 bis 1992 (von 1988 abgesehen) jedes Jahr größer und tiefer.

Diese Verhältnisse sind in Abb. 4-8 illustriert. Sie sind Gegenstand intensiver Untersuchungen, da sie berechtigten Anlaß zu der Sorge geben, daß sich hier zum ersten Mal deutlich meßbare Auswirkungen menschlicher Aktivität auf den Ozonabbau nachweisen lassen. Detaillierte Messungen

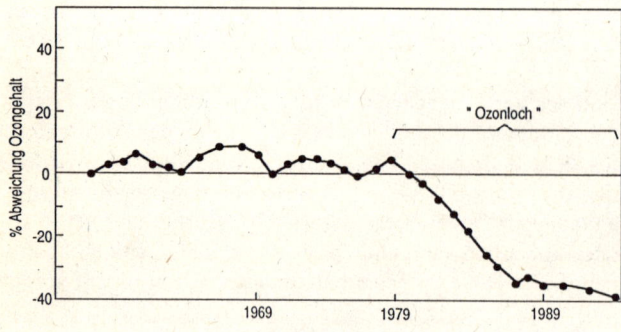

Abb. 4-8
Jährliche Abweichungen des
Ozongehaltes vom langjährigen
Mittelwert (ab 1957) für September
bis November über der Antarktis
(Quelle: [10, 15])

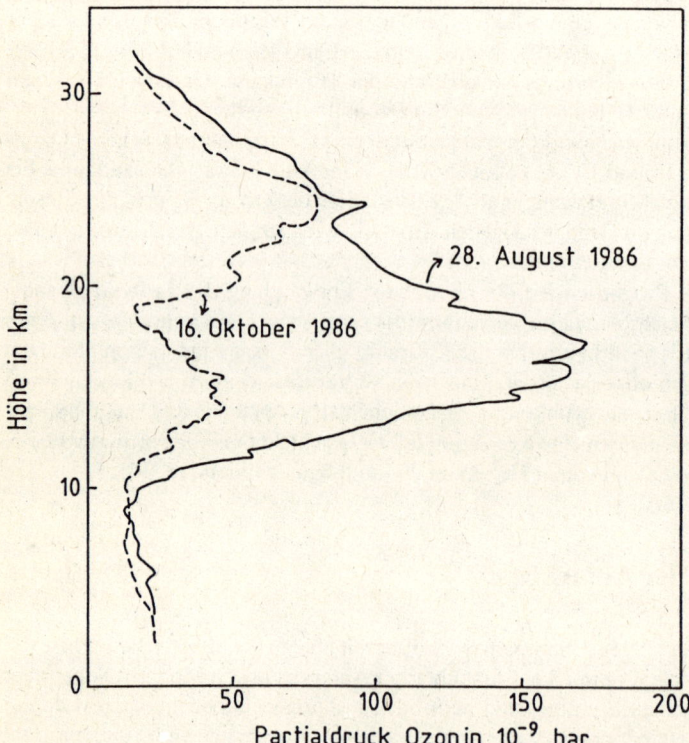

Abb. 4-9 Ozonkonzentrationsprofil im August und Oktober 1986 über der Antarktis (Meßstation McMurdoo)
(Quelle: [15, 19])

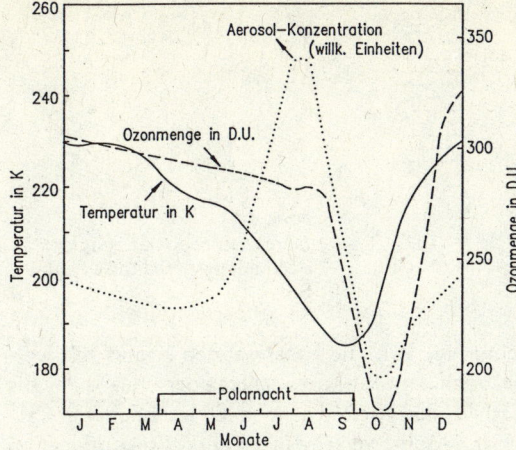

Abb. 4-10
Zeitlicher Verlauf von Temperatur, Ozonmenge und Aerosolkonzentration über der Antarktis in 17 km Höhe im Jahr 1984 (Quelle: [15])

– für das Jahr 1986 in Abb. 4-9 dargestellt – zeigen, wie das Ozonkonzentrationsprofil über der Antarktis in der Zeit vom 28. August bis zum 16. Oktober 1986 vor allem im Bereich des Maximums weitgehend zusammenbrach.

Diese beunruhigende Tatsache hat kontroverse Diskussionen darüber ausgelöst, ob das beobachtete Ozonloch durch derzeitige ungünstige klimatische Verhältnisse, möglicherweise gekoppelt mit erhöhter Sonnenfleckenaktivität und Vulkanausbrüchen, verursacht wird, oder ob es durch anthropogene Emission diverser Spurengase wie den FCKW entsteht. Bisherige Untersuchungsergebnisse bestätigen die Spurengastheorie [15–18].

Im folgenden werden einige wesentliche Punkte der wohl wahrscheinlichsten Entstehungstheorie des Ozonlochs über der Antarktis dargestellt. Man hat 1984 über der Antarktis in 17 km Höhe die in Abb. 4-10 gezeigten Werte von Temperatur, Ozon- und Aerosolkonzentration während der Monate Januar bis Dezember gemessen. In anderen Jahren (seit 1981) sehen die Ergebnisse ähnlich aus. Erkennbar ist eine starke Temperaturabnahme während der Zeit der Polarnacht verbunden mit einer Abnahme der Ozonmenge, die kurz nach dem Ende der Polarnacht ein tiefes Minimum durchläuft. Als Polarnacht bezeichnet man die Monate, in denen die Sonne nicht mehr über dem Horizont steht. Als Maß für die gesamte Ozonmenge pro Flächeneinheit über dem Boden ist die international übliche Dobson-Unit angegeben (1 D.U. = $1.013 \cdot 10^{-3}$ bar·cm). Die Aerosolkonzentration ist in relativen Einheiten angegeben.

Ungefähr in der Mitte der zweiten Hälfte der Polarnacht durchläuft die Konzentration an Aerosolteilchen ein starkes Maximum. Aerosole sind kleine flüssige Tröpfchen, die im wesentlichen die sogenannten *stratosphärischen Wolken* im Bereich der Antarktis ausbilden. Diese Wolken treten vor allem während der Polarnacht auf, weil in dieser Zeit die für eine vermehrte Bildung dieser Wolken notwendigen tiefen Temperaturen herrschen.

Weitere durch Experimente festgestellte Anhaltspunkte für die Spurengastheorie sind erstens, daß die Konzentrationen von CCl_3F (FCKW 11) und CCl_2F_2 (FCKW 12) seit 1981 in der Stratosphäre über der Antarktis um ca. 5 % jährlich angestiegen sind und zweitens, daß im Oktober der NO_2-Gehalt über der Antarktis sehr gering ist und erst im November und Dezember wieder ansteigt.

Aufgrund dieser Fakten ergibt sich folgende wahrscheinliche Erklärung des Ozonlochs: Abb. 4-11 zeigt die Strahlungsverhältnisse am Südpol der Erde, also im Bereich der Antarktis, zur Zeit des höchsten Sonnenstandes am Polartag (21. Dezember) und zur Zeit der Mitte der Polarnacht (21. Juni). Während der Monate der Polarnacht sind alle photochemischen Reaktionen „eingefroren",

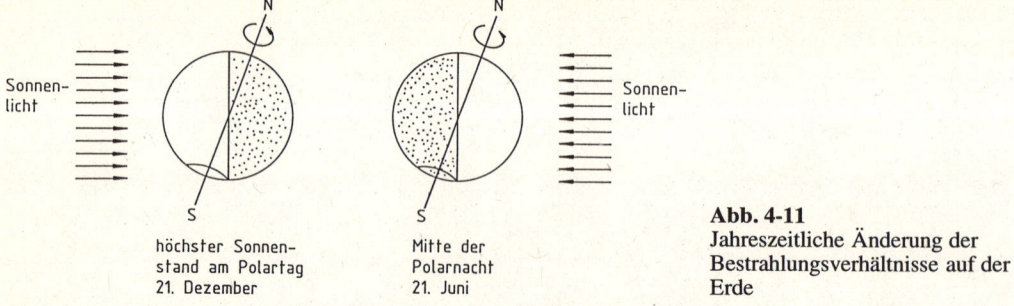

da kein Sonnenlicht in die Antarktisatmosphäre eindringt, d. h. die Katalysatoren X und XO werden, da sie photolytisch nicht nachgebildet werden, nach dem Reaktionsschema der Gln. (4.25) bis (4.29) abgebaut. Es entstehen also vor allem HCl, HNO_3 und $ClONO_2$. Auch die Reaktion von CH_4 mit Cl-Atomen zu HCl trägt dazu bei. Die reaktiven O-Atome verschwinden durch Rekombination und werden wegen der fehlenden Lichteinstrahlung nicht mehr nach Gl. (4.1) nachgebildet. Damit „friert" auch der photochemisch bedingte Auf- und Abbau von Ozon entsprechend dem Chapman-Mechanismus (Gln. (4.1) bis (4.4)) ein. Dieser Zustand wird zudem durch besondere meteorologische Verhältnisse, die am Südpol der Erde während der Polarnacht herrschen, begünstigt. In diesen Monaten bilden sich nämlich über der Antarktis zirkulare Luftwirbel aus. Dadurch wird die stratosphärische Luft von der Durchmischung mit Luft aus anderen Regionen der Erde geradezu ausgeschlossen, so daß praktisch auch keine ozonhaltige Luft aus Zonen höherer Breitengrade in den Antarktis-Bereich einströmen kann.

Wegen der stark absinkenden Temperatur in der Zeit der Polarnacht (s. Abb. 4-10) bilden sich die aus Aerosolteilchen bestehenden stratosphärischen Wolken, die kondensiertes Wasser und Salpetersäure enthalten. Gasförmiges Wasser und Stickoxide werden auf diese Weise der Gasphase in der antarktischen Atmosphäre entzogen. An der Oberfläche der Aerosolteilchen laufen nun im Dunkel der Polarnacht – durch sogenannte heterogene Katalyse beschleunigt – folgende Reaktionen mit dem entstandenen Chlornitrat ab [20]:

$$ClONO_2 + HCl \longrightarrow Cl_2 + HNO \qquad (4.30)$$

$$ClONO_2 + H_2O \longrightarrow HOCl + HNO \qquad (4.31)$$

Diese Reaktionen finden in einer homogenen Gasphase ohne die Anwesenheit von Aerosolteilchen praktisch nicht statt, da sie zu langsam verlaufen. Ende Oktober, wenn die Zeit des Polartages anbricht, werden gasförmiges Cl_2 und HOCl sehr schnell durch das Sonnenlicht photolytisch gespalten:

$$Cl_2 \xrightarrow{h\nu} 2\,Cl \qquad (4.32)$$

$$HOCl \xrightarrow{h\nu} OH + Cl \qquad (4.33)$$

Da sowohl H_2O als auch NO_2 in der Gasphase fehlen, stehen beide Stoffe zunächst nicht für die Desaktivierung der Cl-Radikale und der ClO-Moleküle zur Verfügung. Dadurch nehmen die Cl- und die ClO-Konzentration ungewöhnlich hohe Werte im Oktober und November an und können sehr effektiv den Ozonabbau einleiten.

Eine wichtige Frage dabei ist jedoch, woher in der Polarnacht bzw. in der Dämmerung des beginnenden Polartages die Sauerstoffatome kommen, die ja für den katalytischen Zyklus des Ozonabbaus (s. Gln. (4.19) bis (4.21)) vorhanden sein müssen. Entsprechend den Gln. (4.1) und (4.3) werden zwar Sauerstoffatome aus molekularem Sauerstoff und den Lichtquanten des Sonnenlichtes gebildet, Licht mit Wellenlängen unter 240 bzw. 310 nm steht aber auch nach Anbruch des Polartages nur in sehr geringer Intensität zur Verfügung, zumal kurzwelliges Licht bei tiefstehender Sonne besonders stark gestreut wird. Somit wird der Rückbildungsprozeß von Cl-Radikalen aus ClO und O entsprechend Gl. (4.20) praktisch unmöglich. Die Cl-Radikale müssen also aus dem ClO über einen anderen Mechanismus ohne die Gegenwart von Sauerstoffatomen zurückgebildet werden. Vermutlich handelt es sich dabei um folgende Reaktionskette:

$$
\begin{aligned}
ClO + ClO + M &\longrightarrow Cl_2O_2 + M \\
Cl_2O_2 &\overset{h\nu}{\longrightarrow} Cl + ClO_2 \\
ClO_2 + M &\longrightarrow Cl + O_2 + M
\end{aligned}
\tag{4.34}
$$

Dabei ist M ein inerter Stoßpartner (O_2- oder N_2-Moleküle). In der Nettobilanz ergibt sich:

$$
2\,ClO \longrightarrow 2\,Cl + O_2
\tag{4.35}
$$

Auf diese Weise wird der katalytische Zyklus auch ohne die Anwesenheit von Sauerstoffatomen geschlossen. Cl_2O_2 wird auch bei tiefstehender Sonne sehr leicht photolytisch gespalten. Ein überzeugendes Argument für einen solchen Mechanismus ist der gelungene Nachweis von ClO_2 in der antarktischen Stratosphäre in der Zeit, in der die Ozonkonzentration stark abfällt [21].

Zusammengefaßt sieht das Reaktionsschema des Ozonabbaus ohne die Mitwirkung von Sauerstoffatomen also folgendermaßen aus:

$$
\begin{aligned}
O_3 + Cl &\longrightarrow ClO + O_2 \\
2\,ClO &\longrightarrow 2\,Cl + O_2
\end{aligned}
\tag{4.36}
$$

In der Bilanz erhalten wir damit:

$$
2\,O_3 \longrightarrow 3\,O_2
\tag{4.37}
$$

In Gegenwart von Br-Atomen bzw. BrO ist noch ein weiterer ozonabbauender Mechanismus ohne Beteiligung von atomarem Sauerstoff wirksam [22]:

$$
\begin{aligned}
Cl + O_3 &\longrightarrow ClO + O_2 \tag{4.38} \\
Br + O_3 &\longrightarrow BrO + O_2 \tag{4.39} \\
ClO + BrO &\longrightarrow Cl + Br + O_2 \tag{4.40}
\end{aligned}
$$

Die Rückbildung der Cl- bzw. Br-Atome erfolgt also über die sehr rasch ablaufende Reaktion von ClO mit BrO. Die Bilanz der Gln. (4.38) bis (4.40) lautet:

$$
2\,O_3 \to 3\,O_2
\tag{4.41}
$$

Trotz des im Vergleich zum Chlor erheblich geringeren Bromgehaltes der Atmosphäre wird der ClO/BrO-Mechanismus für 20 % des antarktischen Ozonabbaus verantwortlich gemacht [23]. Brom in der Atmosphäre stammt aus emittierten Halonen. Das zeigt erneut die besondere Gefährlichkeit dieser Stoffgruppe. Der gesamte Reaktionsmechanismus läuft ohne photolytisch induzierte Schritte, also ohne die Beteiligung von Sonnenlicht ab. Die dem Ozonabbau nach den Gln. (4.37) und (4.40) zugrundeliegenden Mechanismen sind also im wesentlichen für den Ozonabbau bei der Entstehung des Ozonlochs verantwortlich, und **nicht** der Mechanismus gemäß Gl. (4.21)! Erst wenn allmählich im Verlauf des Dezembers die polare, stratosphärische Wolkenzirkulation durch Einströmen wärmerer und ozonhaltiger Luftmassen aus höheren Breitengraden aufgelöst und auch HNO_3 aus den verdampfenden Aerosoltröpfchen (s. Abb. 4-10) freigesetzt und photolytisch in OH und NO_2 gespalten wird, stellen sich langsam wieder die normalen Verhältnisse des Polartages ein, da überschüssiges ClO durch NO_2 und Cl durch H_2O wieder abgebaut werden.

Auch wenn die hier dargestellten Mechanismen im Detail noch nicht vollständig geklärt sind, liefern sie die wahrscheinlichste Erklärung für das Auftreten des Ozonlochs. Neueste Untersuchungen haben gezeigt, daß die HNO$_3$-haltigen Aerosolteilchen die Tendenz haben, im Schwerefeld der Erde abzusinken, so daß Stickoxid der Stratosphäre entzogen bleibt, wenn nach Ende der Polarnacht der normale Abbau der ClO-Radikale nach Gl. (4.29) wieder einsetzt. Dadurch wird die Lebensdauer der Cl- bzw. CO-Radikale weiter erhöht, was zu weiterer Verstärkung des Ozonabbaus führt [23]. Auch am Nordpol über der Arktis gibt es seit einiger Zeit Hinweise für das Auftreten von Ozonverlusten, wenn auch das Ausmaß der Verluste nicht mit dem am Südpol vergleichbar ist.

4.4   Folgen des Ozonabbaus und Gegenmaßnahmen

Es ist nicht mehr wegzudiskutieren, daß die industrielle Produktion der FCKW einen substanziellen Faktor für die Gefährdung der stratosphärischen Ozonschicht darstellt und auch für das jährliche Auftreten des Ozonlochs über der Antarktis verantwortlich ist.

Seit ihrer ersten Verwendung (General Motors, 1928) stieg die Produktionsrate der FCKW, die auch unter den Markennamen FRIGEN (Hoechst), KALTRON (Kali-Chemie) und FREON (DuPont) bekannt sind, ständig an. Im Jahr 1984 wurden weltweit fast 800 000 Tonnen (1987 bereits 1.1 Millionen Tonnen) FCKW produziert, davon entfielen auf den Bereich der EG 37 % und auf die Bundesrepublik allein ca. 10 %. Die osteuropäischen Länder und die Länder der Dritten Welt tragen zusammen weniger als ein Viertel zur Weltproduktion bei.

Aus Abb. 4-12 geht hervor, wie sich die weltweite Jahresproduktion seit den 50er Jahren entwickelt hat. Von einem Rückgang der FCKW-Produktion in den letzten Jahren kann dabei keine Rede sein, obwohl schon seit Ende der 70er Jahre in den USA, Kanada, Schweden und Norwegen ein Verbot für den Einsatz von FCKW in Spraydosen besteht (allerdings mit Ausnahmeregelungen). In der EG gibt es seit einigen Jahren eine Regelung, die eine Reduktion bestimmter FCKW in Spraydosen um 30 % beinhaltet. Davon unabhängig hat die chemische Industrie bei der Verwendung von Treibgasen in Spraydosen deutliche Reduktionen auf freiwilliger Basis durchgeführt. Diese Maßnahmen sind jedoch angesichts des hohen Gefahrenpotentials, das von diesen Stoffen für das Leben auf der Erde ausgeht, als unzureichend zu bezeichnen.

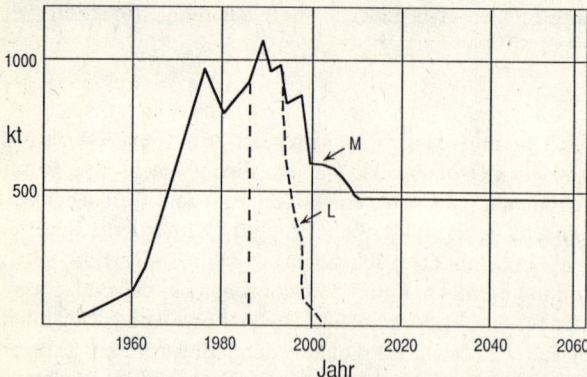

Abb. 4-12
Jährliche weltweite FCKW-Produktion in 1000 Tonnen (kt). Bis 1987: tatsächliche Produktion. Ab 1987: ———— geschätzte Produktion auf Grundlage des Montreal Abkommens (M) (Quelle: [11]), – – – – geschätzte Produktion auf Grundlage der London-Konferenz 1990 (L) (Quelle: [10])

Es hat auch wenig Sinn, zwischen offenen Emissionen (Sprays) und vorgeblich geschlossenen Kreisläufen von FCKW in Kühlanlagen zu unterscheiden, solange es ein echtes Recycling für FCKW nicht gibt. Auch ausgediente Kühlschränke rosten letztendlich auf der Müllhalde durch und emittieren ihr Kühlmittel in die Atmosphäre. Es ist daher begrüßenswert, daß inzwischen in einigen Kommunen der Bundesrepublik Kühlmittel entsorgt werden, die in Kältegeräten wie Kühlschränken und Gefriertruhen bei der Sperrmüllabfuhr anfallen. Nach Absaugen aus diesen Kühlaggregaten werden die FCKW den einzelnen Herstellerfirmen zur Wiederaufbereitung zugestellt.

Allerdings würde bei derartigen Recycling-Projekten nur ein relativ kleiner Prozentsatz der jährlich ca. 2 Millionen zu verschrottenden Kältegeräte allein in den alten Ländern der Bundesrepublik erfaßt werden. Ferner kann man davon ausgehen, daß weltweit die Kühlschrank-Produktion in den nächsten Jahrzehnten ansteigt, vor allem in Ländern der Dritten Welt, wo derzeit ca. 80 % der Weltbevölkerung noch weitgehend ohne Kühlschrank lebt. Recyclingprogramme sind dort aber in der Regel nicht realisierbar [24].

Es scheint daher vorrangig notwendig zu sein, Ersatzstoffe für die bisher verwendeten FCKW wie FCKW 11 (CCl_3F) und FCKW 12 (CCl_2F_2) zu finden. Im Bereich der Kühltechnik stehen solche Stoffe bereits zur Verfügung. Es handelt sich um teilhalogenierte Kohlenwasserstoffe, die sogenannten H-FCKW, bei denen gegenüber den FCKW ein Halogenatom durch ein Wasserstoffatom (H) ersetzt ist. Die Nomenklatur für H-FCKW ist identisch mit der für FCKW (s. Anhang 3); die Bezeichnung H-FCKW dient nur zur besseren Unterscheidung von den vollhalogenierten FCKW im Text. Zu ihnen gehören H-FCKW 22 ($CHClF_2$) oder H-FCKW 123 ($CHCl_2CF_3$), H-FCKW 124 ($CHFClCF_3$), FCKW 502 (azeotropes Gemisch aus $CHClF_2$ und $CClF_2$–CF_3). Ihr Vorteil gegenüber den vollhalogenierten Verbindungen besteht darin, daß sie nach ihrer Emission bereits in der Troposphäre weitgehend photochemisch nach einem dem Abbau von Kohlenwasserstoffen sehr ähnlichen Mechanismus abgebaut werden. (s. Kap. 3). Als Maß für die ozonschädigende Wirksamkeit eines Spurengases wurde der sogenannte *ODP-Wert* (*o*zone *d*epletion *p*otential) eingeführt. Er gibt an, um ein Wievielfaches stärker als FCKW 11 ein Spurengas zum Abbau der Ozonschicht beiträgt. Tabelle 4-2 zeigt exemplarisch die ODP-Werte für einige FCKW, H-FCKW und Halone.

Tabelle 4-2   ODP-Werte für FCKW, H-FCKW u. Halone

Verbindung	FCKW 11	FCKW 12	FCKW 113	H-FCKW 22
ODP-Wert	1.0	0.9	0.9	0.05
Verbindung	H-FCKW 123	FCKW 124	Halon 1301	Halon 1211
ODP-Wert	0.02	0.02	7.8	3.0

Quelle: [10]

H-FCKW besitzen einen deutlich niedrigeren ODP-Wert als voll halogenierte FCKW. In Tab. 4-2 wird aber nochmals deutlich, daß die in wachsendem Ausmaß als Feuerlöschmittel eingesetzten Halone wegen ihrer hohen ODP-Werte besonders stark zum Ozonabbau beitragen. Nach [10] nimmt die Konzentration von H-FCKW 22 in der Stratosphäre jährlich um 12 % zu. Hier zeichnet sich ab, daß die gegenüber den FCKW deutlich niedrigeren ODP-Werte der H-FCKW als Alibi dienen, um unbedenklich H-FCKW einzusetzen. Hierbei besteht allerdings die Gefahr, daß die höhere Abbaurate von H-FCKW 22 in der Troposphäre durch wachsende anthropogene Emissionen überkompensiert wird. Zudem geht von den H-FCKW eine weitere Gefahr aus, auf die nicht immer deutlich genug hingewiesen wird. H-FCKW tragen in ähnlicher Weise wie FCKW zum zusätzlichen Treibhauseffekt bei. Der GWP-Wert (s. Kap. 2) von H-FCKW 22 liegt bei 1600, das ist zwar ca. nur 1/3 des GWP-Wertes von FCKW 11 (s. Tab. 2-6), fördert aber bei gleichem Gewichtsanteil 1600 mal stärker die Temperaturerhöhung der Atmosphäre als CO_2! Bei den H-FCKW von wirklichen „Ersatzstoffen" für FCKW zu sprechen, ist also problematisch.

Das oben erwähnte Verwendungsverbot bzw. die freiwillige Reduktion von FCKW für Spraydosen in mehreren Ländern hätte kaum realisiert werden können, gäbe es nicht praktikable Alternativen für den wirklichen Ersatz von FCKW als Treibgase, wie z. B. Propan/Butan-Gasgemische und Dimethylether, aber auch Zweikammersprühsysteme mit Preßluft. In vielen Fällen ließen sich durch die Verwendung mechanischer Sprüh- (z. B. Zerstäuber) oder Auftragsysteme (z. B. Roller) Treibgase gänzlich einsparen.

Der Austausch von FCKW als Aufschäummittel in der industriellen Fertigung von Isoliermaterialien, Schaumstoffen etc. gegen H-FCKW steht in Aussicht [25]. Eine echte Alternative wäre der Einsatz von Aerogel-Pulvern für Wärmeisolationszwecke [26]. Häufig kann als Aufschäummittel CO_2 statt FCKW eingesetzt werden. Wie in vielen anderen Bereichen würden dadurch auch hier Mehrkosten anfallen. Solche Maßnahmen wären aber nur dann erfolgreich, wenn sich weltweit alle Hersteller von Kühlgeräten, Schaumstoffartikeln etc. an entsprechende Abmachungen hielten, so daß keine Wettbewerbsnachteile entstünden.

In den letzten Jahren hat man sich bemüht, internationale Vereinbarungen zur Reduktion der FCKW-Produktion zu treffen. In einer in Montreal im September 1987 vereinbarten Fristenlösung kam man überein, die gesamte Jahresproduktion von FCKW bis 1994 um 20 % und bis 1999 um weitere 30 % zu senken. Somit würde frühestens im Jahr 2000 die jährliche Produktion auf die Hälfte des heutigen Wertes gefallen sein. Abb. 4-12 zeigt auch die prognostizierte FCKW-Emission bis zum Jahr 2060, die bei Einhaltung der Montrealer Vereinbarungen zu erwarten ist. Die künftige Entwicklung der Ozonabnahme, die in Abb. 4-7 dargestellt ist, basiert auf diesen FCKW-Emissionen. Diese Fristenlösung wurde von der Fachwelt heftig kritisiert und als „Sterbehilfe" für die Ozonschicht bezeichnet [27].

Eine erste Reaktion der Politiker auf dieses Urteil stellt der Arbeitsbericht der Enquête-Kommission „Vorsorge zum Schutz der Erdatmosphäre" des Deutschen Bundestages dar, die eine Reduktion der FCKW-Emission um 95 % (ausgehend von den Emissionen des Jahres 1986) bis 1995 für die Bundesrepublik und weltweit bis zum Jahr 2000 als realisierbar ansieht [10]. Die Erkenntnis, daß die Vorgaben der Montrealer Vereinbarung unzureichend sind, setzte sich relativ rasch bei den Vertragsländern durch und führte 1990 zu einer Nachfolgekonferenz in London, auf der eine deutliche Verschärfung der Montrealer Vereinbarungen beschlossen wurde. Danach soll im Jahr 2001 weltweit die FCKW-Produktion eingestellt sein. Gewisse Ausnahmeregelungen gestatten bestimmten Ländern einen Aufschub des Produktionsstopps bis zum Jahr 2011. Ganz ähnliche Regelungen gelten für die Halone 1211, 1301 und 2402 und die Chlorkohlenwasserstoffe CCl_4 und CH_3CCl_3. Diese Stoffe waren in der Montrealer Vereinbarung von 1987 überhaupt noch nicht berücksichtigt. Abb. 4-12 zeigt auch die Prognose der FCKW-Produktionsentwicklung bei strikter Einhaltung der Londoner Beschlüsse. Produktionseinschränkende Maßnahmen für H-FCKW wurden auf der London-Konferenz allerdings nicht festgeschrieben!

Im folgenden soll noch näher erläutert werden, welche Schutzfunktion die atmosphärische Ozonschicht für das Leben auf der Erde hat. Dazu ist in Abb. 4-13 die sogenannte medizinische Wirkungsfunktion für die Schädigung lebender Zellen durch UV-Strahlung des Sonnenlichtes dargestellt.

Unter der Wirkung, hier in relativen Einheiten dargestellt, versteht man die Schädigungswahrscheinlichkeit pro Lichtquant bezüglich DNA-Zerstörung bzw. Erythembildung (Sonnenbrand) multipliziert mit der Lichtintensität. Unterhalb von 315 nm bzw. 310 nm durchlaufen beide Kurven hohe Maxima. Die Kurven fallen unterhalb 300 nm wieder steil ab, da die Intensität des Sonnenlichtes in diesem UV-Bereich rasch abnimmt. Das Maximum der schädigenden Wirkung des Sonnen-UV-Lichtes liegt bei ca. 307 nm bzw. 300 nm. Genau vor diesem UV-Bereich bleibt die menschliche Haut bzw. die Pflanzenoberfläche durch die Filterwirkung der Ozonschicht geschützt. Nur so war es möglich, daß überhaupt auf der Erde Leben an der Wasseroberfläche und außerhalb des Wassers entstehen, sich ausbreiten und entwickeln konnte.

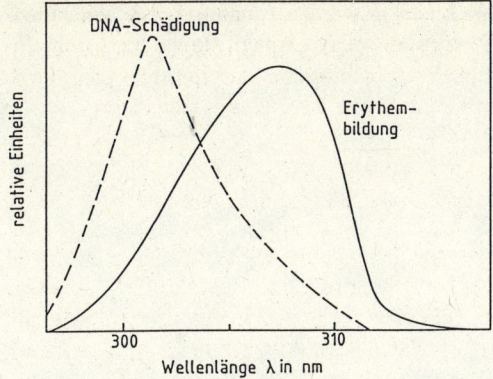

Abb. 4-13
Wirkungsfunktion von Sonnen-UV-Licht für die
DNA-Schädigung und Erythembildung (Sonnenbrand)
(Quelle: [4])

Die Folgen eines globalen langfristigen Abbaus der Ozonschicht wären katastrophal. Die Hautkrebsrate würde enorm ansteigen (man nimmt einen 2–5 %igen Anstieg pro 1 % Ozonverlust an [18]). Schon innerhalb der Zeitspanne von 1969 bis 1986 ist in den nördlichen Breiten in den Wintermonaten der Ozongehalt bis zu 6 % zurückgegangen (s. Tab. 4-3) mit der Folge, daß 12–14 % mehr UV-Licht bis zur Erdoberfläche gelangen konnte. Das ist wegen des schrägen Lichteinfalls in den Wintermonaten zwar nicht ganz so bedenklich, wie es auf den ersten Blick hin vermuten läßt. Bei der intensiveren Sonneneinstrahlung im Mai allerdings beträgt die Zunahme der UV-Strahlung nur ca. 2 %, stellt aber absolut gesehen eine bedenkliche Zunahme der UV-Strahlungsbelastung dar. Die Ozonabnahme über der Südhemisphäre ist erheblich größer als auf der Nordhemisphäre. Ein wesentlicher Grund dafür ist das Ozonloch über der Antarktis, das nach Auflösung der stratosphärischen Wolken im Dezember ozonreiche Luft der Südhemisphäre „ansaugt". Die jährliche Wiederholung dieses Prozesses führt zu einem ständigen Ozonmangel über der Südhemisphäre. In Australien und Neuseeland werden daher schon seit einigen Jahren Vorsorgemaßnahmen zum Schutz der Bevölkerung gegen die intensiver gewordene UV-Strahlung getroffen. Bei weiterer Ozonabnahme wird der Aufenthalt im Freien bei Sonnenschein lebensgefährlich. Schädigungen der Pflanzenwelt und des Meeresplankton sind zu erwarten. Ferner ist ein Zusammenbruch der maritimen Nahrungskette zu befürchten. Erhebliche, weltweite Ernteeinbußen würden zu großen Versorgungsproblemen auch in den Industrieländern führen.

Tabelle 4-3 Durchschnittliche Gesamtozonabnahme von 1969 bis 1986 in Abhängigkeit von den Breitengraden in Prozent (gerundet)

Südhemisphäre Abnahme	Breitengrad	Nordhemisphäre		
		Abnahme	Winter	Sommer
2.1	0°–20°	1.6	k. A.	k. A.
2.6	20°–30°	3.1	k. A.	k. A.
2.7	30°–40°	1.7	2.3	1.9
4.9	40°–53°	3.0	4.7	2.1
10.6	53°–60°	2.3	6.2	0.4
Quelle: [10]				

Abnehmende Erwärmung der Stratosphäre durch Absorption von UV-Licht durch Ozon würde die stabile Temperaturschichtung und Konvektionsfreiheit der Stratosphäre möglicherweise aufheben. Die Luftmassen könnten dann über erheblich größere Höhen zirkulieren als bisher, was sicher zu kaum kalkulierbaren Klimaveränderungen führen würde. Man muß zusammenfassend feststellen, daß wir mit dem Risiko spielen, daß solche Szenarien bald Wirklichkeit werden könnten. Die Maßnahmen, die durch die Beschlüsse der London-Konferenz nun ergriffen werden sollen, stellen ein Minimum des erforderlichen Handlungsbedarfs dar.

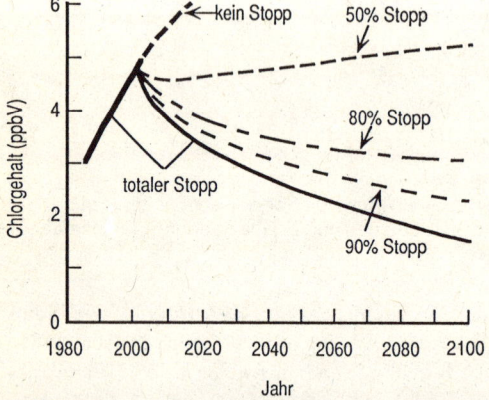

Abb. 4-14
Entwicklung der stratosphärischen Gesamtchlor-Konzentration (ppbV = parts per billion = Milliardstel in Volumeneinheiten) unter der Annahme verschiedener Produktionsreduktionen chlorhaltiger Emissionen in % ab dem Jahr 2000 (Quelle: [23, 28])

Abb. 4-14 zeigt die Ergebnisse von Modellrechnungen der künftigen Entwicklung der Gesamtchlorkonzentration in der Stratosphäre [23, 28]. Die Prozentangaben beziehen sich auf die Reduktion chlorhaltiger Emissionen ab dem Jahr 2000. Eine Einhaltung der Beschlüsse der Londoner Konferenz entspricht im günstigsten Fall einer Kurve, die zwischen 90 % und „totalem Stopp" liegt. Sie zeigt, daß in diesem Fall erst ab ca. dem Jahr 2020 mit einem Rückgang auf Konzentrationen des heutigen Standes zu rechnen ist. Unter der Voraussetzung, daß die Londoner Beschlüsse eingehalten werden und auch keine FCKW- oder Halon-Restbestände in die Atmosphäre gelangen, wird sich der Ozonschwund bis etwa zum Jahr 2020 fortsetzen.

5   Methoden zur Minderung von Luftschadstoffen

Bei der Verbrennung von fossilen Energieträgern entstehen zwangsläufig Schadstoffemissionen. Einige dieser Stoffe schädigen die Umwelt erheblich, so daß ihre Emissionen auf ein Minimum reduziert werden müssen. Dies läßt sich u. a. durch Vorbehandeln der Brennstoffe, Optimierung des Verbrennungsprozesses und Verminderungsmaßnahmen nach der Verbrennung erreichen. Wir wollen in diesem Kapitel vor allem näher auf Verminderungstechniken, die der Verbrennung nachgeschaltet sind, eingehen. Dabei ist zu berücksichtigen, daß die Zusammensetzung der Emissionen stark von den verwendeten Brennstoffen abhängt (vgl. Tab. 5-1), aber auch von der Art der angewendeten Verbrennungstechnik, die z. B. bei Kraftwerken und Kfz-Motoren ganz unterschiedlich ist.

Ferner wird in diesem Kapitel auf die in der Bundesrepublik gültigen gesetzlichen Bestimmungen zur Reinhaltung der Luft eingegangen und im letzten Abschnitt werden die bisherigen Bemühungen und Erfolge im Hinblick auf eine globale Schadstoffreduktion beurteilt.

5.1   Verfahrensgrundlagen zur Luftreinhaltung

Bei allen Verbrennungsprozessen entsteht Rauch, eine Mischung aus gasförmigen und festen Bestandteilen. Daher bezeichnet man die in die Luft entweichenden Abgase aus Feuerungsanlagen als *Rauchgase*. Deren prozentuale Zusammensetzung hängt naturgemäß stark von den eingesetzten Energieträgern ab. Rauchgase bestehen i. a. zu etwa 75 % aus Luftstickstoff und zu etwa 25 % aus den Hauptprodukten der Verbrennung, Wasserdampf H_2O und Kohlendioxid CO_2. Daneben findet man in geringen, aber variablen Mengen Schwefeldioxid SO_2 und Schwefeltrioxid SO_3, Stickoxide NO_x, Fluorwasserstoff HF, Chlorwasserstoff HCl, Kohlenmonoxid CO sowie Sauerstoff O_2 und Reste an unverbranntem, meist organischem Material. Die festen Bestandteile des Rauchgases, die sogenannte *Flugasche*, sind im wesentlichen Al_2O_3, CaO, Fe_2O_3, K_2O, Na_2O, SiO_2, ferner andere Metalloxide in geringeren Konzentrationen, darunter Schwermetallverbindungen und unverbrannter Kohlenstoff (Ruß). Die Rauchgase müssen im Interesse der Umwelt von ihren schädlichen Bestandteilen weitgehend befreit werden. Tab. 5-1 zeigt Schadstoffmengen, die bei der Verbrennung von verschiedenen Energieträgern entstehen. Die Bezugsgröße ist diejenige Menge, die dem Heizwert von 1 TJ (1 TJ = 1 Terajoule = 10^{12} J) des jeweiligen Brennstoffs entspricht. Aus Tab. 5-1 ist ersichtlich, daß Erdgas ein relativ umweltfreundlicher Energieträger ist, da bei seiner Verbrennung zur Stromerzeugung die wenigsten Luftschadstoffe entstehen.

Wir wenden uns zuerst den verschiedenen Verfahren der Staubabscheidung zu, anschließend denen der Schadgasminderung. Die Methoden zur Staubentfernung (Korngröße zwischen 0.1–10 μm) aus der Abluft werden entsprechend ihrer Funktionsweise eingeteilt. Man unterscheidet:

- Massenkraftabscheider

- Faser- und Gewebefilter

- Elektrofilter

- Waschverfahren

Tabelle 5-1 Bei der Verbrennung entstehende Schadstoffmengen in kg bezogen auf den Heizwert von 1 TJ des jeweiligen Energieträgers. Zahlen gelten für stromerzeugende Kraftwerke. Quelle: [2]

Energieträger	SO_2	NO_X	KW*	CO	Flugasche
Steinkohle	887	239	34	17	119
Braunkohle	785	290	34	3	154
Schweres Heizöl	785	239	68	3	34
Erdgas**	–	171	–	–	–

* KW = Kohlenwasserstoffe

** – bedeutet praktisch gleich Null

Bei den **Massenkraftabscheidern** wird der Staub nur aufgrund von Schwerkraft, Trägheitskraft und Zentrifugalkraft, die in der Regel miteinander kombiniert werden, „trocken" abgeschieden. Bessere Staubabscheidung erreicht man mit **Faser- und Gewebefiltern**, durch die das Staub-Gas-Gemisch gesaugt oder gedrückt und dabei der Staub zurückgehalten wird. Bei den **elektrischen Staubabscheidern** werden die im Rauchgas befindlichen Feststoffpartikel aufgeladen und unter dem Einfluß eines elektrischen Feldes abgeschieden. Die verschiedenen **Waschverfahren**, bei denen der Staub durch Bindung an Wasser „naß" aus den Rauchgasen entfernt wird, beruhen auf dem Effekt, daß sich Staub an nassen Oberflächen wesentlich besser absetzt als an trockenen. Waschverfahren werden zum Teil auch mit den anderen Verfahren kombiniert. Diese Methoden sind in den vergangenen Jahren zu hoher Effektivität entwickelt worden, wodurch eine erhebliche Verringerung der Staubemission erreicht wurde. Wir gehen auf Einzelheiten hier nicht ein, sondern verweisen auf die Literatur [1].

Bei den Luftreinhaltemaßnahmen bezüglich der Schadgase muß, anders als bei den Verfahren zur Staubabscheidung, zwischen Primär- und Sekundärmaßnahmen unterschieden werden. Die Primärmaßnahmen zielen darauf ab, von vornherein die Entstehung von Schadstoffemissionen zu verhindern bzw. auf ein Minimum zu beschränken, während mit Hilfe von Sekundärmaßnahmen die Schadstoffemissionen der Abluft auf ein Mindestmaß reduziert werden. Zu den Primärmaßnahmen gehören in erster Linie der Einsatz schadstoffarmer Roh- und Brennstoffe (z. B. bei Kraftwerken) und der Einsatz von emissionsmindernden Verfahrenstechniken. Primärmaßnahmen sind generell den Sekundärmaßnahmen vorzuziehen und sollten in Zukunft mehr als bisher zum Einsatz kommen. Sekundärmaßnahmen sind jedoch unabdingbar, da selbst bei optimalem Einsatz von Primärmaßnahmen die Entstehung von Schadstoffen wie beispielsweise HCl oder auch NO_X nicht verhindert werden kann. Diese Schadstoffe können und müssen daher mit Hilfe von Sekundärmaßnahmen aus den Rauchgasen eliminiert werden. Die Techniken zur Beseitigung bestimmter gasförmiger Bestandteile aus dem Rauchgas werden entsprechend den folgenden Abtrennprinzipien unterschieden:

- Kondensation

- Absorption

- Adsorption

- Nachverbrennung (Thermische Oxidation)

- Katalytisch gesteuerte Reaktionen

Bei den **Kondensationsverfahren** werden gasförmige Verbindungen unter Abkühlung und/ oder Druckerhöhung kondensiert und in flüssiger Form abgeschieden. Dies ist in aller Regel nur bei speziellen Verfahren möglich, so daß eher andere Methoden zur Schadstoffminderung von Bedeutung sind.

Bei den **absorptiven Verfahren** werden die Gase in einem Waschmedium gelöst und eingebunden. Dabei unterscheidet man die physikalische und die chemische Absorption. Eine *physikalische* Absorption nennt man das Lösen des Gases in einer Flüssigkeit, ohne daß dabei eine chemische Veränderung auftritt (z. B. das Lösen gasförmigen Methanols in H_2O). Im Gegensatz dazu ist die *chemische* Absorption dadurch gekennzeichnet, daß mit dem Lösungsprozeß stets eine chemische Reaktion des Gases mit der Flüssigkeit verbunden ist (z. B. Lösen von HCl-Gas unter Dissoziation im Wasser). Dieses Prinzip findet unter anderem auch bei Rauchgasentschwefelungsanlagen Verwendung.

Unter einer **Adsorption** versteht man die Anlagerung von Gasen – gegebenenfalls nach chemischer Umwandlung – an der Oberfläche von Feststoffen, den *Adsorbentien*. Da die Adsorption direkt von der Oberflächengröße der Adsorbentien abhängig ist, finden hauptsächlich Stoffe mit großer spezifischer Oberfläche wie Aktivkohle oder Kieselgel Verwendung. Ein großer Vorteil der adsorptiven Verfahren ist die hohe Selektivität bezüglich der abzutrennenden Komponente selbst bei niedrigen Konzentrationen. Auch liegen die Prozeßtemperaturen und Druckbereiche bei der industriellen Anwendung recht günstig. Meist zieht man aus Kostengründen die Absorptionsverfahren den Adsorptionsverfahren in der großtechnischen Anwendung vor. Für einige Anwendungsbereiche stehen aber keine vernünftigen Absorbentien zur Verfügung, so daß hier die Adsorption zur Anwendung kommt. Dies ist z. B. bei der Entfernung von halogenierten Kohlenwasserstoffen aus der Abluft von chemischen Reinigungsbetrieben der Fall, hier wird Aktivkohle als Adsorbens verwendet. Mit heißem Wasserdampf wird die Aktivkohle wieder regeneriert, wobei der adsorbierte halogenierte Kohlenwasserstoff ausgetrieben und in der Regel als Sondermüll entsorgt wird.

Die **Nachverbrennung** von Schadstoffen ist eine thermische Abgasreinigung. Sie stellt einen Oxidationsprozeß dar, bei dem organische und auch anorganische (beispielsweise CO) Schadstoffe aufoxidiert werden. Diese Oxidation findet bei hohen Temperaturen in speziellen Brennkammern statt.

Bei der **katalytisch gesteuerten Abgasreinigung** werden die gasförmigen Verunreinigungen mit Hilfe eines Katalysators entweder oxidiert oder reduziert. Sowohl die thermische als auch die katalytische Abgasreinigung setzt man vor allem zur Beseitigung von organischen Substanzen ein. Dennoch können auch bei vollständiger Verbrennung umweltschädigende Stoffe auftreten, die dann in einer nachgeschalteten Stufe entfernt werden müssen. Als Beispiel sei Material genannt, das PCB, PVC oder andere chlorierte Kohlenwasserstoffe enthält, bei dessen vollständiger Verbrennung das umweltschädigende HCl entsteht (siehe Kapitel 12).

5.2 Rauchgasentschwefelung

Der größte Teil der anthropogenen SO_2-Emissionen in die Atmosphäre ist auf die Verwendung von Braunkohle und Steinkohle als Energieträger in kohlebeschickten Kraftwerken, Fernheizwerken und industriellen Energieerzeugungsanlagen zurückzuführen (vgl. dazu Tab. 3-2).

Der SO_2-Gehalt in den Rauchgasen beträgt je nach verwendetem Brennstoff 1–4 g/m^3, wobei die Mengen des anfallenden Rauchgases gewaltig sind. Ein durchschnittlich großes Kraftwerk (700 MW elektrische Leistung), das mit Steinkohle beschickt wird, produziert stündlich (!) $2.5 \cdot 10^6$ m^3 Rauchgase. Dabei werden ca. 250 t Steinkohle pro Stunde verbrannt. Die damit gleichzeitig umgesetzte Menge Schwefel beträgt 2.5 t/h. Ein in der Leistung vergleichbares mit Braunkohle befeuertes Kraftwerk erfordert einen 3–4fach höheren Brennstoffeinsatz, wobei sich die Rauchgasmenge auf ca. $7.5 \cdot 10^6$ m^3/h erhöht. Diese enormen Mengen Rauchgase müssen nun weitgehend entschwefelt, d. h.

von SO_2 befreit werden. Dazu wurden weltweit ca. 100 Varianten von Rauchgasentschwefelungsverfahren entwickelt. Der Grund der Entwicklung einer so großen Anzahl unterschiedlich arbeitender Verfahren liegt darin, daß verschiedene fossile Energieträger verfeuert werden und daß der Schwefelgehalt dieser Brennstoffe regional stark variiert. Verschiedener Schwefelgehalt erfordert in der Regel verschiedene Auslegungen der Entschwefelungsanlagen.

Bevor wir näher auf die verschiedenen Rauchgasentschwefelungsverfahren eingehen, die alle zu den sekundären Minderungsmaßnahmen gehören, sei noch etwas über primäre Maßnahmen gesagt. Bei der in der Bundesrepublik häufig in Kraftwerken eingesetzten Steinkohle ist ca. 80 % des Schwefelanteils in das organische Gerüst der Kohle eingebaut. Nur etwa 20 % des Schwefels liegt in mineralischer Form vor, meist als Pyrit (FeS_2). Diese 20 % können mit Hilfe physikalischer Verfahren weitgehend eliminiert werden. Die restlichen 80 % müßten durch chemische oder auch biologische Verfahren entfernt werden. Bei den biologischen Verfahren liegen derzeit noch keine großindustriell nutzbaren Ergebnisse vor, so daß davon ausgegangen werden muß, daß zumindest in diesem Jahrhundert kaum großtechnische Anlagen in Betrieb gehen werden, die den Schwefel schon vor der Verfeuerung des Brennstoffes eliminieren. Diese Verfahren der Kohleaufbereitung, in der Regel erst über Kohleverflüssigung oder Kohlevergasung durchführbar, sind außerdem bei den eingesetzten Kohlemengen derart kostenintensiv, daß die Betreiber den kostengünstigeren Weg einer Nachrüstung mit einer Rauchgasentschwefelungsanlage (REA) gewählt haben.

Als Konzept für Rauchgasentschwefelungsverfahren kommen von den in Abschnitt 5.1 diskutierten Trennprinzipien nur die Adsorption und die Absorption zum Einsatz. Die adsorptiven Verfahren finden großindustriell allerdings nur bei wenigen, ganz bestimmten Anlagen Verwendung, so z.B. bei Anlagen zur Herstellung von Viskosefäden, bei der die entstehende Abluft SO_2 enthält. Ein weiterer großtechnischer Einsatz adsorptiver Verfahren ist die Entschwefelung von Abgasen, die bei der Darstellung von Schwefel nach dem Clauß-Prozeß entstehen, einem Verfahren zur Entfernung von Schwefelwasserstoff H_2S aus Erdgas mit gleichzeitiger Schwefelgewinnung:

$$2\,H_2S + SO_2 \longrightarrow 2\,H_2O + 3\,S \tag{5.1}$$

Dabei fallen Abgase an, aus denen sowohl SO_2 als auch H_2S entfernt werden müssen, die an unterschiedliche Adsorbentien angelagert werden.

Der weitaus größte Teil der Rauchgasentschwefelungsverfahren basiert aber auf dem Trennprinzip der Absorption. Im folgenden wird deshalb nur noch von **absorptiven** Verfahren die Rede sein. Diese werden je nach Verfahrensweise eingeteilt in:

- Waschverfahren (naß)

- Sprühabsorptions-Verfahren (halbtrocken)

- Trockenadditiv-Verfahren (trocken)

Bei den **Waschverfahren** wird das SO_2 mit einer Absorptionsflüssigkeit in einer Ionen-Reaktion umgesetzt und aus der wässrigen Lösung abgeschieden. Man spricht hier von einem „nassen" Verfahren. Es entsteht dabei ein durch Schwefelverbindungen verunreinigtes Abwasser. Das **Sprühabsorptions-Verfahren** basiert auf einem ähnlichen Prinzip, nur entstehen trockene Abfallprodukte, da das Abwasser beim Waschprozeß verdampft wird. Daher kann man dieses Verfahren als „halbtrocken" bezeichnen. Bei dem **Trockenadditiv-Verfahren** werden durch Einblasen des pulverförmigen Absorbens (CaO oder $CaCO_3$) in den Rauchgasstrom in einer Gas-Feststoff-Reaktion Additionsprodukte gebildet. Das SO_2 wird also „trocken" umgesetzt, und auch das Endprodukt ist somit „trocken". Allerdings ist die SO_2-Abscheidungsrate viel zu niedrig, um den gesetzlichen Auflagen Genüge leisten zu können, da bei der stattfindenden Gas-Feststoff-Reaktion das SO_2 nicht schnell genug bis in das

Innere der Feststoffpartikel dringen kann. Im weiteren werden die nassen Waschverfahren und das halbtrockene Sprühabsorptionsverfahren näher erläutert.

Waschverfahren

Wollte man das in dem Rauchgas enthaltene Schwefeldioxid allein durch Absorption in Wasser auswaschen, so würde man wegen der geringen Wasserlöslichkeit von SO_2 enorme Waschwassermengen benötigen, um das SO_2-Gas weitgehend aus dem Rauchgas zu entfernen. Der Lösungsprozeß von SO_2 ist mit der Bildung und der Dissoziation der schwefligen Säure H_2SO_3 in der wässrigen Phase verbunden:

$$
\begin{aligned}
SO_2^{Gas} &\rightleftharpoons SO_2^{gel.} \\
SO_2^{gel.} + H_2O &\rightleftharpoons H_2SO_3 \\
H_2SO_3 + H_2O &\rightleftharpoons H_3O^+ + HSO_3^- \\
HSO_3^- + H_2O &\rightleftharpoons H_3O^+ + SO_3^{2-}
\end{aligned}
\tag{5.2}
$$

Die Löslichkeit von SO_2 läßt sich erhöhen, indem die Kette der Gleichgewichtsreaktionen in Gl. (5.2) durch Erniedrigung der H_3O^+-Ionenkonzentration nach rechts verschoben wird. Dazu können nur alkalische Waschflüssigkeiten verwendet werden, bei denen SO_2 in Sulfit oder Hydrogensulfit umgewandelt wird.

Tabelle 5-2 Wichtige Beispiele für Rauchgasentschwefelungsverfahren

Verfahren	Absorbens	Endprodukt	Verwendung des Endprodukts
nichtregenerative			
Calciumverfahren	$CaCO_3$	$CaSO_4$	Deponie und Weiterverwendung
	CaO	$CaSO_4$	Deponie und Weiterverwendung
Waltherverfahren	NH_3	$(NH_4)_2SO_4$	Düngemittel
Sprühabsorption	CaO	Sulfit	Deponie und Weiterverwendung
Trockenverfahren	Aktivkoks	SO_2 (flüssig)*	Weiterverwendung
regenerative			
Magnesium-Verfahren	MgO	SO_2 (flüssig)*	Weiterverwendung
Wellman-Lord-Verfahren	Na_2SO_3	SO_2 (flüssig)*	Weiterverwendung
Acetatverfahren	CH_3COONa	$CaSO_4$	Deponie

* Aus dem angereicherten SO_2-Gas kann statt SO_2 (flüssig) auch H_2SO_4 (96 %ig) oder Elementarschwefel gewonnen werden.

Quelle: [3, 4]

Bei den dafür entwickelten Verfahren handelt es sich um chemische Absorptionen. Man unterscheidet grundsätzlich zwei Methoden: Verfahren, bei denen das Absorptionsmittel zurückgewonnen wird, und Verfahren, bei denen das Adsorptionsmittel nicht zurückgewonnen wird. Die erstgenannten Verfahren heißen *regenerative* Verfahren. Zu diesen zählen u. a. das Magnesiumverfahren und das sogenannte Wellman-Lord-Verfahren, die beide weiter unten besprochen werden. Die Verfahren, die zur zweiten Methode gehören, nennt man *nichtregenerative* oder auch oxidative Verfahren. Zu ihnen gehören z. B. die Calciumverfahren, auch Kalkwäsche genannt. In Tab. 5-2 sind einige wichtige Rauchgasentschwefelungsverfahren und ihre Merkmale zusammengestellt.

Wir wollen zunächst die zwei bedeutendsten regenerativen Verfahren behandeln: Das eine, das Magnesiumverfahren, findet zwar in der Bundesrepublik keine Anwendung, es wird aber in den USA und Japan häufig eingesetzt. Dabei wird SO_2 mit einer wässrigen Suspension von Magnesiumhydroxid, das aus MgO und Wasser bereitet wird, umgesetzt:

$$Mg(OH)_2 + SO_2 + 5\,H_2O \longrightarrow MgSO_3 \cdot 6\,H_2O \tag{5.3}$$

Das entstandene $MgSO_3 \cdot 6H_2O$ wird thermisch regeneriert, wobei H_2O ausgetrieben und SO_2 und MgO zurückgewonnen werden:

$$MgSO_3 \cdot 6\,H_2O \longrightarrow MgO + 6\,H_2O + SO_2 \tag{5.4}$$

MgO kann wieder in den Absorptionsprozeß zurückgeführt werden.

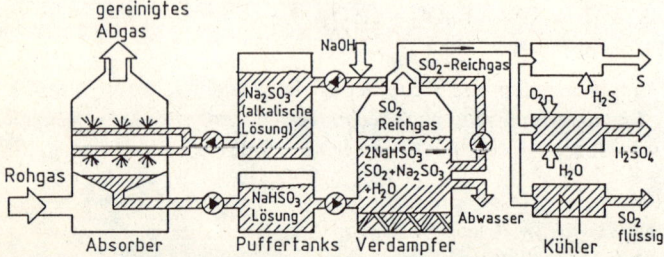

Abb. 5-1
Wellman-Lord-Verfahren zur
Rauchgasreinigung unter
SO_2-Rückgewinnung
(Quelle: [1])

Bei dem zweiten regenerativen Verfahren handelt es sich um das sogenannte *Wellman-Lord-Verfahren*, bei dem Natriumsulfit Na_2SO_3 als Absorbens eingesetzt wird. Dieses Verfahren wurde bereits in den 60er Jahren entwickelt, um den Wertstoff Schwefel aus Rauchgasen zu gewinnen. In der bundesdeutschen Öffentlichkeit erlangte es traurige Berühmtheit durch seine monatelange Funktionsunfähigkeit im Kraftwerk Buschhaus. Dennoch ist dieses Verfahren bei optimaler Prozeßsteuerung von zukunftsweisender Bedeutung. Das Verfahrensschema ist in Abb. 5-1 dargestellt.

Als Absorptionsflüssigkeit dient alkalische Natriumsulfit-Lösung, die im Absorber mit dem SO_2 des Rohgases, das ist das ungereinigte Abgas direkt nach dem Verbrennungsvorgang, zu Natriumhydrogensulfit reagiert:

$$Na_2SO_3 + SO_2 + H_2O \rightleftharpoons 2\,NaHSO_3 \tag{5.5}$$

Hierbei handelt es sich um eine Gleichgewichtsreaktion. Die Umkehrung der Reaktion in Gl. (5.5) auf die linke Seite der Reaktionsgleichung findet im Verdampfer statt. SO_2-Gas hoher Konzentration (ca. 85 %) wird als sogenanntes SO_2-Reichgas erhalten. Es kann je nach Bedarf zu verschiedenen Produkten weiterverarbeitet werden (s. Abb. 5-1): entweder durch Umsatz mit H_2S zu Elementarschwefel entsprechend dem Clauß-Prozeß (s. Gl. (5.1)), oder durch Kondensation zu flüssigem SO_2. Eine weitere Möglichkeit ist die Oxidation zu Schwefelsäure:

$$2\,SO_2 + O_2 + 2\,H_2O \longrightarrow 2\,H_2SO_4 \tag{5.6}$$

Die im Verdampfer entstandene Natriumsulfit-Lösung wird vor erneuter Einsprühung in den Absorber mit NaOH alkalisch gehalten, um der Erniedrigung des pH-Wertes durch folgende Reaktion des entstandenen $NaHSO_3$ mit dem Luftsauerstoff entgegenzuwirken:

$$2\,H_2O + 2\,NaHSO_3 + O_2 \longrightarrow Na_2SO_4 + 2\,H_3O^+ + SO_4^{2-} \tag{5.7}$$

Die Zugabe von NaOH dient noch einem zweiten Zweck: Es wird Na_2SO_3 zurückgewonnen, welches durch Reaktion mit den beiden im Rauchgas in geringer Konzentration vorhandenen Schadgasen HCl und HF schweflige Säure H_2SO_3 bildet:

$$Na_2SO_3 + 2\,HCl \longrightarrow 2\,NaCl + H_2SO_3$$
$$Na_2SO_3 + 2\,HF \longrightarrow 2\,NaF + H_2SO_3 \tag{5.8}$$

Die Reaktionsgleichung zur Rückgewinnung von Na_2SO_3 mit Hilfe von NaOH lautet folgendermaßen:

$$H_2SO_3 + 2\,NaOH \longrightarrow 2\,H_2O + Na_2SO_3 \tag{5.9}$$

Von den **nichtregenerativen Verfahren**, bei denen $CaSO_4$ als Gips entsteht, besprechen wir hier zuerst die Calciumverfahren. Sie sind die am häufigsten angewendeten Verfahren. Bei den Calciumverfahren werden entweder Branntkalk CaO (Kalkverfahren) oder Kalkstein $CaCO_3$ (Kalksteinverfahren) mit dem in den Rauchgasen enthaltenen Schwefeldioxid zunächst zu Calciumsulfit und dann nach Oxidation zu Calciumsulfat (Gips) umgesetzt.

Im einzelnen verläuft das Kalkwaschverfahren entsprechend dem Schema in Abb. 5-2: Die Waschflüssigkeit wird in den Weg des SO_2-haltigen Rohgases eingesprüht, ebenso das sogenannte Prozeßwasser, um genügend fein verteilte Wassertröpfchen für den Absorptionsprozeß von SO_2 zur Verfügung zu haben. Die Waschflüssigkeit besteht im Fall einer Verwendung von Kalkstein als Absorbens aus einer Kalkdispersion und im Fall von Branntkalk aus einer $Ca(OH)_2$-Suspension. Sie setzt sich in beiden Fällen mit dem im Rauchgas enthaltenen SO_2 an der Kontaktfläche Rauchgas/Kalkdispersion zu Sulfit um:

$$Ca(OH)_2 + SO_2 + 1/2\,H_2O \longrightarrow CaSO_3 \cdot 1/2\,H_2O + H_2O$$
$$CaCO_3 + SO_2 + H_2O \longrightarrow CaSO_3 \cdot 1/2\,H_2O + CO_2 + 1/2\,H_2O \tag{5.10}$$

Mit dem Sauerstoff der von unten eingeblasenen Luft reagiert dann Sulfit bei Anwesenheit von SO_2 über Hydrogensulfit zu Sulfat:

$$CaSO_3 \cdot 1/2\,H_2O + SO_2 + H_2O \longrightarrow Ca(HSO_3)_2 + 1/2\,H_2O$$
$$Ca(HSO_3)_2 + 1/2\,O_2 + H_2O \longrightarrow CaSO_4 \cdot 2\,H_2O + SO_2 \tag{5.11}$$

Von der gesamten absorbierten Menge an SO_2 werden größenordnungsmäßig 25 % nach den Gln. (5.10) und (5.11) zu Sulfat umgesetzt. 75 % des absorbierten SO_2 reagieren entsprechend Gl. (5.10) nur bis zu Sulfit und werden anschließend in der Oxidationszone der Rauchgasentschwefelungsanlage durch den in der eingeblasenen Luft enthaltenen Sauerstoff direkt zu Sulfat und damit zu Gips aufoxidiert:

$$CaSO_3 \cdot 1/2\,H_2O + 1/2\,O_2 + 2\,H_2O \longrightarrow CaSO_4 \cdot 2\,H_2O + 1/2\,H_2O \tag{5.12}$$

Dabei werden gleichzeitig auch die Schadgase HCl und HF aus dem Rauchgas eliminiert. Bei Verwendung von $CaCO_3$ (Kalksteinverfahren) geschieht das folgendermaßen:

$$2\,HCl + CaCO_3 \longrightarrow CaCl_2 + H_2O + CO_2 \tag{5.13}$$

$$2\,HF + CaCO_3 \longrightarrow CaF_2 + H_2O + CO_2 \tag{5.14}$$

Problematisch in der Prozeßsteuerung ist die starke pH-Abhängigkeit der Ausbeute an Gips. Da es das HSO_3^--Ion ist, das in Gl. (5.11) mit O_2 zu Sulfat oxidiert wird, muß der pH-Wert so geregelt werden, daß die größtmögliche HSO_3^--Ionenkonzentration aufrechterhalten wird. Da HSO_3^- aber amphoter, d. h. sowohl als Base wie als Säure reagieren kann, entsprechend

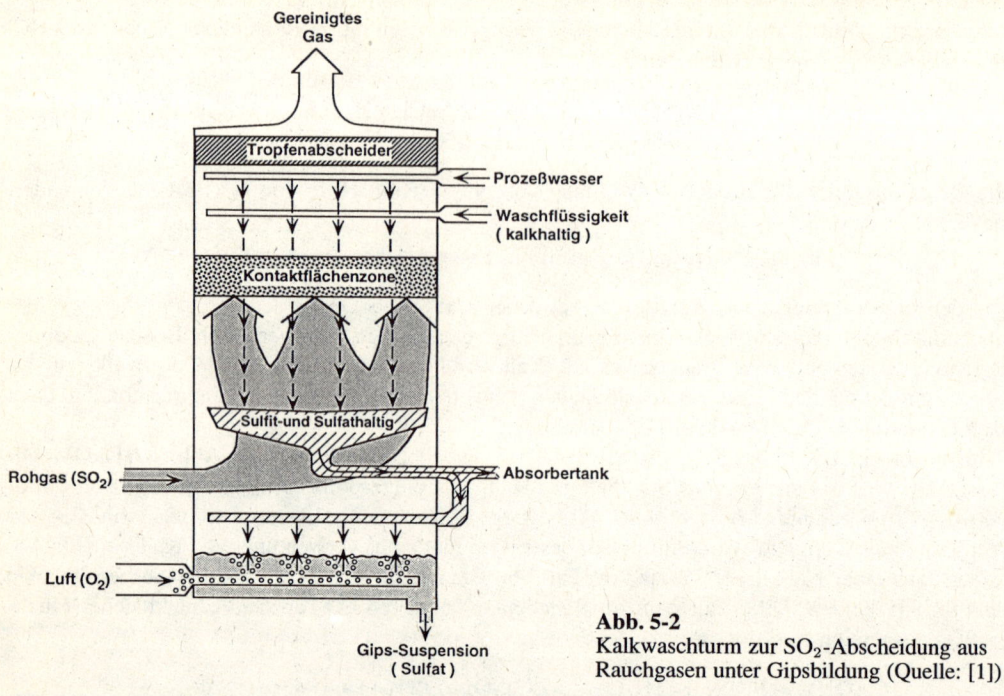

Abb. 5-2

Kalkwaschturm zur SO_2-Abscheidung aus Rauchgasen unter Gipsbildung (Quelle: [1])

$$SO_3^{2-} + H_3O^+ \rightleftharpoons HSO_3^- + H_2O \rightleftharpoons SO_2 + OH^- + H_2O, \qquad (5.15)$$

ergibt sowohl ein zu niedriger wie auch ein zu hoher pH-Wert ungünstige HSO_3^--Konzentrationen. Der optimale pH-Wert liegt zwischen 5.5 und 6.5. Er muß durch sorgfältige Regelung der $CaCO_3$- bzw. $Ca(OH)_2$-Zufuhr eingestellt werden.

Ob das Kalkverfahren dem Kalksteinverfahren vorzuziehen ist, hängt jeweils von den örtlichen Gegebenheiten ab. Die CaO-Herstellung ist energieintensiv, somit liegt der Anschaffungspreis für die Waschflüssigkeit im Fall des aus der Natur gewonnenen Kalksteins ungleich günstiger als beim Branntkalk. Dem stehen geringere Löslichkeit, geringere Reaktionsfähigkeit, erhöhter Verschleiß durch größere Härte und ein höherer spezifischer Verbrauch beim Kalkstein gegenüber. Diese Faktoren gilt es genauestens abzuwägen. Vom Standpunkt der Umweltbelastung aus sollte dem Einsatz des Kalksteins Vorrang vor dem energieintensiven Einsatz von Branntkalk eingeräumt werden.

Als weiteres nichtregeneratives Verfahren zur Rauchgasentschwefelung sei noch das sogenannte Walther-Verfahren erwähnt. Es arbeitet mit Ammoniak NH_3 als Absorbens und liefert Ammoniumsulfat $(NH_4)_2SO_4$ als Entschwefelungsprodukt, das als Düngemittel Verwendung findet. Die wesentlichen Reaktionsschritte sind:

$$
\begin{aligned}
NH_3 + SO_2 + H_2O &\longrightarrow NH_4HSO_3 \\
NH_4HSO_3 + NH_3 &\longrightarrow (NH_4)_2SO_3 \\
(NH_4)_2SO_3 + 1/2\,O_2 &\longrightarrow (NH_4)_2SO_4
\end{aligned}
\qquad (5.16)
$$

Ob das Walther-Verfahren in Zukunft größere Bedeutung erlangen wird, hängt davon ab, ob es gelingt, die während des Prozesses ebenfalls entstehenden $(NH_4)_2SO_4$-Aerosole mit Hilfe neuer Filtertechnologien zurückzuhalten, ein bisher nicht zufriedenstellend gelöstes Problem bei der Anwendung des Walther-Verfahrens. Der Absatz von Ammoniumsulfat als Düngemittel gilt langfristig als gesichert.

Sprühabsorptions-Verfahren

Der Hauptvorteil der als „halbtrocken" oder auch „quasi-trocken" bezeichneten Sprühabsorptions-Verfahren liegt darin, daß das Abluftproblem nicht auf die Abwasserseite verlagert wird, wie bei den Waschverfahren. Das Abwasserproblem wird dadurch umgangen, daß das Wasser der Waschlösung im Absorberteil der Anlage verdampft wird und somit ein trockenes Reaktionsprodukt entsteht. Als Waschflüssigkeit dient, wie bei dem oben besprochenen Kalkverfahren, eine Calciumhydroxid-Suspension. Bei der Absorption des in den Rauchgasen schnell trocknenden $Ca(OH)_2$ laufen folgende Hauptreaktionen mit den Schwefeloxiden, Halogenwasserstoffen und dem Kohlendioxid ab:

$$
\begin{aligned}
Ca(OH)_2 + SO_2 &\longrightarrow CaSO_3 + H_2O \\
Ca(OH)_2 + SO_3 &\longrightarrow CaSO_4 + H_2O \\
Ca(OH)_2 + 2\,HCl &\longrightarrow CaCl_2 + 2\,H_2O \\
Ca(OH)_2 + 2\,HF &\longrightarrow CaF_2 + 2\,H_2O \\
Ca(OH)_2 + CO_2 &\longrightarrow CaCO_3 + H_2O
\end{aligned}
\qquad (5.17)
$$

Nachteilig an dem Sprühabsorptionsverfahren wie auch an den nassen Verfahren ist, daß die optimale SO_2-Elimination verfahrensbedingt bei so niedrigen Temperaturen stattfindet, daß entweder ein Wiederaufheizen des gereinigten Rauchgases notwendig ist, um einen ausreichenden Auftrieb innerhalb der Schornsteine zu gewährleisten, oder aber mit zusätzlich installierten Pumpen das gereinigte Rauchgas aus den Schornsteinen geblasen werden muß. Ein weiterer Nachteil ist die Zusammensetzung des anfallenden Endproduktes (im Fall der Rauchgasentschwefelung von Steinkohlekraftwerken):

Calciumsulfit	50–70 %	Calciumcarbonat	5–10 %
Calciumsulfat	5–15 %	Calciumhydroxid	5–20 %
Calciumchlorid	0.5–3 %	Flugasche	1–3 %

   Eine Aufarbeitung zu vermarktungsfähigem Gips wäre zwar technisch möglich, wird aber aus Kostengründen nicht praktiziert. Es bleibt daher als Entsorgungsmöglichkeit nur die Endlagerung auf Deponien.

5.3 Rauchgasentstickung

Den weitaus größten Teil der anthropogenen NO_x-Emissionen verursachen Kraftfahrzeuge und die Energieerzeuger im Industrie- und Energiesektor (s. Abb. 3-1). Dabei ist Stickstoffmonoxid NO das wesentliche Verbrennungsprodukt des Stickstoffs. Anders als beim Schwefeldioxid, das sich beim Verbrennungsprozeß durch den im Brennstoff vorhandenen Schwefel bildet, unterscheidet man bei der Stickoxidbildung im wesentlichen drei verschiedene Ursachen. Je nach Entstehungsart wird dieses NO folgenden drei Gruppen zugeordnet:

- Brennstoff-NO

- Thermisches NO

- Promptes NO

Das **Brennstoff-NO** wird aus den im Brennstoff enthaltenen organischen Stickstoffverbindungen durch Oxidation mit dem Luftsauerstoff gebildet. Die NO-Emission von Kohlekraftwerken besteht zum größten Teil aus Brennstoff-NO. Die verfeuerte Kohle enthält einen relativ hohen Stickstoffanteil (bis zu 2 %), welcher zu NO umgesetzt wird. NO kann aber bei Verbrennungsprozessen auch noch auf einem grundsätzlich anderen Weg entstehen: Das **thermische NO** wird durch Reaktion von Luftsauerstoff mit Luftstickstoff gebildet. Es entsteht vor allem bei Verbrennungstechniken unter Einsatz von gasförmigen Brennstoffen und bei Verwendung von Heizöl, da bei diesen Brennstoffen der organisch gebundene Stickstoff mengenmäßig nur eine untergeordnete Rolle spielt. Der Anteil von thermischem NO im Rauchgas steigt mit der Temperatur an, weil die Luftstickstoffoxidation dann schneller abläuft. Das **prompte NO** entsteht aus dem zugeführten Luftstickstoff in einer komplizierten Reaktion mit aktivierten Brennstoffmolekülen. Es bildet sich vor allem in sauerstoffarmen Verbrennungsprozessen, spielt also bei den gängigen Feuerungsanlagen keine wesentliche Rolle.

Neben NO tritt aber auch NO_2 in den Verbrennungsabgasen auf. NO_2 wird aus dem primär entstandenen NO durch Oxidation gebildet:

$$NO + 1/2\,O_2 \rightleftharpoons NO_2 \tag{5.18}$$

Die Gleichgewichtslage dieser Reaktion ist von ausschlaggebender Bedeutung für die anzuwendende Methode der Rauchgasentstickung. NO ist schlecht wasserlöslich, während sich NO_2 recht gut in Wasser löst. Ein Waschverfahren wie bei der Rauchgasentschwefelung hätte also nur Sinn, wenn der größte Teil des Stickstoffs in Form von NO_2 im Rauchgas vorliegt. Das ist aber in der Regel nicht der Fall. Das Gleichgewicht (5.18) ist stark temperaturabhängig: Oberhalb 500°C liegt es weitgehend auf der Seite von NO, z. B. liegen bei 650°C ca. 95 % als NO und nur 5 % als NO_2 vor. Da Verbrennungsprozesse im allgemeinen bei noch höheren Temperaturen ablaufen, bestehen die Stickoxide des Rauchgases praktisch nur aus NO.

Absorptive Waschverfahren kommen daher zur NO_X-Eliminierung nicht in Frage, es sei denn, das gesamte NO wird zunächst zu NO_2 aufoxidiert. Eine Möglichkeit hierzu besteht in der Verwendung von Ozon als Oxidationsmittel:

$$NO + O_3 \longrightarrow NO_2 + O_2 \tag{5.19}$$

NO_2 wird dann in einer ammoniakhaltigen Waschlösung gebunden:

$$1/2\,O_2 + 2\,NO_2 + 2\,NH_3 + H_2O \longrightarrow 2\,NH_4NO_3 \tag{5.20}$$

Die Entwicklungsarbeiten, um dieses Verfahren in die Praxis umsetzen zu können, sind noch nicht abgeschlossen.

Ein anderes Waschverfahren, das sich derzeit ebenfalls im Versuchsstadium befindet, arbeitet mit Fe^{II}-EDTA (= Ethylendiamintetraacetat-Komplex mit Fe^{2+} als Zentralion) als Komplexbildner für NO, so daß NO auf diese Weise in wässriger Lösung gebunden werden kann. Anschließend erfolgt eine Reduktion zu N_2 mit Sulfit, das aus der SO_2-Absorption des Rauchgases stammt:

$$2\,SO_3^{2-} + 2\,NO \longrightarrow 2\,SO_4^{2-} + N_2 \tag{5.21}$$

Dieses Verfahren versucht also die Rauchgasentschwefelung und die Rauchgasentstickung zu koppeln. Den beiden genannten Methoden der Rauchgasentstickung ist gemeinsam, daß ihr Umsatz nicht sehr hoch ist (maximaler Abscheidegrad < 50 %) und bei ihnen ein schadstoffbeladenes Abwasser entsteht, das entsorgt werden muß.

Nach dem derzeitigen Stand der Technik stehen jedoch als praktikable Verfahren zur Rauchgasentstickung zwei andere Möglichkeiten zur Verfügung: die selektive, nichtkatalytische Reduktion, abgekürzt als SNCR-Verfahren (engl.: selective noncatalytic reduction), und die selektive katalytische Reduktion, abgekürzt als SCR-Verfahren (engl.: selective catalytic reduction).

Bei den ersten großtechnisch eingesetzten Verfahren zur NO_X-Entfernung aus Rauchgasen handelte es sich um SNCR-Verfahren. Dabei wird Ammoniak und teilweise auch Wasserstoff in die Rauchgase eingedüst. NO setzt sich mit NH_3 zu Wasser und Stickstoff um. An dieser Reaktion kann auch der Luftsauerstoff beteiligt sein; die entsprechenden Bilanzgleichungen lauten:

$$6\,NO + 4\,NH_3 \longrightarrow 5\,N_2 + 6\,H_2O$$
$$4\,NO + 4\,NH_3 + O_2 \longrightarrow 4\,N_2 + 6\,H_2O \tag{5.22}$$

Die Hauptreaktionen für das ebenfalls in geringen Konzentrationen vorhandene NO_2 lauten entsprechend:

$$6\,NO_2 + 8\,NH_3 \longrightarrow 7\,N_2 + 12\,H_2O$$
$$2\,NO_2 + 4\,NH_3 + O_2 \longrightarrow 3\,N_2 + 6\,H_2O \tag{5.23}$$

Allerdings ist für einen hohen Umsetzungsgrad ein leichter Ammoniaküberschuß notwendig und zudem muß der Reaktionsprozeß in einem schwer zu steuernden Temperaturbereich von $850 - 1000\,°C$ gefahren werden, denn liegen die Temperaturen über $1000\,°C$, so reagiert NH_3 direkt mit dem Luftsauerstoff (s. Gl. (5.24)), sind sie niedriger als $850\,°C$, so benötigt man einen enormen NH_3-Überschuß, da die NO_X-Reduktion wegen der bei diesen Temperaturen sehr langsamen Reaktionsgeschwindigkeit ansonsten viel zu gering wäre.

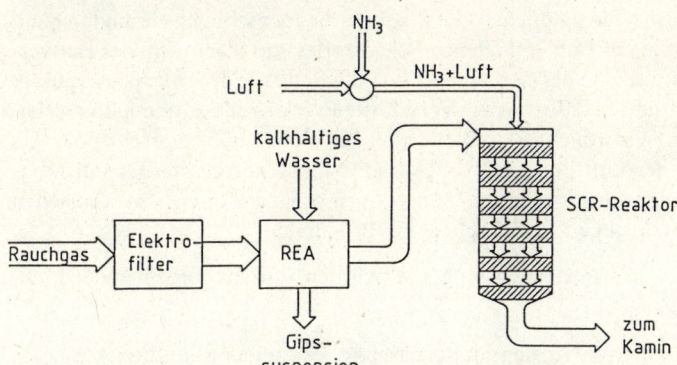

Abb. 5-3
Rauchgasentstickung nach dem SCR-Verfahren mit vorgeschalteter Entschwefelung

Um sowohl den NH_3-Verbrauch als auch die Prozeßtemperatur drastisch zu senken, wurden die katalytischen Verfahren (SCR) entwickelt. Einige SCR-Katalysatoren bestehen im wesentlichen aus Titandioxid TiO_2 mit zusätzlichen, stöchiometrisch exakt eingestellten Anteilen verschiedener Metallverbindungen (Metalle: V, W, Mo, Fe etc.). Die Reaktion läuft auch hier nach den Gln. (5.22) und (5.23) ab. Durch den Einsatz dieser Katalysatoren kann die Anlage schon bei ca. 400°C gefahren werden. In der Praxis ist die Entstickung des Rauchgases der Entschwefelung nachgeschaltet, Abb. 5-3 zeigt das Prinzip. Wie bei den SNCR-Verfahren muß auch bei den SCR-Verfahren berücksichtigt werden, daß sich bei der Zugabe von Ammoniak dieser in einer Nebenreaktion auch ohne Beteiligung von NO_X mit Luftsauerstoff umsetzt:

$$4\,NH_3 + 3\,O_2 \longrightarrow 2\,N_2 + 6\,H_2O$$
$$4\,NH_3 + 5\,O_2 \longrightarrow 4\,NO + 6\,H_2O \tag{5.24}$$

Dabei entsteht neben Stickstoff auch NO, welches gemäß Gl. (5.22) katalytisch unter weiterem Einsatz von Ammoniak zu Stickstoff umgesetzt wird. Eine erfolgreiche und optimale Wirkungsweise des SCR-Verfahrens bedarf daher einer guten Prozeßsteuerung.

Ein weiterer SCR-Katalysator ist Aktivkoks. Sein entscheidender Vorteil liegt in einer Arbeitstemperatur von etwa 100°C, so daß eine Aufheizung der Rauchgase wie bei den anderen Verfahren nicht notwendig ist. Mit den Aktivkoks-Katalysatoren laufen ebenfalls die oben angeführten Hauptreaktionen (5.22) und (5.23) ab. Durch folgende Parallelreaktion wird allerdings auch ständig Katalysator-Material verbraucht, so daß der Katalysator immer wieder ersetzt werden muß:

$$2\,NO + 2\,C + O_2 \longrightarrow N_2 + 2\,CO_2 \qquad\qquad (5.25)$$

Ein optimales Entstickungsverfahren bzw. Entschwefelungsverfahren gibt es also nicht. Die Vor- und Nachteile eines jeden Verfahrens müssen im Einzelfall gegeneinander abgewogen werden. Dies wird vor allem dadurch erschwert, daß Rauchgase in Zukunft in aller Regel sowohl entschwefelt als auch entstickt werden müssen. Dafür bieten sich unzählige Kombinationen der bisher bekannten Entschwefelungs- und Entstickungskonzepte, aber auch neuere sogenannte simultan arbeitende Verfahren an, die im Rahmen dieses Buches nicht diskutiert werden können. Ausführliche Darstellungen finden sich in [5, 6].

5.4 Gesetzliche Bestimmungen

In Kapitel 3 wurden bereits ausführlich die möglichen Gefahren für die menschliche Gesundheit und die Umwelt diskutiert, die von den in der Luft enthaltenen Schadstoffen ausgehen. Um der Luftverschmutzung entgegenzuwirken, entwickelte der Gesetzgeber und die Industrie in der Bundesrepublik eines der weltweit umfassendsten und detailliertesten Vorschriftenwerke zur Luftreinhaltung, bestehend aus Gesetzen, Richtlinien, Verordnungen, Anleitungen und Verwaltungsvorschriften. Als zentrales Gesetz zur Reinhaltung der Luft gilt das Bundes-Immissionsschutzgesetz. Es soll Menschen, Tiere, Pflanzen und Sachgüter vor schädlichen Immissionen schützen sowie dem Entstehen schädlicher Umwelteinwirkungen vorbeugen. Dafür gelten drei Prinzipien:

1. Nach dem Vorsorgeprinzip sollen Umweltbelastungen durch den Einsatz vorbeugender Maßnahmen vermieden werden.

2. Nach dem Verursacherprinzip sollen die Kosten zur Beseitigung, Vermeidung und zum Ausgleich von Umweltbelastungen von dem getragen werden, der sie verursacht hat.

3. Nach dem Kooperationsprinzip soll allen Betroffenen eine Mitwirkung an umweltbedeutsamen Entscheidungen ermöglicht werden.

Das Bundes-Immissionsschutzgesetz besteht bisher aus 14 Verordnungen und sechs Verwaltungsvorschriften (Stand 1986), von denen die sogenannte „TA-Luft" und die Großfeuerungsanlagenverordnung die bekanntesten sind. Diese beiden und einige weitere wichtige Immissionsgrenz- und Richtwerte, die allerdings nichts mit dem Bundes-Immissionsschutzgesetz zu tun haben, wollen wir im folgenden näher erläutern und kritisch beleuchten. Es handelt sich dabei um:

- MAK (Maximale Arbeitsplatzkonzentration)

- MIK (Maximale Immissionskonzentration)

- TA-Luft (Technische Anleitung zur Reinhaltung der Luft)

- GFAVO (Großfeuerungsanlagen-Verordnung)

- Smog-Verordnung

MAK (Maximale Arbeitsplatzkonzentration)

Der MAK-Wert ist die höchstzulässige Konzentration eines Gases, Dampfes oder Schwebstoffes in der Luft am Arbeitplatz, bei der die Gesundheit eines Erwachsenen bei einer 8-stündigen Exposition pro Tag über sein gesamtes Arbeitsleben hinweg vermutlich nicht beeinträchtigt wird. Somit betreffen die MAK-Werte in der Regel genau bestimmbare Schadstoffquellen. Die MAK-Werte werden von der Deutschen Forschungsgemeinschaft (DFG) festgelegt und im allgemeinen als Durchschnittswerte über eine Arbeitsschicht gemittelt.

In Tab. 5-3 sind einige der über 400 MAK-Werte angegeben. Hauptkritikpunkt der MAK-Werte ist die Berücksichtigung der Exposition des **reinen** Stoffes, denn meistens liegen Stoffgemische vor. Die Bewertung dieser Gemische ist aus zwei Gründen besonders problematisch: Erstens ist es unmöglich, in der Praxis Untersuchungen durchzuführen, die synergistische Effekte berücksichtigen. Darunter versteht man, daß die Schädigungswirkung von Einzelfaktoren bei gleichzeitiger Einwirkung höher als die Summe ihrer Einzelwirkungen ist. In diesem Fall wären unter Einbeziehung der 400 bereits in die MAK-Liste aufgenommenen Substanzen Millionen von Gemischzusammensetzungen zu untersuchen. Der zweite Grund läßt sich mit folgender Frage treffend beschreiben: Wann wird der menschliche Körper durch Einwirken niedriger Konzentrationen mehrerer Schadstoffe derart belastet, daß es trotz Unterschreitung der MAK-Werte der jeweiligen Einzelkomponenten durch deren summarische Wirkung zu gesundheitlichen Schäden kommt? Unsicherheit herrscht auch bei der Festlegung der MAK-Werte. Knapp die Hälfte der MAK-Werte basieren auf tierexperimentellen Erfahrungen. Die Übertragbarkeit auf den Menschen ist noch unklar.

Ein besonderes Problem stellen cancerogene und teratogene (Mißbildungen erzeugende) Stoffe dar. Für diese Substanzen lassen sich in der Regel keine MAK-Werte bestimmen, da bei cancerogenen Stoffen kein noch so niedriger Konzentrationsbereich bestimmbar ist, für den eine Gefährdung der Gesundheit ausgeschlossen werden kann. Die Wirkungen selbst geringster Dosen können sich langfristig gefährlich aufsummieren. Krebs und Mutationen können sich oft erst nach Jahrzehnten oder gar in künftigen Generationen manifestieren. Für solche Stoffe gibt es daher nur Richtkonzentrationsangaben mit der Maßgabe der Belastungsminimierung. *Richtwerte* sind Empfehlungen, die keinen Gesetzescharakter haben. Sie bilden lediglich eine Grundlage, an der sich der Gesetzgeber bei der Festlegung von gesetzlichen Grenzwerten orientieren kann.

Tabelle 5-3 Immissions-Grenz- und Richtwerte in mg/m^3 (Erklärung s. Text)

Schadstoffkomponente	TA-Luft		MIK-Werte			MAK-Werte
	IW1	IW2	1/2h	24h	1a	
SO_2	0.14	0.40	1.00	0.30	–	5.0
CO	10.00	30.00	50.00	10.00	10.00	33.0
NO_2	0.08	0.20	0.20	0.10	–	9.0
NO	–	–	1.00	0.50	–	–
O_3	–	–	0.12	–	–	0.2
Staub	0.15	0.30	0.45	0.30	0.15	–
– : keine Werte festgelegt						
Quelle: [7]						

MIK (Maximale Immissionskonzentration)

Die MIK-Werte sind von den MAK-Werten klar zu unterscheiden. Die MIK-Werte dienen dem allgemeinen Schutz der Umwelt, beziehen sich also nicht allein auf die für den Menschen noch zumutbare Höchstkonzentration von Schadstoffen am Arbeitsplatz wie die MAK-Werte.

1966 erarbeitete eine Kommission des Vereins Deutscher Ingenieure (VDI) die ersten MIK-Werte. Seitdem wurde diese Liste ständig erweitert und auch teilweise auf den neuesten Stand gebracht. Derzeit sind MIK-Werte für ca. 20 luftverunreinigende Stoffe festgesetzt (Auszug s. Tab. 5-3).

Für jeden Stoff wurden bis zu drei MIK-Werte festgelegt, die Halbstunden-, die 24-Stunden- und die Jahresmittelwerte. Diese Werte sind als Durchschnittswerte über die jeweils entsprechende Zeit gemittelt zu verstehen, die während der Messung in den angegebenen Zeitintervallen möglichst nicht überschritten werden sollten. Bei diesen Werten handelt es sich um Richtwerte ohne Gesetzescharakter (s. auch MAK-Werte). Aber sie dienen dem Gesetzgeber als Orientierung bei der Ausarbeitung von praktischen Verwaltungsvorschriften wie z. B. der TA-Luft.

Daß die MIK–Werte lediglich richtungsweisende Funktion, aber keine gesetzlichen Konsequenzen nach sich ziehen, sei am Beispiel des troposphärischen Ozons (s. Abschnitt 3.4) erläutert. Ozon ist ein starkes Oxidationsmittel und kann tief in die Lunge eindringen. Bei über 300 μg Ozon/m^3 können bei mehrstündiger Exposition Beeinträchtigungen der Lungenfunktion und Einschränkungen der physischen Leistungsfähigkeit auftreten, bei ozonempfindlichen Personen gar akute Gesundheitsgefährdungen [8]. Der höchste in der Bundesrepublik gemessene Wert betrug in Mannheim 600 μg Ozon/m^3. Zum Vergleich: in Los Angeles liegt der Wert an über 40 Tagen pro Jahr über 400 μg Ozon/m^3 [9]. Mit Blick auf Personen aus Risikogruppen wie Kinder, Ältere oder Kranke wurde 1988 der 1/2-h MIK-Wert für Ozon auf 120 μg Ozon/m^3 festgelegt. Dieser Wert wird in den Sommermonaten an praktisch allen Tagen mit längerer „Schönwetterperiode" bundesweit überschritten [8]. Seit 1990 gilt nun ein Ozonschwellenwert von 180 μg Ozon/m^3, bei dessen Überschreiten die Bevölkerung vor körperlichen Anstrengungen im Freien gewarnt wird. Gesetzliche Konsequenzen zur Ergreifung von Maßnahmen, um solche Ozonbelastungen zu verhindern, ergeben sich aus der Überschreitung von MIK-Werten oder anderen Schwellenwerten nicht.

TA-Luft (Technische Anleitung zur Reinhaltung der Luft)

Die TA-Luft ist eine Verwaltungsvorschrift zum Bundes-Immissionsschutzgesetz, die dem Schutz der Allgemeinheit und von Einzelpersonen vor schädlichen Umwelteinwirkungen durch Luftverunreinigungen und der Vorsorge zu ihrer Vermeidung dienen soll. Die TA-Luft von 1974 trat in ihrer novellierten Form am 1.3.1986 in Kraft, die gegenüber der Erstfassung eine erhebliche Erweiterung darstellt. Wir wollen uns im folgenden nur mit einigen Aspekten dieser novellierten TA-Luft beschäftigen, ausführliche Literatur findet sich in [10].

Die TA-Luft gilt ausschließlich für stationär betriebene Anlagen. Ihre prinzipielle Konzeption beruht auf zwei grundsätzlich zu unterscheidenden Aspekten, nämlich der emissions- und der immissionsseitigen Begrenzung von Luftschadstoffen. Bei den Immissionsgrenzwerten für die relevanten Luftschadstoffe unterscheidet man zwei Grenzwerte, den IW1-Wert und den IW2-Wert, die in Tab. 5-3 für einige besonders wichtige Luftschadstoffe angegeben sind. In der TA-Luft sind auch die Meßverfahren genau festgelegt, wie die dazugehörigen Immissionsmeßwerte I1 und I2 ermittelt werden. Der I1-Wert ist der arithmetische Jahresmittelwert aller in einem Jahr ermittelten Einzelmessungen, die als Halbstunden-Mittelwert erhalten werden. Der Immissionsmeßwert I2, auch Kurzzeit-Jahresbelastung genannt, ist derjenige gemessene Halbstunden-Mittelwert, der nach Abstreichen von 2 % der höchsten Meßwerte als höchster Wert der restlichen 98 % übrig bleibt.

Die I1- und I2-Werte dienen als Grundlage für die Berechnung von Emissionsraten großer schadstoffemittierender Anlagen aller Art im gewerblichen und im industriellen Bereich. Dabei werden im Einzelfall unter Miteinbeziehung lokaler klimatischer Verhältnisse aus den Emissionsraten die zu erwartenden I1- und I2-Werte berechnet. Liegen die berechneten Werte über den entsprechenden IW1- und IW2-Werten der TA-Luft, so darf der Betrieb der Anlage nicht genehmigt werden.

Bei Privathaushalten schreibt die TA-Luft festgelegte Emissionswerte für Schadstoffe vor allem aus Befeuerungsanlagen vor. Sie hängen u. a. von der verwendeten Brennstoffart ab. Es ist Aufgabe des Schornsteinfegers, die Einhaltung dieser Werte jährlich zu kontrollieren.

Die TA-Luft ist in mehrfacher Hinsicht unbefriedigend. Das betrifft beispielsweise das Problem der pflanzenschädigenden Schadstoffkonzentrationen. Ernsthafte Pflanzenschädigungen treten ab etwa 0.05 mg SO_2/m^3 oder auch 0.35 mg NO_2/m^3 in der Luft auf [11]. Sogar der Jahresmittelgrenzwert IW1 der TA-Luft für SO_2 (s. Tab. 5-3) liegt wesentlich darüber. Für andere pflanzenschädigende Stoffe, wie z. B. O_3 oder PAN, bei denen ab Konzentrationen von 0.05 mg/m^3 Pflanzen geschädigt werden, sind in den Tabellen der TA-Luft überhaupt nicht angegeben. Das ist zwar verständlich, da diese Substanzen unter bestimmten meteorologischen Verhältnissen gebildete photochemische Reaktionsprodukte sind, die nicht direkt, sondern nur indirekt mit dem Betrieb **stationärer** Anlagen zusammenhängen, aber gerade hier zeigt sich die Unzulänglichkeit der TA-Luft.

Bei der Festlegung der Immissionsgrenzwerte sind synergistische Effekte nicht berücksichtigt worden. Allein die gut untersuchte synergistische Wirkung von NO_2/SO_2 beweist, daß eine Festlegung von Einzelwerten nicht ausreicht. Bei Anwesenheit von 0.05–0.1 mg SO_2/m^3 genügen schon 0.05 mg NO_2/m^3 Luft, um Pflanzen zu schädigen. Das heißt, daß die Immissionsgrenzwerte der TA-Luft zumindest bezüglich Pflanzenschädigungen auch für NO_2 zu hoch angesetzt wurden (s. auch Kapitel 6). All diese Beispiele zeigen, daß die Immissionsgrenzwerte der TA-Luft keine Luftqualitätskriterien darstellen wie etwa die entsprechenden gesetzlichen Grenzwerte in der Schweiz und den USA. Die Autoren der Studie „Gesundheitsschäden durch Luftverschmutzung" [12] schreiben dazu:

> Eine umfassende Schadensvorsorge wird deshalb durch die Einhaltung der TA-Luft-Immissionsgrenzwerte nicht gewährleistet. Hierzu wären größere Sicherheitsabstände zu den in der Forschung ermittelten Wirkungsgrenzen notwendig, um auch für empfindliche Bevölkerungsgruppen das Risiko zu minimieren. Dies ist auch deshalb notwendig, da es in der bundesdeutschen Umweltpolitik kein Instrumentarium (etwa ökonomische Anreize) gibt, das eine möglichst weitgehende Unterschreitung der gesetzlichen Grenzwerte nahelegt. Vielmehr muß häufig von einem Ausschöpfen der gesetzlich vorgegebenen Grenzen ausgegangen werden.

Ein letzter Aspekt, auf den wir noch eingehen wollen, betrifft die Anwendung der TA-Luft auf Emissionen aus Schornsteinen von Kraftwerken und Industrieanlagen. Da in der ursprünglichen Fassung die I1- und I2-Werte maßgeblich für die zulässigen Emissionen waren und nicht die Emissionsraten selbst, wurden die Schornsteine immer höher gebaut, da mit höheren Schornsteinen durch die damit einhergehende Verdünnung der Schadstoffe in der Luft die Grenzwerte der TA-Luft eingehalten werden konnten. Dies bezeichnet man als die „Politik der hohen Schornsteine". Durch das Festlegen von Immissionsgrenzwerten in der TA-Luft wurde also keine Verringerung der Schadstoffmenge, sondern lediglich eine großflächigere Verteilung erreicht. Dies wurde schon bald nach Inkrafttreten der TA-Luft erkannt, und man beschränkte deshalb in der novellierten Form die Schornsteine auf eine Höhe von maximal 250 m. Eine Folge davon war und ist, daß alle Schornsteine von Großkraftwerken und anderen Emittenten exakt diese Höhe von 250 m aufweisen.

Ein weiterer, sehr wirkungsvoller Schritt, Emissionen zu vermeiden und nicht großflächig zu verteilen, war die Einführung der sogenannten Großfeuerungsanlagenverordnung, die im folgenden beschrieben wird.

GFAVO (Großfeuerungsanlagenverordnung)

Die GFAVO wurde am 1.7.1983 eingeführt. Sie legt für kohle-, öl- und gasbefeuerte Kraftwerke Konzentrationsgrenzwerte für Emissionen fest. Erfaßt werden dabei: SO_2, NO_X, CO, Stäube und Halogenverbindungen. Sie findet nicht bei allen Feuerungsanlagen Anwendung, sondern, wie der Name schon sagt, nur bei den großen Kraftwerken mit thermischen Leistungen von über 50 Megawatt (bei Gasbefeuerung ab 100 MW).

Die GFAVO ist ein Werk mit sehr vielen und detaillierten Regelungen, auf die wir hier nur begrenzt eingehen können. Ausführlicheres findet man in der Literatur [13–15]. Wir wollen die Bestimmungen dieser Verordnung kurz umreißen und einige kritische Anmerkungen anfügen. Stark vereinfacht

Tabelle 5-4 Emissionsgrenzwerte nach der GFAVO in mg pro m^3 Rauchgas für verschiedene Rauchgaskomponenten (Erklärung s. Text)

	SO_2	NO_X	CO	Staub
Altanlagen:	35 – 2500	500 – 1300	100 – 250	80 – 125
Neuanlagen:	35 – 400	350 – 800	100 – 250	50

gelten nach der GFAVO die in der Tab. 5-4 angegebenen Grenzwerte. Dabei stellen die kleineren Werte die Grenzwerte bei Gasbefeuerungen und die größeren Werte diejenigen bei Kohleeinsatz dar. Die Grenzwerte für Flüssigbrennstoffe (Öl) liegen dazwischen. Für die Neuanlagen (= neu zu konzipierende Anlagen) gelten die angegebenen Höchstwerte uneingeschränkt. Sie sind im Fall des SO_2 nur erreichbar, wenn das Kraftwerk mit einer der in Abschnitt 5.2 besprochenen Rauchgasentschwefelungsanlagen ausgerüstet ist. Bei den Altanlagen gelten die angeführten Grenzwerte für NO_X, CO und Staub seit 1988, während die SO_2-Grenzwerte sich nach dem Jahr der Stillegung der Kraftwerke richteten. Werden Altanlagen über das Jahr 1993 hinaus betrieben, so galt bereits ab 1988 der SO_2-Wert von Neuanlagen, wurden sie vor 1993 stillgelegt, so blieb der Wert von 2500 mg/m³ gültig. Altanlagen im Sinne der GFAVO sind nicht nur im Jahr 1983 bereits bestehende oder im Bau befindliche Anlagen, sondern auch solche, die sich zu diesem Zeitpunkt noch im Genehmigungsverfahren bzw. sich teilweise sogar noch in der Planungsphase befanden. Bis Mitte 1991 waren bereits praktisch alle betroffenen Anlagen, die über 1993 hinaus in Betrieb sind, mit einer REA nachgerüstet worden. Ähnliche Übergangsregelungen gelten auch für die neuen Bundesländer. Dort sieht die GFAVO vor, daß bei Nutzung der ostdeutschen Altanlagen über das Jahr 1996 hinaus eine entsprechende Nachrüstung Mitte 1996 abgeschlossen sein muß, während für Neuanlagen die in den alten Bundesländern gültige Regelung der GFAVO gilt.

In der GFAVO sind eine Reihe von Ausnahmeregelungen enthalten. So gilt der Grenzwert von 400 mg SO_2/m³ nur für Neuanlagen mit über 300 MW Leistung. Für kleinere Anlagen gilt ein um das Fünffache höherer Wert, also 2000 mg/m³. Bei Neuanlagen, die mit Braunkohle arbeiten, wird statt 400 mg/m³ nur ein Wert von 650 mg SO_2/m³ gefordert. Während 1990 Braunkohle in westdeutschen Kraftwerken lediglich einen Anteil von ca. 8.5 % an den fossilen Primärenergieträgern ausmachte, waren es in Ostdeutschland über 70 %. Steht darüber hinaus in Einzelfällen keine schwefelarme Kohle zur Verfügung, so kann die zuständige Behörde Grenzwerte bis zu 2500 mg SO_2/m³ zulassen.

Smog-Verordnung

Zur Verminderung schädlicher Umwelteinwirkungen bei austauscharmen Wetterlagen wurden für bestimmte gefährdete Gebiete in der Bundesrepublik sogenannte Smog-Verordnungen erlassen, die in den einzelnen Ländern etwas unterschiedlich sind. Sie werden auch als Wintersmog-Verordnung bezeichnet, da sie speziell auf den in der Regel in den Wintermonaten auftretenden „Sauren Smog" (s. Abschnitt 3.5) und nicht auf den Photosmog abzielen. Sie basieren auf der vom Länderausschuß für Immissionsschutz 1984 erstmals aufgestellten und im Jahr 1987 überarbeiteten Muster-Smog-Verordnung und gelten ausschließlich nur innerhalb der in den einzelnen Smog-Verordnungen festgelegten Smoggebiete – das sind in der Regel städtische Ballungszentren. Tabelle 5-5 listet die Grenzwerte in Abhängigkeit der Alarmstufen nach der Muster-Smog-Verordnung auf. Außer den Grenzwerten enthalten die einzelnen Smog-Verordnungen die Art und Weise der durchzuführenden Immissionsmessungen, die Bekanntgabe und Beendigung des Alarms, Verbote bzw. Beschränkungen des Kfz-Verkehrs bzw. des Betriebs genehmigungsbedürftiger Anlagen.

Tabelle 5-5 Alarmstufen nach der Muster-Smog-Verordnung des Länderausschusses für Immissionsschutz (Auszug), Mittelwerte über drei Stunden

	Vorwarnstufe [mg/m^3]	1. Alarmstufe [mg/m^3]	2. Alarmstufe [mg/m^3]
SO$_2$	0.6	1.2	1.8
NO$_2$	0.6	1.0	1.4
CO	30	45	60
Quelle: [7]			

Fahrbeschränkungen bis hin zum Fahrverbot im Kraftfahrzeugverkehr bzw. Betriebsbeschränkungen bis hin zum Betriebsstillstand bei Kraftwerken und industriellen Anlagen werden in der ersten Alarmstufe und dann verschärft in der zweiten wirksam. In den Winterhalbjahren 1985/86 und 1986/87 kam es in den Bundesländern Nordrhein-Westfalen, Berlin, Hessen und Niedersachsen mehrfach zu Smogalarm, erstmals verknüpft mit Verkehrsverboten und Stillegungen von Anlagen.

In den neuen Bundesländern wurden – ebenfalls länderspezifisch – in den Jahren 1990 und 1991 sogenannte Smog-Übergangsverordnungen erlassen und Smoggefährdungsgebiete ausgewiesen, die sich an bereits in der früheren DDR bestehende Regelungen orientierte. „Aus praktischen Gründen" beschränken sich die Regelungen nach der Smog-Übergangsverordnung vorerst nur auf den Schadstoff Schwefeldioxid [16]. Das Ziel ist es, langfristig auch in Ostdeutschland Smoggebiete auszuweisen und möglichst einheitliche Smog-Verordnungen nach westdeutschem Vorbild zu erlassen.

Es gilt aber, daß die Smog-Verordnungen, so wichtig sie im akuten Fall sein mögen, klassische Handlungsinstrumente zur direkten Symptombekämpfung darstellen, ohne die eigentlichen Ursachen der Smogentstehung zu bekämpfen.

5.5 Katalysatoren zur Schadstoffreduktion bei Kraftfahrzeugen

Eine der Hauptquellen für die Belastung der Luft ist der Verkehr (s. Abb. 3-1). Den größten Einzelbeitrag dazu stellt der Kraftfahrzeugverkehr mit weit über 80 % [17]. Innerhalb der letzten drei Jahrzehnte sind die Emissionen des Kfz-Verkehrs ständig angestiegen. Als Hauptschadstoffkomponenten in den Abgasen von Kfz-Motoren gelten CO, NO$_X$ und Kohlenwasserstoffe.

Abb. 5-4 zeigt die Entwicklung der Emissionen dieser Gase für den Bereich der alten Bundesrepublik im Zeitraum 1966–1989 für den Gesamtsektor Verkehr. Weitere Abgasschadstoffe sind Schwefeldioxid und Schwefeltrioxid, die allerdings wegen des natürlichen, relativ geringen Schwefelgehaltes der verwendeten Kraftstoffe nur eine untergeordnete Rolle spielen, ferner Bleiverbindungen,

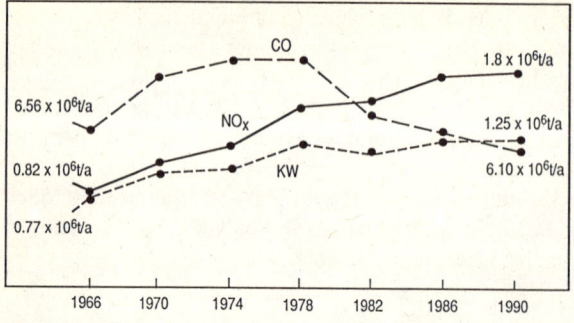

Abb. 5-4
Emissionen der Schadstoffgase CO, NO_x und
Kohlenwasserstoffe (KW) aus dem Bereich
Verkehr in der Bundesrepublik (alte
Bundesländer). (NO_x umgerechnet auf NO_2)
(Quelle: [16])

die durch Umsetzung der als Antiklopfmittel zugesetzten Alkyl-Bleiverbindungen entstehen sowie
Dioxine und Furane (s. auch Kap. 12) bedingt durch die sogenannten Scavenger. Wie wir bereits in
Kapitel 3 (Abb. 3-1) gesehen haben, tragen die Emissionen aus dem Straßenverkehr im Fall von CO
und NO_x zu ca. 70 % und im Fall der VOC (flüchtige organische Kohlenwasserstoffe, engl.: volatile
organic compounds) zu ca. 50 % zum anthropogenen Gesamtschadstoffeintrag in die Atmosphäre bei.

Wir wollen uns im folgenden zunächst mit den Methoden zur Beseitigung der in Otto-Motoren
gebildeten Schadstoffe beschäftigen. Schadstoffgase aus diesen Motoren bestehen aus CO und Kohlenwasserstoffen, beides Produkte einer unvollständigen Verbrennung, und aus den NO_x, die durch
die Reaktion von Luftstickstoff und Luftsauerstoff bei den hohen Verbrennungstemperaturen im Motor entstehen. Zur Entfernung dieser Schadstoffe aus den Motorabgasen sind grundsätzlich folgende
chemischen Prozesse denkbar:

CO läßt sich oxidativ in CO_2 überführen und auch die Kohlenwasserstoffe können oxidiert werden,
wobei bei vollständiger Umsetzung CO_2 und H_2O entstehen. NO_x kann zu N_2 reduziert werden.
Es handelt sich also sowohl um Oxidationsreaktionen als auch um Reduktionsprozesse, die bei der
Behandlung der Abgase simultan ablaufen müssen, wenn der Gehalt aller drei Schadgaskomponenten
im Abgas gleichzeitig verringert werden soll. Um diese Reaktionen unter den Betriebsbedingungen
eines Motors möglichst effizient durchzuführen, bedarf es spezieller Katalysatoren.

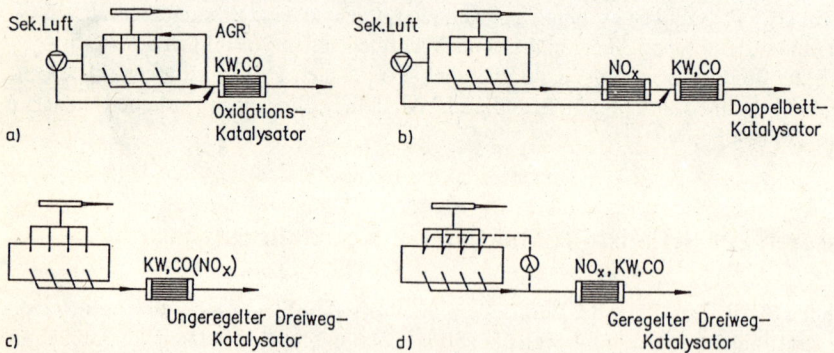

Abb. 5-5 Verschiedene Verfahren zur katalytischen Abgasreinigung (Erklärung siehe Text)

In Abb. 5-5 sind vier verschiedene Verfahren zur katalytischen Abgasreinigung dargestellt, wobei
in den ersten drei Verfahren (a–c) sogenannte *ungeregelte* Katalysatoren und im vierten Verfahren (d) ein sogenannter *geregelter* Katalysator eingesetzt werden. Bei dem ersten Verfahren (a)
setzt der Oxidationskatalysator bei sehr hohem Wirkungsgrad das CO und die Kohlenwasserstoffe

des Abgases unter zusätzlichem Einbringen von Luft (Sekundärluft) zu H_2O und CO_2 um. Dieses Verfahren ist ein sogenanntes *Einbettverfahren*, bei dem der Katalysator in einer einzigen Struktureinheit integriert ist. Mit Hilfe der Abgasrückführung (AGR) wird zumindest ein Teil der NO_X eliminiert, da durch die Abgasrückführung ein Teil des Abgases in den Verbrennungsmotor zurückgeführt wird, wo NO_X teilweise zur Oxidation des zugeführten Kraftstoffes beiträgt. Dadurch wird NO_X zu N_2 reduziert. Ein Nachteil dieses Verfahrens ist trotz Abgasrückführung eine relativ hohe NO_X-Emission. Bei dem Doppelbettverfahren (b) werden zwei Katalysatoreinheiten hintereinander geschaltet. Im Reduktionskatalysator werden bei Luftmangel zuerst die NO_X reduziert. Der nachgeschaltete Oxidationskatalysator entfernt anschließend entsprechend dem Einbettverfahren (a) CO und die Kohlenwasserstoffe. Nachteilig hierbei sind höherer Treibstoffverbrauch unter zusätzlichem Leistungsverlust (höherer Abgasgegendruck). Die Verfahren (c) und (d) der Abb. 5-5 zeigen Einbettverfahren mit multifunktionellem Katalysator, dem sogenannten Dreiweg-Katalysator. Dieser Katalysator setzt gleichzeitig NO_X, CO und Kohlenwasserstoffe um. Die hierbei nebeneinander ablaufenden Hauptumsetzungsreaktionen (es sind bereits mehr als 10 weitere Umsetzungsreaktionen bekannt) lauten [18]:

$$C_mH_n + \frac{4m+n}{4}O_2 \longrightarrow mCO_2 + \frac{n}{2}H_2O \tag{5.26}$$

$$CO + \frac{1}{2}O_2 \longrightarrow CO_2 \tag{5.27}$$

$$NO + CO \longrightarrow CO_2 + \frac{1}{2}N_2 \tag{5.28}$$

$$C_mH_n + \frac{4m+n}{2}NO \longrightarrow \frac{4m+n}{4}N_2 + mCO_2 + \frac{n}{2}H_2O \tag{5.29}$$

Parallel dazu verlaufen auch Reduktionsreaktionen des ebenfalls in den Abgasen enthaltenen NO_2. Bemerkenswert ist vor allem, daß gemäß (5.28) bzw. (5.29) die NO-**Reduktion** an die **Oxidation** von CO bzw. C_mH_n gekoppelt ist. Dabei sind allerdings die vier Hauptreaktionen in gegensinniger Weise vom Sauerstoffgehalt des Abgases abhängig. Diese Abhängigkeit ist in Abb. 5-6 dargestellt, in der der Umwandlungsgrad für die drei Schadgase gegen den sogenannten λ-Wert (Lambda-Wert) aufgetragen ist. Der λ-Wert beschreibt das Verhältnis der tatsächlich vorhandenen Sauerstoffmenge zu der Menge, die für einen vollständigen Umsatz notwendig wäre.

Aus Abb. 5-6 geht hervor, daß die Oxidationsreaktionen (5.26) und (5.27) um so vollständiger ablaufen, je sauerstoffreicher ($\lambda > 1$) das Brennstoffgemisch ist (man spricht in diesem Fall von mageren Gemischen). Für die NO-Reduktion mit CO bzw. C_mH_n entsprechend den Gln. (5.28) und (5.29) bleibt in diesen Fällen nicht mehr genügend CO übrig, und der Umwandlungsgrad für NO sinkt bei mageren Gemischen stark ab. Dagegen werden im sogenannten fetten, also sauerstoffarmen Bereich ($\lambda < 1$), wegen des Sauerstoffmangels nur geringe CO- und Kohlenwasserstoffmengen oxidiert, während dort der NO_X-Umsatz sehr hoch ist. Optimalen Umsetzungsgrad erhält man in dem als λ-Fenster bezeichneten Bereich. Hier sind die Umwandlungsgrade von NO (NO_2), CO und den Kohlenwasserstoffen etwa gleich groß. Bei dem in Abb. 5-6 gezeigten Fall beträgt dieser optimale Umwandlungsgrad ca. 85 %. Dem λ-Fenster entspricht also ein bestimmter Sauerstoffgehalt des Abgases vor dem Katalysator.

Während Abb. 5-6 den relativen Umwandlungsgrad von Dreiweg-Katalysatoren zeigt, sind in Abb. 5-7 Werte der emittierten Stoffe in relativen Maßeinheiten angegeben. Abb. 5-7 (a) zeigt die verschiedenen Schadgasemissionen in Abhängigkeit des λ-Wertes direkt hinter dem Motor, also vor dem Katalysator. Abb. 5-7 (b) zeigt, wie stark die Schadgasemissionen im Verhältnis zu den gegebenen λ-Werten hinter dem geregelten Dreiweg-Katalysator reduziert werden, wobei die jeweiligen Umwandlungsgrade der Abb. 5-6 zugrundegelegt wurden. Daraus ist ersichtlich, daß im

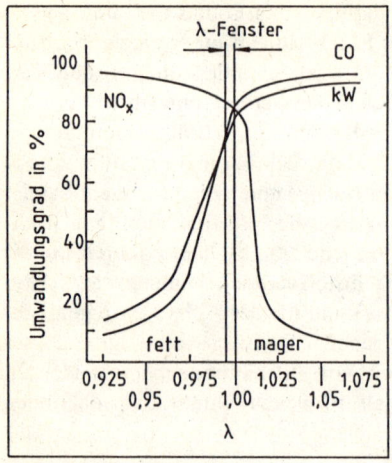

Abb. 5-6
Umwandlungsgrad von Dreiweg-Katalysatoren für Otto-
Motoren zur Abgasreinigung. λ = Verhältnis von zugeführter
Sauerstoffmenge zum Sauerstoffbedarf zur vollständigen
Verbrennung (Quelle: [19])

λ-Fenster nicht nur der Umwandlungsgrad der drei verschiedenen Schadgase relativ am größten ist,
sondern auch die absoluten Emissionsraten am kleinsten sind.

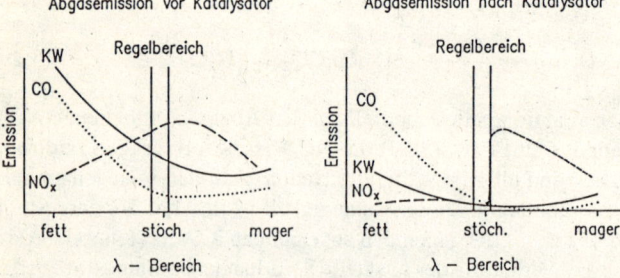

Abb. 5-7
Abgasemission eines Otto-Motors
vor und nach dem
Dreiweg-Katalysator in relativen
Einheiten (Quelle: [20])

Für eine optimale Schadstoffumwandlung ist daher ein möglichst konstanter Betrieb des Motors
im λ-Fenster notwendig. Diese Funktion erfüllt ein Regelmechanismus, der die Zusammensetzung
des Benzin/Luft-Gemisches im Einspritzer oder auch Vergaser steuert. Dies ist bei dem ungeregelten
Dreiweg-Katalysator (Abb. 5-5(c)) nicht der Fall. Bei dem geregelten Dreiweg-Katalysator erfolgt die
Messung und Regelung des Sauerstoffgehaltes der Kraftstoffmischung durch die ZrO_2-Sonde (heute
Sauerstoff- oder Lambda-Sonde genannt), die vor dem Katalysator mit einer elektrochemischen
Methode den Partialdruck des Sauerstoffes mißt und dieses Signal zur elektronischen Steuerung des
Sauerstoffgehaltes des Kraftstoffgemisches benutzt (Abb. 5-5(d)).

Die heutigen Katalysatoren zur Schadstoffentfernung in den Kraftfahrzeugabgasen enthalten
durchweg auf Träger aufgebrachte Edelmetalle als katalytisches Material. Die meist keramischen
Träger sind wabenförmig aufgebaut und von Kanälen durchzogen. Als Trägerkeramik verwendet
man wegen des geringen Wärmeausdehnungskoeffizienten und der Thermoschockfestigkeit prak-
tisch ausschließlich Cardierit ($2 MgO \cdot 2 Al_2O_3 \cdot 5 SiO_2$). Ein Überzug aus γ-Al_2O_3 vergrößert die
wirksame Oberfläche. Auf diese Oberflächenschicht werden dann als katalytisch wirksame Schicht
Edelmetalle wie Platin, Rhodium und Palladium aufgebracht. Dreiweg-Katalysatoren enthalten als
wichtigste Komponenten Platin und Rhodium im Verhältnis 5:1 bis 10:1, wobei dem Rhodium eine
Schlüsselfunktion zukommt. Rhodium ermöglicht die NO-Umsetzung gemäß Gln. (5.28) und (5.29)

und hat über seine katalytische Aktivität hinaus die Fähigkeit, große Mengen Sauerstoff zu speichern. Das hat zur Folge, daß bei Sauerstoffmangel im Benzingemisch Sauerstoff abgegeben bzw. bei Sauerstoffüberschuß dieser adsorptiv gebunden wird. Diese Puffereigenschaft des Rhodiums bewirkt, daß das λ-Fenster verbreitert wird. Das ist wegen der Trägheit der λ-Regelung eines der wichtigsten Ziele der Katalysatorweiterentwicklung.

Bei niedrigeren Katalysatortemperaturen (< 300 °C) ist der Umwandlungsgrad für alle drei Schadstoffkomponenten geringer. Die in der Warmlaufphase des Motors erzeugten Schadstoffe werden dann nur sehr unvollständig umgewandelt. Verbesserungen werden beispielsweise durch zusätzliche Startkatalysatoren aus Metallträgern und durch beheizte λ-Sonden erreicht. Derzeitig eingesetzte geregelte Dreiweg-Katalysatoren beseitigen im optimalen Temperaturbereich und im Neuzustand die Schadstoffe der Abgase bis zu 98 % und sind somit die zur Zeit effektivste Methode zur Abgasreinigung bei Kraftfahrzeugen.

Die Umwandlungsfähigkeit von Katalysatoren nimmt bedingt durch Alterungsprozesse allmählich ab. Heutige Katalysatoren haben ihre Umwandlungswirksamkeit nach ca. 100 000 km weitgehend verloren. Sie kann allerdings vorzeitig sowohl durch Überhitzung als auch durch chemische „Vergiftung" innerhalb kürzester Zeit drastisch abnehmen. Bei Temperaturen oberhalb 800°C wandeln sich die Edelmetallkristalle zu größeren Einheiten um, so daß die katalytisch aktive Oberfläche stark reduziert wird. Bei der chemischen „Vergiftung" wird die Edelmetalloberfläche durch chemische Reaktion inaktiviert. Als Reaktanten kommen hauptsächlich Phosphor (in üblichen Motorenölen zu 0.14 % enthalten) und die dem Benzin zugesetzten Alkyl-Blei-Verbindungen in Frage, die der Erhöhung der Klopffestigkeit dienen. Um die Katalysatoren vor einer Bleivergiftung zu bewahren, wurde das bleifreie Benzin eingeführt, dem zur Erhöhung der Klopffestigkeit statt Bleiverbindungen sauerstoffhaltige Verbindungen wie bestimmte Alkohole und Ether zugesetzt werden.

Im Benzin ist raffineriebedingt Benzol enthalten. Benzol gilt als cancerogen. In Benzin darf Benzol EG-weit bis zu 5 Vol. % enthalten sein. In der Bundesrepublik ist mit einem durchschnittlichen Benzolgehalt von 2–3 % im Otto-Kraftstoff zu rechnen (Benzin ca. 1.5 %, Super ca. 3.5 %). So wurden 1990 bei einem Benzinverbrauch von $34 \cdot 10^9$ l in der Bundesrepublik zwischen 0.7 und 1.0 $\cdot 10^9$ l Benzol getankt [21–23]. Der Anteil an Benzol in den Abgasen ist etwa doppelt so hoch wie in den eingesetzten Kraftstoffen. Er setzt sich aus nicht umgesetztem und neugebildetem Benzol, das beispielsweise durch Dealkylierung von Alkylaromaten wie Toluol oder auch Xylolen entsteht, zusammen [23]. Benzol wird vom geregelten Dreiweg-Katalysator zu 80 % und von ungeregelten Katalysatoren zu maximal 50 % umgesetzt, der verbleibende Rest gelangt in die Atmosphäre. Auch hier wird wieder deutlich, wie wichtig ein perfektes Funktionieren der λ-Sonde ist. Zur Produktion benzolärmeren Benzins bedarf es spezieller Raffinerietechniken, die schon seit Jahren zur Verfügung stehen. Ihr genereller Einsatz ist aber bei Fortbestehen der derzeitigen gesetzlichen Grenzwerte aus Kostengründen wohl kaum zu erwarten. Katalysatorfahrzeuge setzen somit erheblich geringere Mengen NO_X, CO bzw. HC frei als herkömmliche Fahrzeuge. Es wird kein Blei mehr emittiert. Die Abgase von Katalysatorfahrzeugen enthalten keine Dioxine und Furane. Bleihaltigen Kraftstoffen wurden nämlich sogenannte Scavenger zugesetzt, um die Ablagerung von Bleioxid, das sich aus dem als Antiklopfmittel zugesetzten Bleialkylen bildet, im Motor zu verhindern. Bei den Scavengern handelt es sich um Dihalogenalkane – im wesentlichen sind das Dichlorethan sowie Dibromethan –, die mit dem Bleioxid reagieren und als flüchtige Bleihalogenide mit den Motorabgasen emittiert werden. Unvermeidliche Nebenreaktionen führen dabei u. a. zur Bildung von Dioxinen und Furanen und deren Emission (s. Kapitel 12). Der Anteil an der Gesamtemission von Dioxinen und Furanen in der Bundesrepublik, der 1990 durch die Verbrennung bleihaltiger Kraftstoffe in Fahrzeugen verursacht wurde, beträgt 2–3 % [24].

Wir wollen uns im folgenden mit den Abgasproblemen bei Dieselmotoren beschäftigen. Dieselmotoren galten bisher als schadstoffarm. Doch emittieren sie einen verhältnismäßig hohen Anteil an

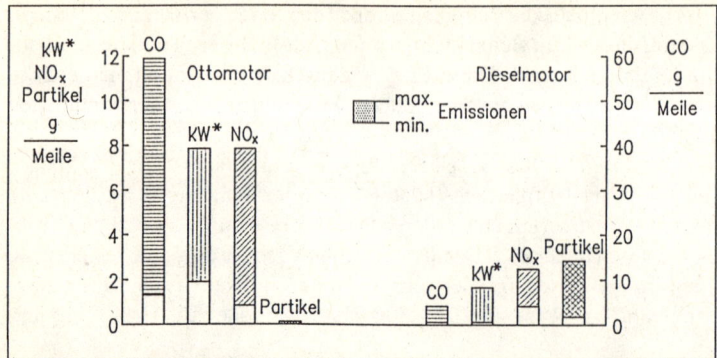

Abb. 5-8 Minimal- und Maximalemissionen von Otto- und Dieselmotoren im Vergleich. Angaben ohne Abgasreinigungsverfahren (NO_X umgerechnet auf NO_2). *: KW = Kohlenwasserstoffe(Quelle: [25])

Rußpartikeln, bei denen es sich um feinverteilte Kohlenstoffpartikel handelt. An diese sind verschiedene organische Kohlenwasserstoffe angelagert, welche teilweise als cancerogen eingestuft sind. Diese Tatsache hat Zweifel an der Umweltfreundlichkeit der Dieselfahrzeuge aufkommen lassen. Abb. 5-8 zeigt die Minimal- und Maximalemissionen von Otto- und Dieselmotoren, beide ohne Abgasnachbehandlung. Die in Abb. 5-8 gezeigten Werte beziehen sich auf bestimmte Testbedingungen. Der Bereich zwischen minimaler und maximaler Emission deckt den unterschiedlichen Schadstoffausstoß der verschiedenen Fahrzeugklassen ab. Es ist offensichtlich, daß der Dieselmotor wesentlich niedrigere CO- und Kohlenwasserstoff-Emissionen aufweist als der Otto-Motor. Es hat sich sogar gezeigt, daß diese Emissionen auf einem ähnlichen Niveau liegen wie bei einem Otto-Motor mit geregeltem Katalysator. Die NO_X-Emissionen hängen von der Fahrsituation ab, d. h. sie sind z. B. während der Kaltlaufphase und der Warmlaufphase des Motors unterschiedlich. Im Durchschnitt der Betriebszustände liegen sie bei einem Diesel-Pkw rund 60–70 % unter denen eines nicht abgasgereinigten Otto-Pkw. Es ist vor allem die Rußpartikel-Emission, die beim Dieselmotor erheblich höher als beim Otto-Motor ist.

Der Schadstoffgehalt in Dieselabgasen läßt sich ebenfalls durch Katalysatoren reduzieren. Die ohnehin schon sehr niedrigen CO- und Kohlenwasserstoff-Anteile können durch den hohen Sauerstoffgehalt der Abgase mit einem Oxidations-Katalysator weiter erniedrigt werden. Eine NO_X-Reduzierung ist wegen des hohen Sauerstoffgehaltes über eine Abgasrückführung möglich, deren Wirkungsgrad bei maximal 30 % liegt. Neueste Entwicklungen zeigen, daß durch motorinterne Maßnahmen, z. B. direkte Kraftstoffeinspritzung unter Druck durch Lochdüsen bei Lkw, eine 25 %-ige NO_X-Reduktion erreicht werden kann [26]. Für eine effektive Partikelabscheidung des Rußes, die beim Dieselabgas das vordringliche Problem ist, kann man sich zweier Technologien bedienen: die Oxidationskatalysatoren, die nach [25] die Partikelemissionen um bis zu 55 % senken, und zum anderen die sogenannten Dieselpartikelfilter. Das stellt hohe Ansprüche an die verwendeten Keramikfilter, da alle Teilchen, die kleiner als 40 nm sind, zurückgehalten werden müssen. Außerdem verstopfen diese Filter innerhalb von Tagen. Eine Regeneration der Filter ist durch Verbrennung des zurückgehaltenen Rußes zu CO bzw. CO_2 möglich, aber äußerst schwierig, da die Abgastemperaturen moderner Dieselfahrzeuge für diesen Zweck zu niedrig sind. Folgende technische Lösungen für dieses Problem sind in der Entwicklung:

- Die Abgastemperaturerhöhung. Ein spezieller Brenner oder eine Zusatzheizung – vor oder im Filter installiert – sorgen für die zur Verbrennung notwendige hohe Temperatur im Abgas. Dieser Mechanismus wird nur in bestimmten Zeitabständen in Gang gesetzt.

- Katalytische Beschichtung des Dieselpartikelfilters. Eine dünne, kupferoxidhaltige Beschichtung wird auf den Keramikköper des Filters aufgebracht. Durch ihre katalytische Wirkung senkt sie die Selbstentzündungstemperatur der Rußpartikel von ca. 500°C auf 250°C.

- Additivzugabe zum Kraftstoff. Katalytisch wirksame, eisenhaltige Stoffe werden entweder dem Dieselkraftstoff beigemischt oder direkt ins Abgas vor dem Filter eingespritzt. Ähnlich wie die katalytische Beschichtung bewirkt die Additivzugabe eine deutliche Absenkung der Entzündungstemperatur für die Rußpartikel.

An allen diesen Maßnahmen – als Einzelmaßnahmen oder in Kombination – arbeitet intensiv die Automobilindustrie. Bisher hat sich weder für Lkw noch für Pkw irgendein bestimmtes Verfahren als völlig zufriedenstellend erwiesen.

Als eine weitere Möglichkeit, Schadstoffemissionen aus dem Verkehr zu reduzieren, wird auch ein Tempolimit diskutiert. Die Auswirkungen langsameren Fahrens sind recht ausführlich untersucht worden. Es zeigte sich übereinstimmend, daß eine Verringerung der Autobahngeschwindigkeit auch eine Verringerung insbesondere von Stickoxid- und Kohlenmonoxidemissionen sowie des Kraftstoffverbrauchs zur Folge hat (s. Abb. 5-9). Beispielsweise hat der sogenannte Abgasgroßversuch der Vereinigung deutscher TÜV im Jahre 1985 ergeben, daß bei Vorgabe eines Tempolimits von 100 km/h auf Autobahnen und der dort festgestellten Befolgungsquote die NO_x-Emission um 10.4 %, die CO-Emission um 11.9 % und der Kraftstoffverbrauch um 7.0 % reduziert wurde [27]. Das Potential eines Tempolimits, das auch befolgt wird, kann aufgrund der Ergebnisse des Abgasgroßversuchs auf rund 30 % Stickoxideinsparung geschätzt werden.

Die Ergebnisse des Abgasgroßversuchs sind nicht unumstritten. Der wichtigste Dissens liegt in der Einschätzung des Ausmaßes, wie weit sich die Autofahrer an ein Tempolimit halten werden.

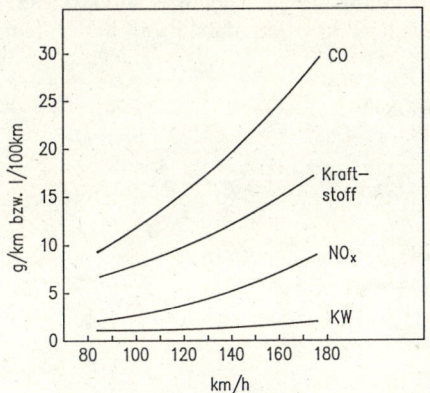

Abb. 5-9
Benzinverbrauch und Schadgasemissionen in Abhängigkeit von der Geschwindigkeit (NO_x umgerechnet auf NO_2) (Quelle: [27])

Die Abschätzung über die Minderung der Schadstoffemissionen durch Tempo 80 statt Tempo 100 auf Bundes- und Landstraßen sind sämtlich wissenschaftlich nicht belastbar. Es gibt bis heute keine repräsentative Beschreibung des Fahrverhaltens im sogenannten Außerortsverkehr geschweige denn eine Bestimmung des durch ein Tempolimit veränderten Verhaltens. Das Potential der Stickoxidminderung durch Tempolimit wird auf 20–30 % geschätzt.

Am Widerstand der Bundesrepublik Deutschland ist bisher eine einheitliche EG-Geschwindigkeitsbegrenzung gescheitert. Wenigstens für Lkw und Omnibusse gilt aber nach einer EG-Richtlinie ab 1994, daß Neufahrzeuge mit elektronisch gesteuerter Anlage zur Geschwindigkeitsbegrenzung ausgerüstet sein müssen, die bei Erreichen der Höchstgeschwindigkeit (85 km/h für Lkw bzw. 100

km/h für Busse) die Kraftstoffzufuhr drosselt. Mit dieser technischen Maßnahme wird versucht, bereits bestehende Tempolimits europaweit durchzusetzen.

Abschließend bleibt im Hinblick auf die eingangs formulierte Forderung „Vermeiden" vor „Symptombekämpfung" darauf hinzuweisen, daß eine Verringerung der Schadstoffemissionen im Straßenverkehr nicht nur durch technische Maßnahmen am Fahrzeug erfolgen kann, sondern z. B. auch durch eine andere Fahrweise, durch eine verringerte Fahrleistung, am effektivsten aber durch ein Umsteigen vom Pkw auf öffentliche Verkehrsmittel oder auf das Fahrrad zu erzielen ist.

5.6   Europäische Normen für Kfz-Abgase

Am 28. 6. 1985 wurden in Luxemburg die europäischen Grenzwerte für Schadgasemissionen in Abhängigkeit von Fahrzeugklassen festgelegt, die während eines ebenfalls genau definierten Abgastests nicht überschritten werden dürfen. Sowohl die Grenzwerthöhen, die Euro-Norm-Werte, als auch der Abgastest, der sogenannte ECE-Test, sind bezüglich ihrer Wirksamkeit zur Vermeidung der Schadstoffemissionen umstritten.

Zu den Euro-Norm-Werten, die seit ihrer Einführung ständig zu geringeren Werten hin verändert wurden, ist kritisch anzumerken, daß zwar für CO und NO_X Grenzwerte existieren, die Kohlenwasserstoffe aber nur als Summenparameter „Kohlenwasserstoffe plus NO_X" erfaßt werden. Wie aus Abb. 5-7 (a) ersichtlich ist, zeigen die Kohlenwasserstoff- und die NO_X-Emissionen im Abgas aber ein gegenläufiges Verhalten, wodurch die Einhaltung des Summenparameters wesentlich einfacher zu erreichen ist, als beispielsweise bei den in den USA gültigen Grenzwerten, wo für die drei Schadstoffe CO, NO_X und Kohlenwasserstoffe getrennte Einzelgrenzwerte festgelegt wurden. Eine EG-weite Verordnung von Grenzwerten der Rußpartikelmengen aus Dieselmotoren trat erstmals ab 1. 10. 1989 in Kraft. Sie wird aber übereinstimmend als völlig unzureichend kritisiert, da sie weit hinter dem Stand der technischen Möglichkeiten liegt.

Tabelle 5-6 Vergleich einiger Abgas-Testbedingungen zur Ermittlung der Schadgasemissionen aus Otto-Motoren in der EG und den USA

	EG	USA
Testlänge in km	4.1	17.9
Testdauer in s	780.0	2477.0
Durchschnittsgeschwindigkeit in km/h	18.7	34.1
maximale Geschwindigkeit in km/h	50.0	91.2

Quelle: [25]

Die Abgaswerte werden in der Praxis nach einer bestimmten Testmethode bestimmt, von der einige wesentliche Parameter in Tab. 5-6 angegeben sind. Daraus geht hervor, daß im ECE-Test der EG und im USA-Test (korrekterweise mit Transient-Test bezeichnet) unterschiedliche Parameterwerte gelten. Die dem ECE-Test zugrundeliegenden Testparameter beschreiben nicht das durchschnittliche Fahrverhalten eines Autofahrers in der EG. Das gilt vor allem für die niedrige Durchschnittsgeschwindigkeit bei den Testbedingungen. Der ECE-Test soll den durchschnittlichen Betrieb eines Autos innerhalb geschlossener Ortschaften simulieren. Wie man Abb. 5-9 entnimmt, werden wesentlich mehr Schadstoffe, vor allem NO_X, bei höheren Geschwindigkeiten emittiert, als bei der dem ECE-Test zugrundeliegenden Geschwindigkeit. Die Kombination der ECE-Testbedingungen mit den großzügig hoch angesetzten Euro-Norm-Werten bringt es mit sich, daß die Euro-Norm-Werte oft schon mit geringfügigen Änderungen am Motor ohne Katalysatoreinsatz erreicht werden können.

Die anspruchslosen EG-Normen ermöglichen ein weiteres, sehr umstrittenes Abgasreinigungs-konzept: Den sogenannten Magermotor mit Oxidationskatalysator. Es handelt sich hierbei um einen Einbettreaktor mit einem Oxidationskatalysator (s. Abb. 5-5 (a)), aber ohne Sekundärluftzufuhr und Abgasrückführung. Durch eine extrem magere Gemischeinstellung mit $\lambda > 1.4$ (!) werden motor-seitig (s. Abb. 5-7 (a)) relativ geringe CO-, NO_X- und Kohlenwasserstoffemissionen erreicht. Damit können die gesetzlichen Grenzwerte bis zu Geschwindigkeiten von 50 km/h eingehalten werden, d. h. die Fahrzeuge gelten als schadstoffarm. Bei höheren Geschwindigkeiten versagt jedoch das Konzept. Hohe Stickoxidemissionen sind die Folge. Somit bleibt dieses „Magermotorkonzept" weit hinter den technischen Möglichkeiten des geregelten Dreiweg-Katalysators zurück, erfüllt aber trotzdem die europäischen Anforderungen in den Abgastests.

Ab dem 1.1.1993 gelten EG-weit Grenzwerte für neu zugelassene Pkw, die aller Voraussicht nach nur mit dem geregelten 3-Wege-Katalysator erreichbar sind. Bei Nutzfahrzeugen ab 3.5 t (Lkw, Busse, Müllfahrzeuge etc.) werden die zulässigen Emissionsraten in drei Stufen gesenkt. Diese Grenzwerte sind abhängig von der Motorleistung. In der ersten Phase (1992/93) sind z. B. 9 g NO_X/kWh und 0.4 g Partikelruß/kWh vorgeschrieben. In der zweiten Stufe (1995/96) werden diese Werte um 40 % bzw. 60 % gesenkt. Grenzwerte für die dritte Stufe (1998/99) sollen noch vor 1995 festgelegt werden.

Fazit: Die Euro-Norm-Werte stellten lange Zeit einen unbefriedigenden Kompromiß zwischen den wirtschaftlichen Interessen der europäischen Automobilindustrie und den Erfordernissen des Umweltschutzes dar. Die Entwicklung der europäischen Umweltpolitik ist bezüglich der Schadstoff-reduktion aus dem Verkehrssektor grundsätzlich positiv zu bewerten, auch wenn die Fortschritte langsam sind. Vergleichbare Umweltpolitik in Japan und den USA, aber auch in Ländern wie Öster-reich, Schweden und der Schweiz, die ebenfalls die schon seit Jahren bestehenden Abgasgrenzwerte der USA eingeführt haben, zeigt, daß effektive Minderung der Schadstoffemission im Pkw-Bereich möglich ist.

5.7 Auswirkungen von Luftreinhaltemaßnahmen in Vergangenheit und Zu-kunft

Für die Zeit von 1850 bis heute sind für SO_2 und NO_X die Entwicklungen der jährlichen Emissio-nen bezogen auf die Fläche der alten Bundesländer der Bundesrepublik Deutschland in Abb. 5-10 wiedergegeben. Am Beispiel von SO_2 fällt besonders deutlich auf, daß die Emissionsrate lange Zeit von der wirtschaftlichen Konjunktur abhängig war. Die seit der industriellen Revolution rapide an-steigende SO_2-Emission ist direkt auf die Kohlewirtschaft zurückzuführen. Ein deutlicher Rückgang der Emission ist während der beiden Weltkriege (1914–1918) und (1939–1945) sowie in der Zeit der Weltwirtschaftskrise um 1930 zu beobachten. In jüngster Zeit hat die SO_2-Emission drastisch abgenommen. Das beginnende Absinken der SO_2-Emissionen ab Mitte der 70er Jahre ist im wesent-lichen bedingt durch langsam greifende Umweltschutzmaßnahmen, vornehmlich durch Einsatz von Rauchgasentschwefelungsanlagen und – in geringem Maß – durch Absenkung des Schwefelgehaltes von Dieselkraftstoffen.

Einen ähnlichen Verlauf zeigt die Kurve für NO_X. Allerdings ist hier auch in jüngster Zeit noch kein bemerkenswerter Rückgang der Emission festzustellen. Der besonders steile Anstieg nach dem Ende des zweiten Weltkrieges ist auf die explosionsartige Zunahme der Anzahl von Kraftfahrzeugen zurückzuführen. Im Gebiet der alten Bundesrepublik gab es 1990 ca. 30.7 Millionen Pkw, während es 1950 noch 0.6 Millionen waren. Hinzu kamen 1.4 Millionen Lastkraftwagen und 70 000 Omnibusse. Dabei sind Lkw mit einem Anteil von 4.4 % am gesamten Kraftfahrzeugbestand allerdings mit 22 %

am gesamten Kraftstoffverbrauch beteiligt [17]. In der ehemaligen DDR waren Ende der achtziger Jahre ca. 3.8 Millionen Pkw und ca. 0.2 Millionen Lkw zugelassen, 70 % des Pkw-Bestandes setzte sich aus den Zweitaktern Trabant und Wartburg zusammen. Details über Emissionswerte dieser Fahrzeuge sind in [17] ausführlich dokumentiert.

Im Gegensatz zu den Emissionen der Stickoxide sind die von Staub und Ruß in den vergangenen Jahren deutlich zurückgegangen. Wie sich heute diese Emissionen auf die verschiedenen Verursachergruppen aufteilen, wurde bereits in den Abbn. 3-1 und 3-2 dargestellt.

Wie sieht nun die künftige Emissions- und Immissionsentwicklung für die einzelnen Schadstoffkomponenten aus? Für NO_x ist bei den Emissionen des größten Verursachersektors, nämlich des Verkehrs, für die Bundesrepublik (alte Bundesländer) ein Rückgang zu erwarten, da der Hauptbeitrag der verkehrsbedingten NO_x-Emissionen, der vom Pkw-Verkehr herrührt, sich bis zum Jahr 2000 ungefähr halbieren wird. Diese Schätzungen basieren auf dem hochgerechneten Einsatz von Katalysatoren entsprechend den EG-Beschlüssen, wobei eine Zunahme des Pkw-Verkehrs und des damit verbundenen Anstiegs der Fahrleistung mitberücksichtigt ist [17].

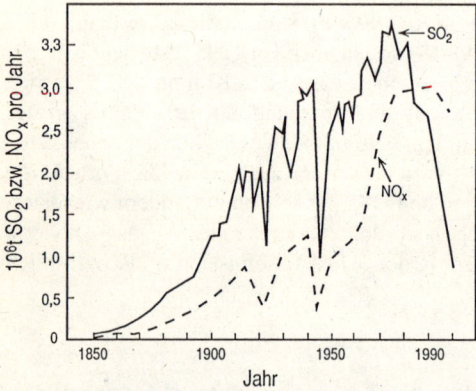

Abb. 5-10
Emissionen von SO_2 und NO_x in den Jahren 1850 bis 1990 bezogen auf die Fläche der alten Bundesländer der Bundesrepublik (NO_x umgerechnet auf NO_2) (Quelle: [16])

Da auch durch verbesserte Rauchgasentstickung die Emissionen aus Kraftwerken zurückgehen werden, werden insgesamt die NO_x-Emissionen in den 90er Jahren deutlich abnehmen (vgl. Abb. 5-10). Ähnliches gilt für CO. Bei den Kohlenwasserstoffen könnte der Rückgang weniger deutlich ausfallen, da die ständig steigende Lösemittelverwendung die Minderung der Emissionen aus dem Kfz-Verkehr teilweise kompensieren könnte.

Bei den SO_2-Emissionen hat man in den alten Bundesländern mit folgender Entwicklung zu rechnen: Aufgrund der Einführung der GFAVO und dem damit verbundenen drastischen Rückgang der SO_2-Emissionen (vgl. Abb. 5-10) werden die SO_2-Emissionen in den kommenden Jahren in etwa gleichbleiben und im wesentlichen davon abhängen, wie der zukünftige Kraftwerkspark aussieht. In den neuen Bundesländern wird spätestens 1996 ein Niveau wie im Westen erreicht sein. Ein weiterer Rückgang der SO_2-Emissionen ist durch weiteres Absenken der Schwefelgehalte von Dieselkraftstoff zu erwarten. EG-weit darf der Schwefelgehalt ab etwa 1995/96 maximal 0.05 Massenprozent betragen. Für die alten Bundesländer liegt er derzeit bei 0.2 %, eingehalten werden 0.15 %; in der ehemaligen DDR waren es ca. 0.6 % [17]. Aufgrund der niedrigen Anteile des Sektors Verkehr an den SO_2-Gesamtemissionen wird diese Abnahme allerdings nur geringfügig ins Gewicht fallen.

Die Immission von SO_2 in Deutschland wird sich ab 1996, dem Jahr der vollständigen Umsetzung der GFAVO in den neuen Bundesländern, kaum noch ändern, da die angrenzenden Staaten entweder wenig Gewicht auf eine vorausschauende Umweltpolitik legen oder finanzielle Schwierigkeiten haben, entsprechende Maßnahmen durchzuführen. Letzteres gilt vor allem für die osteuropäischen

Länder, aber auch in Westeuropa sind nicht überall größere Fortschritte zu erwarten. Beispielsweise waren 1991 in Großbritannien lediglich sechs Rauchgasentschwefelungsanlagen in Betrieb, während es in der Bundesrepublik schon weit über 100 waren (weltweit sind ca. 500 Rauchgasentschwefelungsanlagen in 12 Staaten in Betrieb, davon über 90 % in der Bundesrepublik, Japan und in den USA).

Tabelle 5-7 Zusammensetzung von Naturgips und REA-Gips in Gewichts-%

Komponente	Naturgips	REA-Gips
Feuchtigkeit	1	7 – 10
$CaSO_4 \cdot 2\,H_2O$	78 – 95	98 – 99
Cl	< 0.001	< 0.01
Na_2O	0.02	0.01
MgO	–	0.10
Fe	–	< 0.05
SO_2	–	< 0.50
CO_2	–	1.00
K_2O	–	0.50
Inertstoffe	5 – 20	–
pH-Wert	6 – 7	5 – 8
Quelle: [28]		

Ein generelles Problem der Rauchgasentschwefelung ist die Frage nach der Verwertbarkeit der dabei entstehenden Produkte. Bei der Rauchgasentschwefelung in größeren Anlagen fallen mehrere Tonnen Reststoffe pro Stunde an. Von den Verfahren, die in der Lage sind, Wertstoffe wie Düngemittel oder SO_2-Reichgas zu liefern, sind nur sehr wenige in der Bundesrepublik in Betrieb. Gips bzw. technischer Anhydrit machen allein 86 % der Endprodukte der Rauchgasentschwefelungsanlagen in der Bundesrepublik aus. Diesen Gips bezeichnet man als REA-Gips. Dabei sind der Verwendung des anfallenden Gipses Schranken gesetzt. Der Gesamtgipsbedarf (REA- und Naturgips) der Baustoffindustrie beläuft sich auf jährlich $3 \cdot 10^6$ t. Seit 1990 fallen aus der Steinkohleverstromung $2.5 \cdot 10^6$ t Gips und aus der Braunkohleverstromung $1.4 \cdot 10^6$ t Gips pro Jahr an, also insgesamt jährlich $3.9 \cdot 10^6$ t Gips [28]. Der Braunkohlegips kann jedoch aus technischen Gründen kaum, der Steinkohlegips nur teilweise als Baustoff verwendet werden. Tab. 5-7 zeigt die Zusammensetzung von „normalem“, nicht mit Schadstoffen belastetem REA-Gips und die von Naturgips. Sowohl kleine Abweichungen dieser Zusammensetzung als auch zusätzliche Parameter wie z. B. Schwermetallgehalt können den anfallenden Gips als Baustoff unbrauchbar werden lassen. Ein großer Teil des REA-Gipses muß somit kostenaufwendig deponiert werden.

Zusammenfassend ist festzustellen, daß sich eine signifikante Schadstoffreduktion der Luft nur einstellen wird, wenn drastische Maßnahmen auf allen relevanten Verursachersektoren ergriffen werden. Im Bereich des Verkehrs ist beispielsweise neben der Einführung des geregelten Dreiweg-Katalysators auch der Ausbau des öffentlichen Nahverkehrs von Bedeutung, da auf diese Weise die Fahrleistung und damit auch die Schadstoffemissionen weiter gesenkt werden können. Solche Maßnahmen sind nur durch die Einsicht zu erreichen, daß die Verbesserung der Luftqualität nicht umsonst zu haben ist. So wird z. B. der durch die GFAVO forcierte Einbau von Rauchgasreduktionsanlagen den Strompreis laut Kraftwerksbetreiber um 3–4 Pfennige pro Kilowattstunde (laut Schätzung der Bundesregierung um 1.3–2.6 Pfennige) erhöhen. Das sollte im Interesse einer verbesserten Luftqualität zumutbar sein. Ferner ist zu bedenken, daß die Folgen der Luftverschmutzung wie Gebäudefraß, Brückenkorrosion, neuartige Waldschäden, saure Seen, Atemwegserkrankungen etc. ebenfalls hohe Kosten bedeuten, die die gesamte Volkswirtschaft belasten.

Japans Beispiel zeigt, daß erfolgreiche Umweltpolitik möglich ist. Trotz Einführung von Geschwindigkeitsbegrenzung, Kfz-Katalysator, Schwefelabgaben (für jede Tonne emittiertes SO_2 muß je nach Belastungsgebiet vom Verursacher umgerechnet zwischen 750 und 13000 DM bezahlt werden) in den 70er und 80er Jahren haben weder die japanische Wirtschaftskraft noch die Beschäftigungszahlen unter diesen Maßnahmen gelitten. Dies ist ausführlich in [29] dargestellt.

6   Neuartige Waldschäden – Waldsterben

Die seit Anfang der 80er Jahre verstärkt auftretenden Waldschäden haben ein erschreckendes Ausmaß angenommen. Betroffen sind weite Teile Mitteleuropas und Nordamerikas. Hält die bisherige Entwicklung weiter an, ist ein völliges Zusammenbrechen des Ökosystems Wald zu befürchten, was nicht vorhersehbare Konsequenzen hätte. Vor allem die zu erwartende Zunahme der Bodenerosion würde zu enormen Problemen des Wasserhaushaltes und der Landwirtschaft führen. Wir widmen daher dem Waldsterben ein separates Kapitel, zumal es immer deutlicher wird, daß die von Kraftwerken, Kfz-Motoren und durch den Hausbrand freigesetzten Schadstoffe als Hauptursachen für die Waldschäden angesehen werden müssen.

Im vorliegenden Kapitel wird zunächst der Begriff „neuartige Waldschäden" eingeführt und deren Symptome und ihr Ausmaß dargestellt. Davon ausgehend werden die möglichen Waldschadensursachen erörtert und diskutiert, soweit die chemischen und biologischen Mechanismen bekannt sind, und abschließend werden die bereits eingeleiteten Maßnahmen zum Schutz des Waldes den noch bestehenden Forderungen von Fachleuten und verschiedener Umweltverbände gegenübergestellt.

6.1   Begriffsbildung

„Waldsterben gab es schon immer" ist ein häufig zu hörendes Argument in der Diskussion über Waldschäden. Das ist nicht unrichtig – schon der römische Schriftsteller Plinius berichtete darüber. Vor allem aber nach dem Beginn der industriellen Revolution im 19. Jahrhundert wurden immer mehr Waldschadensfälle in der forstwissenschaftlichen Literatur beschrieben. Dabei ging es grundsätzlich um eng begrenzte Gebiete, in denen Waldschäden bis hin zu Waldsterben beobachtet wurden. Diese wurden ausgelöst durch tierische Schadorganismen wie Insekten und Pilze, durch abiotische Faktoren wie etwa Trockenjahre und Schneelast oder auch durch Rauchgase, die aus lokalen Industriebetrieben stammten. Häufig waren von solchen Schäden meist nur bestimmte Baumarten betroffen.

Seit Mitte der 70er Jahre des 20. Jahrhunderts wurden jedoch Waldschäden beobachtet, die in ihrem Ausmaß und ihrer Erscheinung nicht mehr mit den von früher her bekannten Walderkrankungen zu vergleichen waren. Es wurde der Begriff „Waldsterben" geprägt, der die derzeitige Lage der Waldgebiete im Erzgebirge, in der Tschechischen Republik, in Polen und auch in Nordostbayern zutreffend beschreibt. Trotzdem kann (noch!) nicht von einem großflächigen Waldsterben in Mitteleuropa gesprochen werden. Aus diesem Grund wird heute oft der Begriff der *neuartigen Waldschäden* gebraucht, eine Wortschöpfung, die sachlich klingen soll, die aber etwas von der düsteren Perspektive des Waldes ablenkt. Das „Neuartige" an diesen Waldschäden ist:

– Die Schäden treten nicht mehr in regional begrenzten Gebieten (wie beispielsweise in Windrichtung eines Kraftwerkes), sondern großflächig auf. Man kann davon ausgehen, daß die neuartigen Waldschäden praktisch in ganz Europa und auch in Nordamerika verbreitet sind.

– Seit Beginn der 80er Jahre beobachtet man eine rasche Ausbreitung der Waldschäden.

– Die Schäden betreffen nicht nur eine bestimmte Baumart, sondern alle Hauptbaumarten des mitteleuropäischen Waldes.

– Die Schäden halten lange an. In der Regel waren diese in früheren Zeiten, mit Ausnahme der Rauchgasschäden, nach ein paar Jahren ausgeheilt.

Zu diesen Symptomen der gegenwärtigen Schäden kommen noch zwei weitere, die zwar nicht direkt mit den neuartigen Waldschäden zusammenhängen, für die Diskussion über die möglichen Ursachen der Waldschäden allerdings von besonderer Bedeutung sind:

– Das Feinwurzelsystem aller erkrankten Bäume ist geschädigt.

– Betroffen sind vor allem die der Luft bzw. dem Wind ausgesetzten Bestände.

Dementsprechend können die Waldbestände folgendermaßen eingeteilt werden:

stark betroffen sind: weniger stark betroffen sind:

- Mischwälder   - Monokulturen
- lockere Bestände   - dichte Bestände
- in Windrichtung gelegene Bestände   - nicht in Windrichtung gelegene Bestände
- mehrstufige Bestände   - gleichhohe Bestände
- Bestände auf starker Hangneigung   - Bestände auf flacher Hangneigung

6.2   Symptome und Ausmaß der neuartigen Waldschäden

Für eine sachliche Diskussion über die neuartigen Waldschäden benötigt man zunächst eine einwandfreie, statistisch abgesicherte und alljährlich unter den gleichen Bedingungen durchgeführte Baumschadenserhebung. Dabei wird von Fachleuten festgestellt, ob und wie stark ein Baum geschädigt ist. Aus diesen Stichprobenergebnissen wird auf den Zustand des ganzen Waldbereiches geschlossen.

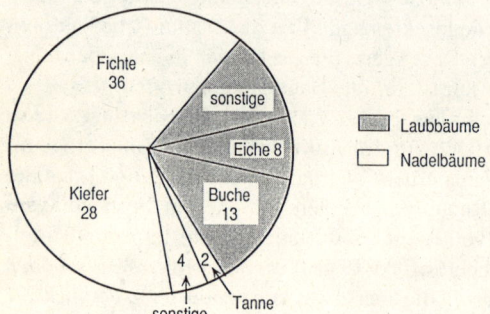

Gesamte Waldfläche (Bundesrepublik 1991): 10,4 · 10^6 ha
(alte Bundesländer: 7,4 · 10^6 ha, neue Bundesländer: 3,0 · 10^6 ha)

Abb. 6-1
Zusammensetzung des Waldes (Bundesrepublik) in %
(gerundet) für das Jahr 1991 (Quelle: [1, 2])

Abb. 6-1 zeigt die prozentuale Zusammensetzung des Waldes in der Bundesrepublik. Ungefähr 70 % des Waldes besteht aus Nadelbäumen und ca. ein Drittel aus Laubbäumen. Von den neuartigen Waldschäden sind sowohl die Nadelbäume als auch die Laubbäume betroffen. Naturgemäß sind die ins Auge fallenden Schadensmerkmale bei Nadel- und Laubbäumen unterschiedlich: **Nadelbäume** verlieren wesentliche Anteile ihrer Nadeln, und zwar von unten nach oben und von innen nach außen.

Dadurch wird die Baumkrone immer schütterer. Das satte Grün der Nadeln der jüngeren Jahrgänge wird matt, die Nadeln der älteren Jahrgänge verfärben sich gelblich bis braun, bevor sie abfallen. Es stellen sich Wuchsstörungen bei Nadeln und Trieben ein. **Laubbäume** zeigen als sichtbare Merkmale verfrühte Herbstverfärbung der Blätter und Blattfall schon in den Sommermonaten. Einige stark erkrankte Laubbäume werfen ihre noch grünen Blätter schon im Juli ab. Die sich verfrüht verfärbenden Blätter weisen oft braune Flecken (nekrotische Erkrankungen) und Löcher auf. Je nach Erkrankungsgrad wird die Blattverteilung unsymmetrisch, beispielsweise büschelartig, die Baumkrone immer durchsichtiger, die ersten Astpartien sterben ab, bis zuletzt nur noch ein Baumskelett übrig bleibt.

Es sei an dieser Stelle darauf hingewiesen, daß diese Aufzählung nur eine pauschale Kurzbeschreibung der äußeren Baumschadensmerkmale enthält. Ein Beispiel für artspezifische Schäden ist das für erkrankte Tannen typische Erscheinungsbild des *Storchennestes* (s. Abb. 6-2). Dazu kommt es, wenn die Spitze der Tanne nicht weiterwächst und sich die oberen Äste „aufstauchen". Zu dem oft zitierten fichtenspezifischen *Lamettasyndrom* (s. Abb. 6-2) kommt es nur bei den sogenannten *Kammfichten*, bei denen bereits im gesunden Zustand die sogenannten Zweige zweiter Ordnung, anders als bei den sogenannten *Bürstenfichten*, nach unten hängen. Bei Nadelverlusten entsteht dann der lamettaartige Eindruck. Ausführlich dargestellte Schadensbeschreibungen finden sich in [3–5].

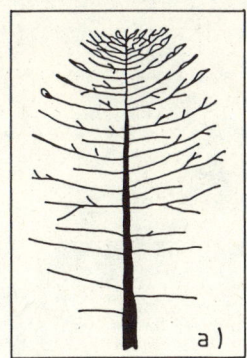 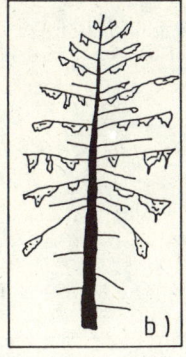

Abb. 6-2
Typische Schadbilder bei Nadelbäumen
a = Storchennest bei der Tanne
b = Lamettasyndrom bei Kammfichten

Zu den weniger auffälligen und für den Laien nicht sichtbaren Zeichen einer Baumerkrankung gehört beispielsweise der sogenannte Naßkern bei einigen geschädigten Tannen. Dabei ist der innere Teil des Stammes wesentlich feuchter als bei gesunden Tannen. Auch der verringerte Jahreszuwachs des Stammes, erkennbar an dünneren Jahresringen, zählt zu diesen von außen nicht sichtbaren Anzeichen. Für die Diskussion über die Ursachen der neuartigen Waldschäden ist besonders ein von außen nicht erkennbares Schadensmerkmal von allergrößter Bedeutung: Das Feinwurzelsystem aller von den neuartigen Waldschäden betroffenen Bäume ist geschädigt.

Zum Zweck einer einheitlichen Baumschadenserhebung hat das Bundesministerium für Landwirtschaft und Forsten (BML) in einem Formblatt die einzelnen Schadensstufen für die Hauptbaumarten festgeschrieben. Die Baumschäden werden demnach in fünf Schadstufen (0 bis 4) eingeteilt (s. Tab. 6-1). Stufe 0 bezeichnet gesunde Bäume, das sind Bäume mit maximal 10 % Blatt- bzw. Nadelverlusten und/oder maximal 10 % Blatt- bzw. Nadelverfärbungen. Die Schadstufen 1–4 sind hauptsächlich in Abhängigkeit von Blatt- bzw. Nadelverlusten und Blatt- bzw. Nadelverfärbungen abgestuft. Die Einordnung in die Schadensstufen hängt auch noch von einigen anderen artspezifischen Faktoren ab, die im Formblatt des BML genau spezifiziert sind. Das mit Hilfe eines statistischen Stichprobenverfahrens festgestellte Schädigungsausmaß der einzelnen Bäume wird als repräsentativ für den Grad der Schädigung des Waldes angesehen. Trotz des mit der Waldschadenserhebung verbundenen hohen Arbeitsaufwandes ist die hierbei angewandte statistische Vorgehensweise nicht unumstritten.

Das Verfahren stellt eher eine untere Abschätzung der Waldschäden dar [9]. Bundeseinheitliche Inventurmethoden der Schadenserhebung gibt es seit 1984. Die Ergebnisse dieser jährlichen Waldschadenserhebungen sind in Tab. 6-2 wiedergegeben. Für das Jahr 1990 liegen keine Angaben vor, da die Waldschadenserhebung aufgrund der Sturmschäden im Frühjahr bundesweit nicht flächendeckend durchgeführt wurde.

Tabelle 6-1 Einteilung der Baumschäden nach Schadstufen

Schadstufe	Merkmal	Schädigung* in %
0	ohne Schadmerkmale	0 – 10 %
1	schwach geschädigt	10 – 25 %
2	mittelstark geschädigt	25 – 60 %
3	stark geschädigt	> 60 %
4	abgestorben	100 %

* Blatt- bzw. Nadelvergilbung, Blatt- bzw. Nadelverlust

Quelle: [6]

Tabelle 6-2 Waldschäden der Bundesrepublik in % der Waldfläche, Ziffern kennzeichnen die Schadstufen gemäß Tab. 6-1; Zahlen für 1991 und 1992 gerundet

Jahr	1	2	3/4	1–4	Jahr	1	1–4
1983	24.7	8.7	1.0	34.4	1991 (Ost)	35	73
1984	32.9	15.8	1.5	50.2	1991 (West)	39	60
1985	32.7	17.0	2.2	51.9	1991 (Gesamt)	39	64
1986	34.8	17.3	1.6	53.7	1992 (Ost)	41	75
1987	35.0	16.2	1.1	52.3	1992 (West)	42	66
1988	37.3	13.8	1.3	52.4	1992 (Gesamt)	41	68
1989	37.0	14.4	1.5	52.9			

Quelle: [1, 6–8, 18]

Zwei weitere Methoden der Baumschadenserhebung, die noch in der Entwicklung sind, kommen heute zusätzlich zum Einsatz: Luftaufnahmen mit Infrarotfilmen und Satellitenaufnahmen. Beide Methoden liefern jedoch noch zu unspezifische Ergebnisse, so daß bis jetzt auf die aufwendige Stichprobenmethode der am Boden durchgeführten Baumschadenserhebung nicht verzichtet werden kann. Als Endergebnis aller Verfahren läßt sich jedoch klar feststellen:

Alle bisher durchgeführten statistisch verwertbaren bundesweiten Baumschadensinventuren ergaben ein erschreckendes Endresultat (s. Tab. 6-2)**: In den 80er Jahren war mehr als die Hälfte, Anfang der 90er Jahren sind sogar ca. zwei Drittel des bundesdeutschen Waldes geschädigt – mit zunehmender Tendenz!**

Bemerkenswert ist, daß sich seit 1983 die prozentualen Schäden der Nadelbäume anders entwickelt haben als die der Laubbäume (s. Tab. 6-3 und 6-4). Bei den Hauptnadelbaumarten gingen die Schädigungen zwischenzeitlich zurück, während sich die Situation bei Buche und Eiche permanent drastisch verschlechterte. Besonders besorgniserregend ist, daß seit 1984, dem Jahr der Einführung einer einheitlichen Baumschadenserhebung, bei der Buche als auch bei der Eiche ein Anstieg der Schädigung um jährlich (!) etwa 5 % bis zu dem Schädigungsgrad von etwa 80 % im Jahr 1992 zu beobachten war. Die drei angeführten Nadelbaumarten schienen sich bis 1987 wieder leicht zu erholen. Die Schädigungsmaxima waren bei der Kiefer 1984, bei der Tanne 1985 und bei der Fichte

Tabelle 6-3 Waldschäden in der Bundesrepublik in den Jahren 1991 und 1992 nach Baumarten in % (Summe der Schadstufen 1–4)

Baumart	neue Bundesländer		alte Bundesländer		Bundesrepublik	
	1991	1992	1991	1992	1991	1992
Fichte	68	68	55	59	58	62
Kiefer	76	76	68	68	71	71
sonst. Nadelbäume	48	59	49	57	49	57
Buche	80	85	71	80	72	81
Eiche	80	81	70	77	71	77
sonst. Laubbäume	70	75	51	58	56	64
gesamt	73	75	60	66	64	68

Quelle: [1, 18]

Tabelle 6-4 Waldschäden in der Bundesrepublik (alte Bundesländer) nach Baumarten in % (Summe der Schadstufen 1–4)

Baumart	1984	1985	1986	1987	1988	1989
Tanne	86.8	87.2	82.9	79.0	73.0	73.5
Fichte	51.6	52.2	54.1	48.9	48.8	46.7
Kiefer	59.3	57.5	54.0	49.6	53.4	53.6
Buche	50.8	54.5	60.1	65.7	63.4	65.8
Eiche	44.4	55.3	60.7	64.5	69.6	69.9
sonst.	k. A.	30.6	34.2	36.7	33.2	39.0
gesamt	50.2	51.9	53.7	52.3	52.4	52.9

Quelle: [6, 7, 10]

Tabelle 6-5 Waldschäden in ausgewählten europäischen Ländern in den Jahren 1990 und 1991 in % der Waldfläche (Summe der Schadstufen 1–4). Vergleich mit Bundesrepublik s. Tab. 6-2

Land	1990	1991	Land	1990	1991
Polen	85.7	90.8	Norwegen	46.2	50.6
Großbritannien	74.0	94.0	Frankreich	24.0	23.6
Schweiz	61.0	68.0	Österreich	22.8	45.4
Belgien	45.4	56.6	Spanien	20.8	35.7

Quelle: [1, 18]

1986 erreicht. In den letzten Jahren zeigte sich allerdings wieder eine starke Zunahme der Schäden bei allen Baumarten, wobei die Laubbaumarten in wesentlich stärkerem Ausmaß in Mitleidenschaft gezogen werden als die Nadelbaumarten.

Die in Tab. 6-3 angegebenen Werte für die Jahre 1991 und 1992 sind aufgrund der großflächigen Sturmschäden des Jahres 1990 nicht ohne Einschränkung mit den Erhebungen der Jahre 1984–1989 zu vergleichen. Dennoch zeigen sich national wie europaweit teilweise dramatische Verschlechterungen des Waldzustandes gerade in den Jahren 1990/91 bzw. 1991/92 im Vergleich (s. Tab. 6-3 u. 6-5). Auffällig ist ebenfalls, daß im direkten Ost/West-Vergleich bei praktisch allen Baumarten die Schäden in Osten Deutschlands signifikant höher liegen als in Westdeutschland. Tendentiell zeigt sich dies auch europaweit (s. Tab. 6-5). Länder im Osten Europas wie Polen haben wesentlich höhere Waldschadensanteile als die Länder Westeuropas.

Die Hoffnung auf einen weiteren Rückgang der Waldschäden, die sich Ende der 80er Jahre in der Bundesrepublik tendentiell anzubahnen schienen, erfüllte sich leider nicht; der Wald ist also weiterhin mit einem geschädigten Anteil von etwa zwei Drittel in einem äußerst labilen Zustand.

6.3   Ursachen der neuartigen Waldschäden

Um wirksame Maßnahmen gegen die neuartigen Waldschäden einleiten zu können, müssen zuerst deren Ursachen bekannt sein. Inzwischen ist man sich in Fachkreisen weitgehend einig darüber, daß nicht eine einzige Ursache der Grund für alle auftretenden Schäden ist. Vielmehr wird dafür die Kombination einer Vielzahl von Einzelfaktoren verantwortlich gemacht. Abb. 6-3 zeigt schematisch die verschiedenen möglichen Einwirkungen und Ursachenketten, die zur Baumerkrankung führen können. Erschwerend kommt für eine Gesamtbeurteilung hinzu, daß diese Einzelfaktoren in unterschiedlichem Ausmaß zur Gesamtschädigung beitragen. Dieses Ausmaß ist beispielsweise abhängig von Zusammensetzung und Struktur des Waldes und auch der Art des Bodens.

Die verschiedenen Schadensfaktoren werden in primäre und sekundäre Schadensursachen eingeteilt. Für die neuartigen Waldschäden sind hauptsächlich die primären Ursachen verantwortlich. Die sekundären Ursachen verstärken dann die schon durch die primären Ursachen aufgetretenen Schäden. Häufig wirken die primären Ursachen nur als Auslöser, und erst die sekundären Ursachen richten dann den Baum zugrunde. Primäre und sekundäre Ursachen wirken in solchen Fällen also zusammen. Manchmal verstärken sie sich dabei aber auch gegenseitig in ihrer Wirkung, d. h. die Schädigungswirkung der Einzelursachen ist bei gleichzeitiger Einwirkung höher als die Summe ihrer Einzelwirkungen. Diesen Effekt bezeichnet man als *Synergismus*.

Als mögliche Einzelfaktoren, die zum Schadensbild der neuartigen Waldschäden führen, werden derzeit folgende Ursachen diskutiert:

- Wirkung anthropogen emittierter Luftschadstoffe

- Versauerung der Waldböden

- Witterungsbedingte Ursachen (Trockenheit, Kälte, Schneebruch)

- Klimabedingte Ursachen

- Schädlingsbefall

- Elektrosmog

Welche primären und welche sekundären Wirkungen diese Ursachen nach sich ziehen, soll nun genauer erörtert werden.

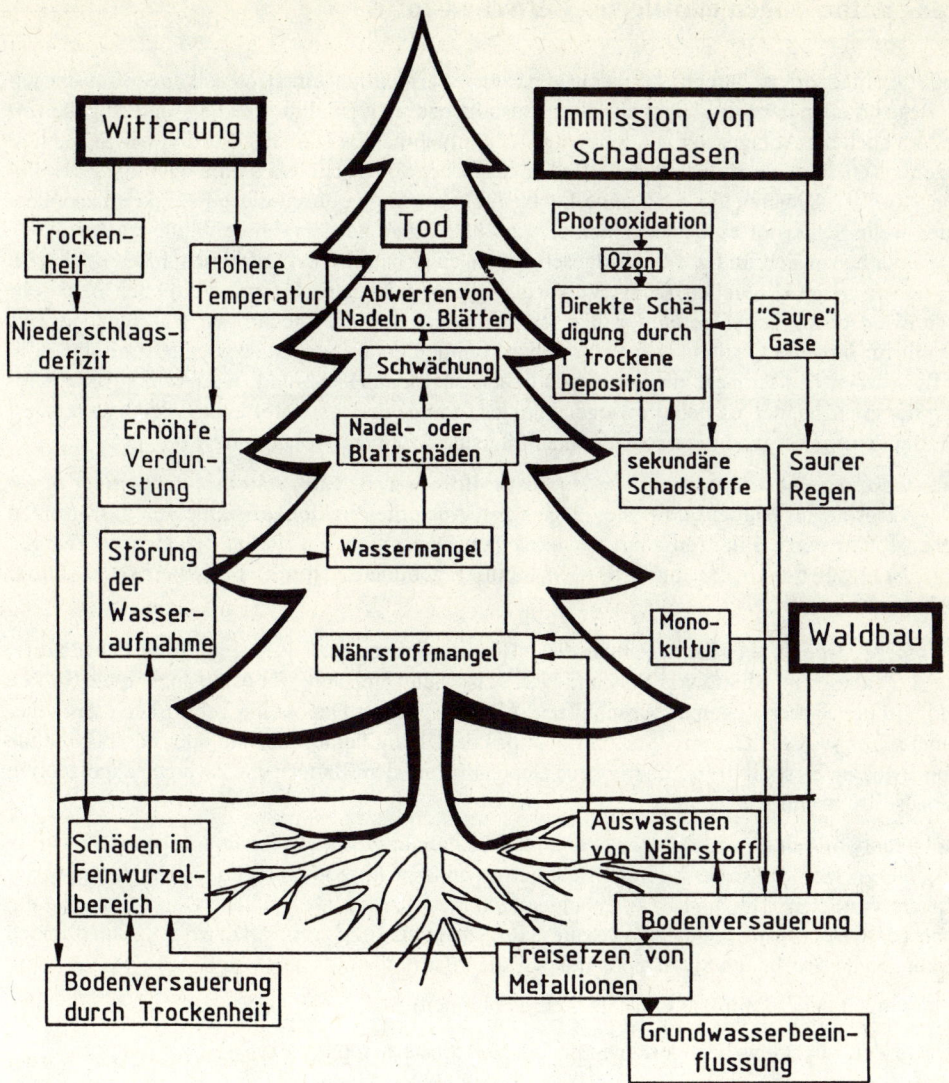

Abb. 6-3 Mögliche Einwirkungen auf den Baum und daraus resultierende Schädigungen (Quelle: [11], verändert)

Wirkung anthropogen emittierter Luftschadstoffe

Die große Oberfläche der Blätter bzw. Nadeln von Bäumen ermöglicht einen intensiven Stoffaustausch mit den Bestandteilen der Luft. Nicht nur die lebensnotwendige Aufnahme von CO_2 und Abgabe von O_2, sondern auch die Ablagerung von Staub und die Aufnahme von Luftschadstoffen wie SO_2, NO_X oder Ozon geschieht über die Blatt- bzw. Nadeloberfläche. So hat der Wald eine wichtige Funktion als Schadstofffilter. Gleichzeitig wird seine Lebensfunktion gerade durch diese Fähigkeit besonders gefährdet, wenn Schadstoffkonzentrationen der Luft über lange Zeit überhöhte Werte annehmen.

Die Wälder haben sich im Lauf der Erdgeschichte in einer natürlichen Luftatmosphäre entwickelt. Daher können geogene Quellen (z. B. Vulkanausbrüche) höchstens für gelegentliche, lokal sehr begrenzte Waldschädigungen verantwortlich sein, nicht jedoch für die neuartigen Waldschäden. Das gleiche gilt für biogene Quellen. Als Verursacher kommen daher nur anthropogene Emissionen in Frage. Bei diesen Emissionen, die im wesentlichen aus dem Hausbrand, Kraftwerken und Kfz-Motoren stammen, handelt es sich vorwiegend um gasförmige und feste Stoffe, die wieder abgelagert werden. Bei diesem Vorgang unterscheidet man folgende Arten der Ablagerung:

1. Die *trockene Deposition*: Dabei werden Feststoffe wie z. B. Ruß, schwermetallhaltiger Staub oder Aerosole auf Blätter und Boden abgelagert. Auch die direkte Aufnahme von gasförmigen Schadstoffen durch Pflanzen zählt zur trockenen Deposition. Zu diesen Schadgasen gehören SO_2, NO_X, aber auch das durch Sonnenstrahlung gebildete Ozon und das Peroxiacetylnitrat PAN (s. Abschnitt 3.4).

2. Die *nasse Deposition*: Hierzu zählen die in Regen, Schnee oder Nebel gelösten Schadstoffe, meist Oxidationsprodukte von SO_2 und NO_X, also Schwefelsäure, Salpetersäure sowie Sulfate und Nitrate (Saurer Regen, s. Abschnitt 3.6). Zu der nassen Deposition gehört auch das sogenannte *Traufwasser*. Darunter versteht man das den Baum herabfließende oder herabtropfende Regenwasser. Es spült die durch trockene Deposition auf den Blättern und Zweigen abgelagerten Schadstoffe in den Boden.

Hauptverantwortlich für die *direkten* Schäden an Nadeln und Blättern ist die trockene Deposition von SO_2, NO_X, Ozon und in geringerem Maß die von anderen Photooxidantien wie PAN. Von in der Atmosphäre verteiltem SO_2 und NO_X gelangen etwa zwei Drittel als trockene Deposition und ein Drittel als nasse Deposition in Form von Saurem Regen auf die Erde zurück. Die wichtigsten direkten Auswirkungen der trockenen SO_2-Deposition auf die Pflanzen sind (s. auch Abb. 6-3):

– Änderungen in der Feinstruktur (z. B. Zellmembranen)

– direkte Zell- und Gewebeänderungen bis hin zum Absterben (Nekrosen)

– Störung des Schließmechanismus der Spaltöffnungen der Blätter (Nadeln)

– Beeinflussung der Transpirationsvorgänge

Daraus resultieren weitere Schäden wie Chlorosen (Vergilbungserscheinungen), Abnahme des Chlorophyllgehaltes, Verringerung der CO_2-Aufnahmefähigkeit, Herabsetzung der Photosyntheseleistung und beispielsweise auch Erhöhung der Frostempfindlichkeit. Sowohl Stoffwechsel als auch Photosynthese und Regulation der Transpiration werden also allein durch SO_2 beeinflußt. Für Einzelheiten dieser Wirkungsmechanismen verweisen wir auf die Literatur [12]. Die beschriebenen Schadstoffwirkungen treten nicht nur bei hohen SO_2-Immissionen auf, wie z. B. bei in Windrichtung von Kraftwerken gelegenen Wäldern. Auch bei niedrigen Konzentrationen können Schäden auftreten, wenn zu der SO_2-Immission auch NO_X- oder O_3-Immissionen dazukommen. Dabei ist die Wirkung synergistisch [13].

Die Schädigungseffekte von NO_X beruhen auf zwei Faktoren. Erstens wirken – wie bereits erwähnt – Stickoxide synergistisch mit SO_2 und zweitens sind sie ein notwendiger Faktor für das photochemische Entstehen des bodennahen Ozons (s. Kapitel 3). Die direkten, teilweise mit SO_2 synergistisch verstärkten, durch die Stickoxide verursachten Schäden ähneln den oben beschriebenen, durch SO_2 ausgelösten Schäden.

Ozon greift die Oberfläche der Blätter bzw. Nadeln an, zerstört deren Schutzschicht und verändert deren Zellstruktur. Dadurch wird, ähnlich wie bei der Einwirkung von SO_2, das Auswaschen von Pflanzennährstoffen ermöglicht. Die gleichen Mechanismen beobachtet man auch bei anderen Photooxidantien, wie beispielsweise bei PAN. Die Einwirkung von Luftschadstoffen wie SO_2, NO_X und Ozon gehört eindeutig zu den primären Schadensursachen.

Versauerung der Waldböden

Als Hauptursache der Versauerung von Waldböden ist in erster Linie hier der zur *nassen* Deposition zählende Saure Regen zu nennen. Normalerweise hat der Boden die Fähigkeit, natürlichen Säureeintrag durch Regen abzupuffern. Völlig unbelasteter Regen hat wegen des darin gelösten atmosphärischen CO_2 einen pH-Wert von 5.6. Der Saure Regen kann dagegen pH-Werte bis zu 2.4 haben, der durchschnittliche Regen-pH-Wert in der Bundesrepublik ist 4.1.

Zunächst wollen wir uns ein Bild vom Nährstoffkreislauf eines Baumes machen, um dann zu verstehen, wie der Saure Regen schädigend in diesen Kreislauf eingreift. Es handelt sich hierbei um den Kreislauf von Wachstum und Zersetzung in einem ökologischen System, in dem die Lebensräume der Bäume, Bodentiere, Pilze und Bakterien aneinander gekoppelt sind. Abb. 6-4 zeigt schematisch diesen Kreislauf.

Mit Hilfe des Photosyntheseprozesses erzeugt der Baum Biomasse aus dem CO_2 der Luft, das über die Blätter aufgenommen wird, und aus Wasser, das aus dem Boden durch Kapillarwirkung in die Blätter transportiert wird. Mit dem Wasser werden auch lebenswichtige Mineralstoffe wie K^+-, Ca^{2+}-, Mg^{2+}- sowie NO_3^-- und HPO_4^{2-}-Ionen aus dem Boden von der Pflanze aufgenommen. Der größte Teil des Biomasseumsatzes kann dabei durch folgende Gesamtreaktion in die durch „Wachstum" gekennzeichnete Pfeilrichtung dargestellt werden:

$$(n + a) \cdot CO_2 + a \cdot NO_3^- + b \cdot HPO_3^{2-} + x_1 \cdot H^+ + x_2 \cdot H_2O + c \cdot K^+ + d \cdot Ca^{2+} + e \cdot Mg^{2+}$$

$$\text{Wachstum -} \quad \downarrow\uparrow \quad \text{Zersetzung} \tag{6.1}$$

$$[C_{n+a} \cdot O_n \cdot H_{x_3} \cdot N_a \cdot P_b \cdot K_c \cdot Ca_d \cdot Mg_e]_{\text{Biomasse}} + x_4 \cdot O_2$$

Hierbei haben wir der Übersichtlichkeit halber folgende Abkürzungen für die Molzahlen der Reaktionspartner eingeführt: $x_1 = a + 2b - c - 2d - 2e$, $x_2 = n + a + 2b$, $x_3 = 2n + 3a + 7b - c - 2d - 2e$ und $x_4 = n + 3a + 3b$. Für eine grobe Abschätzung des Biomassekreislaufs brauchen wir nur die Elemente C, H und O zu berücksichtigen, da diese ca. 98 % der Biomasse ausmachen (s. Tab. 9-2). Die restlichen Elemente können wir vernachlässigen, d. h. $n \gg a + b + c + d + e$. Dann ergibt sich die vereinfachte Gleichung für die Biomasseproduktion durch Photosynthese:

$$nCO_2 + nH_2O \rightleftharpoons [C_nO_nH_{2n}]_{\text{Biomasse}} + nO_2 \tag{6.2}$$

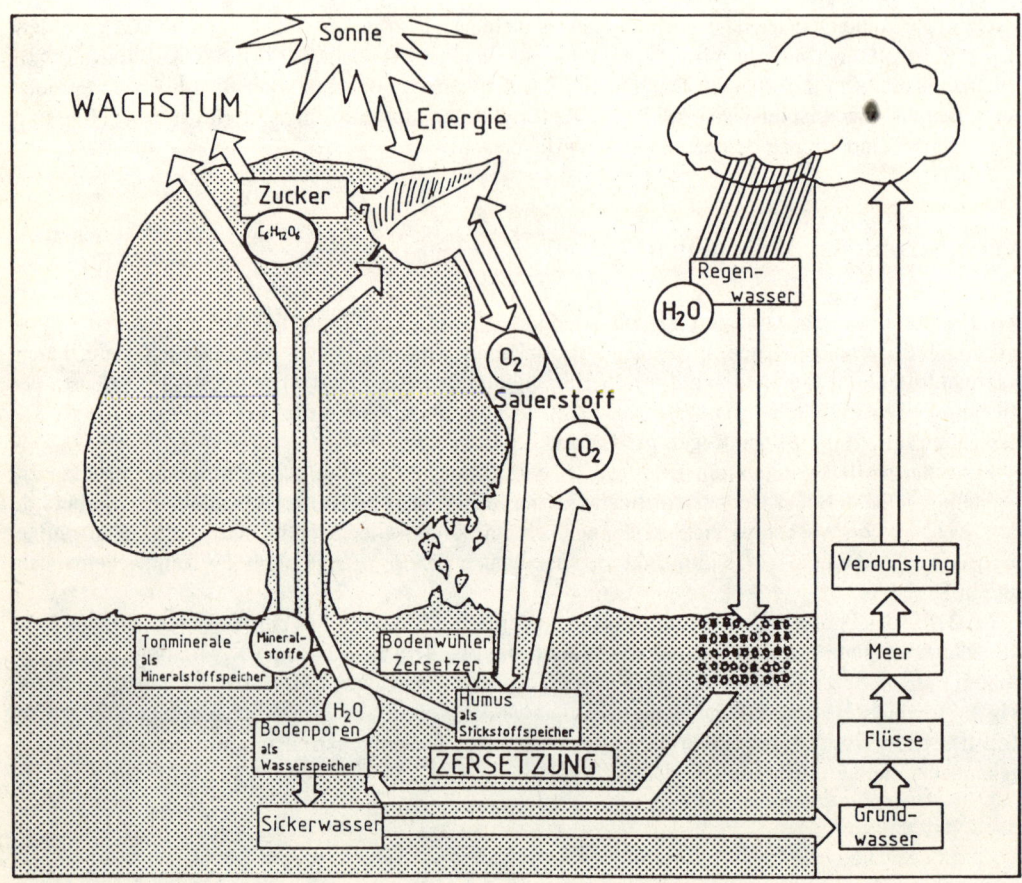

Abb. 6-4 Ökosystem Wald: Kreislauf von Wachstum und Zersetzung (Quelle: [14])

Die Rückreaktion von unten nach oben in Gl. (6.1) bzw. von rechts nach links in Gl. (6.2) ist die Zersetzung von abgestorbener Biomasse, die durch die Einwirkung von Bakterien im Boden bzw. im Humus stattfindet. Abgestorbene Biomasse besteht aus abgefallenen Blättern, Nadeln, Zweigen, Früchten und toten Bäumen.

Gl. (6.1) besagt folgendes: Bei der Biomasseproduktion, beispielsweise also beim Wachstum eines Baumes, werden CO_2 aus der Luft und neben Wasser auch Stickstoff in Form von NO_3^-, Phosphor in Form von HPO_4^{2-} und die Mineralstoffe Kalium, Calcium und Magnesium aus dem Boden durch die Wurzeln in den Baum aufgenommen und dort in die Biomasse eingebaut. Bei der Zersetzung geschieht das Umgekehrte. Stickstoff, Phosphor, Kalium, Calcium und Magnesium werden im Boden „mineralisiert".

Ionen wie Ca^{2+} und Mg^{2+} werden nach Mineralisierung des organischen Materials in Tonmineralien gespeichert (s. Abschnitt 9.1). Von diesem Depot aus stehen sie dann wieder für die Nährstoffaufnahme des Baumes zur Verfügung. Damit ist der Nährstoffkreislauf geschlossen. Transportmittel ist das durch den Regen in den Boden gelangende Wasser, welches einerseits als Sickerwasser langsam bis in das Grundwasser vordringt und andererseits nach Aufnahme durch die Bäume durch Verdunsten in den Blättern und Nadeln wieder zurück in die Atmosphäre gelangt (s. Abb. 6-4).

Gl. (6.1) ist als Gleichgewichtsreaktion für Wachstum und Zersetzung formuliert. Beides läuft in der Natur in den gemäßigten Breiten allerdings nicht gleichzeitig ab. In den Phasen des Wachstums, also in den Frühlings- und Sommermonaten, ist das „Gleichgewicht" stark auf die Seite zur Biomasse hin verschoben. In den Herbst- und Wintermonaten ist es umgekehrt, die Zersetzung dominiert und die Reaktionsrichtung verschiebt sich auf die andere Seite. Für ein gesundes Pflanzenwachstum ist entscheidend, daß in der Wachstumsphase im Boden genügend Mineralstoffe zur Verfügung stehen. Sie müssen dabei für die Aufnahme durch die Wurzeln in wassergelöster Form vorliegen. In den Kalkböden oder Tonmineralien liegen Ca^{2+}- und Mg^{2+}-Ionen zunächst in gebundener Form vor und werden erst durch Verwitterungsprozesse frei, z. B.:

$$CaCO_3 + H_3O^+ \; \rightleftharpoons \; Ca^{2+} + HCO_3^- + H_2O \qquad (6.3)$$

$$CaAl_2Si_2O_8 + 2H_3O^+ \; \rightleftharpoons \; Ca^{2+} + H_2O + Al_2Si_2O_5(OH)_4 \qquad (6.4)$$

Es handelt sich hierbei um Gleichgewichtsreaktionen. Ist der Boden versauert, d. h. befinden sich zu viele H_3O^+-Ionen im Boden, so werden diese gegen Ca^{2+}-Ionen nach Gl. (6.3) oder (6.4) ausgetauscht. Jahreszeitlich schwankende pH-Werte im Boden können nach Gl. (6.1) auftreten, wenn dort der Stöchiometriefaktor x_1 für die H_3O^+-Ionen verschieden von Null ist. Ist x_1 positiv, dann kommt es bei der Zersetzung zu einer natürlichen Versauerung des Bodens, ist x_1 negativ, so versauert der Boden während der Wachstumsphase. Nach den Gln. (6.3) und (6.4) werden diese pH-Wert-Schwankungen durch Ionenaustausch zwischen H_3O^+ und Ca^{2+} bzw. Mg^{2+} abgepuffert.

Es gibt im Boden verschiedene *Pufferbereiche* (s. Tab. 6-6). Die beiden Reaktionen Gl. (6.3) bzw. Gl. (6.4), deren Gleichgewichtseinstellung pH-abhängig ist, repräsentieren den *Kohlensäure/Carbonat*- bzw. den *Silicat*-Pufferbereich. Außerdem dienen Kalk und Tonmineralien aufgrund der Gln. (6.3) und (6.4) einer kontrollierten Abgabe oder Aufnahme von Mineralstoffen für den Kreislauf von Wachstum und Zersetzung.

Die überhöhte Zufuhr von H_3O^+-Ionen durch den Sauren Regen kann dieses ausgewogene Gleichgewichtssystem aber erheblich stören. Wird Säure durch den Sauren Regen in den Boden eingebracht, so verschiebt sich das Gleichgewicht in Gl. (6.4) weitgehend auf die Seite der freien Ca^{2+}- bzw. Mg^{2+}-Ionen. Das Überangebot an diesen freien Ionen kann aber nicht vom Baum aufgenommen werden, so daß ein großer Teil durch das Sickerwasser aus dem Boden ausgewaschen und so dem Nährstoffkreislauf entzogen wird. Es kommt dann langfristig zu Ca^{2+}- und Mg^{2+}-Mangelerscheinungen im Baum. Bei solchen Bedingungen erschöpft sich die Speicherwirkung der Tonmineralien, wenn derartige

Tabelle 6-6 Puffersysteme des Bodens

pH–Bereich	Puffersystem
8.6 – 6.2	Kohlensäure/Carbonat-Pufferbereich
6.2 – 5.0	Silicat-Pufferbereich
5.0 – 4.2	Austauscher-Pufferbereich
4.2 – 3.0	Aluminium-Pufferbereich
Quelle: [15]	

Bedingungen lange andauern. Unterschreitet der pH-Wert des Bodens den Wert 4.2, so gehen sogar Al^{3+}-Ionen frei in Lösung, der Boden hat seine Basizität verloren und befindet sich im sogenannten *Aluminium-Pufferbereich*, d. h. der Säureeintrag wird durch Freisetzen von Al^{3+}-Ionen abgepuffert:

$$Al_2Si_2O_5(OH)_4 + 6\,H_3O^+ \rightleftharpoons 2Al^{3+} + Si_2(OH)_8 + 7\,H_2O \qquad (6.5)$$

Gelöste Al^{3+}-Ionen sind giftig für die Pflanzen. Dieser Effekt kommt also gleichzeitig zu dem Ca^{2+}- und Mg^{2+}-Mangel noch hinzu. Durch das Freisetzen der Al^{3+}-Ionen kommt es zuerst zu Feinwurzelschädigungen und anschließend zu physiologischen Störungen. Selbst bei anschließender pH-Wert-Erhöhung über 4.2 nehmen die Al^{3+}-Ionen nicht mehr ihre ursprünglichen Plätze in den Silicaten ein, sondern werden als Aluminiumsalze an die Oberfläche der Tonmineralteilchen angelagert. Bei weiteren Säureschüben gelangen diese dann wieder sofort als freie Al^{3+}-Ionen in Lösung.

Eine andere Art des Eingriffes in den Mineralstoffkreislauf, die auch zur Bodenversauerung führt, wurde schon in früheren Zeiten beobachtet. Durch das ständige Absammeln von Zweigen und Laub zum Abdecken des Brennholzbedarfs bzw. zur Düngung von Feldern wurden ebenfalls Ca^{2+} und Mg^{2+} dem Kreislauf entzogen, wodurch der Boden gleichzeitig seine Pufferkapazität auch gegen geringen Säureeintrag verlor. Nährstoffmangelerscheinungen waren die Folge.

Einige quantitative Angaben verdeutlichen die Gefahr, der heute der Wald durch den Sauren Regen ausgesetzt ist: Ein unbelasteter Waldboden im Silicat-Pufferbereich kann zwischen 0.2 und maximal 2.0 kmol Säure-Ionen pro ha und Jahr reversibel abpuffern, d. h. es findet unter diesen Bedingungen insgesamt keine Ca^{2+}- oder auch Mg^{2+}-Auswaschung statt. Gemessen werden heute Werte bis zu über 5 kmol Säure-Ionen pro ha und Jahr. Die NO_X- und SO_2-Gesamtemissionen in der Bundesrepublik von 1978 ergaben auf Säureionen pro Fläche umgerechnet einen theoretischen Säureeintragswert von 7 kmol pro ha und Jahr. Modellrechnungen mit diesen Werten ergeben, daß ein kalkfreier, mit 10 % Ton durchsetzter, 50 cm tiefer Waldboden bereits nach 50 Jahren durch Versauerung zu 100 % mit Al^{3+}-Ionen belegt ist und dementsprechend praktisch keine Ca^{2+}- oder Mg^{2+}-Ionen mehr aufweist.

Zuletzt sei noch auf die Schädigung durch Schwermetalle eingegangen (s. auch Kapitel 10). Sie gelangen durch Staubniederschlag und Traufwasser in den Boden. Auf das Geschehen im Waldboden nehmen sie verschiedenartigen Einfluß. Die Zersetzungsvorgänge in der Humusschicht durch Mikroorganismen werden nachhaltig durch Schwermetalle gestört, da diese meist toxisch wirken und so den Nährstoffkreislauf des Bodens beeinflussen. Außerdem gelangen Schwermetallionen, die an Mineralen und an Huminsäuren gebunden sind, bei pH-Werten unterhalb etwa 3.5 in Lösung und sind damit für die Pflanzen „verfügbar". Die Filterwirkung des Waldbodens für Schwermetalle ist verlorengegangen. Man findet heute stellenweise schon weit über den Durchschnittswerten liegende Schwermetallkonzentrationen im Feinwurzelbereich von Bäumen. Bei Versauerungsschüben geschieht das gleiche wie beim Aluminium. Die freien Metallionen gelangen vom Wurzelbereich aus in die Pflanze und wirken dort phytotoxisch.

Zusammenfassend läßt sich sagen, daß die nasse und trockene Deposition von Schadstoffen zum Eintrag von Säuren, aber auch von Schwermetallen in den Boden führt. Je nach Art des Bodens und pH-Wert des Sauren Regens kann es dabei zu einer Auswaschung von wichtigen Nährstoffen, wie Ca^{2+}- und Mg^{2+}-Ionen kommen. Bei weiterer Säurebelastung und damit pH-Erniedrigung des Bodens können toxische Stoffe wie Al^{3+}-Ionen und Schwermetalle mobilisiert und vom Baum aufgenommen werden. Je weniger ein Boden H_3O^+-Ionen abpuffern kann, desto stärker wirkt sich dieser Effekt aus. So haben beispielsweise Kalkböden eine starke Pufferkapazität. Die nassen Depositionen können daher bei kalkarmen Böden als Primärursache der neuartigen Waldschäden angesehen werden, nicht aber bei kalkhaltigen Böden.

Witterungsbedingte Ursachen

Zu den witterungsbedingten Ursachen für Baumschäden gehören in erster Linie Trockenjahre und Kälteeinbrüche. Dabei wird vor allem das Feinwurzelsystem geschädigt, indem bei starker, lang anhaltender Trockenheit die äußersten Wurzelspitzen austrocknen bzw. bei tief in den Boden eindringender Kälte die feinen Wurzelspitzen erfrieren. Als primäre Ursachen kommen witterungsbedingte Schäden nicht in Betracht, denn in der Regel erholt sich der Wald sehr schnell von gelegentlichen witterungsbedingten Schädigungen.

Als sekundäre Ursache jedoch können Trockenperioden oder Kälteeinbrüche eine wichtige Rolle spielen. Wenn der Baum durch den Einfluß von gasförmigen Schadstoffen oder Saurem Regen schon geschwächt ist, können selbst kurzzeitige klimatische Schwankungen zu flächenhaften und lange andauernden Schäden führen.

Klimabedingte Ursachen

Jede Baumart stellt spezifische Ansprüche an die klimatischen Bedingungen. Die heimischen Baumarten sind schon seit Jahrhunderten an das hiesige Klima optimal angepaßt. Bei abrupt auftretenden Klimaveränderungen, wie sie aufgrund des drohenden Treibhauseffektes zu befürchten sind (s. Kap. 2), wären sie besonders betroffen, denn als langlebige Pflanzen können sie sich an Änderungen ihrer Lebensbedingungen nur innerhalb eines relativ engen klimatischen Rahmens anpassen. Auch müssen diese Änderungen langsam vonstatten gehen, etwa innerhalb eines Zeitraumes über mehrere Baumgenerationen, damit Zusammensetzung und Struktur der Baumarten sich kontinuierlich ändern können. Bei plötzlich eintretenden Klimaänderungen ist sonst ein Zusammenbruch des Waldökosystems zu befürchten.

Ob und in welchem Ausmaß bereits heute Klimaänderungen, verursacht durch den anthropogenen Treibhauseffekt, zu den neuartigen Waldschäden beitragen, ist ungeklärt.

Schädlingsbefall

Biotische Schaderreger, wie Insekten und Pilze sowie Viren, Mycoplasmen und bestimmte Bakterienarten, sind bekannt dafür, bestimmte Pflanzenkrankheiten zu verursachen und auch flächenhafte Schäden im Wald anrichten zu können.

Die weiträumige Verbreitung der neuartigen Waldschäden läßt sich mit keinen bisher in die Waldschadensdiskussion eingebrachten biotischen Schaderregern erklären. Die bei den Fichten auftretende Nadelröte-Erkrankung beruht auf einer kombinierten Einwirkung von ungünstiger Witterung und Pilzbefall. Hier sind als primäre Ursache keine atmogenen, d. h. über die Atmosphäre eingetragenen Schadstoffeinwirkungen festzustellen. Solche Erkrankungen sind jedoch artspezifisch, und die weiträumige Verbreitung der neuartigen Waldschäden, von denen praktisch alle Baumarten betroffen sind, deutet darauf hin, daß Pilzerkrankungen u. ä. nicht als primäre Ursache in Frage kommen.

Elektrosmog

Elektromagnetische Strahlen beeinflussen nachweislich den Spin ungepaarter Elektronen, insbesondere von Radikalen. Diese wiederum entstehen als reaktive Zwischenprodukte an zahlreichen Stellen innerhalb der pflanzlichen Stoffwechselkreisläufe [9, 16]. Deshalb werden seit Beginn der 80er Jahre elektromagnetische Wellen, wie sie etwa von Radio- und Fernsehsendern oder von Hochspannungsleitungen ausgehen, auch in Zusammenhang mit den neuartigen Waldschäden gebracht. Das Auftreten dieser elektromagnetischen Wellen in der Umwelt bezeichnet man als *Elektrosmog*. Auffällig sind hier in der Tat lokale Waldschäden, die entlang von Hochspannungsleitungen beobachtet werden. Von der Mehrheit der Wissenschaftler wird allerdings ein Zusammenhang zwischen Elektrosmog und den neuartigen Waldschäden bestritten. Somit bleibt es weiteren Forschungsarbeiten vorbehalten, den möglichen Einfluß des Elektrosmogs auf den Gesundheitszustand von Bäumen nachzuweisen.

Zusammenfassung

Als primäre Ursachen der neuartigen Waldschäden kommen im wesentlichen nur die atmogenen, d. h. die über die Luft herantransportierten Schadstoffe in Betracht. Dadurch werden die Bäume direkt (durch trockene Deposition) in ihrem Gesundheitszustand angegriffen, aber auch indirekt (nasse Deposition einschließlich Traufwasser), indem die Funktion des Bodens in der Gesamtökologie des Waldes destabilisiert wird. Infolgedessen können die sekundären Schädigungsmechanismen in vielfältiger, kaum zu durchschauender und vor allem regional unterschiedlicher Art und Weise einen entscheidenden Einfluß auf den Verlauf der Waldschädigungen nehmen.

6.4   Gegenmaßnahmen und Konzepte

Um den neuartigen Waldschäden zu begegnen, gibt es zwei grundsätzlich verschiedene Ansätze: Ursachenvermeidung und Symptombekämpfung. Es ist klar, daß auf lange Sicht gesehen die Symptombekämpfung nicht der richtige Weg sein kann. Das eigentliche Ziel muß daher die Beseitigung der Ursachen für die neuartigen Waldschäden sein.

Der überwiegende Teil der Wissenschaftler ist der Auffassung, daß eine drastische Reduktion der Emissionen von Autoabgasen und Rauchgasen, insbesondere SO_2 und NO_x, der einzig gangbare Weg der Ursachenbeseitigung ist – und das in möglichst kurzer Zeit. Bis solche Maßnahmen greifen, ist allerdings eine Symptombekämpfung wichtig und notwendig, um den Wald über die Zeit zu retten. Bevor wir zu den Möglichkeiten der Ursachenbekämpfung kommen, wollen wir zunächst einige Maßnahmen zur Symptombekämpfung diskutieren:

Symptombekämpfung

Zur Symptombekämpfung werden bislang Kalkung und Düngung sowie waldbauliche Maßnahmen angewendet. **Kalkung und Düngung** dienen unmittelbar der Verbesserung der Bodenqualität. Um bestimmte, vor allem von Natur aus kalkarme Böden vor weiteren Säurebelastungen einigermaßen zu bewahren, und um zu verhindern, daß der Boden-pH-Wert unter die Werte sinkt, bei denen toxische Metallionen freigesetzt werden, ist eine entsprechende Aufbringung von basisch wirkendem Material sinnvoll. Am besten dazu geeignet wäre das ökologisch unbedenkliche basische Urgesteinsmehl, ein stark phosphathaltiges Abfallprodukt aus der Eisenverhüttung, dessen Wirkung aber zu langsam und nur verzögert eintritt. Aus diesem Grund kommt nur Kalk in Frage, dessen Anwendung allerdings nicht unbedenklich ist, da die Kleinstlebewesen im Boden mit einer unnatürlichen, schlagartigen Änderung ihrer Umweltbedingungen konfrontiert werden.

So sinnvoll diese Maßnahme kurzfristig sein mag, langfristig sollte sie aus ökologischen Gründen nicht angewendet werden. Auch ökonomisch läßt sich die langfristige Kalkung der Waldböden nicht vertreten. Sie verursacht bei einer einmaligen Ausbringung Kosten von ca. 700–1000 DM pro ha. Außerdem muß die Kalkung etwa alle 5 Jahre neu durchgeführt werden [14].

Eine gezielte Düngung mit Pflanzennährstoffen ist bei bestimmten Waldbeständen (z. B. auf stark abgewirtschafteten Böden) äußerst vorteilhaft und kann diese Bestände sogar wieder in eine Erholungsphase hineindirigieren.

Waldbauliche Maßnahmen dagegen, z. B. das Züchten von resistenten Bäumen, das mehrere Jahrzehnte in Anspruch nehmen würde, sind kein sinnvoller Lösungsweg, da man damit die Ursachen der neuartigen Waldschäden ignoriert.

Das Forstpersonal steckt mit seiner Aufgabe, den Wald zu pflegen, in einer weitgehend hilflosen Lage, da die Ursachen für die neuartigen Waldschäden mit Sicherheit außerhalb des forstbaulichen Einwirkungsbereiches liegen. Waldbauliche Maßnahmen werden inzwischen meist nicht mehr aus forstwissenschaftlichen Gesichtspunkten ergriffen, sondern fast nur noch aus immissionsökologischen Gründen. Ein Beispiel dafür ist die Baumartenwahl, für die immer häufiger die Immissionsresistenz und nicht die Frage der optimalen Standortbedingungen maßgeblich ist. Ein weiteres, sehr groteskes Beispiel sind die Änderungen in der Jungwuchspflege. Wurden früher die vitalsten, aus den Beständen herausragenden Exemplare gefördert und die weniger vitalen Exemplare aus dem Wald herausgenommen, um so den Wald bis in ein hohes Alter der Bäume nutzen zu können, so sind es heute gerade die vitalsten Bäume, die herausgeschlagen werden, da diese wegen ihrer überdurchschnittlichen Immissionsexposition am stärksten von den neuartigen Waldschäden betroffen sind [14].

Ursachenbekämpfung

Die Entwicklung *langfristiger* Konzepte zur Behebung der neuartigen Waldschäden kann nur auf der Beseitigung ihrer eigentlicher Ursachen beruhen. Dazu zählen vor allem die Einwirkungen von SO_2 und NO_X und deren Umwandlungsprodukte wie Saurer Regen sowie die von Ozon und anderen Photooxidantien. Über viele Details von Waldschädigungsmechanismen herrscht noch nicht völlige Klarheit. Wegen der Komplexität dieser Mechanismen müssen Wissenschaftler aus allen betroffenen Fachgebieten zusammenarbeiten. Diese Zusammenarbeit ist auch zustande gekommen, doch droht die Gefahr, daß erst dann verbindliche Maßnahmen ergriffen werden, wenn Sicherheit über die Details der Ursachenkette besteht. So lange kann der kranke Wald nicht warten. Es ist zweitrangig, zu wieviel Prozent die Bäume allein durch atmogene Schadstoffe direkt und zu wieviel Prozent sie indirekt geschädigt werden. Entscheidend ist vielmehr, wie man die Emission der atmogenen Schadstoffe auf ein Minimum reduzieren kann.

Dementsprechend bleiben auf lange Sicht nur Maßnahmen übrig, welche die Schadstoffemissionen minimieren. Die TA-Luft, die GFAVO und die bisherigen Maßnahmen zur Einführung der Kfz-Katalysatoren, bei denen man sich auf steuerliche Anreize verläßt (s. Kapitel 5), sind höchstens erste Schritte einer auf gesamtökologische Zusammenhänge orientierten Umweltpolitik. Der „Freu-denstädter Appell zur Rettung des Waldes" (Oktober 1983), der als Ergebnis einer groß angelegten Aktionskonferenz der wichtigsten, bundesweit operierenden Umweltschutzverbände formuliert wur-de und der auch heute noch Gültigkeit besitzt, kann als Orientierung für wirksame Umweltpolitik dienen (Auszug) [14]:

1) Drastische Reduzierung des Schadstoffausstoßes (...) unter Anwendung der modernsten technischen Methoden auf Kosten der Verursacher

2) Verschärfung und Anwendung der TA-Luft und der GFAVO

3) Einführung einer umfassenden Schadstoffabgabe insbesonders für SO_2, NO_X und Schwermetalle

4) Wirksame Abgasentgiftung für alle Kraftfahrzeuge

5) Entwicklung einer umweltfreundlichen Verkehrspolitik mit Ausbau des öffentlichen Personenverkehrs und Geschwindigkeitsbegrenzungen

6) Novellierung des Energiewirtschaftsgesetzes von 1935 zur Verwirklichung einer umweltfreundlichen Umweltpolitik

7) Einheitliche europäische Regelung zur Reduzierung der Luftverschmutzung auf dem höchsten Umwelt-standard

Abschließend wollen wir noch auf die durch die neuartigen Waldschäden entstehenden volkswirt-schaftlichen Schäden eingehen. Tab. 6-7 zeigt, daß die Schäden sich von 1984–2060 auf mindestens 211 Milliarden DM belaufen (alte Bundesländer). Die in der Tabelle aufgelisteten Zahlen entstammen Berechnungen der TU Berlin, die im Auftrag des Umweltbundesamtes durchgeführt wurden [17].

Tabelle 6-7 Geschätzte Verluste der von den neu-artigen Waldschäden betroffenen Bereiche in Milli-arden DM für die Jahre 1984 bis 2060 (Gebiet: alte Bundesländer)

Bereich	„status-quo"-Szenario	Trend-Szenario
Forstwirtschaft	115	85
Freizeit und Erholung	212	115
Wasser und Boden	17	11
gesamt	344	211
Quelle: [17]		

Das „status-quo"-Szenario basiert auf den Emissionsmengen Anfang der 80er Jahre unter der Annahme, daß keinerlei Maßnahmen zur Schadstoffreduzierung bei Großfeuerungsanlagen und bei Kraftfahrzeugen ergriffen worden wären, liegt also mit Sicherheit zu hoch. Das „Trend-Szenario" geht von einer Reduktion der SO_2-Emission um 75 % und bei NO_X um 65 % bis zum Jahr 2060 aus. Durchschnittlich wird also unter diesen Voraussetzungen durch die neuartigen Waldschäden ein volkswirtschaftlicher Schaden in einer Höhe von etwa 3 Milliarden DM pro Jahr verursacht.

7 Gefahren für Grund- und Oberflächenwasser

7.1 Wasserkreislauf, Wasserbedarf und Wasserversorgung

Das Wasser der Erde besteht zum weitaus größten Teil, nämlich zu 97.4 %, aus Salzwasser. Die restlichen 2.6 % sind Süßwasser, wovon knapp vier Fünftel in Form von Polar- und Gletschereis vorliegen. Als Trinkwasser steht nur ein winziger Bruchteil der gesamten Wassermenge, nämlich 0.27 %, zur Verfügung. Tab. 7-1 gibt die Zahlenverhältnisse wieder.

Tabelle 7-1 Aufteilung des Wasservorkommens auf der Erde

	Mio. km^3	%
Salzwasser	1348	97.4
Süßwasser*	36	2.6
Wasser gesamt	1384	100.0
als Trinkwasser verfügbar	3.6	0.27

* einschl. der Polar- und Gletschereismassen

Quelle: [1]

Unter dem Aspekt der Wassernutzung, wie z. B. der Gewinnung von Trinkwasser, wird das dem Menschen verfügbare Süßwasser – also das nicht in Form von Eis vorliegende Wasser – in *Oberflächenwasser* und *Grundwasser* unterteilt. Zum **Oberflächenwasser** zählen Flüsse, Bäche und Seen. Bezüglich der Trinkwassergewinnung besteht die wichtigste Eigenschaft von Oberflächengewässern darin, daß sie für Schadstoffeinträge aller Art sehr leicht und schnell erreichbar sind. Deshalb sind vor allem die Oberflächengewässer in den Industrienationen mehr oder weniger stark belastet. Unter **Grundwasser** versteht man Wasser, das durch Versickern von Niederschlägen und Oberflächenwasser in Gesteinskörper eindringt und dort zusammenhängende Hohlräume ausfüllt. Grundwasser befindet sich in porösen oder klüftigen Gesteinen, den Grundwasserleitern, und sitzt auf einem Grundwassernichtleiter auf. Beispiele für Grundwasserleiter sind Sandsteine oder geklüftete Kalke, typische Grundwassernichtleiter sind Tone. Die Bewegungen des Grundwassers folgen der Schwerkraft, sie sind aber durch die starke Reibung an den Gesteinspartikeln sehr langsam. Dies hat zur Folge, daß das Grundwasserreservoir nur allmählich wieder aufgefüllt wird, wenn etwa mit Hilfe von Brunnen Grundwasser gefördert wird. Manche Grundwasserreservoirs hingegen füllen sich nach Wasserentnahme überhaupt nicht mehr auf, da sie keine „Zuflüsse" mehr besitzen, was durch geologische Verschiebungen verursacht sein kann. Die Nutzung derartiger Wasserspeicher, wie sie z. B. in den zentralen Oasengebieten Ägyptens vorkommen, ist besonders kritisch, da sie zeitlich limitiert ist, meist aber die Probleme, die nach Nutzung des nichterneuerbaren Grundwassers auftreten, nicht beachtet werden.

Mit dem Oberflächenwasser steht das Grundwasser in Wechselwirkung (s. Abb. 7-1). Die Grundwasseroberfläche kann sowohl höher als auch niedriger liegen als der Pegel eines Oberflächengewässers. Dadurch stellt sich ein Potentialgefälle ein. Je nach der Richtung dieses Potentialgefälles speist entweder das Grundwasser das Oberflächenwasser, beispielsweise bei Niedrigwasser (Fluß

B, Abb. 7-1), oder aber es dringt Wasser aus dem Fluß ins Grundwasser ein (Fluß A). Das ist das sogenannte *Uferfiltrat*.

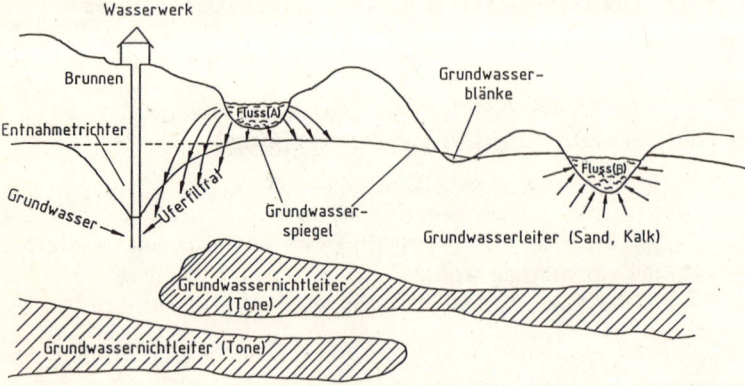

Abb. 7-1 Hydrologische Strukturmerkmale (s. Text)

Das Grundwasser entsteht durch Versickerung von Regen- oder Oberflächenwasser. Bei diesem Prozeß wird es gefiltert und gereinigt, wobei hierbei mehrere Mechanismen zu unterscheiden sind: Physikalisch wirkt ein Gestein als mechanischer Filter, d. h. im Wasser suspendierte, gröbere Stoffe werden zurückgehalten. Physikalisch-chemische Effekte zur Entfernung molekular gelöster Stoffe, auch Schadstoffe, sind Adsorption an Gesteinsoberflächen, Ionenaustausch insbesondere in Tonmineralien und Einlagerung in Gesteinspartikel. Rein chemische Vorgänge sind Oxidationsreaktionen im Sickerwasserbereich und Reduktionen im Grundwasserbereich. Diese Wasserreinigungsmechanismen haben jedoch nur eine begrenzte Kapazität. Wird sie durch zu hohe Konzentrationen eines Stoffes überschritten, so wird dieser Stoff nicht mehr vollständig zurückgehalten bzw. umgesetzt. Man kann das treffend mit der Wirkung eines Schwammes beschreiben. Anfangs saugt sich dieser erst einmal mit Wasser voll. Ist er aber vollgesogen, so wird jeder Tropfen Wasser, den man auf ihn gibt, sofort unten ablaufen. Dieser Durchlaufeffekt nach vollständiger Sättigung des Bodens mit Schadstoffen ist die wohl größte Gefahr für die Grundwasservorkommen.

Eine weitere reinigende Wirkung von einsickerndem Oberflächen- und Regenwasser kommt den Wurzelzonen von Pflanzen zu. Hier können bestimmte Stoffe selektiv aufgenommen werden. Neben dieser biologischen Reinigung gibt es noch weitere wichtige Filterprozesse, die biochemischer Natur sind, nämlich den Abbau und die Mineralisation von organischen Stoffen durch Bakterien im Boden.

Aufgrund all dieser Filtermechanismen hat das Grundwasser normalerweise eine gute Trinkwasserqualität. Dennoch können zum Teil erhebliche Beeinträchtigungen entstehen. Je nach Art des Gesteins und des aufliegenden Bodens ist die Filterwirkung für das Sickerwasser unterschiedlich hoch. So kann es nicht nur durch direktes Einfließen verschmutzten Wassers in das Grundwasser zur Gefährdung von Trinkwasser kommen („Brunnenvergiftung"), sondern auch durch ständige Belastung von Boden und Gesteinsschichten mit geringer Pufferkapazität für Schadstoffe. Auf Beispiele wird in den Kapiteln 9 und 12 näher eingegangen.

Das Wasser unterliegt einem ständigen Kreislauf. Abb. 7-2 illustriert den Wasserkreislauf, der im wesentlichen ein Süßwasserkreislauf ist, und gibt die entsprechenden Bilanzen für das Gebiet der Bundesrepublik (alte Bundesländer) wieder. Das Wasser verdunstet aus den Ozeanen und anderen Oberflächengewässern und wird in der Luft als Wasserdampf bzw. in Form von Wolken durch den Wind in Richtung Festland transportiert. Dort gelangt es durch Niederschläge wieder auf die Erde, wo es zum Teil versickert, zum Teil den Oberflächengewässern zufließt und wieder zurück in das Meer fließt. Ein weiterer, mengenmäßig bedeutender Teil verdunstet jedoch, entweder direkt vom

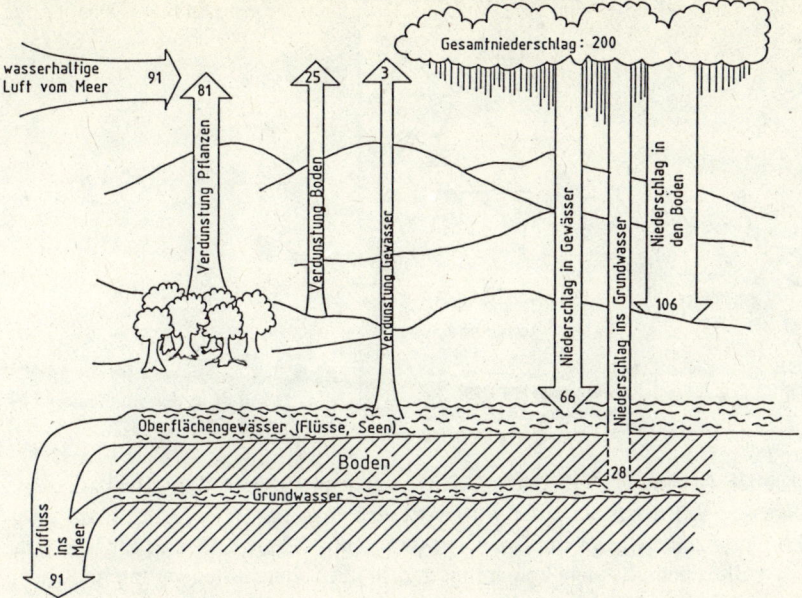

Zahlenangaben im Diagramm:

wasserhaltige Luft vom Meer 91
81
25
3
Gesamtniederschlag: 200
Verdunstung Pflanzen
Verdunstung Boden
Verdunstung Gewässer
Niederschlag in Gewässer
Niederschlag ins Grundwasser
Niederschlag in den Boden
106
66
Oberflächengewässer (Flüsse, Seen)
Boden
Grundwasser
28
Zufluss ins Meer
91

Abb. 7-2 Süßwasserkreislauf für den Bereich der Bundesrepublik (alte Bundesländer). Zahlenangaben in $10^9 \, m^3$ pro Jahr

Boden und von den Oberflächengewässern aus oder über die Blattoberfläche von Pflanzen, die einen großen Teil des Regenwassers aus dem Boden aufnehmen.

In den natürlichen Wasserkreislauf der Erde greift der Mensch durch Wasseraufnahme und Wasserrückführung ein. Aus Niederschlagswasser, Oberflächen- und vor allem Grundwasser werden große Mengen entnommen und nach Gebrauch wieder in die Oberflächengewässer abgegeben. Der Gesamtwasserbedarf in der Bundesrepublik beträgt jährlich ca. 53 Milliarden m³ pro Jahr (1992). Das ist in etwa die Wassermenge des Bodensees und etwa ein Sechstel des gesamten bundesweiten Jahresniederschlags, der ca. 280 Milliarden m³ pro Jahr beträgt.

Abb. 7-3 zeigt im Vergleich Menge und Verbraucheranteile an Wasser in den alten und neuen Bundesländern. Während der Verbrauch pro Einwohner und Tag mit ca. 1900 l in beiden Teilen Deutschlands ungefähr gleich ist, sind die Verbraucheranteile sehr unterschiedlich. Elektrizitätswirtschaft (Kühlwasser) und Industrie dominieren in den alten Bundesländern noch stärker als in den neuen, während die Landwirtschaft in den neuen Bundesländern prozentual einen höheren Anteil am Wasserverbrauch hat als die alten. Das liegt u. a. an der geringeren Niederschlagsdichte in Ostdeutschland.

Bei der Diskussion um die einzelnen Anteile am Gesamtwasserbedarf ist allerdings zu berücksichtigen, daß an die Wasserqualität je nach Verwendungszweck unterschiedliche Ansprüche gestellt werden. So wird das Trinkwasser von dem sogenannten *Brauchwasser* unterschieden. Brauchwasser ist in der Regel direkt aus Flüssen gepumptes Wasser, welches aus bakteriologischer Sicht und wegen möglicherweise hoher, gesundheitsgefährdender Konzentrationen an Gift- und Schadstoffen nicht als Trinkwasser in Frage kommt. Es wird vor allem als Kühlwasser oder in der Industrie als Prozeßwasser für bestimmte Produktionsschritte benötigt, Nutzungsarten also, die keine hohe Qualität erfordern.

In der Industrie wird aber auch in bestimmten Bereichen Wasser bester Qualität eingesetzt, beispielsweise bei bestimmten chemischen Reaktionen, wenn hohe Reinheitsgrade eines Reaktionsproduktes erforderlich sind. In den alten Bundesländern beträgt der Anteil von Wasser mit Trinkwasser-

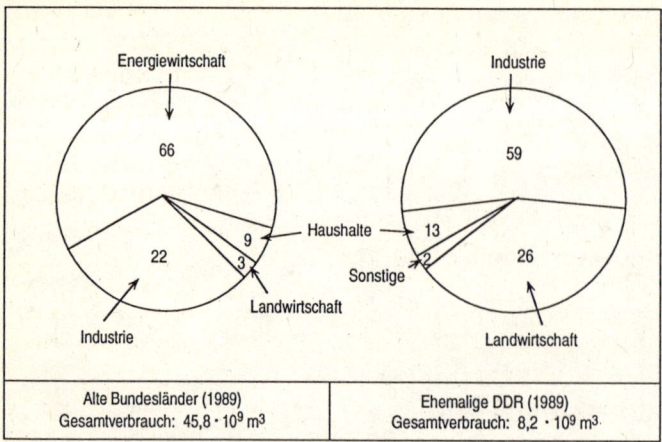

Abb. 7-3
Wasserbedarf in der Bundesrepublik:
Trink- und Brauchwasser

Alte Bundesländer (1989) Gesamtverbrauch: 45,8 · 10⁹ m³	Ehemalige DDR (1989) Gesamtverbrauch: 8,2 · 10⁹ m³

qualität an dem industriellen Gesamtwasserbedarf 25 %. Ungefähr 60 % ihres Wasserbedarfs dient der Industrie als Kühlwasser. Bei der Elektrizitätswirtschaft sind es sogar 97 % [2, 3]. Dazu wird praktisch ausschließlich Oberflächenwasser mit Brauchwasserqualität benutzt. Wasser für landwirtschaftliche Bewässerung sollte ebenfalls nicht kontaminiert, d. h. mit Schadstoffen verunreinigt sein, weil sonst belastende Schadstoffe in die Nahrung gelangen können.

Das in Haushalten verwendete Wasser hat normalerweise Trinkwasserqualität. Ein Drittel davon geht allein auf Kosten der Toilettenspülung (s. Tab. 7-2). Auch in anderen Bereichen wie Hausgartenbewässerung, Autowaschen oder auch Wäschewaschen wird Wasser von Trinkwasserqualität eingesetzt. Obwohl die Bundesrepublik ein wasserreiches Land ist, wird es in Zukunft immer problematischer werden, genügend Wasser mit Trinkwasserqualität zur Verfügung stellen zu können. Im Haushalt könnte in den oben genannten Bereichen eine erhebliche Menge an Trinkwasser durch Einsatz von bakteriologisch einwandfreiem Brauchwasser eingespart werden.

Tabelle 7-2 Ungefähre Aufteilung des mittleren häuslichen Wasserverbrauchs pro Person und Tag in der Bundesrepublik im Jahr 1986 mit einer lokalen Schwankungsbreite von 50 l bis ca. 300 l (s. Text)

Verwendung	Verbrauch in l	in % (gerundet)
Toilettenspülung	47	32
Baden/Duschen	43	30
Wäschewaschen	17	12
Körperpflege	8	6
Geschirrspülen	6	4
Trinken, Kochen	5	3
Raumpflege	5	3
Hausgartenbewässerung	3	2
Autowäsche	3	2
Sonstiges	8	6
gesamt	145	100
Quelle: [4]		

Brauchwasser wird in der Regel durch seine Verwendung in Zusammensetzung und Qualität nicht verändert, da es meist als Kühlwasser benutzt wird. Es wird dabei allerdings erwärmt und kann somit unter Umständen die Ökologie eines Gewässers entscheidend verändern: Durch Erwärmung des Wassers sinkt nämlich dessen Sauerstofflöslichkeit. Sind bei 0 °C noch 9.7 cm^3 Sauerstoff pro l Wasser gelöst (bei einem Luftdruck von 1.013 bar), so sind es bei 25 °C nur noch 5.7 cm^3/l. Denkt man an die Faustregel aus der chemischen Kinetik (van't Hoffsche Regel, die im großen und ganzen auch für die sauerstoffzehrenden biologischen Umsetzungsreaktionen gültig ist), nämlich daß sich die Geschwindigkeit von (chemischen) Reaktionen bei Temperaturerhöhung um 10 °C ungefähr verdoppelt, so wird klar, daß eine Zurückführung von großen Mengen erwärmten Brauchwassers in die Flüsse sowohl eine Erhöhung des Sauerstoff*bedarfs* wegen der erhöhten Umsatzraten als auch gleichzeitig eine Erniedrigung des Sauerstoff*angebots* für die Lebewesen der Gewässer bedeutet. Besonders empfindliche Lebewesen wie die polyoxibionten Organismen können dadurch sogar ihre Lebensgrundlage verlieren. Es handelt sich dabei um Kleinstlebewesen, für die ein ständig hoher, dem Sättigungswert naher Sauerstoffgehalt des Gewässers lebensnotwendig ist.

Größer jedoch sind die Gefahren, die unserem Trinkwasser durch Schadstoffbelastung drohen, da an dessen Reinheit höchste Ansprüche gestellt werden. Im folgenden werden wir uns daher mit der Gewinnung und Gefährdung von Trinkwasser befassen.

7.2 Trinkwasser und seine Gefährdung

Der Bedarf an Trinkwasser aus der öffentlichen Wasserversorgung (s. Tab. 7-3) betrug Ende der achtziger Jahre 6.2 Milliarden m^3. Großen Anteil daran hat der Verbrauch an Trinkwasser in privaten Haushalten. Abb. 7-4 gibt den durchschnittlichen Trinkwasserverbrauch eines Bundesbürgers pro Tag wieder. In der Zeit von 1950 bis 1990 erhöhte sich der mittlere Wasserverbrauch um 73 %, nämlich von 85 l pro Tag auf 147 l. Berücksichtigt man zusätzlich zum Trinkwasserverbrauch aus der öffentlichen Versorgung auch den, den die Industrie durch eigene Förderung deckt, so ist der Pro-Kopf-Verbrauch noch erheblich höher. Der Durchschnittswert von 147 l pro Tag schwankt lokal zwischen ca. 50 l in ländlichen Gebieten bis zu 300 l in städtischen Ballungszentren wie beispielsweise in Frankfurt.

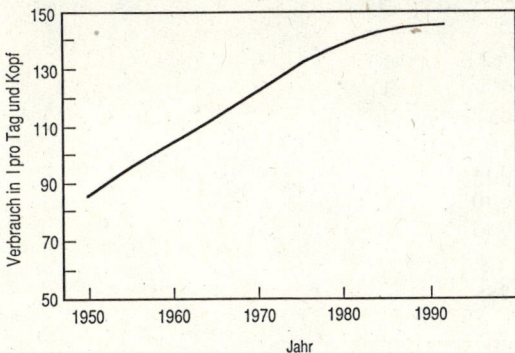

Abb. 7-4
Zeitliche Entwicklung des durchschnittlichen Trinkwasserverbrauchs eines Bundesbürgers in Westdeutschland in Liter pro Tag

Diese großen Mengen Trinkwasser werden aus verschiedenen Quellen gewonnen. Tab. 7-3 gibt darüber einen genauen Überblick. Dabei ist zu beachten, daß sich der spezifische Verbrauch mit über 200 l pro Einwohner und Tag nicht allein auf den Haushalt (vgl. Tab. 7-2), sondern auf die gesamte öffentliche Trinkwasserversorgung für Haushalte, Kleingewerbe sowie Anteile der Industrie aus öffentlicher Versorgung bezieht. Abgesehen von der Verwendung von Quellwasser als Trinkwasser sind die wichtigsten Möglichkeiten der Trinkwassergewinnung:

- Grundwasserentnahme

- Wassergewinnung aus Uferfiltrat

- Anlage von Talsperren bzw. Direktentnahm

- künstliche Wasseranreicherung

Bei der **Grundwasserentnahme** wird Grundwasser erbohrt und mit Hilfe von Pumpbrunnen geför-dert. Dabei ist darauf zu achten, daß Entnahme von Grundwasser und dessen Neubildung im Gleich-gewicht bleiben. Andernfalls kann es zu Grundwasserabsenkungen kommen, die sowohl ökologisch als auch ökonomisch weitreichende negative Folgen haben können. Um einen Grundwasserbrunnen bildet sich nämlich ein Entnahmetrichter im Grundwasserspiegel aus, dessen Ausdehnung abhängig ist von der Förderrate (s. Abb. 7-1). Überschreitet die Förderrate nun die Neubildungsrate, so wird im gesamten Einzugsgebiet des Brunnens der Grundwasserspiegel permanent gesenkt. Als Folgen können sogenannte Bodensetzungen auftreten. Darunter versteht man das Zusammensacken von set-zungsempfindlichen Schichten im Untergrund, die wassergesättigt ein größeres Volumen einnehmen als im trockenen Zustand. Ferner kann es zum Versiegen kleinerer Brunnen in der Nähe großer Entnahmebrunnen kommen bis hin zum Absterben grundwasserabhängiger Ökotope.

Der Grundwasserentnahme sind also natürliche Grenzen gesetzt. Diese Grenze gilt mit der heutigen bundesweiten Förderrate von Grundwasser, die sich ungefähr zur Hälfte auf die öffentliche Versor-gung und zur anderen Hälfte auf die Industrie aufteilt, in vielen Gebieten als bereits überschritten.

Dieses Problem wird vor allem in Ballungsgebieten, in denen der stärkste Wasserbedarf herrscht, noch verschärft durch die Folgen der Bodenversiegelung. Auf bebauten Flächen (Siedlungen, Straßen) kann kein Wasser versickern. Die Neubildung von Grundwasser wird dadurch stark reduziert, denn das Wasser fließt fast vollständig oberflächlich ab. So müssen z. B. die Kölner Wasserwerke mehr als ein Drittel ihres Wasserbedarfs durch Uferfiltrat (s. u.) decken, um die Anwohner mit Trinkwasser versorgen zu können (vgl. dazu Tab. 7-3).

Tabelle 7-3 Quellen der öffentlichen Trinkwasserversorgung durch die Wasserwerke in der Bundesrepublik Ende der achtziger Jahre (Haushalte, Kleingewerbe und Anteile der Industrie aus öffentlicher Versorgung)

	alte Bundesländer		neue Bundesländer	
	10^9 m^3	%	10^9 m^3	%
Grundwasser	3.0	62	0.93	71
Quellwasser	0.6	12	–	–
Uferfiltrat	0.3	6	0.14	11
Oberflächenwasser*	0.5	10	0.10	8
angereichertes Grundwasser	0.5	10	0.13	10
gesamt	4.9	100	1.3	100
l pro Person und Tag	206		285	
* = See-, Talsperren- und Flußwasser				
Quelle: [5]				

Die **Wassergewinnung aus Uferfiltrat** wird vor allem in dichtbesiedelten Gebieten angewandt, in denen langfristig nicht allein auf natürliche Grundwasserressourcen zurückgegriffen werden kann. Hier bohrt man Brunnen in der Nähe von Flüssen ins Grundwasser. Nach Beginn der Förderung stellt sich durch den entstehenden Entnahmetrichter ein Potentialgefälle vom Fluß zum Brunnen ein, der einen Eintritt von Flußwasser in den Untergrund bewirkt (s. Abb. 7-1). Je nach der Strecke, die das

Wasser zurücklegen muß, und der Gesteinsbeschaffenheit wird es dabei mehr oder weniger gereinigt (Filterwirkung). Bei stärker verschmutzten Flüssen wie dem Rhein sind weitere Aufbereitungsverfahren erforderlich, wie z. B. der Einbau von Aktivkohlefiltern in die Förderbrunnen.

Auch der Abstand eines Brunnens zum Fluß spielt eine wichtige Rolle: Je größer dieser Abstand ist, desto stärker ist die Filterwirkung des Untergrundes und desto größer ist die Verdünnung mit natürlichem Grundwasser. Allerdings wird mit zunehmender Entfernung auch die Zeit immer größer, die benötigt wird, um den Entnahmetrichter wieder zu füllen, wenn die Wasserförderung aus einem Brunnen einmal eingestellt wird. Das bedeutet, daß noch lange nach der Brunnenabstellung Flußwasser in den Untergrund fließt und sich mit Grundwasser vermischt. Bei Störfällen, wie z. B. der Rheinverschmutzung im November 1986 durch den Sandoz-Unfall, war es u. a. wichtig, die Uferfiltration innerhalb kürzester Zeit unterbinden zu können, um das Grundwasser nicht zu gefährden und um den Boden, in dem das Wasser gefiltert und damit gereinigt wird, nicht unnötig zu belasten. Dabei mußte aus dem oben genannten Grund dennoch eine gewisse Belastung des Grundwassers durch die in den Rhein gelangten Giftstoffe in Kauf genommen werden.

Eine weitere Möglichkeit zur Wassergewinnung besteht im **Anlegen von Talsperren**. Bedingt durch die oben erwähnte Bodenversiegelung fehlt in vielen Gebieten bei starken Niederschlägen die Pufferwirkung eines aufnahmefähigen Bodens. Die entstehenden Hochwässer können z. B. in Form von Talsperren aufgefangen und als Trinkwasserspeicher verwendet werden. Dabei bereitet die Reinhaltung solcher Trinkwasserreserven jedoch zunehmende Schwierigkeiten, da sie von Schadstoffen aus der Luft und aus dem Boden ihres Einzugsgebietes abgeschirmt werden müssen. Um diesen Schadstoffeintrag gering zu halten, weicht man bei der Standortwahl von Talsperren möglichst auf wenig schadstoffbelastete Gebiete aus, was allerdings in den dichtbesiedelten Räumen Westeuropas kaum noch möglich ist. Aus diesem Grund verlagert sich in der Bundesrepublik die Trinkwassergewinnung immer mehr zugunsten der **Direktentnahme aus** unbelasteten **Oberflächengewässern**. In Baden-Württemberg wird bereits ein Drittel aller Haushalte mit Trinkwasser versorgt, das aus dem Überlinger Bereich des Bodensees aus 60 m Seetiefe emporgepumpt wird. Das 4–5 °C kalte Wasser mit einem pH-Wert von 8–9 ist praktisch schadstofffrei. Ökologisch gesehen ist die Wasserentnahme aus dem Bodensee trotz der gewaltigen Mengen, die entnommen werden, derzeit noch vertretbar. Es handelt sich um eine Menge, die nur 1.1 % des Rheinabflusses aus dem Bodensee entspricht.

Bei der **künstlichen Grundwasseranreicherung** besteht das Prinzip in einer Speisung von Oberflächenwasser, welches oftmals keine Trinkwasserqualität besitzt, in das Grundwasser. Hierbei gibt es die Möglichkeit der unmittelbaren Eingabe über sogenannte *Schluckbrunnen*. Das sind Brunnen zur Einleitung von Wasser direkt in den Erdboden, um das Grundwasser anzureichern. Eine andere Möglichkeit der Anreicherung besteht in den sogenannten *Grundwasserblänken*, das ist Grundwasser, welches in Mulden zutage tritt (s. Abb. 7-1). Die Wassereingabe erfolgt durch Beregnung oder Überstauung von Wiesen oder Ackerflächen. Das eingebrachte Wasser wird beim Durchsickern durch den Boden gefiltert. Das birgt natürlich auch die Gefahr der Verfrachtung von Dünger und Pestiziden aus diesen Flächen ins Grundwasser. Extrem belastetes Wasser, das zur Grundwasseranreicherung genutzt wird, muß zunächst durch eigens angelegte Versickerungsbecken, bestehend aus Kies- und Sandschichten, geleitet werden, wie das beim Ruhrwasser gemacht wird.

Insgesamt stellt die künstliche Grundwasseranreicherung grundsätzlich eine Belastung und Beeinträchtigung des natürlichen Grundwassers dar, da das in der Regel einwandfreie Grundwasser mit mehr oder weniger belastetem Wasser vermischt wird. Aufgrund dieses Verdünnungsprinzips wird stark schadstoffbelastetes Wasser überhaupt erst wieder nutzbar gemacht. Die Schadstoffe sind allerdings nicht eliminiert, sondern ihre Konzentration wird auf diese Weise lediglich erniedrigt.

Betrachtet man zusammenfassend die verschiedenen Methoden der Trinkwassergewinnung, so sind sie alle bezüglich der ökologischen Verträglichkeit und der Wasserqualität mit Nachteilen behaftet. Eine Ausnahme bildet die maßvolle Entnahme natürlichen Grundwassers. Dieses kann jedoch nicht den gesamten Wasserbedarf decken, weil sonst auch hier schwere ökologische Schäden eintreten können. Bei einer Senkung des Grundwasserspiegels wäre ein Austrocknen des Bodens, ein Rückgang der Pflanzenvielfalt und letztendlich eine Versteppung von ursprünglich gesunden und ertragreichen Böden zu befürchten. Das ganze Problem rührt von dem insgesamt sehr hohen Wasserverbrauch her, ferner auch von einem teilweise unverhältnismäßig hohen Einsatz von Grundwasser für industrielle Zwecke. In den alten Bundesländern deckt die Industrie ihren Gesamtwasserbedarf (Trink- und Brauchwasser) zu 90 % aus eigener Versorgung. Alte Wassernutzungsrechte, die auch heute noch gültig sind, erlauben es vielen industriellen Verbrauchern, den Trinkwasseranteil fast ausschließlich dem Grundwasser zu entnehmen. Die Wasserwerke für die öffentliche Wasserversorgung dagegen fördern nur 62 % ihrer gesamten Wassermenge als natürliches Grundwasser.

Ein besonders groteskes Beispiel für den Umgang mit Grundwasser ist der Braunkohle-Tagebau in der niederrheinischen Bucht. Dort werden zur Aufrechterhaltung des Abbaus jährlich 1 Milliarde m^3 Grundwasser abgepumpt und in den Rhein geleitet. Dadurch ist der Grundwasserspiegel weiträumig drastisch gesunken; zur Gewinnung von Trinkwasser müssen die dortigen Wasserwerke deshalb verstärkt auf Uferfiltratförderung umstellen. Inzwischen beziehen ungefähr 10 Millionen Bundesbürger ihr Trinkwasser aus in 31 Wasserwerken aufbereitetem Uferfiltrat des Rheinwassers. Zusammen mit den angrenzenden Nachbarländern sind es ca. 22 Millionen Menschen, die ihr Trinkwasser aus dem Rhein beziehen.

Jahrhundertelang enthielten die großen Grundwasserreservoire ein Grundwasser von solcher Güte, daß man es jederzeit ohne Aufbereitung trinken konnte. Heute jedoch besteht die Gefahr, daß die Trinkwassergewinnung aus Grundwasser gefährdet ist, wenn das Grundwasser vor Verschmutzung nicht geschützt wird. Als mögliche Quellen für eine Grundwasserbelastung durch Schadstoffe kommen vor allem in Betracht:

- Nitrat- und Pestizidbelastung aus der Landwirtschaft

- Versalzung des Grundwassers durch die Salzfracht großer Flüsse

- Ausschwemmung von Schadstoffen aus alten und neuen Deponien in das Grundwasser

Auf die **Nitrat- und Pestizidbelastung** des Grundwassers durch die Landwirtschaft gehen wir in Kapitel 9 gesondert ein. Die **Grundwasserversalzung** wird durch die Verschmutzung der Oberflächengewässer verursacht. Das von den Flüssen ins Grundwasser sickernde Wasser wird zwar durch die Filterwirkung des Bodens weitgehend von organischen Verbindungen gereinigt, doch die gut löslichen Salze werden durch alle Schichten mit hindurchgeschwemmt und gelangen ins Grundwasser. Die wichtigsten Quellen der Verunreinigungen sind Ableitungen aus der Industrie, aus Siedlungen und aus der Landwirtschaft. Bei dem in Oberflächengewässer eingebrachten Salz handelt es sich um ein Gemisch, das im wesentlichen aus verschiedenen Chloriden wie Calciumchlorid $CaCl_2$, Kaliumchlorid KCl, Magnesiumchlorid $MgCl_2$ oder auch Natriumchlorid $NaCl$ und Sulfaten, hauptsächlich Magnesiumsulfat $MgSO_4$, besteht.

Das Problem der Grundwasserversalzung in der Bundesrepublik durch zu hohe Salzgehalte im Oberflächenwasser trifft vor allem auf den Rhein, die Weser und die Werra zu, aber auch auf die Mosel und die untere Lippe. Die Weser ist mit 27 g Salz/l Flußwasser der salzhaltigste Fluß der Bundesrepublik. Damit ist sie salzhaltiger als die Ostsee und ungefähr so salzig wie die Nordsee! Der größte Teil dieser Salzfracht (ca. 85 %) stammt aus Kalibergwerken in Thüringen. Insgesamt gelangen 5.5 Millionen t Salz jährlich in die Weser. In den Rhein gelangt ein Mehrfaches dieser Mengen an Salz pro Jahr. Wegen seiner höheren Wasserfracht ist die Salzkonzentration des Rheins allerdings nicht ganz so hoch wie die der Weser. Tab. 7-4 zeigt die Quellen der Salzfracht für den Rhein, bezogen auf seine Chloridfracht. Zu der natürlichen, von der Wasserführung abhängigen Schwankungsbreite

Tabelle 7-4 Chloridfrachten im Rhein in kg Cl pro Sekunde (1984)

Verursacher	anthropogene Fracht	natürliche Fracht*
natürliche Quellen**		15 – 75
Kalibergbau im Elsaß	130	
Deutsche Industrie	75	
Deutscher Kohlebergbau	50	
Schweiz u. Frankreich	40	
Häusl. Abwässer BRD	10	
gesamt kg/Sekunde	305	15 – 75
gesamt t/Tag	26000	1300 – 6500

* schwankt naturgemäß mit der Wasserfracht bzw. dem Pegelstand
** Auswaschung, Mineralquellen, geologisch bedingte Salzzufuhr

Quelle: [1]

von 15–75 kg Chlorid pro Sekunde kommen also weitere 305 kg Chlorid pro Sekunde, die direkt auf Aktivitäten des Menschen zurückzuführen sind, hinzu. Das ist je nach Wasserstand das 4–20fache im Vergleich zum natürlichen Gehalt des Rheins. Fast die Hälfte dieses anthropogenen Eintrages ist allein auf den Kalibergbau im Elsaß zurückzuführen.

Die beiden Beispiele von Weser und Rhein zeigen, daß eine Bewältigung des Problems der Salzfrachten schon im Hinblick auf die Bewahrung der natürlichen Grundwasservorkommen dringend notwendig ist. Auch hier zeigt sich, daß die Lösung derartiger Probleme nur auf internationaler Ebene möglich ist.

Eine weitere Gefährdungsquelle für das Grundwasser besteht im **Sickerwasser aus Deponien**. Diese Deponien wurden zumeist nach dem 2. Weltkrieg in der Zeit des „Deutschen Wirtschaftswunders" angelegt und sind zum größten Teil nicht behördlich registriert worden. Auf diesen „wilden" Deponien wurden wahllos und unkontrolliert chemische Prozeßabfälle, Industrieabfälle, Bauschutt und anderes mehr abgeladen und einfach zugeschüttet. Das Gefährdungspotential, das von dem Sickerwasser dieser Deponien ausgeht, ist praktisch kaum abzuschätzen, da selbst bei den bekannten Deponien aus dieser Zeit die dort abgelagerten Stoffe in der Regel nicht bekannt sind. Meist wird man erst dann darauf aufmerksam, wenn Schäden wie Grundwasserbelastung durch giftige Chemikalien schon eingetreten sind. Dieses Problem der sogenannten Altlasten wird in Kapitel 12 näher diskutiert. Kaum untersucht ist auch die Auswirkung von jahrhundertelanger Ablagerung von Bauschutt, durch die das Grundwasser aufgehärtet wird (s. Abschnitt 8.1).

7.3 Phosphate als Beispiel für gewässerbelastende Stoffe

Phosphor kommt in der Natur praktisch nur in seiner fünfwertigen Form als Phosphat vor und wird aus großen Lagerstätten als Rohphosphat abgebaut. Davon werden 90 % in der Landwirtschaft, vornehmlich als Düngemittel, und 10 % zu technischen Zwecken eingesetzt, z. B. als Enthärtungsmittel in Waschmitteln. Tab. 7-5 zeigt, daß die Einsatzmengen des Phosphats in der Landwirtschaft zu den abgebauten Mengen an Rohphosphat und zur Phosphatdüngemittelproduktion in den Jahren von 1950 bis 1980 parallel verliefen. Bei einem Zuwachs der Weltbevölkerung um 78 % nahm in diesem Zeitraum der Rohphosphatabbau und die Phosphatdüngemittelproduktion um etwa das 4–5fache zu.

Nach ihrer Verwendung gelangen die Phosphate über den Wasserkreislauf in die Umwelt. Lokalisierbare Quellen der Phosphatbelastung der Gewässer sind Industrie und Haushalte (s. auch Abb. 7-5). Die aus den Haushalten stammenden Phosphate kommen aus Wasch- und Reinigungsmitteln und aus Humanexkrementen. Ein Mensch nimmt mit der Nahrung pro Tag umgerechnet 1–2 g Phosphor auf, der wieder ausgeschieden wird. Tab. 7-5 zeigt, daß die weltweite Ausscheidung von Phosphat durch den Menschen (umgerechnet auf Phosphor) mit der Weltbevölkerung korreliert ist.

Tabelle 7-5 Ausgewählte Daten zum weltweiten Phosphatumsatz

	1950	1980	Änderung in %
Weltbevölkerung (in Milliarden)	2.50	4.45	+ 78 %
Phosphorausscheidung in Humanexkrementen (in 10^6 t P pro Jahr)	1.38	2.45	+ 78 %
Phosphorausscheidung in Nutztierexkrementen (in 10^6 t P pro Jahr)	9.68	17.42	+ 80 %
Rohphosphatabbau (in 10^6 t pro Jahr)	4.98	25.62	+ 415 %
Phosphatdüngerproduktion* (in 10^6 t pro Jahr)	30.00	165.80	+ 453 %

* Gesamtmenge an phosphathaltigen Düngemitteln

Quelle: [6]

Insgesamt fallen pro Einwohner und Tag in der Bundesrepublik umgerechnet 3.5 g Phosphor an. Da 95 % der westdeutschen Bevölkerung und 70 % der ostdeutschen an die öffentliche Wasserversorgung und damit an die Abwasserkanalisation angeschlossen sind, gelangt ein sehr hoher Anteil der aus Haushalten freigesetzten Phosphate in das Transportmedium Wasser. Da es sich hierbei um eine lokalisierbare Quelle handelt, kann dieses Phosphat gezielt, z. B. in einer Kläranlage (s. Kapitel 11), entfernt werden.

Anders ist die Situation bei den Phosphaten, die aus diffusen Quellen stammen und nicht eindeutig lokalisierbar sind. Dazu zählen vor allem die Phosphate aus der Landwirtschaft, die vornehmlich durch die Anwendung von phosphathaltigen Düngemitteln und die Haltung von Nutztieren in die Gewässer gelangen. Aus Tab. 7-5 ist ersichtlich, daß 1980 durch die Nutztierhaltung weltweit siebenmal soviel Phosphor als Phosphat von den Tieren ausgeschieden wurde wie von der Weltbevölkerung.

Wie sich die relativen Anteile der Verursacher für den Gesamtphosphateintrag in die Oberflächengewässer der Bundesrepublik von 1975 bis 1989 geändert haben, zeigt Abb. 7-5. Durch die Einführung von Phosphatersatzstoffen in Waschmitteln ging der prozentuale Phosphateintrag aus Waschmitteln 1989 auf ein Viertel des Wertes von 1975 zurück. Im industriellen Sektor ist der Rückgang auf 7 % dem zunehmenden Anteil industrieller Kläranlagen mit dritter Reinigungsstufe zuzuschreiben. Die relativen Anteile der anderen Verursachergruppen steigen daher in demselben Zeitraum an. Sofern die Phosphate in die Flüsse gelangen, werden sie direkt in das Meer gespült und dort in einem langsamen Prozeß sedimentiert. Phosphate sind grundsätzlich für Mensch und Tier ungiftig. Aber Phosphate, die in langsam fließende oder gar stehende Gewässer gelangen, verursachen dort vermehrtes Algenwachstum, für das sie neben anderen Nährstoffen (u. a. N, S, Fe, K, Mg, Ca, Mn) in Oberflächengewässern eine Grundlage darstellen. Bis vor ca. 30 Jahren bildeten sie dafür jedoch den Minimumfaktor (siehe „Liebigsches Minimumgesetz", Kapitel 9). Durch den Zufluß von Phosphat, der im wesentlichen aus landwirtschaftlicher Düngung und Haushaltsabwässern stammt, hat bis heute das Algenwachstum in Oberflächengewässern stark zugenommen. Diesen Prozeß der Anreicherung anorganischer Pflanzennährstoffe in Gewässer und die daraus folgende steigende Produktion pflanzlicher Biomasse bezeichnet man als *Eutrophierung*. In vielen Gewässern wurde inzwischen festgestellt, daß auch

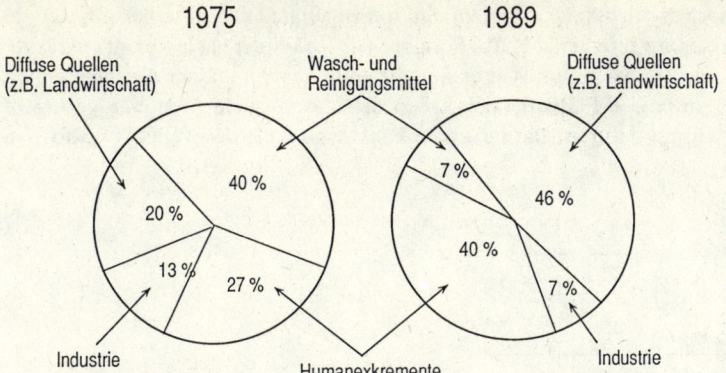

Abb. 7-5 Verteilung der Quellen des Phosphateintrags in die Oberflächengewässer der Bundesrepublik (alte Bundesländer) 1975 und 1989

während der Zeit des stärksten Algenwachstums, die zur sogenannten *Algenblüte* führen kann, noch ungenutztes Phosphat im Gewässer vorhanden ist, d. h. Phosphat ist wegen seiner überproportional großen Konzentration heute nicht mehr der Minimumfaktor für die Pflanzenernährung in Gewässern.

Die erste Folge verstärkten Algenwachstums ist eine Trübung der Deckschicht und damit eine Verringerung der Tiefe des Lichteinfalls. Dabei tritt zunächst ein selbstregulierender Effekt ein, da die Photosynthese eingeschränkt wird. Außerdem kommt es zu einer starken Vermehrung von Zooplankton, dessen Nahrung die Algen sind. Mit dem Absinken von abgestorbenem Plankton und abgestorbener Pflanzenmasse gelangen große Mengen organisch gebundenen Phosphors langsam auf den Seeboden, wo er durch bakterielle Zersetzung unter Sauerstoffverbrauch (aerob) als unlösliches Fe(III)-Phosphat dem biologischen Kreislauf entzogen wird. Ein Teil des Planktons wird schon im Wasser unter Phosphatfreisetzung bakteriell zersetzt, was ebenfalls Sauerstoff verbraucht.

Ein einmaliger Phosphateintrag hat keinen langzeitwirksamen Einfluß auf den ökologischen Zustand des Sees. Bei kontinuierlichen Phosphatzugaben jedoch kann der Sauerstoffgehalt in den bodennahen Schichten wegen der fortdauernden Zersetzungsprozesse bis auf nahezu Null abfallen. Mit 1 g Phosphor können ca. 100 g Biomasse wie z. B. Algen produziert werden, bei deren Zersetzung 140 g Sauerstoff verbraucht wird. So kommt es zu einem Sauerstoffdefizit. Eine Zersetzung weiterer Biomasse ist unter aeroben Bedingungen nicht mehr möglich, da kein Sauerstoff in dem Gewässer mehr vorhanden ist. Anstelle der aerob arbeitenden Bakterien treten anaerob, d. h. ohne Sauerstoffumsetzung arbeitende Bakterien auf, die bei der Zersetzung der abgestorbenen Biomasse neben Methan auch toxische Stoffwechselprodukte wie Ammoniak produzieren. Unter diesen reduzierenden Bedingungen wird nun Fe(III)-Phosphat in Fe(II)-Phosphat umgewandelt, das in Wasser gut löslich ist. Auf diese Weise wird plötzlich das bereits sedimentierte Phosphat in den biologischen Kreislauf zurückgeführt und so in den oberen Seeschichten die organische Produktion erneut angekurbelt. Am Seeboden bildet sich sogenannter Faulschlamm. Dabei gehen die normalerweise in dem Gewässer auf Sauerstoff angewiesenen Lebewesen zugrunde, das Gewässer „kippt um". Es geht von dem eutrophen in den *hypertrophen* Zustand über.

Erstes Anzeichen einer möglicherweise eintretenden Hypertrophierung eines Oberflächengewässers ist das Auftreten von Algenblüten. Ein Algenwachstum ist nur während des Sommers möglich, da die Algen zum Wachsen hinreichend intensives Sonnenlicht benötigen. In einem See bilden sich je nach Jahreszeiten verschiedene Temperaturverteilungen aus. Im Sommer wie im Winter stellen sich aufgrund von Temperaturgradienten ziemlich stabile Schichtungen ein, wobei weniger dichtes

Wasser über dichterem Wasser geschichtet ist. Man spricht von sogenannten *Stagnationsphasen*, in denen es keine vertikalen Wasserbewegungen gibt. Im Sommer wie im Winter hat ein nicht zu flacher See am Seeboden eine Temperatur von 4 °C. Im Winter sind die aufliegenden Wasserschichten kälter, im Sommer wärmer als 4 °C. In beiden Fällen jedoch haben diese Wasserschichten eine geringere Dichte als Wasser bei 4 °C. Grund dafür ist die bekannte Dichteanomalie des Wassers. Abb. 7-6 erläutert diese Situationen.

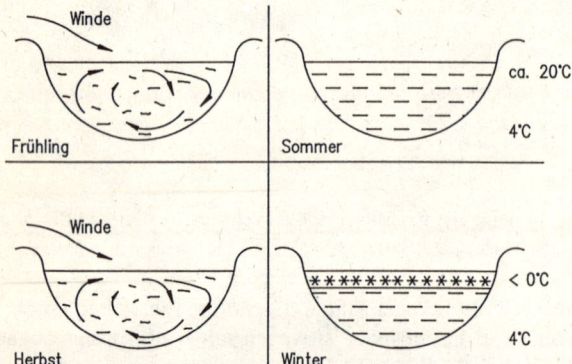

Abb. 7-6
Zirkulations- und Stagnationsphasen eines Sees

Diese Stabilität wird im Frühling und Herbst dadurch aufgelöst, daß die Wasseroberfläche im Herbst durch Abkühlung und im Frühling durch Aufheizen die 4 °C-Marke durchläuft. Bei der daraus resultierenden Einheitstemperatur von 4 °C im See genügt der Einfluß des Windes, um eine tiefgreifende Zirkulation in Gang zu bringen. Diese Phasen heißen daher *Zirkulationsphasen*.

Entsprechend der sommerlichen Temperaturschichtung gibt es nun auch eine Sauerstoffschichtung des Sees. Die oberste Wasserschicht ist i. a. sauerstoffgesättigt, zum einen wegen des Kontaktes mit der Luft (vor allem bei Wind) und zum anderen wegen der Algen, die durch ihren Photosyntheseumsatz Sauerstoff abgeben. Die tieferliegenden Schichten haben dagegen einen geringeren Sauerstoffgehalt, der sich nach Abschluß der Frühlingszirkulation im ganzen Gewässer eingestellt hat. Im Laufe der Stagnationsphase kommt kein weiterer Sauerstoff hinzu. In der bodennahen Schicht wird vielmehr, wie bereits erwähnt, die auf den Grund des Gewässers abgesunkene, abgestorbene Biomasse unter Sauerstoffverbrauch umgesetzt. Sobald der bodennahe Sauerstoff verbraucht ist, setzt der anaerobe Umsatz ein, es bildet sich Faulschlamm, und der oben beschriebene Prozeß der Hypertrophierung beginnt.

Gerade diese ökologisch katastrophale Entwicklungsmöglichkeit von Oberflächengewässern zeigt uns, daß der Phosphateintrag in Gewässer auf einem Minimum gehalten werden muß. Wie dies auf der Basis einer *Symptombekämpfung* möglich wäre, soll in Kapitel 11 bei der Phosphateliminierungsstufe von Kläranlagen besprochen werden. Eine Möglichkeit der *Ursachenvermeidung* soll in Kapitel 8 bei der Besprechung von Waschmitteln und ihrer Einwirkung auf die Umwelt behandelt werden.

7.4   Belastung der Nordsee durch Nährstoffe

Spätestens seit der Algenblüte in den Sommermonaten 1988 ist die Nordsee in den Blickpunkt des öffentlichen Interesses geraten. Damit ist das Problem der Eutrophierung mit beunruhigenden, nach außen hin sichtbar gewordenen Merkmalen nun auch in einem maritimen Gewässer zutage getreten. Zu der die Nordsee belastenden Fracht von Schadstoffen, die in den vergangenen Jahren und Jahrzehnten durch Flüsse und die Atmosphäre in steigendem Maß in die Nordsee gelangten, gehören auch die Pflanzennährstoffe Phosphor (als Phosphat) und Stickstoff (als Nitrat und auch Ammoniumstickstoff).

Die mittlere Nitratkonzentration der Nordsee stieg in den letzten 20 Jahren linear an und verdoppelte sich innerhalb dieser Zeitspanne. Der mittlere Phosphatgehalt stieg anfangs ebenfalls linear an, pendelte sich aber bei ungefähr dem 1.5fachen seines Ausgangswertes ein [7]. Bei etwa konstantem Zustrom dieser Nährstoffe während eines Jahres aus verschiedenen Quellen (s. Tab. 7-6) schwanken jedoch naturgemäß die Nährstoffkonzentrationen in der Nordsee zyklusartig. In den Wintermonaten, in denen kaum Photosyntheseproduktion von Biomasse durch das Phytoplankton stattfindet, sind die Konzentrationen an Phosphat und Nitrat bzw. Ammonium erheblich höher als in den Sommermonaten, in denen die Photosynthese in vollem Gang ist, was zu einer deutlichen Erniedrigung der Nährstoffkonzentrationen führt. Für das Wachstum der pflanzlichen Biomasse (z. B. Algen) sind folgende drei Bedingungen notwendig:

- ausreichendes Nährstoffangebot vor allem an Stickstoff und Phosphor

- stabile Wasserschichtung

- hinreichend intensive Sonneneinstrahlung

Die stabile Wasserschichtung ist in der Nordsee außerhalb der Bereiche von Strömungseinflüssen gegeben. Ähnlich wie in den Seen, war bisher das Nährstoffangebot in der Nordsee in den Sommermonaten der limitierende Faktor für die Biomasseproduktion, insbesondere für die des Algenwachstums. Durch steigenden Eintrag von Nährstoffen in die Nordsee während der vergangenen Jahrzehnte hat sich jedoch auch in den Sommermonaten die Nährstoffkonzentration so weit erhöht, daß sich inzwischen die Zeitspanne im Sommer, in der die Nährstoffkonzentration noch der wachstumslimitierende Faktor ist, stark verkürzt hat. Daher gibt es jetzt auch im Sommer einen Zeitraum, in dem nicht mehr das Nährstoffangebot, sondern die Lichtintensität zum wachstumsbestimmenden Faktor geworden ist.

Tabelle 7-6 Jahreseintrag von Stickstoff und Phosphor in die gesamte Nordsee und in die Deutsche Bucht aufgeteilt nach Quellen in 1000 t/a

Quellen	Stickstoff				Phosphor			
	Nordsee	%	Dt. Bucht	%	Nordsee	%	Dt. Bucht	%
Zustrom*	7705	83	742	43	1167	87	92	47
Atmosphäre	400	4	53	3	20	2	2	1
Flüsse	1073	12	890	52	111	8	92	47
Einbringung**	129	1	28	2	35	3	8	5
Gesamt	9307	100	1713	100	1333	100	194	100

* aus Atlantik und Ärmelkanal
** Klärschlamm, Baggergut, Verklappung

Quelle: [7]

So konnte es in einer sonnenreichen Periode zum geeigneten Zeitpunkt im Sommer 1988 zu einer Algenblüte gewaltigen Ausmaßes kommen. Sollte sich die Nährstofffracht in die Nordsee weiter erhöhen, könnte sogar für die ganze Zeit stabiler Wasserschichtung allein die Lichtverfügbarkeit das Algenwachstum limitieren, d. h. mit jeder Schönwetterperiode in den Sommermonaten wäre eine Algenblüte verbunden.

Die Nordsee ist ein für diese Entwicklung besonders gefährdetes Gewässer, da sie relativ flach ist und von einem intensiven Wasseraustausch mit dem Atlantik weitgehend ausgeschlossen ist, dennoch aber einer ziemlich großen Anzahl schadstoffbelastender Quellen ausgesetzt ist. Phosphat z. B. wird zu einem bestimmten Prozentsatz über die Flüsse in die Nordsee eingetragen. Dieser Prozentsatz erhöht sich enorm, je näher man an ein Küstengebiet herankommt, wie aus Tab. 7-6 für den Bereich der Deutschen Bucht zu entnehmen ist. Ähnliches gilt auch für Stickstoff. Bei ihm darf außerdem der atmosphärische Eintrag nicht vernachlässigt werden, er rührt im wesentlichen von NO_X aus den Kfz–Abgasen und den Rauchgasemissionen her und beträgt bis zu 30 % des durch Flüsse eingebrachten Stickstoffs.

Das Beispiel der Algenblüte zeigt, daß die Zeit drängt, die Schadstofffrachten in die Nordsee drastisch zu reduzieren. Das gilt natürlich nicht nur für Phosphor und Stickstoff, sondern auch für den Schadstoffeintrag durch Verklappung und die Schwermetallfracht. Allein ca. zwei Drittel der Schmutzfrachten aus Flüssen in die Nordsee stammen aus dem Gebiet der Bundesrepublik (Rhein/Maas 52 %, Elbe 13 %, Weser 5 %, Ems 2 % des Gesamteintrags aus Flüssen [7]). Auf die Problematik der Schwermetalle in der Nordsee gehen wir in Kapitel 10 und auf die Möglichkeiten der Reduktion von Schadstofffrachten in Kapitel 11 näher ein.

Einen wichtigen Schritt zur Reduktion der Schadstoffeinträge in die Nordsee stellen die Ergebnisse der 2. Internationalen Nordseeschutz-Konferenz 1987 in London und der 3. Internationalen Nordseeschutz-Konferenz 1990 in Den Haag dar. Die wichtigsten Punkte dieser Beschlüsse sind:

- Reduzierung der Einträge von Stickstoff und Phosphor um 50 % zwischen 1985 und 1995 über höchstzulässige Ablaufkonzentrationen bei Kläranlagen.

- Beendigung der Abfallbeseitigung in der Nordsee bis Ende 1992 und von Klärschlamm bis 1998 – eine Sonderregelung speziell für Großbritannien. Beides wurde von der Bundesrepublik Deutschland bereits 1991 vollständig umgesetzt. Hier wird allerdings für Frankreich und für Großbritannien die Möglichkeit noch offengelassen, ab dem Jahr 2007 wieder schwach- und mittelradioaktiven Abfall in die Nordsee einzubringen.

- Keine Abfallverbrennung mehr auf See ab 1991.

- Verwendungsverbot für PCB bis spätestens 1991.

- Der Einsatz von 18 bestimmten Pflanzenschutzmitteln soll deutlich reduziert bzw. verboten werden und 17 weitere Schadstoffe sollen um 50 % gegenüber 1985 reduziert werden bis spätestens 1999.

- Der Eintrag von Dioxinen, Quecksilber, Blei und Cadmium soll bis 1995 um 70 % reduziert werden.

- Auf der 4. Internationalen Nordseeschutz-Konferenz 1995 in Kopenhagen muß jeder Anrainerstaat Rechenschaft ablegen.

8   Waschmittel als Umweltchemikalien

Zu den gewässerbelastenden Schadstoffen gehören auch die Waschmittel. Gerade in den Industriestaaten haben sie einen beträchtlichen Anteil an der allgemeinen Schadstoffeinleitung. In diesem Kapitel werden wir uns mit der Bedeutung der Waschmittelinhaltsstoffe als Umweltchemikalien beschäftigen. Dabei kommt es weniger auf eine erschöpfende Darstellung der Chemie der Waschmittel an, als vielmehr auf Aspekte ihrer Umweltverträglichkeit und auf die Diskussion möglicher Maßnahmen, die zur Reduktion der Gewässerbelastung durch Waschmittel ergriffen werden können.

8.1   Inhaltsstoffe und Wirkungsweise von Waschmitteln

Wasch- und Reinigungsmittel dienen dazu, den Schmutz, der an der Faseroberfläche von Textilien haftet, zu entfernen. Wasserlösliche Verunreinigungen wie Zucker, Honig oder auch Salz können problemlos mit Wasser ausgewaschen werden. Größere Probleme bereiten die wasserunlöslichen Verschmutzungen wie Eiweiße, Farbstoffe, Fette etc., im allgemeinen also organische Substanzen. Diese Verunreinigungen können nicht allein mit Wasser von den Textilien entfernt werden, es bedarf dazu bestimmter Hilfsstoffe.

Hilfsstoffe, die diese Aufgabe übernehmen, sind die sogenannten *Tenside*. Unter diesem Begriff faßt man alle grenzflächenaktiven waschwirksamen Verbindungen zusammen. Das älteste bekannte Tensid ist die Seife (s. Abb. 8-1). Seifen sind Fettsäuresalze, die bei der *Verseifungs*reaktion von Alkalihydroxiden mit höheren Fettsäuren wie z. B. Palmitinsäure gebildet werden.

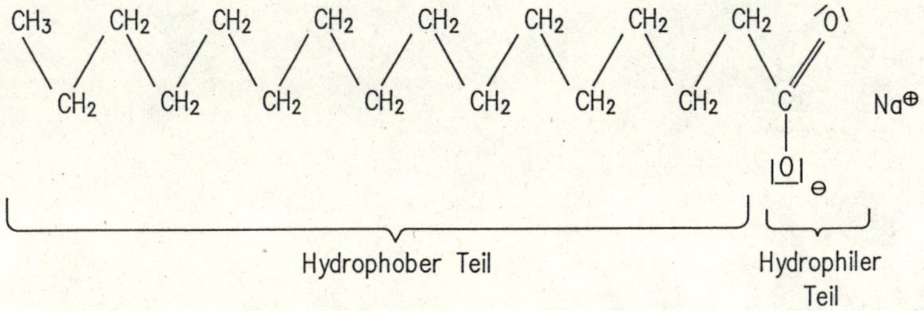

Abb. 8-1   Aufbau eines Tensidmoleküls (Seife)

Die Natriumsalze der Fettsäuren werden *Kernseifen* genannt, als *Schmierseifen* bezeichnet man die entsprechenden Kaliumsalze. Ungefähr ab 1930 wurden auf synthetischem Weg Tenside hergestellt, die sogenannten *Detergentien*, auf die wir weiter unten gesondert eingehen.

Wieso sind diese Tenside in der Lage, den Schmutz von der Textiloberfläche zu entfernen? Die meisten Verschmutzungen enthalten gleichzeitig Bestandteile, die von Wasser nicht benetzt werden, die *hydrophoben* Bestandteile, und solche, die mit Wasser benetzbar sind, die *hydrophilen* Bestandteile. Diese unterschiedliche Benetzbarkeit wird verständlich, wenn man bedenkt, daß Wassermoleküle elektrische Dipole sind, die durch starke zwischenmolekulare Kräfte zusammengehalten werden, den Wasserstoffbrückenbindungen. Nur Stoffe, die ihrerseits dipolartig aufgebaut sind, können sich zwischen die Wassermoleküle schieben und sich damit in Wasser lösen. Hydrophobe Verbindungen bestehen aus ungeladenen bzw. unpolaren Teilchen und sind deshalb schlecht wasserlöslich. Die starken gegenseitigen Anziehungskräfte der Wassermoleküle bewirken außerdem, daß die Wasseroberfläche gering wird und eine hohe Oberflächenspannung erzeugt wird. Reines Wasser kann daher gar nicht in die Textilfaserporen eindringen, in denen der Schmutz an der Faseroberfläche haftet.

Um also hydrophoben Schmutz mittels Wasser von der Faser abzulösen, wird ein waschwirksamer Zusatzstoff benötigt, der die Oberflächenspannung von Wasser herabsetzt, so daß die Schmutzoberfläche benetzt werden kann. Ein solcher Stoff muß aus einem hydrophilen und einem hydrophoben Teil aufgebaut sein (s. Abb. 8-1), damit er diese Kontaktfunktion zwischen Schmutz und Wasser erfüllen kann. Diese Eigenschaft haben Tenside.

Ihre Wirkungsweise beruht auf dem Zusammenspiel zwischen dem hydrophilen und dem hydrophoben Teil des Moleküls. Das ist in Abb. 8-2 dargestellt: Bei Zugabe von Tensiden zu Wasser findet zunächst eine Anreicherung bzw. Adsorption von Tensidteilchen an den Grenzflächen der Schmutzpartikel statt (a–c). Der hydrophobe Teil lagert sich an den hydrophoben Substanzen (z. B. Fett) an, während der hydrophile Teil mit dem Wasser wechselwirkt. Infolge ihrer Grenzflächenaktivität schieben sich dann Tensidmoleküle zwischen Schmutz und Textilfaser. Dabei wird ölig-fettiger Schmutz zu kleineren Kugeln zusammengeschoben, die sich nun leicht von der Faser lösen lassen (d–e). Die abgelösten Schmutzpartikel werden so von Tensidmolekülen eingeschlossen, daß das hydrophile Tensidende nach außen gerichtet ist. Damit wird ein äußerlich hydrophiles Teilchen erzeugt, das einen hydrophoben „Kern" hat und das in Wasser in Schwebe gehalten wird. Diesen Vorgang nennt man *Emulgierung*. Überschüssige Tensidmoleküle besetzen nun die Oberfläche der Fasern oder lagern sich zu größeren Aggregaten, den sogenannten *Micellen* zusammen (f). Die Textilfaser ist somit schmutzfrei.

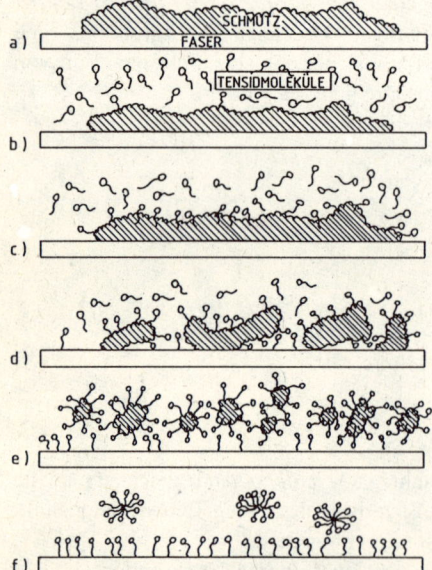

Abb. 8-2
Schmutzablösung durch Tenside (schematisch)

Dieser Mechanismus der Schmutzablösung wird aber durch Ca^{2+}- und Mg^{2+}-Ionen im Waschwasser, den sog. *Härtebildnern* des Wassers, gestört bzw. sogar verhindert. Diese Ionen sind von Natur aus im Wasser in unterschiedlichen Konzentrationen enthalten, abhängig davon, aus welcher Quelle im Boden das verwendete Wasser stammt. Wasser aus kalkhaltigen Böden hat in der Regel hohe Ca^{2+}-

und Mg^{2+}-Konzentrationen. Ca^{2+}-Ionen bilden mit Seifen nahezu wasserunlösliche Calciumsalze, sogenannte *Kalkseifen*, die ausgefällt werden und dadurch die eigentliche Waschwirkung der Seifen verhindern.

Die Ca^{2+}-Ionen bilden die sogenannte *Härte* des Wassers. Die Wasserhärte wird in *Härtegraden* angegeben, die je nach Land unterschiedlich definiert sind. So gibt es z. B. den englischen, französischen, amerikanischen und auch den bei uns üblichen *deutschen Härtegrad* ($°dH$). Die Wasserhärte wird heute in mmol/l Ca^{2+}-Ionen angegeben. $1°dH$ entspricht 0.1785 mmol Ca^{2+}-Ionen pro l (entspricht der älteren Formulierung von 10 mg CaO pro l). Tab. 8-1 gibt die vier in der Bundesrepublik üblichen Härtebereiche (weich, mittel, hart, sehr hart) mit der entsprechenden Härtegradzuteilung samt den entsprechenden Ca^{2+}-Ionen-Gehalten (in mg/l) wieder. Bundesweit schwankt die Wasserhärte erheblich. Das Wasser in Freiburg hat z. B. $1°dH$, während $37°dH$ in Würzburger Wasser gefunden werden.

Mit zunehmender Härte , also zunehmendem Ca^{2+}-Gehalt des Wassers werden immer mehr Tensidmoleküle desaktiviert. Es gilt also, Stoffe den Waschmitteln zuzusetzen, die die Ca^{2+}- und Mg^{2+}-Ionen abfangen bzw. komplexieren, man spricht hier von *Enthärtungsmitteln*, so daß sich die Wirkung der Tenside voll entfalten kann. Zu diesen Enthärtern zählen insbesondere die Phosphate und in neuerer Zeit auch die Phosphatersatzstoffe.

Tabelle 8-1 Härtebereiche des Wassers und deren Verteilung in bundesdeutschen Haushalten

Härtebereich	$°dH^*$	Gehalt an Ca^{2+}-Ionen in mg/l	Verteilung Bevölkerungs-% Bundesländer		
			neue	alte	gesamt
1 weich	< 7	< 52	20	7	10
2 mittel	7 – 14	52 – 100	34	48	43
3 hart	14 – 21	100 – 152	27	32	35
4 sehr hart	> 21	> 152	19	15	16
* $1°dH$ = 1 Grad deutscher Härte $\simeq$ 0.1785 mmol Ca^{2+}-Ionen pro l					
Quelle: [1]					

Da aber neben der Sauberkeit der Wäsche auch noch deren Weißeindruck eine große Rolle spielt, sind auch Bleichmittel und Weißtöner in Waschmitteln enthalten. Im allgemeinen ist also ein Universalwaschmittel aus mehreren Bestandteilen zusammengesetzt. In Tab. 8-2 ist eine ungefähre Rahmenrezeptur eines herkömmlichen Universalwaschmittels angegeben. Alle diese Inhaltsstoffe gelangen natürlich mit der Waschlauge ins Abwasser. Es handelt sich dabei um synthetische organische Stoffe mit mehr oder weniger toxischer Wirkung oder um anorganische Stoffe wie Phosphat, dessen gewässerbelastende Wirkung wir in Kapitel 7 ausführlich besprochen haben. Bevor auf die Umweltwirksamkeit der Waschmittelinhaltsstoffe näher eingegangen wird, wollen wir im folgenden den Aufbau und die Wirkungsweise der einzelnen Komponenten entsprechend der Reihenfolge in Tab. 8-2 erläutern.

Tenside

Tensidmoleküle bestehen aus einem langen hydrophoben Teil und einem kurzen hydrophilen Ende. Der hydrophobe Teil enthält meist eine Kohlenwasserstoffkette, häufig in Kombination mit einem Benzolring. Je nach Ladung der hydrophilen Gruppe unterscheidet man vier Tensidtypen (R = hydrophobe Gruppe):

Tabelle 8-2 Inhaltsstoffe eines herkömmlichen Universalwaschmittels und deren ungefähre prozentuale Gewichtsanteile

Wirkstoff	Beispiele	Anteile in %
Anion-Tenside	Alkylbenzolsulfonat	5 – 10
Niotenside	Fettalkoholethoxylate	1 – 5
Gerüststoffe	Pentanatriumtriphosphat	10 – 40
Bleichmittel	Natriumperborat	15 – 35
Bleichaktivatoren	Tetraacetylethylendiamin	1.5 – 4
Stabilisatoren für Perborat	Ethylendiamintetraacetat, Magnesiumsilicat	0.2 – 2
Enzyme	Proteasen	0.3 – 1
Vergrauungsinhibitoren	Carboxymethylcellulose	0.5 – 2
Schaumregulatoren	Seifen, Silikone	1 – 5
Optische Aufheller	Stilben- und Pyrazolinderivate	0.1 – 0.3
Stellmittel	Natriumsulfat	2 – 20
Duftstoffe		0.1 – 0.3

Quelle: [2]

Anion-Tenside sind anionische Tenside, bei denen die hydrophile Gruppe negativ geladen ist. Zu diesen zählen die oben schon beschriebenen Seifen, $R–COO^-$, aber auch viele verschiedene synthetische Tenside. Die bekanntesten Vertreter davon sind Alkylsulfonat, $R–SO_3^-$, Alkylbenzolsulfonate, $R–C_6H_4–SO_3^-$ und Alkylsulfate, $R–OSO_3^-$. Das Gegenion dazu ist in der Regel Na^+. Der Verbrauch dieser Stoffe betrug 1989 in der Bundesrepublik Deutschland 175 000 t [3].

Niotenside sind nichtionische Tenside, bei denen die hydrophile Gruppe ungeladen ist, wie z. B. bei Alkylethern von einigen Polyalkoholen $R–(O–CH_2–CH_2)_n–OH$. Von diesen Stoffen wurden 1989 in der Bundesrepublik Deutschland 185 000 t verbraucht [3].

Kation-Tenside sind kationische Tenside, bei denen die hydrophile Gruppe positiv geladen ist. Dabei handelt es sich in der Regel um quartäre Ammoniumverbindungen wie z. B. Tetraalkylammoniumchlorid, $[R_4N]^+Cl^-$. Ihr Verbrauch betrug 1989 in der Bundesrepublik Deutschland 30 000 t [3].

Ampholytische Tenside tragen sowohl eine positiv geladene als auch eine negativ geladene hydrophile Gruppe – man spricht in solchen Fällen von einem Zwitterion. Sie werden deshalb auch als *Invertseifen* bezeichnet. Beispiele sind verschiedene von der Chemie der Aminosäuren her bekannte Moleküle mit Betainstruktur wie $[R_4N]^+CH_2–COO^-$. 1989 betrug ihr Verbrauch in der Bundesrepublik Deutschland ca. 5000 t [3].

Die Herstellung synthetischer Tenside erfolgt generell aus petrochemischen Rohstoffen. So werden Alkylbenzolsulfonate aus Olefinen und Benzol hergestellt; Niotenside wie z. B. Fettalkoholpolyglykolether entstehen bei der katalytischen Hydrierung von Fettsäuremethylestern (zu Fettalkoholen) und anschließender Umsetzung mit Ethylenoxid. Nähere Einzelheiten zur Chemie der Tenside sind in der angegebenen Literatur zu finden [2, 4].

Gerüststoffe

Die Gerüststoffe, auch Builder genannt, stellen mit bis zu 40 % den mengenmäßig größten Einzelanteil in einem Vollwaschmittel dar. Sie dienen dazu, Ca^{2+}-Ionen zu binden und somit erst das Funktionieren der Tenside zu gewährleisten. Eine weitere Funktion der Gerüststoffe ist das Einstellen eines bestimmten, je nach verwendetem Tensid abhängigen pH-Bereichs, in dem das Tensid seine optimale Wirkung entfaltet. Dadurch verhindern die Gerüststoffe auch Ablagerungen auf den Waschmaschinenteilen.

Als herkömmliche Gerüststoffe dienten bis Ende der 80er Jahre Phosphate, die inzwischen weitgehend durch sogenannte Phosphatersatzstoffe in den Waschmittelrezepturen ersetzt wurden. Auf diese gehen wir gesondert in Abschnitt 8.2 ein.

Unter dem Begriff Waschmittelphosphate werden kettenförmige Polyphosphate mit einer Kettenlänge von 2 bis 25 Gliedern zusammengefaßt. Im Gegensatz zum Monophosphat (Orthophosphat) sind sie in der Lage, Metall-Ionen komplex zu binden. Hauptsächliche Verwendung findet das Pentanatriumtriphosphat, welches mit den Ca^{2+}-Ionen des Wassers wasserlösliche Chelat-Komplexe bildet (Abb. 8-3). Außerdem wird das Pentanatriumtriphosphat sowohl an der polaren Faser wie auch an den polaren Schmutzteilen adsorbiert. Auf diese Weise wird die gegenseitige Abstoßung von Schmutz und Faser verstärkt, eine Schmutzablösung also zusätzlich erleichtert. Der Verbrauch von Waschmittelphosphat betrug 1980 in der Bundesrepublik Deutschland noch 220 000 t, 1989 war er schon auf 20 000 t abgesunken [3] und erreichte 1990 nur noch ca. 5000 t [5].

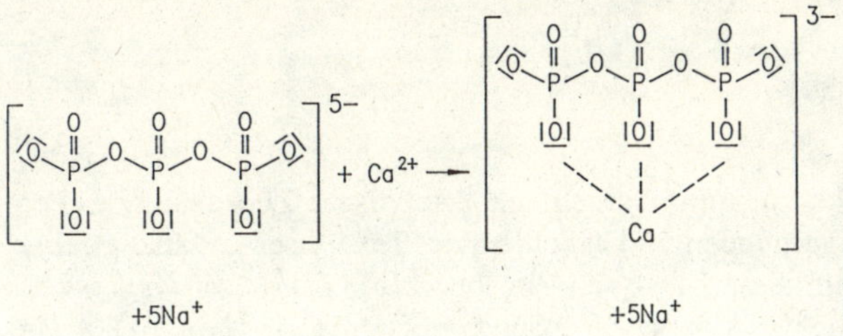

Abb. 8-3
Komplexierung von Ca^{2+}-Ionen durch
Pentanatriumtriphosphat

Bleichmittel

Einige organische Verschmutzungen wie rote und blaue Anthocyan-Farbstoffe (Obstflecken), Gerbstoffe aus Tee oder Rotwein und auch Huminsäuren von Kaffee, Tee und Kakao, Gemüsefarbstoffe und Blutbestandteile können mit Hilfe von waschaktiven Substanzen allein nicht entfernt werden. Sie lassen sich nur durch oxidative Zerstörung der organischen Moleküle beseitigen. Früher setzte man Wäschestücke der Sonne aus, heute benutzt man Bleichmittel als Waschmittelzusatz. Verwendung als Bleichmittel finden Natriumperborat, $NaBO_2(OH)_2 \cdot 3H_2O$, und seltener das Natriumpercarbonat, $Na_2CO_3 \cdot 1.5H_2O_2$.

Die Bleichwirkung des Perborats beruht auf der Abspaltung von chemisch sehr reaktiven Sauerstoffatomen ab 60 °C Waschtemperatur. Diese zerstören organische Verunreinigungen oxidativ. Der aktive Sauerstoff $O_{akt.}$ wird über das Perhydroxyd-Anion (HOO^-) gebildet:

$$NaBO_2(OH)_2 \cdot 3H_2O \longrightarrow Na^+ + H_2BO_3^- + H_2O_2 + 2H_2O \qquad (8.1)$$

$$H_2O_2 + OH^- \longrightarrow H_2O + HOO^- \qquad (8.2)$$

$$HOO^- \longrightarrow OH^- + O_{akt.} \qquad (8.3)$$

Die Einsatzmenge von Perborat betrug 1989 in der Bundesrepublik Deutschland 100 000 t [3].

Bleichmittelaktivatoren

Natriumperborat bleicht erst bei Laugentemperaturen von über 60°C gut; niedrigere Temperaturen erfordern den Zusatz von Bleichmittelaktivatoren. Diese sind Acylierungsmittel, welche Perborat schon bei niedrigen Temperaturen in Persäuren umsetzen, die auch unterhalb von 60°C oxidativ wirken.

Als Bleichmittelaktivatoren findet hauptsächlich Tetraacetylethylendiamin (TAED) Verwendung. Es reagiert mit dem Wasserstoffperoxid, das sich nach Gl. (8.1) aus Perborat bildet, zu Diacetylethylendiamin und Peressigsäure (s. Abb. 8-4). Peressigsäure $CH_3–C(O)OOH$ wird dann als oxidatives Bleichmittel wirksam.

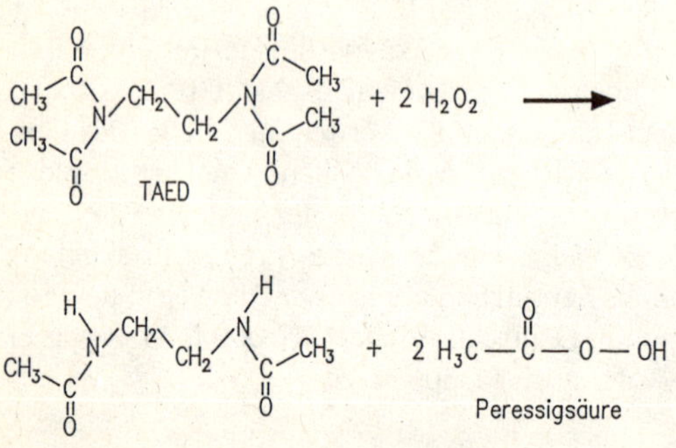

Abb. 8-4
Bildung von Peressigsäure aus TAED und H_2O_2

Bleichmittelstabilisatoren

Kupfer-, Eisen- und Manganionen bewirken schon in Spuren eine katalytische Zersetzung des Perborats. Dadurch wird die Bleichwirkung vermindert und außerdem die Textilfaser geschädigt. Eine Zugabe von Bleichmittelstabilisatoren hebt diese Katalyse weitgehend auf. Zugesetzt werden z. B. Magnesiumsilicat oder auch stärkere Komplexbildner wie Ethylendiamintetraacetat, kurz EDTA, die die genannten Metallionen komplex binden.

Enzyme

Für die Entfernung hartnäckiger, eiweißhaltiger Flecken wie Blutflecken werden eiweißspaltende Enzyme, sog. *Proteasen*, den Waschmitteln zugesetzt. Sie spalten wasserunlösliche Proteine durch enzymatische Hydrolyse von Peptid- und Esterbindungen in kürzere Bruchstücke, die dann leichter von der Faser abgeschwemmt werden können. Neben Proteasen werden auch *Amylasen* eingesetzt, die gegenüber kohlehydrathaltigen Verschmutzungen wirksam sind. Besonders im Temperaturbereich bis 60 °C eignen sich bestimmte Enzyme zur Entfernung solcher Flecken.

Vergrauungsinhibitoren

Sie haben dafür zu sorgen, daß sich der bereits abgelöste Schmutz nicht wieder auf der Wäsche absetzt. Vergrauungsinhibitoren ziehen sowohl auf Textilfasern als auch auf Schmutzteilchen irreversibel, d. h. nicht mehr durch Wasser abspülbar, auf und erschweren damit eine wiederholte Annäherung von Schmutz und Faser. Für Cellulosefasern, wie z. B. Baumwolle, ist der gebräuchlichste Vergrauungsinhibitor die Carboxymethylcellulose, in der die OH-Gruppen der Cellulose durch

O–CH$_2$–COOH-Gruppen ersetzt sind. Infolge der Entwicklung von Synthesefasern wie Polyamiden oder Polyestern, an denen Carboxylmethylcellulose praktisch wirkungslos ist, werden vermehrt andere wirksame vergrauungsinhibierende Substanzen eingesetzt, z. B. nichtionische Polymere.

Schaumregulatoren

Schaumregulatoren, häufig nicht ganz korrekt als Schauminhibitoren bezeichnet, verhindern ein zu starkes Schäumen der Waschlauge in der Waschmaschine. Hierzu werden höhermolekulare Seifen mit Ketten von 12 bis 22 Kohlenstoffatomen, Silikone und Trialkylmelaminderivate eingesetzt.

Optische Aufheller

Sauber gewaschene, weiße Wäsche ist gelbstichig, da die blauen Anteile des auffallenden weißen Lichtes stärker von der Gewebeoberfläche absorbiert werden. Aus diesem Grund wurde früher zur Kompensation blauer Farbstoff (Wäscheblau, Ultramarinblau) zugegeben. Heute setzt man optische Aufheller (auch Weißtöner genannt) dem Waschmittel bei. Diese Stoffe absorbieren die ultraviolette, nicht sichtbare Strahlung des Tageslichtes und strahlen es als längerwelliges blaues Licht wieder ab. Durch die Addition dieser blauen Strahlung erscheint die gelbstichige Wäsche wieder weiß. Daher strahlt die Wäsche tatsächlich „weißer als weiß", wie ein Werbeslogan verspricht.

Als optische Aufheller werden organische Fluoreszenzfarbstoffe, meist Cumarin-, Furan-, Stilben- oder auch Triazo-Derivate eingesetzt.

Stellmittel

Stellmittel oder Füllstoffe sind waschinaktive Verbindungen, die gute Rieselfähigkeit und Dosierbarkeit des Waschmittelpulvers garantieren sollen, wobei gleichzeitig Stauben und Zusammenbacken verhindert werden soll. Als Stellmittel für pulverförmige Waschmittel werden i. a. anorganische Salze, insbesondere Natriumsulfat Na$_2$SO$_4$, eingesetzt.

Duftstoffe

Sie überdecken den während des Waschvorganges auftretenden Laugengeruch und verleihen der gewaschenen Wäsche einen angenehmen Duft.

Korrosionsinhibitoren

Die meisten Waschmaschinenbauteile, die aus Metall, aber nicht aus Edelmetall bestehen, unterliegen der Korrosion. Aluminium wird durch die Hydroxid-Ionen der alkalischen Waschlauge angegriffen, und die eisenhaltigen Bauteile rosten unter dem Einfluß von Tensiden und Gerüstsubstanzen. Um dies zu verhindern, werden den Waschmitteln Korrosionsinhibitoren zugesetzt, meist in der Form von Silicaten wie z. B. Wasserglas (Na$_2$O·SiO$_2$·nH$_2$O), die auf den Metalloberflächen eine Inertschicht ausbilden sollen.

8.2   Umweltrelevanz von Waschmitteln

1989 wurden in der Bundesrepublik 1.65 Millionen Tonnen Wasch- und Reinigungsmittel verbraucht. 50 % davon entfielen auf Waschpulver. Der Rest besteht zu etwa 20 % aus Weichspülern und zu ungefähr 30 % aus Haushalts- und Sanitärreinigern [3]. Mit einem Pro-Kopf-Verbrauch von 26 kg an Wasch- und Reinigungsmitteln pro Jahr steht die Bundesrepublik an der Spitze der Länder Europas. Auch in der ehemaligen DDR war der Verbrauch keineswegs gering. Allein an Waschpulvern wurden dort 1989 ca. 200 000 t verbraucht [3].

Bei einem derart hohen Waschmitteleinsatz stellt sich die Frage nach der Umweltverträglichkeit. Man kann allgemein sagen: Umweltfreundliche Waschmittel gibt es nicht. Nahezu die gesamte Menge der verwendeten Wasch- und Reinigungsmittel gelangen nach Gebrauch ins Abwasser. Etwa 30 % der Belastung des kommunalen Abwassers der Bundesrepublik Deutschland (1989) mit organischen Stoffen und 40 % der gelösten mineralischen Stoffe stammen aus Wasch- und Reinigungsmitteln.

Bis in die 50er Jahre hinein wurden in Waschmitteln zum großen Teil „biologisch harte" Tenside verwendet. Hierunter versteht man Tenside, die wegen ihrer stark verzweigten Kohlenwasserstoffreste von Mikroorganismen in den Gewässern nur sehr langsam abgebaut werden können. Den größten Anteil an den verzweigtkettigen Tensiden hatte das Tetrapropylenbenzolsulfonat (TPS) mit einem Produktionsanteil von weit über 50 % der weltweit 1959 synthetisch hergestellten Tenside. Aus diesem Grund bildeten sich Ende der 50er Jahre auf Gewässern, besonders an Wehren und Schleusen, Schaumberge. TPS und andere Tenside sind fischtoxisch. Tenside entziehen außerdem durch ihren mikrobakteriellen Abbau anderen Lebewesen den Sauerstoff. Es kam zu Fischsterben in den Flüssen.

Das veranlaßte den Gesetzgeber, 1961 das erste deutsche Detergentiengesetz zu erlassen. Es trat 1964 in Kraft und ist inzwischen ungültig, da es von schärferen Gesetzen abgelöst wurde. Es schrieb für anionenaktive Tenside eine biologische Abbaubarkeit von mindestens 80 % vor. Das bis dahin vorwiegend eingesetzte stark verzweigte und deshalb schwer abbaubare TPS wurde daraufhin durch „biologisch weiche", d. h. leichter abbaubare Tenside, nämlich lineare (geradkettige) Alkylbenzolsulfonate (LAS) ersetzt. Die heute als Detergentien eingesetzten LAS werden in der biologischen Stufe von Kläranlagen zu mindestens 90 % von Mikroorganismen abgebaut. Der vollständige Abbau von LAS ist in Abb. 8-5 dargestellt.

Ein weiterer Schritt, die Gewässerbelastungen zu reduzieren, war die Novellierung des Wasserhaushaltsgesetzes und die Einführung des Abwasserabgabengesetzes 1976 (s. auch Kapitel 11). Den Einleitern von Schadstoffen, und damit auch von Detergentien, wurde es zur Auflage gemacht, für die eingeleiteten Schadstoffmengen eine Abgabe zu entrichten (s. Kap. 11).

Es folgte 1977 eine Erweiterung der gesetzlichen Verordnung bzgl. der Abbaubarkeit von Tensiden. Sie wurde auf 90 % festgelegt und gilt auch für nichtionische Tenside. Kationische Tenside, die vor allem in Weichspülern vorkommen, sind darin nicht erfaßt, obwohl diese als besonders schlecht abbaubar gelten. Kritisch anzumerken ist außerdem, daß der Begriff „biologisch abbaubar" eine unbefriedigende Definition darstellt. Unter biologischem Abbau versteht man die Zersetzung oder Spaltung von größeren Molekülen durch Mikroorganismen in einfachere niedermolekulare Verbindungen, z. B. den Abbau von Stärke zu Zucker. Ist der biologische Abbau vollständig, so entstehen daraus nur Wasser, Kohlendioxid und neue Biomasse. Abb. 8-5 zeigt das am Beispiel des LAS.

Insgesamt ist ein möglichst vollständiger Abbau von Tensiden erstrebenswert, da als Endprodukte mit CO_2 und H_2O zwei umweltverträgliche Stoffe entstehen. Die gesetzlich vorgeschriebene Mindestabbaubarkeit von 90 % betrifft jedoch nur die primäre Abbaubarkeit. Es wird also ein Tensidabbau gefordert, der nur einen Verlust der Waschwirkung und eine Verminderung der Schaumbildung garantiert. Es ist also kein vollständiger Abbau vorgeschrieben. Außerdem werden auch über die Abbauprodukte der Tenside keine Aussagen gemacht. So werden beispielsweise

Tabelle 8-3 Bestimmungen zum Schutz der Umwelt, von denen Waschmittel direkt oder indirekt betroffen sind, in historischer Reihenfolge (Auszug):

1961 Detergentiengesetz: Anionische Tenside müssen zu mindestens 80 % biologisch abbaubar sein (inzwischen ungültig)

1975 Waschmittelgesetz: Inhaltsstoffangabe und Dosierungstabelle müssen auf den Waschmittelpackungen angegeben werden

1976 4. Novelle Wasserhaushaltsgesetz und Abwasserabgabengesetz

1977 Verordnung über die Abbaubarkeit anionischer und nichtionischer Tenside: Sie müssen zu mindestens 90 % biologisch abbaubar sein

1980 Phosphathöchstmengenverordnung: Begrenzung der Phosphatmenge in Wasch- und Reinigungsmitteln

1984 Änderung der Phosphathöchstmengenverordnung: Reduzierung der Phosphatmenge um 50 % gegenüber 1980

1987 Änderung des Waschmittelgesetzes (gültig ab 1988): Dosierungsangaben für phosphathaltige **und** auch für phosphatfreie Waschmittel müssen in ml statt in Meßbecher-Einheiten angegeben und auch die Ergiebigkeit muß angegeben werden

1992 Das Waschmittelgesetz tritt für die neuen Bundesländer in Kraft

Quelle: [2, 6]

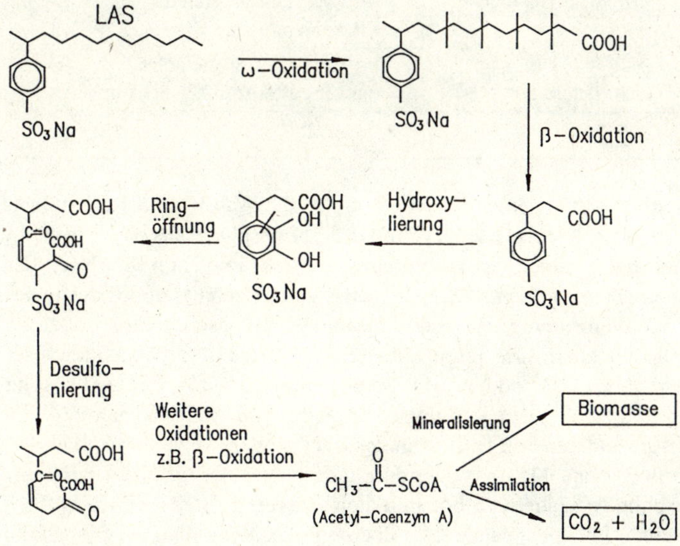

Abb. 8-5
Abbauweg eines linearen Alkylbenzolsulfonats

die Fettalkoholsulfate $CH_3-(CH_2)_n-CH_2-O-SO_3Na$ nach der Hydrolyse durch β-Oxidation zu den nichttoxischen, biologisch durchaus relevanten Acetyl-Co-A-Molekülen abgebaut, die vom ökologischen Standpunkt aus gesehen unbedenklich sind (vgl. Abb. 8-5). Bei einem bestimmten Niotensid aber, dem 4-Alkylphenolpolyethoxylat, entsteht durch oxidativen Abbau am Ende der Abbaukette ein 4-Alkylphenol, das im Vergleich zum Ausgangsstoff wesentlich giftiger für Fische ist [7]. D. h. hier wird ein kaum toxisches Molekül in toxischere, schwer abbaubare Metabolite (Abbauprodukte) umgewandelt. Solche Probleme erfaßt die Gesetzgebung nicht.

Dieses Beispiel zeigt, daß die vom Gesetzgeber definierte biologische Abbaubarkeit nicht unbedingt ein Gütesiegel für Umweltfreundlichkeit darstellt.

Nachdem mit dem Detergentiengesetz ein durch Waschmittel hervorgerufenes Umweltproblem zumindest teilweise eingedämmt war, zeigte sich in den 70er Jahren eine weitere Umweltgefährdung, die Eutrophierung der Oberflächengewässer (s. Kap. 7), zu der das Pentanatriumtriphosphat aus Waschmitteln wesentlich beitrug. 1975 stammten 40 % des Phosphateintrags in Oberflächengewässern aus Waschmitteln (s. Abb. 7-5). Die Waschmittel stellten somit die größte und zugleich die am besten lokalisierbare Phosphatquelle dar, weshalb eine Reduzierung der Phosphatzufuhr in Gewässer durch Einschränkung des Phosphateinsatzes in Waschmitteln am sinnvollsten erschien.

Tabelle 8-4 Vergleich von Phosphat mit einigen Phosphatersatzstoffen

Bezeichnung	Humantoxizität	biologische Abbaubarkeit	Verhalten in Kläranlage
Pentanatriumtriphosphat (NTP)	keine	hydrolytisch u. biologisch sehr gut	sehr gut entfernbar
Nitrilotriacetat (NTA)	evtl. mutagen	in Praxis unzureichend	schwer entfernbar
Ethylendiamintetra-acetat (EDTA)	k. A.	k. A.	schwer entfernbar
Natriumcitrat	keine	sehr gut und schnell	biologisch leicht entfernbar
Natriumaluminium-silicat (Zeolith)	keine	irrelevant, da unlöslich	vergrößert die anfallende Klärschlammenge
Polycarboxylate	keine	sehr langsam	verbleibt im Klärschlamm
Phosphonate	keine	sehr langsam	schwer entfernbar Klärschlamm

Quelle: [9]

In der 1980 erlassenen Phosphathöchstmengenverordnung wurden für Wasch- und Reinigungsmittel bestimmte Phosphathöchstmengen festgesetzt. Der Anteil der Phosphate aus Waschmitteln in Oberflächengewässern sank nach Inkrafttreten der Verordnung auf 25 % im Jahr 1983. Nach der Novellierung der Phosphathöchstmengenverordnung 1984, die den Phosphatgehalt auf die Hälfte des 1980 von der Phosphathöchstmengenverordnung festgeschriebenen Werte beschränkte, reduzierte sich der Anteil des Waschmittelphosphats am Gesamtphosphateintrag in die Oberflächengewässer weiter auf 17.6 % im Jahr 1985 (vgl. Abb. 7-5) und betrug 1990 nur noch 6.5 % [5]; das sind absolut betrachtet etwa 5000 t. Dieser starke Rückgang ist allerdings nur zum Teil auf die Phosphatreduktion in Waschmitteln zurückzuführen, zum anderen Teil liegt er an der wachsenden Anzahl von Kläranlagen mit Phosphateliminierungsstufe (s. Kap. 11). In mehreren Ländern Westeuropas ist der Einsatz von Phosphaten in Waschmitteln schon seit Jahren verboten, in der Schweiz z. B. seit 1986 [8].

Die Aufgabe der Phosphate können Phosphatersatzstoffe übernehmen. Sie sollen möglichst alle positiven Eigenschaften des Triphosphates in sich vereinen, dabei aber gleichzeitig weder toxisch

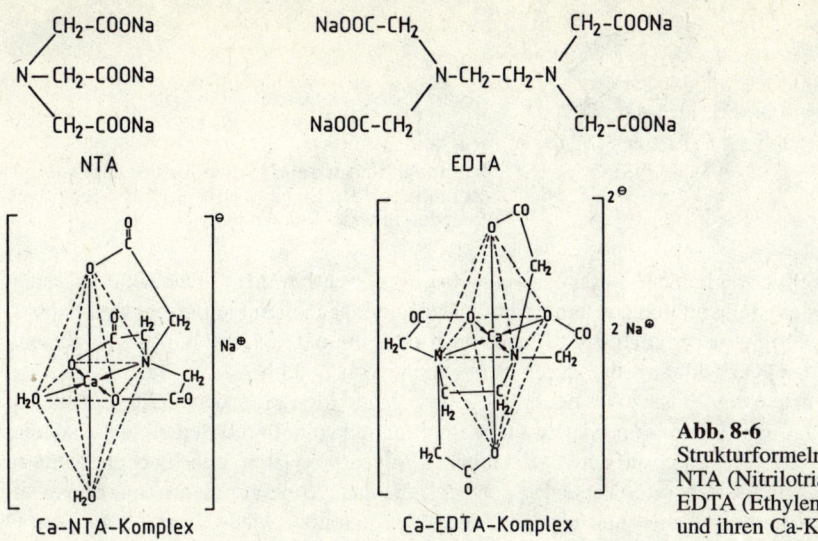

Abb. 8-6
Strukturformeln von
NTA (Nitrilotriacetat) und
EDTA (Ethylendiamintetraacetat)
und ihren Ca-Komplexen

sein noch einen Düngeeffekt zeigen, der zur Eutrophierung führen kann. Die heute am häufigsten verwendeten Ersatzstoffe sind in Tab. 8-4 aufgelistet. Es handelt sich dabei um **Natriumcitrat**, das Natriumsalz der Citronensäure, **Nitrilotriacetat** (NTA), ein Derivat der Essigsäure, um **Ethylen-diamintetraacetat** (EDTA), eine in der Analytik vielfach eingesetzte komplexbildende Substanz, und vor allem um **Zeolith A**, ein Silicat. Auch Polycarboxylate, Salze von Polycarbonsäuren und Phosphonate, Salze der Phosphonsäure, werden zu diesem Zweck eingesetzt. Die Wirkungsweise der drei erstgenannten Phosphatersatzstoffe beruht, ebenso wie die des Triphosphats, auf der Eigenschaft, Metallionen wie Ca^{2+} komplex binden zu können. Die Strukturformeln und Wirkungsweisen von NTA und EDTA sind in Abb. 8-6 wiedergegeben. Die Wirkung der Zeolithe ist eine andere. Sie sind keine Komplexbildner, sondern Ionenaustauscher, also Stoffe, die bestimmte Ionen aufnehmen können und dafür andere Ionen abgeben. Polycarboxylate und Phosphonate zeigen wiederum eine andere Wirkung: Sie verhindern durch die Unterdrückung oder Verlangsamung des Kristallwachstums eine Ausfällung der schwerlöslichen Ca^{2+}- und Mg^{2+}-Salze. Diese Wirkungsweise bezeichnet man als *Threshold-Effekt*.

Inzwischen werden Zeolithe in größeren Mengen als Phosphatersatzstoffe eingesetzt. Sie sind wasserunlösliche, poröse, kristalline Natrium-Aluminium-Silicate. Die empirische Formel des synthetisch hergestellten Zeolith A lautet $Na_2O \cdot Al_2O_3 \cdot SiO_2$ (hier ohne Kristallwasser). Die Einheitszellen (Abb. 8-7a) sind über Sauerstoffatome verbunden und bilden eine käfigartige Überstruktureinheit (Abb. 8-7b). Bei der Synthese der Zeolithe vom Typ A kann die Größe der Porenöffnung für den Einsatz als Ionenaustauschermaterial exakt durch die Wahl der Kationen eingestellt werden und liegt bei Verwendung von Alkaliionen zwischen 0.3 und 0.5 nm. Die Weite der Porenöffnung bei der Natriumform des Zeolith A beträgt 0.41 nm und eignet sich gut dazu, die Härtebildner des Wassers, die Ca^{2+}-Ionen, gegen Na^+-Ionen auszutauschen. Eine Einheitszelle hat die chemische Strukturformel $Na_{12}[(AlO_2)_{12}(SiO_2)_{12}]$. Die Sauerstoffatome sitzen auf den Verbindungslinien zwischen Al- und Si-Atomen, die Na^+-Ionen in den Hohlräumen (in Abb. 8-7 nicht gezeigt). Zeolith A, das bisher hauptsächlich bei der Trocknung und Reinigung sowie der Sauerstoffanreicherung aus Luft angewendet wurde, steht unter dem Handelsnamen SASIL inzwischen in ausreichender Menge zur Verfügung. Die jährliche Produktion der Zeolithe stieg seit Mitte der 70er Jahre von rund 10 000 t auf rund 500 000 t [10]. 1989 wurden bereits 131 000 t in Waschmitteln eingesetzt.

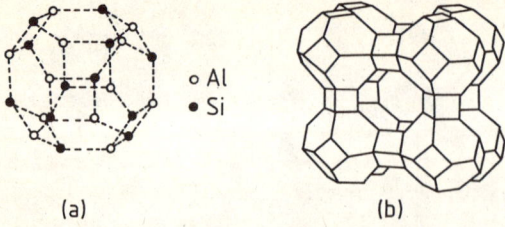

○ Al
● Si

(a)   (b)

Abb. 8-7
Zeolith A: Einheitszelle (a) und Aufbau des
Zeolith A aus den Einheitszellen (b) mit einem
Porendurchmesser von 0.4 nm

Wie ist die Umweltverträglichkeit dieser Phosphatersatzstoffe zu bewerten? Die Zeolithe gelten wegen ihrer Wasserunlöslichkeit und Natriumcitrat wegen seiner schnellen biologischen Abbaubarkeit als ökologisch völlig unbedenklich, zumal beide auch keine humantoxische Wirkungen zeigen.

Die Vermehrung der Klärschlammenge durch Verwendung von Zeolith A statt Phosphaten kann nicht als Argument gegen den Einsatz von Zeolith A gelten, da die Menge an ausgefälltem Phosphat in einer dritten Reinigungsstufe (s. Kap. 11) etwa dasselbe Volumen einnimmt. Bedenklicher scheint der heute übliche Zusatz von biologisch schwer abbaubaren Polycarboxylaten sowie Phosphonaten zu Zeolith A zu sein. Es wurde daher der Vorschlag gemacht, die dritte Reinigungsstufe mit Phosphateliminierung vollständig auszubauen und phosphathaltige Waschmittel wieder einzusetzen, zumal damit zusätzlich andere Phosphatfrachten (aus Fäkalien etc.) reduziert würden. Eine Rest-Phosphat-Belastung bliebe jedoch, da nach wie vor gewisse Anteile von Mischwasser direkt in die Gewässer eingeleitet werden und ca. 6 % der Bevölkerung allein in den alten Bundesländern nicht an die öffentliche Kanalisation angeschlossen werden können [11].

Bei den Komplexbildnern EDTA und NTA ist die Umweltverträglichkeit problematischer. Beide können nicht nur die Härtebildner des Wassers, also Ca^{2+} und Mg^{2+}, sondern im Gegensatz zu Zeolith A auch Schwermetallionen binden. EDTA wird in konventionellen Kläranlagen mit Belebtschlammbecken (siehe Kapitel 11) praktisch nicht abgebaut. Damit besteht die Gefahr einer Schwermetallmobilisierung durch EDTA, d. h. EDTA kann Schwermetalle aus ihren schwerlöslichen Verbindungen herauslösen. Der EDTA-Schwermetall-Komplex würde die Kläranlage, ohne abgebaut zu werden, passieren und so in den Vorfluter gelangen. Dadurch könnte es zu einer Konzentrierung von Schwermetallionen in Oberflächengewässern kommen. Ähnliche Probleme sind mit NTA zu erwarten. Außerdem zeigte NTA im Tierversuch teratogene (Mißbildungen verursachende) Wirkung, weshalb in den USA ein NTA-Verwendungsverbot eingeführt wurde, während in der Bundesrepublik die Waschmittelindustrie freiwillig eine Verwendungsobergrenze von NTA in Waschmitteln von 3.4 % festlegt hat [6].

Sowohl Triphosphat als auch die verschiedenen Phosphatersatzstoffe werfen ökologische Probleme auf, sobald sie im großen Maßstab eingesetzt werden. Separate Dosierung könnte diese Mengen reduzieren. Aber nicht nur die Gerüststoffe, sondern auch die anderen Inhaltsstoffe von Waschmitteln sind ökologisch bedenklich, das gilt vor allem für das als Bleichmittel verwendete Natriumperborat. Es ist bekannt, daß das nach der Bleichwirkung entstandene Borat direkt Wasserpflanzen schädigt [12]. Es wurde in den Fällen, in denen nicht geklärtes Abwasser direkt als Brauchwasser in der Landwirtschaft eingesetzt wurde, wie beispielsweise in Italien, Schäden an Obstbäumen, Weinreben oder auch Tomatenkulturen beobachtet [6]. Auch hier könnte der zielgerichtete Einsatz von Bleichmitteln durch separate Verwendung beim Reinigen vor allem von Weißwäsche zur Senkung des Verbrauchs führen. Das Reinigen von Buntwäsche erfordert in der Regel keine Bleichmittel.

Auch die sogenannten Weichspüler sind problematisch. Es handelt sich dabei um kationenaktive Substanzen wie z. B. Distearyldimethylammoniumchlorid (DSDMAC). Kationische Tenside gelten in der Regel als fischtoxisch, so auch das DSDMAC. In den Niederlanden bereits seit Jahren verboten, wird es in der Bundesrepublik weiterhin eingesetzt.

Seit Ende der achtziger Jahre werden in der Bundesrepublik Flüssigwaschmittel eingeführt. Flüssigwaschmittel enthalten ca. 30–35 % Tenside und zusätzlich ca. 15 % herkömmliche Seifen als Härtebinder; sie kommen ohne NTP bzw. Zeolith A aus. Der hohe Tensidanteil macht sie aber aus der Sicht des Gewässerschutzes zu einer problematischen Produktgruppe, die nur als Spezialwaschmittel bei extrem fetthaltiger Verschmutzung verwendet werden sollte.

Abschließend kann festgehalten werden, daß es ein völlig umweltfreundliches Wäschewaschen nicht gibt. Eine optimale Reduktion der Gewässerbelastung bei gleicher Waschleistung könnte durch größere Verbreitung des sogenannten „Baukastensytems" beim Waschen erreicht werden, d. h. durch separate und dosierte Zugabe von Tensiden, Enthärtern, Bleichmitteln etc., die den Erfordernissen des Waschgangs und der Wasserhärte angepaßt ist [13]. Für die Waschmittelindustrie würde zwar ein bedarfsgerechtes separates Zudosieren von Enthärtungsmitteln eine Umsatzminderung von mehr als 10 % bedeuten [14], für die Gewässerbelastung aber auch eine entsprechende Minderbelastung. Maßnahmen, die zu einer breiteren Akzeptanz des Baukastensystems in der Bevölkerung führen, sind daher wünschenswert. Beispielsweise vergibt das Umweltbundesamt das Umweltzeichen („Umweltengel") an Waschmittel-Baukastensysteme die keine bzw. nur wenige problematischen Inhaltsstoffe enthalten [1].

9   Chemie in der Landwirtschaft: Düngemittel und Biozide (Pestizide)

Schon seit längerem ist die moderne Landwirtschaft wachsender Kritik ausgesetzt. Die Art und Weise der intensiven Nutzung von Anbauflächen bringt es mit sich, daß sich schon kleine Änderungen in der Wirtschaftsweise gravierend auf das Ökosystem Boden auswirken können, z.B. durch Erosion, Grundwasserbelastung oder Rückgang der biologischen Artenvielfalt. Wir wollen hier nicht die zahlreichen Einzelaspekte der modernen Landwirtschaft diskutieren, sondern uns auf zwei wichtige Teilbereiche beschränken, in denen die moderne Chemie eine fundamentale Rolle spielt, die Mineraldüngung und den Einsatz von Pestiziden. Diese Einsatzgebiete tragen in erster Linie zu dem Teil der Umweltproblematik bei, der durch die Landwirtschaft verursacht wird.

Vorab wird die Zusammensetzung des Bodens und dessen Beschaffenheit unter dem Gesichtspunkt der landwirtschaftlichen Nutzung besprochen und anschließend werden mögliche Umweltgefährdungen durch Einsatz von Chemikalien in der Landwirtschaft aufgezeigt.

9.1   Der Boden und seine ökosystemare Funktion

Als Boden bezeichnen wir die oberste, belebte Schicht der Erdoberfläche, die durch Gesteinsverwitterung entsteht. Sie ist durchsetzt mit Wasser, Luft und Lebewesen sowie abgestorbener Biomasse und umgewandelten organischen Substanzen. Die mineralischen Bestandteile des Bodens sind vor allem Silicate. Aus ihnen entstehen durch Verwitterungsprozesse Tonminerale und verschiedene Oxide und Hydroxide.

Allerdings sind die Böden unterschiedlich. Dies wird gerade bei dem für die Landwirtschaft wichtigen Carbonatgehalt des Kulturbodens deutlich. Es gibt carbonathaltige und carbonatarme Böden. Die naturgemäß carbonatfreien, bodenbildenden magmatischen Gesteine bestehen vor allem aus Quarz und anderen Silicaten verschiedenster Art. Die chemische Zusammensetzung dieser Gesteine ist in Tab. 9-1 angegeben, SiO_2 und Aluminiumoxid bilden mit zwei Dritteln den größten Anteil. Bei carbonathaltigen Böden ist der CaO- bzw. MgO-Gehalt wesentlich höher.

Durch verschiedene Verwitterungsprozesse dieser Minerale, wie z.B. physikalische, chemische oder oxidative Verwitterung (s. Kapitel 1), bildet sich der Boden. Die Eigenschaften eines Bodens werden bestimmt durch die Art der Verwitterungsvorgänge, durch das Ausgangsgestein und letztlich durch die im Boden ablaufenden biologischen Prozesse. Die Beschaffenheit eines Bodens hängt von der Korngröße der Einzelteilchen ab. Haben die Teilchen eine Größe von < 0.002 mm, so spricht man von *Ton*, sind sie zwischen 0.002 mm und 0.06 mm groß, so spricht man von *Schluff. Schwere Böden* liegen vor, wenn die kleinsten, tonartigen Teilchen im Boden überwiegen.

Ein Bestandteil des Bodens ist für die Landwirtschaft von besonderer Bedeutung, der *Humus*. Humus entsteht beim Abbau abgestorbener Biomasse. Dieser Vorgang heißt *Humifizierung*. Dabei bilden sich hochpolymere, schwerlösliche Verbindungen, die Wasser, anorganische und auch organische Stoffe binden und langsam wieder abgeben können. Der von Natur aus saure Rohhumus geht mit Tonmineralen kolloidale Ton-Humus-Komplexe ein, deren Größe, Menge und Struktur die Qualität eines Kulturbodens bestimmen. Diese Komplexe reagieren stark auf pH-Wert-Änderungen. Dies erklärt die überaus hohe Säureempfindlichkeit von kalkfreien Böden, die einen Säureeintrag

Tabelle 9-1 Mittlere chemische Zusammensetzung der bodenbildenden Gesteine

Stoff	%
SiO_2	58.0
Al_2O_3	16.0
Eisenoxide	7.0
CaO	5.2
MgO	3.8
Na_2O	3.9
K_2O	3.1
Spurenelemente	3.0
gesamt	100.0

Quelle: [1]

– beispielsweise verursacht durch Sauren Regen – nicht abpuffern können (s. Kapitel 6). Die Ton-Humus-Komplexe setzen dann schlagartig eine große Menge an gebundenen Teilchen, sowohl Mineralteilchen als auch Schadstoffe wie z. B. zuvor gebundene Schwermetalle, frei. Im Gegensatz zu den kalkarmen Böden haben die kalkhaltigen Böden die Fähigkeit, saure Bodeneinträge abzupuffern, da der Kalk neutralisierend wirkt.

Unter natürlichen Bedingungen werden die im Humus enthaltenen organischen Stoffe langsam mineralisiert. Die *Mineralisierung* ist der oxidative Abbau organischer Stoffe zu Wasser, Kohlendioxid, Sulfaten, Nitraten und Phosphaten. Im Boden stellt sich ein Fließgleichgewicht zwischen Humusbildung und Mineralisierung ein.

Abgesehen von kalkhaltigen Böden mit pH-Werten bis zu 9 sind die Böden von Natur aus mehr oder weniger sauer. Dies gilt auch für Sandböden. Landwirtschaftlich genutzte Böden in unseren Breiten haben meist pH-Werte zwischen 6 und 7, und Grünlandböden pH-Werte zwischen 5 und 6.

Die Bodenacidität beeinflußt sowohl die Adsorption als auch die Freigabe von Wasserstoff-, Calcium-, Magnesium- und Kalium-Ionen an die Bodenlösung.

Nur die nicht adsorbierten, gelösten Stoffe stehen für die Pflanzen als Nährstoffe zur Verfügung. Weitere wichtige Nährstoffe sind Stickstoff und Phosphor.

Die Kulturböden Westeuropas enthalten ca. 1.5–2.0 % organische Substanzen. Der für die Pflanzen wichtige Stickstoff ist im Boden praktisch ausschließlich in den organischen Humusinhaltsstoffen gebunden. Der Gesamtstickstoffgehalt der Kulturböden beträgt 0.04 –0.2 %. Der Phosphatgehalt, der meist in Anteilen P_2O_5 angegeben wird, liegt bei 0.02–0.08 % mit einem gelösten und damit pflanzenverfügbaren Anteil von 1–30 mg P_2O_5/100 g Boden. In der Verfügbarkeit von Pflanzennährstoffen können sich die verschiedenen Böden stark voneinander unterscheiden. Für die landwirtschaftliche Nutzung am wertvollsten sind die milden, d. h. die leicht sauren, sandigen Lehmböden. Der landwirtschaftliche Nutzwert nimmt ab, je mehr es sich um Sand- oder Kiesböden (zu wenig Humus bzw. Nährstoffe) handelt und je größer der Tongehalt des Bodens ist, also je schwerer ein Boden wird.

Schon die Vorgänge der Humifizierung und der Mineralisierung deuten darauf hin, daß das ganze Ökosystem Boden aus miteinander gekoppelten Kreisläufen und Auf- und Abbauprozessen besteht. Dabei spielen die Vorgänge, an denen wichtige Pflanzennährstoffe teilnehmen, eine besondere Rolle. Wir wollen uns mit dem Stickstoffkreislauf eines landwirtschaftlich genutzten Bodens, eines sogenannten Agrarökosystems, näher beschäftigen, der uns zeigen wird, wie weitverzweigt ein sol-

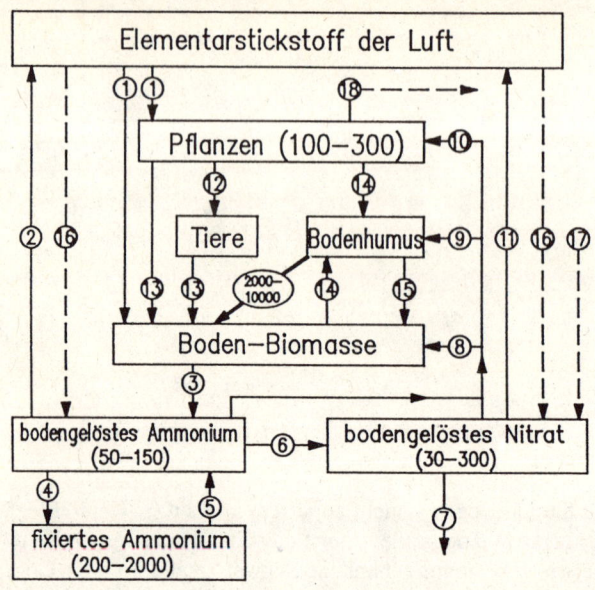

Biogen (——▶)

① Biochemische N—Bindung (10—250)

② NH₃—Verdunstung

③ Mineralisierung

④ NH₄⁺—Fixierung an Tonen

⑤ NH₄⁺—Freisetzung aus Tonen

⑥ Nitrifikation

⑦ Auswaschung (10—120)

⑧ Biologische Immobilisierung

⑨ Chemische Festlegung im Humus

⑩ Aufnahme durch Pflanzen

⑪ Denitrifizierung (20—80)

⑫ Verzehr durch Tiere

⑬ Verzehr durch Mikroorganismen

⑭ Humifizierung

⑮ Humus—Abbau

Anthropogen (– – – –▶)

⑯ Industrielle N—Bindung (Mineraldünger) (60—200)

     und stickstoffhaltige org. Düngemittel (30—300)

⑰ Eintrag durch Niederschläge (Saurer Regen) (10—30)

⑱ Nahrungsversorgung für den Menschen und für Nutztiere

Abb. 9-1   Stickstoffkreislauf in einem Agrarökosystem. Zahlenangaben in kg Stickstoff pro ha (Kasten) bzw. kg pro ha und Jahr (Pfeile)

ches Netzwerk sein kann. Abb. 9-1 zeigt diesen Zusammenhang schematisch. Das Verständnis des Stickstoffkreislaufs ist von besonderer Bedeutung, da hier der Mensch bereits nachhaltig durch die Stickstoffdüngung eingegriffen hat, und die Gefahr besteht, daß dadurch die Balance des natürlichen Ökosystems gestört wird.

Der gesamte Stickstoffvorrat in (landwirtschaftlich nutzbaren und genutzten) Böden ist beträchtlich und beträgt je nach Humusgehalt zwischen 2000 und 10 000 kg Stickstoff pro Hektar. Der größte Teil davon (90–95 %) ist organisch gebunden, und zwar in Aminosäuren (bis zu 60 %), Amiden (bis zu 15 %), Aminozuckern (bis zu 15 %) und weiteren Verbindungen, die nicht mit Salzsäure hydrolysierbar sind (bis zu 30 %). Nur 5–10 % des im Boden enthaltenen Stickstoffs ist anorganischer Natur und liegt vor allem in Form von Ammonium und Nitrat vor [2]. Dieser Vorrat wird durch ständigen Ein- und Austrag aufrechterhalten. Aufgefüllt wird er zum einen durch die Aktivität von speziellen Bakterien im Boden, die Stickstoff direkt aus der Luft in organisch gebundenen Stickstoff umsetzen. Bei diesen Bakterien handelt es sich um die sogenannten *Azobakter*, die in unseren Breiten pro Hektar und Jahr ungefähr 50 kg Stickstoff binden können. Zum anderen wird er auch indirekt über die biochemische Stickstoffbindung durch Pflanzen und der sich anschließenden Humifizierung aufgefüllt, die weiter oben schon beschrieben wurde. Die in Symbiose mit Pflanzen (Leguminosen) lebenden Knöllchenbakterien setzen 100–300 kg Stickstoff pro Hektar und Jahr um.

Im oben genannten Stickstoffvorrat des Bodens liegt der Stickstoff zum größten Teil in einer Form vor, in der er für Pflanzen nicht verfügbar ist, er ist *immobilisiert*. Durch die oben schon beschriebene Mineralisierung wird der Stickstoff aus seinem organischen Bindungsgefüge in Ammonium-Stickstoff (NH_4^+) umgesetzt und dadurch *mobilisiert*, d. h. als Pflanzennährstoff verfügbar:

$$R - NH_2 + 2\,H_2O \longrightarrow NH_4^+ + R - OH + OH^- \tag{9.1}$$

Der hierbei entstandene Ammonium-Stickstoff wird in Kulturböden meist sehr schnell durch Bakterien oxidativ über Nitrit in das wasserlösliche Nitrat umgewandelt. Dieser Vorgang heißt *Nitrifikation* oder auch *Nitrifizierung*:

$$NH_4^+ + 2\,O_2 + H_2O \longrightarrow NO_3^- + 2\,H_3O^+ \tag{9.2}$$

Gl. (9.2) stellt die Bilanz der Nitrifikation dar. In Abschnitt 11.4 ist die Nitrifikation ausführlich dargestellt.

Auch Nitrat ist zum überwiegenden Teil pflanzenverfügbar. Es wird zusammen mit Teilen des noch nicht nitrifizierten Ammoniums in Mengen von 100–300 kg Stickstoff pro Hektar und Jahr von den Pflanzen aufgenommen. Das aus dem Mobilisierungsprozeß entstehende Ammonium steht dabei in ständigem Austausch mit einem Ammoniumdepot, in dem Ammonium an Tonmineralteilchen fixiert, d. h. adsorbiert und in dieser Form nicht für die Pflanzen verfügbar ist. Ein Teil des Ammoniums wird auch je nach ökologischer Situation des Bodens und der Bewirtschaftungsweise in Form von NH_3 verdunstet und in der Atmosphäre zu Luftstickstoff umgewandelt.

Das aus der Nitrifikation stammende Nitrat wird keineswegs nur von den Pflanzen aufgenommen, sondern es wird, wie Abb. 9-1 zeigt, größtenteils auch biologisch wieder immobilisiert, chemisch im Humus festgelegt oder *denitrifiziert* (d. h. zu Luftstickstoff reduziert). Die Denitrifikation läßt sich wie folgt beschreiben:

$$NO_3^- + 2\,\{H\} \longrightarrow NO_2^- + H_2O \tag{9.3}$$

$$NO_2^- + \{H\} + H_3O^+ \longrightarrow NO + 2\,H_2O \tag{9.4}$$

$$2\,NO + 2\,\{H\} \longrightarrow N_2O + H_2O \tag{9.5}$$

$$N_2O + 2\,\{H\} \longrightarrow N_2 + H_2O \tag{9.6}$$

Mit {H} bezeichnen wir H-Donatoren. Das sind biochemische Substanzen aus dem organischen Bodenmaterial, die H-Atome zur Verfügung stellen und dabei oxidiert werden. In einem Agrarökosystem wird allerdings nicht das gesamte Nitrat durch den Prozeß der Denitrifizierung in Luftstickstoff umgesetzt. Ein Teil des Nitrats wird nur bis zum Distickstoffoxid N_2O reduziert (Gl. (9.5)) und in die Atmosphäre abgegeben. Je mehr gelöstes Nitrat im Boden vorhanden ist – das ist besonders bei landwirtschaftlich intensiv genutzten Flächen der Fall – desto mehr N_2O gelangt aus dem Boden in die Atmosphäre. Hier handelt es sich um eine anthropogene N_2O-Quelle (s. Kapitel 2), die wesentlich zum Anstieg der N_2O-Konzentration in der Atmosphäre beiträgt. Des weiteren kann Nitrat auch in tiefere Bodenschichten ausgewaschen werden, ein für die Bewertung der Umweltbelastung besonders wichtiger Punkt. Der Stickstoffkreislauf vollzieht sich nur dann in der hier beschriebenen Form im Boden, solange dessen Temperatur über $5–8\,°C$ liegt. Dies ist vor allem relevant für die Nitratauswaschung (s. Abschnitt 9.4).

Durch direkten und indirekten Eingriff (z. B. Düngung oder Sauren Regen) trägt der Mensch zu einem zusätzlichen Stickstoffeintrag in die Böden bei. Dabei handelt es sich um erhebliche Mengen, die insgesamt zwischen 100 und 530 kg/ha jährlich betragen (s. Abb. 9-1). Er entzieht dem gesamten System aber auch Stickstoff durch Abernten von Pflanzen zur eigenen Nahrungsversorgung oder der von Nutztieren. Alle Zahlenangaben der Abb. 9-1 beziehen sich schon auf das anthropogen beeinflußte Agrarökosystem.

Festzuhalten ist also, daß Stickstoff nur in seinen mobilisierten Formen als Ammonium- oder Nitration pflanzenverfügbar ist. Mobilisierter Stickstoff ist wasserlöslich und kann somit leicht ausgewaschen werden. Entscheidend für die Gesamtökologie der Böden und für die Umweltbelastung ist, daß Mobilisierung und Immobilisierung in einem ausgewogenen Verhältnis zueinander stehen müssen. Bevor wir mögliche Konsequenzen, die sich aus einer Störung dieses Gleichgewichtes ergeben, aufzeigen, soll in den nächsten Abschnitten zunächst eine Übersicht über Eigenschaften und Funktionen der Düngemittel und Biozide gegeben werden, deren Einsatz die wesentliche Ursache für Änderungen im Ökosystem Boden darstellen.

9.2 Düngemittel: Eine Übersicht

Bei jeder Ernte werden dem Boden Nährstoffe entzogen. 1987 waren es z. B. allein durch die Getreideernte in der Bundesrepublik (ca. 27 Millionen Tonnen) etwa 675 000 t Stickstoff (N) und 300 000 t Phosphat (angegeben in P_2O_5), entsprechend 132 000 t Phosphor (P). Vor allem dann, wenn die Ernterückstände nicht auf dem Boden zurückgelassen werden, fehlen dem Boden größere Mengen Stickstoff und Phosphat, der natürliche Nährstoffkreislauf ist dann nicht mehr geschlossen, und es kommt zu Nährstoffmangel im Boden. Dem kann durch Düngung entgegengewirkt werden. Zum Einsatz kommen organischer Dünger wie Kompost und sogenannter *Mineraldünger*, auch Kunstdünger genannt. Die Düngemittel sollen die entzogenen Nährstoffe dem Boden wieder zuführen.

Aus den Angaben in Tab. 9-2 wird ersichtlich, daß die Pflanzen außer den Elementen H, C und O, die aus der CO_2-Assimilation und der H_2O-Aufnahme stammen, vor allem fünf sogenannte *Hauptnährelemente* für ihren eigenen Aufbau benötigen: N, K, Ca, Mg und P. Dabei dient Stickstoff als wichtiger Baustein für den Aufbau von Eiweißen, Nukleinsäuren, Aminen, verschiedenen organischen Basen und des grünen Blattfarbstoffes Chlorophyll. Phosphor wird u. a. benötigt zum Aufbau von Phospholipiden (Zellmembranen) und von Adenosintriphosphat ATP, das als energieübertragendes Molekül in der Biochemie eine wichtige Rolle spielt, und ferner zum Aufbau von Nucleotiden und Coenzymen. Kalium dient zur Regulierung des Wasserhaushaltes, beeinflußt zahlreiche enzymatische Reaktionen und ist am Aufbau von wichtigen Makromolekülen wie z. B. Stärke und Proteinen

Tabelle 9-2 Relative Elementzusammensetzung trockener Pflanzenmasse bezogen auf Phosphor als Einheit (Mittelwerte). Die mit einem Stern gekennzeichneten Elemente werden als Hauptnährelemente bezeichnet.

Hauptbestandteile		Spurenelemente	
H	470	Cl	0.66
C	250	S	0.53
O	170	Si	0.31
N*	9.1	Na	0.20
K*	3.5	Fe	0.12
Ca*	1.6	B	0.003
Mg*	1.5	Mn	0.001
P*	1.0	Zn	0.0002
		Cu	0.0001
		Mo	0.000005
		Co	0.000001

Quelle: [3]

beteiligt. Calcium ist generell ein wichtiger Baustein für das Grundgerüst von Pflanzen, und das fünfte Hauptnährelement Magnesium ist in erster Linie Baustein des Chlorophylls, reguliert aber auch wichtige Prozesse wie den Wasserhaushalt, pH-Wert, Aufnahme und Abgabe von Ionen und einiges mehr.

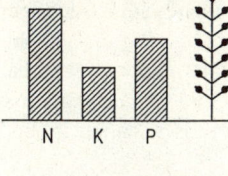

optimales
Nährstoffangebot

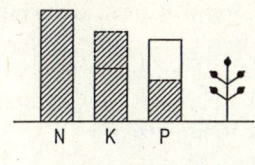

Phosphormangel
(K–Überangebot bringt
keinen Ausgleich)

Abb. 9-2
Liebigsches Minimumgesetz: Das Pflanzenwachstum richtet sich nach dem Minimumfaktor im Nährstoffangebot (s. Text)

Alle diese Stoffe müssen im Boden aber auch pflanzenverfügbar sein. Wie wir im letzten Abschnitt gesehen haben, ist das im Falle des Stickstoffs trotz des großen Stickstoffdepots im Boden nicht in vollem Umfang der Fall. Optimales Pflanzenwachstum ist nur dann gewährleistet, wenn den Pflanzen alle notwendigen Pflanzennährstoffe einerseits in ausreichender Menge zur Verfügung stehen, andererseits diese Mengen aber auch in pflanzenverfügbarer Form vorliegen. Dabei richtet sich das Pflanzenwachstum nach dem von Justus von Liebig (1803–1873), Chemiker und Begründer der Agrikulturchemie (Einführung des Mineraldüngers), entdeckten *Gesetz des Wachstumsminimums*: Das Wachstum einer Pflanze wird durch denjenigen Nährstoff bestimmt, der am wenigsten vorhanden bzw. verfügbar ist.

Dieses Gesetz ist in Abb. 9-2 erläutert. Im linken Teil dieser Abbildung decken sich Bedarf und Angebot an Nährstoffen vollständig, so daß das Wachstum der Pflanze optimal verlaufen kann. Auf der rechten Seite ist zwar ausreichend Stickstoff und sogar ein Überangebot an Kalium vorhanden, das Angebot an Phosphor ist jedoch mangelhaft. Die Folge ist ein beschränktes Wachstum, das sich nach dem Phosphorangebot richtet. Selbst das Überangebot an Kalium kann diesen Mangel nicht ausgleichen. Man spricht in diesem Fall vom limitierenden Faktor oder vom *Minimumfaktor*, da dieser das Pflanzenwachstum begrenzt.

In einigermaßen fruchtbaren, natürlichen Böden ist Stickstoff der Minimumfaktor, so daß die Ernteerträge meist vom verfügbaren Stickstoffangebot abhängen. Wird dem durch Stickstoffdüngung Rechnung getragen, so werden die beiden Elemente Kalium und Phosphor zu Minimumfaktoren. Für die beiden anderen Hauptnährelemente Magnesium und Calcium gilt dieses aufgrund ausreichender Bodenvorräte (s. Tab. 9-1) i. a. nicht. Trotz allem gilt Kalkzugabe als älteste Mineraldüngungsmaßnahme überhaupt. Kalkung soll nicht den Pflanzen mehr Calcium liefern, sondern den pH-Wert des Bodens regeln, um so die Ton-Humus-Komplexe zu stabilisieren.

Will man ein besonders intensives und ertragreiches Pflanzenwachstum erreichen, wie es heute in der Landwirtschaft gefordert wird, so muß der Boden vor allem mit Stickstoff, Kalium und Phosphor gedüngt werden. Wir wollen im Hinblick auf diese Nährelemente die eingesetzten Düngemittel näher besprechen.

Zu den organischen Düngern zählen Düngemittel, die in den landwirtschaftlichen Betrieben **direkt** anfallen und meist einen hohen Stickstoff- und Phosphatgehalt haben. Dazu zählen Stallmist, Stroh- und Ernterückstände (feste Stoffe), Jauche (flüssig) und Gülle (Gemisch aus festen und flüssigen tierischen Ausscheidungen). Weiterhin zählen zu den organischen Düngern das sogenannte Knochenmehl (gemahlene Knochen, hoher Calcium- und Phosphatgehalt), Guano (phosphor- und stickstoffreiche Exkremente von Seevögeln) und auch Klärschlamm, dessen genereller Einsatz in der Landwirtschaft wegen des nicht unbeträchtlichen Gehalts an Schwermetallen und Dioxinen aber sehr umstritten ist (s. Kapitel 10 und 11).

Im Gegensatz zu den organischen Düngemitteln wie Knochenmehl oder Guano, bei denen die Nährstoffe sehr langsam in gelöster und damit pflanzenverfügbarer Form abgegeben werden, handelt es sich bei den Mineraldüngern durchweg um gut und rasch wasserlösliche Komponenten. Die in Salzlagerstätten gewonnenen, in Wasser schlecht löslichen Rohstoffe müssen, um als Mineraldünger verwendet werden zu können, in eine wasserlösliche Form gebracht werden. So sind die natürlichen Phosphormineralien Phosphorit und Apatit zu wenig löslich, um Phosphat pflanzenverfügbar abzugeben. Mit Schwefelsäure läßt sich Phosphorit in ein Gemisch von Gips und Calciumdihydrogenphosphat, das sogenannte *Superphosphat*, umsetzen, welches wesentlich besser löslich ist und den wichtigsten Phosphormineraldünger darstellt:

$$Ca_3(PO_4)_2 + 2\,H_2SO_4 + 4\,H_2O \longrightarrow Ca(H_2PO_4)_2 + 2\,CaSO_4 \cdot 2\,H_2O \qquad (9.7)$$

Der zweitwichtigste Phosphordünger ist das *Thomasmehl*, ein Calciumphosphat mit einer mittleren stöchiometrischen Zusammensetzung von etwa $Ca_5(PO_4)_2 \cdot SiO_4$. Es entsteht bei der Stahlproduktion, wobei der Phosphor des flüssigen Roheisens mit zugegebenem CaO reagiert. Da die Phosphate weniger gut wasserlöslich sind als die entsprechenden Hydrogenphosphate, wird bei Einsatz von Thomasmehl das Phosphat langsam und dafür aber über einen längeren Zeitraum als beim Superphosphat pflanzenverfügbar abgegeben.

Auch Stickstoffdünger stammten bis Anfang dieses Jahrhunderts aus Salzlagerstätten, vornehmlich das leicht wasserlösliche Natriumnitrat $NaNO_3$, welches in extrem trockenen Gebieten Chiles abgebaut wurde und daher den Namen *Chilesalpeter* trägt. Nach der Entwicklung des Haber-Bosch-Verfahrens 1913, mit dem Ammoniak aus Luftstickstoff in großtechnischem Maßstab gewonnen werden konnte, traten nach Ende des 1. Weltkriegs synthetische Stickstoffdünger in den Vordergrund. Ein vollsynthetischer Stickstoffdünger ist beispielsweise Ammoniumnitrat NH_4NO_3, ein Produkt aus Ammoniak und wässriger Salpetersäure, welche katalytisch aus Ammoniak (Ostwald-Verfahren) gewonnen wird:

$$NH_3 + HNO_3 \longrightarrow NH_4NO_3 \qquad (9.8)$$

Ammoniumnitrat liefert den Stickstoff in Form von NO_3^-- und NH_4^+-Ionen, so daß er entsprechend den Pfeilen 8, 9 und 10 der Abb. 9-1 sogleich pflanzenverfügbar ist. Ein ebenfalls sehr wichtiger mineralischer Stickstoffdünger ist Harnstoff $(NH_2)_2CO$. Er wird ebenfalls vollsynthetisch und in großem Maßstab aus Ammoniak und CO_2 unter Druck hergestellt:

$$2\,NH_3 + CO_2 \longrightarrow (NH_2)_2CO + H_2O \tag{9.9}$$

Vereinfacht dargestellt setzt sich der Harnstoff im Boden mit Wasser um, und es bildet sich Ammoniumcarbonat und damit pflanzenverfügbarer Stickstoff:

$$(NH_2)_2CO + 2\,H_2O \longrightarrow (NH_4)_2CO_3 \tag{9.10}$$

Als Kaliumdünger findet heute hauptsächlich Kaliumnitrat Verwendung, mit dem Vorteil einer gleichzeitigen Stickstoffdüngung. Kaliumnitrat wird durch Umsetzung von Chilesalpeter mit Kaliumchlorid KCl gewonnen:

$$NaNO_3 + KCl \longrightarrow KNO_3 + NaCl \tag{9.11}$$

Mineraldünger sind als Einnährstoffdünger und in verschiedenen Variationen auch als Mehrnährstoffdünger im Handel. Einnährstoffdünger sind beispielsweise die oben angeführten Mineraldünger wie Superphosphat, Ammonnitrat, Thomasmehl oder auch Chilesalpeter. Zu den Mehrnährstoffdüngern zählen das oben genannte Kaliumnitrat und verschiedene Kombinationen von Einnährstoffdüngern.

Zu diesen gehören unter anderem Nitrophosphat (NH_4NO_3 + $CaHPO_4$), Superphosphat-Kali-Mischung ($Ca(H_2PO_4)_2$ + KCl) oder auch Nitrophoska und verschiedene NPK-Dünger, die die drei wichtigsten Pflanzennährstoffe in unterschiedlichen Mengen beinhalten, meist mit zusätzlichen Beigaben von MgO, CaO und auch Spurenelementen.

Tabelle 9-3 Mittlerer Mineraldüngerverbrauch in Deutschland bzw. der Bundesrepublik in kg/ha landwirtschaftlich genutzter Fläche

	Stickstoff (N)	Kali (K_2O)	Phosphat (P_2O_5)	Kalk (CaO)
1913/14	6	17	19	62
1936/37	20	32	21	55
1966/67	64	78	58	43
1976/77	100	90	67	69
1985/86	121	79	63	108

Quelle: [4]

Seit Liebigs Entdeckung, daß sich die Pflanzen von wasserlöslichen Nährstoffen ernähren, und der Aufnahme der großindustriellen Produktion von Stickstoffdüngemitteln nach Ende des 1. Weltkriegs erfuhr der Mineraldüngerabsatz einen beachtlichen Aufschwung. Tab. 9-3 zeigt die Entwicklung des spezifischen Düngemitteleinsatzes pro Hektar landwirtschaftlich genutzter Fläche für den Bereich der Bundesrepublik (bzw. Deutschland) von 1913 bis heute. Der Stickstoff-, Kali- und Phosphatdüngereinsatz erhöhte sich während dieser Zeitspanne um das 3–20fache. Die Kali- und Phosphatdüngerverwendung erreichte Mitte der 70er Jahre ihr Maximum und ist seit Anfang der 80er Jahre praktisch konstant. Dagegen ist der Einsatz von Mineralstickstoff und Kalk auch in dieser Zeit weiter angestiegen. Derzeit ist noch nicht abzuschätzen, auf welche Werte sich der jeweilige Verbrauch einpendeln wird. Die einzusetzende Menge an Mineralstickstoff hängt unter anderem von den durch die Luft eingetragenen NO_X-Mengen ab (s. Abb. 9-1). Die Aufbringung von Kalk hängt vornehmlich von der Menge und der Acidität des Sauren Regens ab, da Kalk zur Neutralisierung des Boden-pH-Wertes eingesetzt wird (s. auch Kapitel 6).

Auch wenn in der Bundesrepublik der flächenspezifische Kali- und Phosphatdüngereinsatz stagniert und der Absolutverbrauch sogar sinkt (s. Tab. 9-3), da die landwirtschaftlich genutzte Fläche ständig reduziert wird, so weist der weltweite Mineraldüngerverbrauch dennoch enorme Wachstumsraten auf, obwohl der Düngemittelmarkt der Industrienationen schon seit Jahren mehr als gesättigt ist (s. Tab. 9-4). Das liegt daran, daß einige Länder der Dritten Welt, allen voran Brasilien, in großen Bereichen ihres Landes den intensiven Ackerbau nach westlichem Muster als komplettes Technologiepaket übernommen haben.

Der wichtigste Mineraldünger, der Stickstoffdünger (es sei daran erinnert, daß Stickstoff für das Pflanzenwachstum Minimumfaktor ist) wird weltweit mit ca. 70 Millionen t Stickstoff pro Jahr produziert. Diese Menge an Stickstoff, die weltweit in die Böden eingebracht wird, beträgt mehr als ein Drittel des Stickstoffs, der durch stickstoffbindende Mikroben weltweit pro Jahr umgesetzt wird (180 Millionen t).

In der modernen Landwirtschaft geht ein erhöhter Einsatz an Düngemitteln im allgemeinen mit einem höheren Einsatz an Pflanzenschutzmitteln, den sogenannten Bioziden, einher. Bevor wir auf mögliche Umweltgefährdungen durch den Einsatz von Mineraldüngern und Bioziden eingehen, wollen wir daher im folgenden Abschnitt erst noch einen Überblick über die Biozide geben.

Tabelle 9-4   Mineraldüngerverbrauch weltweit in 10^6 t pro Jahr

Jahr	Stickstoff-Dünger (in N)	Phosphor-Dünger (in P_2O_5)	Kalium-Dünger (in K_2O)
1961	10.2	9.8	8.5
1973	36.0	22.8	18.7
1984	70.5	34.3	25.9
Quelle: [5]			

9.3   Biozide: Eine Übersicht

Unter *Bioziden*, die meist auf chemischem Weg hergestellt werden, versteht man Stoffe, die die Pflanzen während ihres Wachstums vor Krankheiten und tierischem Schädlingsbefall schützen, die Konkurrenz von anderen Pflanzen um Licht und Nährstoffe unterbinden und die eingebrachten Erntemengen vor Verlusten schützen sollen. Die übliche Bezeichnung für diese Stoffe ist *Pestizide*. Die exakte Übersetzung des Begriffes Pestizide ist Schädlingsvernichtungsmittel. Als Synonyme für Pestizide werden dagegen im Deutschen offiziell die Begriffe „Pflanzenschutzmittel" (obwohl Nutzpflanzen-Schutzmittel gemeint sind) und neuerdings vermehrt „Pflanzenbehandlungsmittel" verwendet.

Weder der ursprünglich eingeführte Begriff Pestizid, noch seine deutschsprachigen Beschreibungsversuche werden seiner Bedeutung in den tatsächlichen Anwendungsgebieten gerecht: Einerseits werden mit der Vernichtung der für die Pflanzen schädlichen Einwirkungen durch Krankheiten, tierische Schadorganismen und Unkräuter auch Organismen abgetötet, die für die Bodenökologie und das Pflanzenwachstum nutzbringend und eigentlich zu erhalten sind. Andererseits werden bestimmte Mittel nicht zum Schutz der Pflanzen, sondern zum Schutz der eingebrachten Ernte, z. B. vor Pilzen und Schadinsekten, angewendet. Der Begriff Biozid ist daher umfassender und wird im folgenden verwendet.

Biozide können spezifisch wirksam sein, d. h. sie müssen für die zu schützende Pflanze verträglich sein, für sogenannte Unkräuter bzw. Schädlinge dagegen vernichtend wirken. Sie können aber auch

Tabelle 9-5 Einteilung der wichtigsten Biozidgruppen, Anwendungsbereiche und den Wirkstoffen zugrundeliegenden Stoffklassen

Biozidgruppe	Anwendung	Stoffklasse (Beispiele)
Insektizide	Insektenabtötung	halogenierte Kohlenwasserstoffe (Aldrin, Dieldrin, Heptachlor, DDT, Lindan); Pyrethroide; Phosphorsäureester (Malathion, Parathion, Systox); Carbamate (Pyramat)
Akarizide	Milbenabtötung	unterschiedliche Stoffklassen
Molluskizide	Schneckenabtötung	substituierte Phenole (Pentachlorphenol)
Rodentizide	Nagetierabtötung	Kumarinderivate (Racumin)
Fungizide	Pilzvernichtung	unterschiedliche Stoffklassen, häufig metallorganische Verbindungen (mit Sn, Zn, Hg)
Herbizide	Unkrautvernichtung	Phenoxycarbonsäuren (2,4-D, 2,4,5-T); heterocyclische Verbindungen (Atrazin, Paraquat)
Ovizide	Vernichtung von Insekteneiern	substituierte Phenole (Sinox, Dinoseb)
Sterilantien	Schädlingssterilisation	organische Phosphorstickstoffverbindungen
Repellents	Schädlingsvertreibung	ätherische Öle, Alkohole und cyclische Ester (Dimethylphthalat)

Quelle: [4]

wie beispielsweise die Breitband-Unkrautvernichtungsmittel die ganze Unkrautflora vernichten. Zu den Bioziden zählen auch die in letzter Zeit vermehrt eingesetzten Wuchsstoffe und Wachstumsregulatoren, Lock- und Abwehrstoffe, Sterilantien und einige andere mehr.

Die verschiedenen Anforderungen, die an die Biozide gestellt werden, bringen es mit sich, daß die Biozide je nach Anwendungsbereich unterteilt werden. Tab. 9-5 gibt eine Übersicht über die wichtigsten Biozidgruppen, über deren Verwendung und einige den Wirkstoffen zugrundeliegenden chemischen Stoffklassen. Eine solche Klassifizierung ist allerdings weder eindeutig noch vollständig. Beispielsweise können die Ovizide und Sterilantien sehr wohl als Untergruppen der Insektizide aufgefaßt werden, oder eine chemische Stoffklasse kann in verschiedenen Biozidgruppen zum Einsatz kommen. So werden z. B. die Wachstumsregulatoren zu den Herbiziden gezählt. Von den Bioziden spielen die Herbizide, die Insektizide und die Fungizide die größte Rolle. Knapp 95 % des weltweiten Biozidverbrauchs entfallen auf diese Dreier-Gruppe (s. Tab. 9-6). Der Anstieg der Biozidproduktion in den letzten Jahrzehnten verlief parallel zur Mineraldüngerproduktion.

Dem bisherigen Anstieg des weltweiten Biozidverbrauchs entsprechen auch die bundesdeutschen Biozidproduktionszahlen seit Ende des 2. Weltkriegs (s. Tab. 9-7). Die Biozidproduktion wie auch der Biozidverbrauch innerhalb der Bundesrepublik stagnieren seit Beginn der 80er Jahre und es ist in der Bundesrepublik wie auch in anderen Industriestaaten eine Konstanz sowohl an Mineraldünger- als auch an Biozideinsatz zu beobachten. Dagegen steigt der Absatz an Mineraldünger und Bioziden in den Ländern der Dritten Welt ständig an. Tendentiell wird der Biozideinsatz allerdings eher zurückgehen, da sich bereits heute ein Trend zu Präparaten mit geringeren Aufwendungen abzeichnet.

Unter dem Aspekt der Sicherung der Nahrungsmittel für die Weltbevölkerung erscheint der wachsende Bedarf von Bioziden als notwendig. 35 %, also ca. 1/3 der theoretisch möglichen, weltweit landwirtschaftlich erzeugten Nahrungsmittel gehen vor der Ernte **und** während der Lagerhaltung durch Krankheiten und Schädlingsbefall verloren. Das betrifft bei den Industriestaaten ca. 25 % der möglichen Ernteerträge, bei den Ländern der Dritten Welt sind es fast 50 %. Nach Tab. 9-8 wer-

Tabelle 9-6   Weltweiter Biozidverbrauch in 1000 t Wirkstoffmenge

Präparategruppe	1975	1985	2000*
Herbizide	662	953	1072–1331
Insektizide	568	502	970–1077
Fungizide	844	989	1129–1327
sonstige	156	76	98–116
Summe	2230	2520	3269–3851

* geschätzte Bandbreite

Quelle: [6]

Tabelle 9-7   Produktion von Bioziden in der Bundesrepublik nach Anwendungsgebieten in 1000 t formulierte Ware

Jahr	Herbizide	Insektizide	Fungizide	sonstige	gesamt
1952	–	–	–	–	53.3
1960	–	–	–	–	92.3
1966	25.8	45.1	35.1	32.7	138.7
1972	57.3	51.2	34.8	19.3	162.6
1976	57.4	51.9	34.4	41.7	185.4
1980	80.9	52.3	56.8	27.5	217.5
1984	87.1	65.9	65.7	34.7	253.4

–: keine Zahlen verfügbar

Quelle: [7]

Tabelle 9-8   Aufteilung des weltweiten Biozidverbrauchs 1987 nach Wirtschaftsräumen und Präparategruppen in Prozent (vgl. Tab. 9-10)

	Herbizide	Insektizide	Fungizide	alle Biozide
Nordamerika	31	17	9	25
Westeuropa	28	17	45	25
Lateinamerika	7	11	6	10
Osteuropa	11	10	7	10
Fernost	15	35	30	25
Rest	8	10	3	5
gesamt	100	100	100	100

Quelle: [9]

den in der gesamten Dritten Welt weniger als ein Fünftel der weltweit produzierten Biozidmengen eingesetzt.

Das heißt also, daß mit Hilfe des Biozideinsatzes derzeit ungefähr zwei Drittel der möglichen Welternte eingebracht wird. Hochrechnungen ergaben, daß ohne Biozideinsatz nur ein Drittel verfügbar wäre. Die derzeitige Welternte würde aber völlig ausreichen, um zumindest die jetzige Weltbevölkerung zu ernähren. Der Mindestnahrungsmittelbedarf beträgt ungefähr 10 Kilojoule (MJ) pro Kopf und Tag, legt man den Brennwert der Nahrung zugrunde [8]. Tab. 9-9 gibt den mittleren Brennwert der Nahrungsaufnahme eines Menschen pro Tag für verschiedene Regionen der Erde wieder. Natürlich schwanken die angegebenen Werte beträchtlich, sowohl lokal als auch innerhalb sozialer Gruppierungen. Beispielsweise gibt es in den lateinamerikanischen Staaten eine große Anzahl Menschen, die an Hunger leiden, auch wenn die durchschnittliche Nahrungsmittelaufnahme knapp über dem Mindestbedarf liegt. Deutliche Unterernährung herrscht in Afrika und Asien.

Tabelle 9-9 Durchschnittlicher Brennwert der Nahrungsmittelaufnahme pro Kopf und Tag in MJ für verschiedene Regionen der Erde (Stand 1980)

Industrieländer	14.2
Afrika	9.2
Asien	8.5
Lateinamerika	10.5
China	10.5
Quelle: [8]	

Berechnet man aus der derzeitigen Welternte aller Getreidesorten (zu diesen zählen beispielsweise auch Reis und Hirse) das theoretisch durchschnittliche, zur Verfügung stehende Nahrungsangebot auf der Erde, so ergeben sich 13.1 MJ pro Kopf und Tag [8]. In diesem Beispiel sind also nicht einmal so extrem energiereiche Nahrungsmittel wie Fleisch und Zucker miterfaßt. Das Welternährungsproblem ist in erster Linie also ein Umverteilungsproblem und nicht auf ungenügende Ernteerträge zurückzuführen.

Als besonders groteskes Beispiel dazu führen wir das EG-Agrarsystem an. Durch Einsatz modernster Agrartechniken werden einerseits so viele Überschüsse produziert, daß jährlich Tausende von Tonnen an Tomaten, Früchten und anderen Agrarerzeugnissen vernichtet werden müssen, andererseits kann die Erzeugergemeinschaft die Viehfuttermengen für die Nutztierhaltung nicht selbst in ausreichendem Maß bereitstellen. Ein großer Teil des bei uns verwendeten Viehfutters sind Importe aus den Dritte-Welt-Ländern, denen damit wertvolle Ackerflächen zur Ernährung der eigenen Bevölkerung verloren gehen.

Wir wollen im Rahmen dieses Buches nicht weiter auf die Problematik der heutigen modernen Landwirtschaft und der ihr zugrundeliegenden Politik eingehen, sondern nur darauf hingewiesen haben, daß weitere Steigerung der Biozidproduktion nicht in dem häufig behaupteten Umfang notwendig ist, um das Welternährungsproblem zu lösen [7, 8, 11–14].

Wie bereits erwähnt wurde, stellen die Herbizide, Insektizide und Fungizide den weitaus größten Anteil der gesamten Biozidproduktion dar. Tab. 9-8 zeigt die prozentualen Anteile dieser Präparategruppen aufgeteilt nach ihrem Verbrauch in den einzelnen Wirtschaftsräumen und insgesamt in der Welt. Bemerkenswert ist, daß in den Dritte-Welt-Ländern die Insektizide den höchsten Einzelanteil des Gesamtverbrauchs ausmachen, genauso wie früher in den Industriestaaten. Inzwischen bilden beispielsweise in den USA und auch vor allem in der Bundesrepublik (s. Tab. 9-8) die Herbizide den

Tabelle 9-10 Vergleich der Marktanteile an Bioziden in der Bundesrepublik und weltweit in Prozent (1991)

Biozide	BRD (Produktion)	BRD (Verbrauch)	weltweit (Produktion = Verbrauch)
Herbizide	34	59	47
Insektizide	15	4	28
Fungizide	32	29	22
sonstige	19	8	3
gesamt	100	100	100
Quelle: [10]			

Hauptanteil des Biozidverbrauchs. Ein Vergleich der Tabellen 9-8 und 9-10 zeigt, daß selbst innerhalb eines Wirtschaftsraumes wie Westeuropa sehr große Schwankungsbreiten festzustellen sind.

Wir wollen im folgenden die eben angesprochenen Biozidgruppen **Insektizide, Herbizide** und **Fungizide** näher beschreiben, die Wirkstoffgruppen, auf denen sie basieren, erläutern und gegebenenfalls auf gesetzliche Bestimmungen und Umweltgefährdungen eingehen, sofern sie substanzspezifisch sind. Mit der Umweltgefährdung durch Biozide beschäftigen wir uns in Abschnitt 9.4. Soweit es nicht besonders vermerkt ist, sind die hier verwendeten Namen von Bioziden bzw. Biozidwirkstoffen international vereinbarte Freinamen (engl.: common names) oder auch Kurzbezeichnungen von den chemischen Strukturbezeichnungen. Diese Namen müssen von den Herstellerfirmen als Wirkstoffkomponenten deklariert werden. Bei Bioziden gibt es im allgemeinen gesetzliche Einschränkungen für deren Vertrieb und deren Anwendung. Unter dem Begriff „verboten" versteht man allgemein, daß sowohl der Verkauf wie auch die Anwendung des betreffenden Biozids untersagt sind. Unter dem Begriff „nicht zugelassen" versteht man, daß das betreffende Biozid nicht (mehr) in den Handel gebracht werden darf, aber bereits verkaufte Restbestände noch weiterhin angewendet werden dürfen.

Insektizide

Unter den Insektiziden nehmen die chlorierten Verbindungen und Phosphorsäureester eine dominierende Stellung ein. Aber auch andere Wirkstoffgruppen wie Carbamate, organische Nitroverbindungen oder auch Insektizide pflanzlicher Herkunft (Pyrethrum-Derivate) sind in dieser Gruppe vertreten. Aus den Pyrethrumverbindungen sind inzwischen die auf chemischem Weg produzierten Pyrethroide hervorgegangen, die Gruppe mit den höchsten Zuwachszahlen. Abb. 9-3 gibt eine kleine Auswahl der wichtigsten bzw. bekanntesten Vertreter von drei chemischen Wirkstoffklassen wieder.

Die inzwischen sehr umstrittene Gruppe der chlorierten Kohlenwasserstoffe enthält praktisch all diejenigen Insektizide, die eine unrühmliche Popularität erlangt haben, angefangen bei dem bekanntesten Insektizid überhaupt, dem DDT, bis zu Lindan, Dieldrin, Aldrin etc. (s. Abb. 9-3, Seite 157). Die meisten dieser Vertreter dürfen inzwischen in der Bundesrepublik nicht mehr angewendet werden. Der Grund liegt in der überaus hohen Persistenz dieser Verbindungen, die sich dadurch leicht in der Nahrungskette anreichern können.

Leider reicht ein reines Anwendungsverbot dieser Substanzgruppe in vielen Ländern bei weitem nicht aus, um die weltweite Belastung mit chlororganischen Bioziden zu verringern. Einige dieser Insektizide lassen sich auch in den Ländern der Dritten Welt mit einfachsten Mitteln zu überaus niedrigem Preis produzieren. Auch hier ist DDT der wohl bekannteste Vertreter. Es ist einfach herzustellen: Chlorbenzol wird mit Chloralhydrat $CCl_3CH(OH)_2$ in Gegenwart von Schwefelsäure umgesetzt. Das ist praktisch in jedem Land der Erde möglich.

Chlorierte Kohlenwasserstoffe

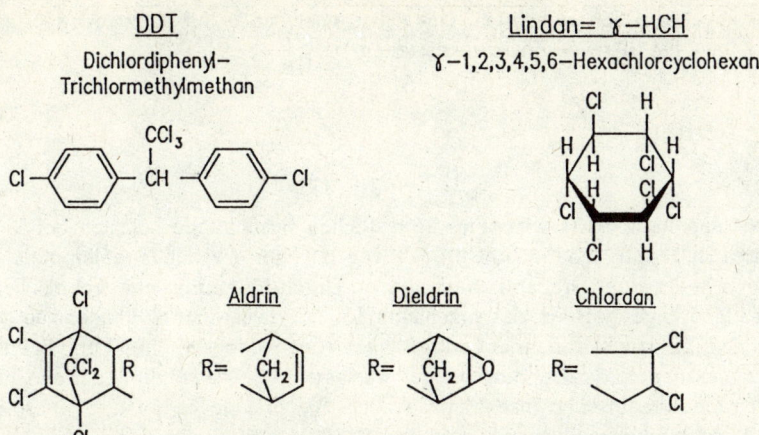

DDT
Dichlordiphenyl–
Trichlormethylmethan

Lindan= γ–HCH
γ–1,2,3,4,5,6–Hexachlorcyclohexan

Aldrin   Dieldrin   Chlordan

Phosphorsäureester

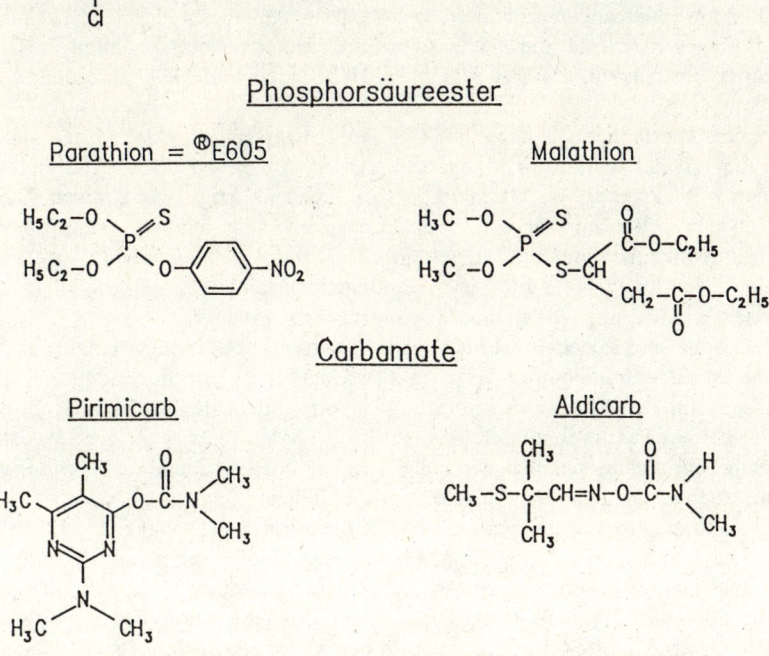

Parathion = ®E605   Malathion

Carbamate

Pirimicarb   Aldicarb

Abb. 9-3 Beispiele für Insektizide verschiedener chemischer Wirkstoffgruppen

Ähnliches gilt auch für das Hexachlorcyclohexan, kurz HCH, das noch einfacher herzustellen ist. Bei der Chlorierung von Benzol entstehen unter Bestrahlung mehrere Isomere von HCH, die mit den Präfices α, β, γ usw. gekennzeichnet werden. Das dabei entstehende Substanzgemenge, mit technischem HCH bezeichnet, hat folgende Zusammensetzung:

α-HCH	65–70 %
β-HCH	7–10 %
γ-HCH	14–15 %
δ-HCH	ca. 7 %
sonstige	1–2 %

Als Insektizid ist aber nur das γ-HCH wirksam, die restlichen Bestandteile belasten bei Verwendung von technischem HCH lediglich die Umwelt, weswegen technisches HCH in den meisten Industriestaaten, u. a. auch in der Bundesrepublik verboten ist. Durch Extraktion von technischem HCH mit Methanol wird 99.5 %iges γ-HCH, das sogenannte Lindan (nach dem Holländer van der Linden benannt), gewonnen. Lindan ist von einer geringfügigen Anwendungsbeschränkung bei der Getreidevorratshaltung abgesehen, in der Bundesrepublik zugelassen. Die Anwendung der anderen in Abb. 9-3 aufgeführten chlororganischen Insektizide ist zwar hierzulande verboten, nicht so in Ländern der Dritten Welt und in vielen anderen Ländern. Die Gefährlichkeit dieser chlororganischen Insektizide wird so hoch eingeschätzt, daß die chemischen Landesuntersuchungsanstalten in der Bundesrepublik Muttermilch kostenlos u. a. auf α-, β- und γ-HCH, sowie auf DDT und Dieldrin untersuchen.

Die Gruppe der Phosphorsäureester hat gegenüber den Chlorkohlenwasserstoffen den Vorteil, daß sie in aller Regel wesentlich schneller biologisch abgebaut werden. Sie gelten bis auf die ungeklärte Frage der „gebundenen Rückstände" (s. Abschnitt 9.4) als unbedenklich für die Umwelt. Die Phosphorsäureester werden je nach Wirkungsweise in zwei Gruppen eingeteilt: Die mit systemischer Wirkung verteilen sich nach Aufnahme durch die Wurzeln in der ganzen zu schützenden Pflanze, so daß die Pflanze für Freßfeinde vorübergehend giftig ist. Die mit nichtsystemischer Wirkung bleiben an der Oberfläche der Pflanzen haften und wirken dort als Kontakt- bzw. Fraßgift.

Die Insektizide dieser Gruppe sind in der Regel hochgiftig. Parathion, besser unter seinem Markennamen *E 605* bekannt, ist ihr prominentester Vertreter. Der Hautkontakt mit der Menge eines Teelöffels an Parathion kann für den Menschen schon tödlich sein. Allein die Hälfte aller Biozidvergiftungen der Welt geht auf Parathion zurück [12]. Ein weiterer Vertreter (s. Abb. 9-3), das Malathion, ist wie Parathion ein nichtsystemisch wirkendes Insektizid. Es ist ebenfalls hochgiftig und in der Bundesrepublik zugelassen, nicht aber beispielsweise in Indien.

Eine weitere Gruppe von Insektiziden stellen Mono- und Dimethylcarbamate von Enolen, Phenolen, Heterocyclen und auch Oximen dar. Sie gelten als besonders gut biologisch abbaubar, einige Vertreter bilden aber, wie auch einige Phosphorsäureester, „gebundene Rückstände" (s. Abschnitt 9.4, Seite 174). Dazu zählt vor allem das Pirimicarb (s. Abb. 9-3). Die Carbamate sind in der Regel, wie auch die Phosphorsäureester, warmblütertoxisch, also auch für den Menschen hochgiftig.

Herbizide

Ebenso wie Insektizide, bestehen auch Herbizide aus den unterschiedlichsten Wirkstoffklassen. 95 % aller angewandten Herbizide sind organische Verbindungen. Als rein anorganische Herbizide kommen schon seit Beginn dieses Jahrhunderts Natriumchlorat $NaClO_3$ und Kalkstickstoff $CaCN_2$ zur Anwendung. Von den organischen Herbiziden sind die weitaus wichtigsten die Derivate von Phenoxycarbonsäuren, heterocyclische Verbindungen und Harnstoffverbindungen.

Die Harnstoffherbizide werden von den Wurzeln der Pflanzen aufgenommen und hemmen die

Photosynthese und damit wichtige Stoffwechselprozesse. Abb. 9-4 zeigt einen einfachen Vertreter der Harnstoffherbizide, das Isoproturon. Bei vielen Vertretern dieser Gruppe handelt es sich um chlorierte Harnstoffderivate. Sie haben die Tendenz, relativ lange im Boden zu bleiben, bevor sie abgebaut werden. Die Wirkungsweise der Derivate der Phenoxycarbonsäuren ist eine völlig andere. Sie werden von den Blättern der Pflanze aufgenommen und verändern die Pflanzenzellen durch Wachstum und Dehnung. Sie greifen demnach also in das Wachstum der Pflanzen ein, die sich dadurch „zu Tode" wachsen.

Die beiden bekanntesten Vertreter sind die hochgiftigen Substanzen 2,4-D und 2,4,5-T, deren chemische Strukturen in Abb. 9-4 angegeben sind. Wie bei vielen anderen Bioziden (s. beispielsweise Lindan) gibt es auch bei dem 2,4,5-T die besondere Problematik der Verunreinigung des Wirkstoffs durch Nebenprodukte bei der Produktion. Mit Dioxin (TCDD, s. Kapitel 12) verunreinigtes 2,4,5-T wurde mit anderen Phenoxycarbonsäuren vermengt als Entlaubungsmittel im Vietnamkrieg eingesetzt. Die bekannteste Mischung war das sogenannte „Agent-Orange". Aufgrund der Verunreinigungen mit Dioxinen und weniger wegen der eigentlichen Giftigkeit des Herbizids kam es zu schweren Vergiftungen der Bevölkerung in Vietnam, aber auch bei den Anwendern (US-Soldaten). 2,4,5-T ist in der Bundesrepublik seit dem 1.9.1988 verboten.

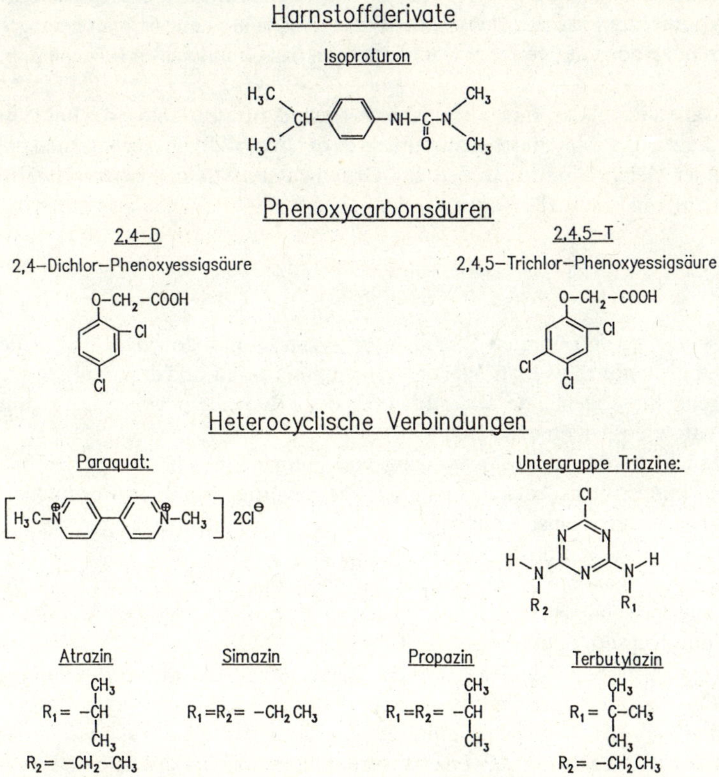

Abb. 9-4
Beispiele für Herbizide verschiedener chemischer Wirkstoffgruppen

Die dritte Gruppe, die der heterocyclischen Verbindungen, teilt sich auf in Amitrole, Dipyridiniumverbindungen und Triazine, von denen wir nur auf die beiden letztgenannten eingehen. Der bekannteste Vertreter der Dipyridiniumverbindungen ist Paraquat (s. Abb. 9-4), ein starkes Zellgift, das wasserlöslich und für den Menschen hochtoxisch ist. Es ist ein Totalherbizid, vernichtet also sämtliche Vegetation. Es wurde 1959 zugelassen und galt als biologisch leicht abbaubar. Heute muß man feststellen, daß der Wirkstoff gar nicht abgebaut, sondern im Boden gebunden wurde (s. auch Abschnitt 9.4). Wegen seiner Konsistenz – es handelt sich um eine braune Flüssigkeit – kam es vor allem in den Ländern der Dritten Welt zu folgenschweren Verwechslungen durch seine optische Ähnlichkeit mit Cola-Getränken. Neuerdings werden Paraquat abstoßende Geruchsstoffe und Brechmittel beigemengt, um dieser Gefahr vorzubeugen.

Zu den Heterocyclen zählt auch die Gruppe der Triazine (s. Abb. 9-4), von ihrer Einsatzmenge her die wohl bedeutendste Gruppe der heterocyclischen Verbindungen, deren pflanzenschädigende Wirkung auf der Fähigkeit beruht, die Photosynthese zu hemmen, indem der Kohlehydrataufbau in den Pflanzen gestört wird. Der massive Einsatz der Triazine führte bis jetzt schon zu erheblichen Umweltbelastungen, da sie sehr langsam abgebaut werden und dadurch die Gefahr besteht, daß sie ins Grundwasser gelangen können.

Atrazin, das bekannteste Triazin und eines der umstrittensten Biozide, darf in der Bundesrepublik Deutschland inzwischen nicht mehr angewendet werden. Allerdings ist aufgrund von europaweit (ab dem 1.1.1993) geltenden Gesetzen und Richtlinien damit zu rechnen, daß Atrazin mittelfristig auch in den Bundesrepublik Deutschland wieder zugelassen werden muß [10, 15]. Es wird vor allem im Maisanbau eingesetzt, da Mais selbst gegen Atrazin resistent ist. Ein Großteil der Unkräuter entwickelte aber im Lauf der Zeit resistente Formen, so daß höhere Konzentrationen an Atrazin eingesetzt wurden, die allerdings das Resistenzproblem auf diese Weise nicht haben lösen können. Atrazin gelangte bei sandigen Böden oder auch bei Böden mit geringer Deckschicht in das Grundwasser (s. auch Tab. 9-14).

Auch die anderen Triazine, allen voran das Simazin (s. Abb. 9-4), sind giftige, ökologisch bedenkliche Substanzen. Auch hier liegt das Problem der Anwendung in der Ausbildung von Resistenzen bei den Unkräutern und in einer Gefährdung für Boden und Grundwasser. Simazin beispielsweise hat eine Halbwertszeit im Boden von bis zu 180 Tagen [4].

Fungizide

Fungizide werden im Unterschied zu den übrigen Bioziden prophylaktisch angewandt, damit die Pflanzen nicht von Pilzkrankheiten befallen werden. Weitere Verwendungsarten sind der unmittelbare Schutz von Ernteprodukten und die sogenannte *Saatgutbeize* , dem Behandeln von Saatgut mit Fungiziden, um am Saatgut haftende Pilzkeime abzutöten.

Je nach landwirtschaftlichen Kulturen ist die Anwendung von Fungiziden sehr unterschiedlich notwendig. Im Wein-, Hopfen- und Erwerbsobstanbau ist unter der derzeitigen Maxime der Intensivagrikultur eine Produktion ohne Fungizideinsatz nicht mehr denkbar. In ungünstigen Lagen werden gegen Apfelschorf bis zu 18mal pro Vegetationsperiode Fungizide gespritzt [4].

Die bekanntesten Fungizide sind metallhaltige organische und anorganische Verbindungen. Kupfersulfat und reiner Schwefel wurden schon im letzten Jahrhundert als Fungizide eingesetzt, es folgten Kalkstickstoff (s. Herbizide) und Kupferoxichlorid $CuCl_2 \cdot 3Cu(OH)_2$.

Von den modernen metallorganischen Fungiziden haben die Quecksilber- und Zinnverbindungen Bedeutung erlangt. Bei den Quecksilberfungiziden war es vor allem das Methoxiethylquecksilbersilicat $H_3C-O-CH_2-CH_2-Hg-O-SiO_2H$. Inzwischen sind die quecksilberhaltigen Präparate in der Bundesrepublik verboten und durch quecksilberfreie ersetzt worden, da selbst bei 100 %igem biologischem Abbau im Boden dort zunehmend Quecksilber angereichert wird.

Ein weitverbreitetes, in der Bundesrepublik zugelassenes Zinnfungizid ist Fentinacetat $(C_6H_5)_3-Sn-O-C(O)-CH_3$ mit einer Halbwertszeit von 140 Tagen. Kürzere Halbwertszeiten (5–10 Tage) haben die Dithiocarbamate, eine wichtige Fungizidgruppe. Bei diesen Stoffen taucht ein Problem auf, das wir bereits bei dem biologischen Abbau der Tenside in Abschnitt 8.2 kennengelernt haben: Einige Abbauprodukte der Dithiocarbamate sind gefährlichere Substanzen als der ursprüngliche Wirkstoff [12]. Eine sehr kurze Abbauzeit bedeutet also noch lange nicht Unbedenklichkeit oder gar ökologische Verträglichkeit (s. auch „gebundene Rückstände" 174 in Abschnitt 9.4). Hiermit wollen wir die Kurzdarstellung der wichtigsten und bekanntesten Biozide abschließen. In der Bundesrepublik sind 232 verschiedene Wirkstoffe und 1062 Präparate verschiedener Wirkstoffkombinationen (Stand 1990) zugelassen. Ab dem 1.1.1993 gelten auch in den neuen Bundesländern die Anwendungsbestimmungen der alten Bundesländer. Weiterführende Literatur zu diesem Thema ist in den Literaturhinweisen angegeben.

9.4 Umweltgefährdung durch Düngemittel und Biozide

Seit einigen Jahren wird die Landwirtschaft verstärkt für die Belastung der Oberflächengewässer, für die zunehmende Gefährdung von Nord- und Ostsee und auch für die stärker werdende Kontamination des Grundwassers verantwortlich gemacht. Diese Problematik der Gefährdung des Wassers durch die Intensivlandwirtschaft in der Bundesrepublik charakterisiert zutreffend eine Arbeit, die für den Rat der Sachverständigen für Umweltfragen angefertigt wurde [3]:

> Grundsätzlich jedenfalls führt eine den Höchstertragsbereich bewußt anstrebende Intensiv-Bodenbewirtschaftung auch zu entsprechenden ökologischen Konsequenzen, weil höchstmögliche Nahrungsproduktion auf der einen und größtmögliche Wasserreinheit auf der anderen Seite nicht miteinander vereinbar sind.

Daß die Form der bei uns praktizierten Landwirtschaft die Umwelt und vor allem das Wasser belastet, wird kaum mehr bestritten. Uneinig ist man sich nur, wie sehr die Landwirtschaft im Verhältnis zu anderen Faktoren zur Gesamtbelastung beiträgt. Wir wollen uns zuerst einigen Aspekten der Wassergefährdung durch Düngemittel und Biozide zuwenden, bevor wir auf die gesamtökologischen Zusammmenhänge eingehen.

Die Auswirkung überhöhten Phosphateintrags in die Oberflächengewässer wurde bereits in Abschnitt 7.3 ausführlich diskutiert. Aus Abb. 7-5 ist dort ersichtlich, daß die Landwirtschaft signifikant zum Gesamtphosphateintrag beiträgt. Dieser Anteil ist aber keineswegs nur auf die Düngung zurückzuführen, sondern zu etwa gleichen Teilen auf die Tierhaltung und auf die Düngung, wie aus Tab. 9-11 zu entnehmen ist.

Tabelle 9-11 Phosphateintrag in die Oberflächengewässer der Bundesrepublik verursacht durch landwirtschaftliche Nutzung (vgl. Abb. 7-5, Seite 132). Gesamtphosphateintrag aller Verursachergruppen 1987: 65 900 t = 100 %

Eintrag durch	%	verursacht durch
Erosion	9.9	Düngung
Dränwasser	3.5	Düngung
Tierhaltung (indirekte Einleitung)	8.0	Tierhaltung
Kanalisation (direkte Einleitung)	5.2	Tierhaltung
Landwirtschaft gesamt	26.6	
Quelle: [16]		

Der Phosphateintrag durch Düngung, der fast 14 % an dem Gesamtphosphateintrag in die Oberflächengewässer beträgt (Tab. 9-11), teilt sich wiederum zu etwa gleichen Teilen von etwa 7 % auf, die von der organischen und der mineralischen Düngung herrühren. Die Anwendung von Mineraldüngern ist also nicht die hauptsächliche Ursache für die hohe Phosphatfracht der Oberflächengewässer. Für das Grundwasser stellt das Phosphat im Gegensatz zu Nitrat in den derzeit ausgebrachten Mengen noch keine Gefahr dar. Das liegt an der besonderen Phosphatdynamik des Bodens, die sich von der des Stickstoffs erheblich unterscheidet, und eher der des Kaliums ähnelt.

Die Abbildungen 9-5 und 9-6 zeigen die Kalium- bzw. Phosphatdynamik im Agrarökosystem. Das im Boden vorliegende Kalium ist zum größten Teil an Tonteilchen, in verschieden fester Form gebunden: Das an den Außenflächen der Tonminerale gebundene Kalium ist nur locker fixiert und damit leicht pflanzenverfügbar. Das weiter innen zwischen verschiedenen Tonschichten sorbierte Kalium (Zwischenschichtkali, rechter Kasten der Abb. 9-5) ist für die Pflanzen schon schwerer verfügbar, während das Kalium als fester Baustein des Mineralgitters (linker Kasten der Abb. 9-5) nur sehr langsam durch Verwitterungsprozesse für die Pflanzen verfügbar wird. Je mehr Kalium im Boden vorhanden ist, desto mehr Kalium ist an den äußeren Bereichen der Tonminerale adsorbiert und damit für die Pflanzen sehr schnell verfügbar. Bei einem an Kalium verarmten Boden werden bei Kaligabe zuerst die Sorptionsstellen besetzt, bevor für die Pflanzen wasserlösliches Kali in der Bodenlösung zur Verfügung steht. Die Doppelpfeile der Abb. 9-5 deuten an, daß Adsorptionsgleichgewichte zwischen den verschieden stark fixierten Formen des gebundenen Kaliums vorliegen.

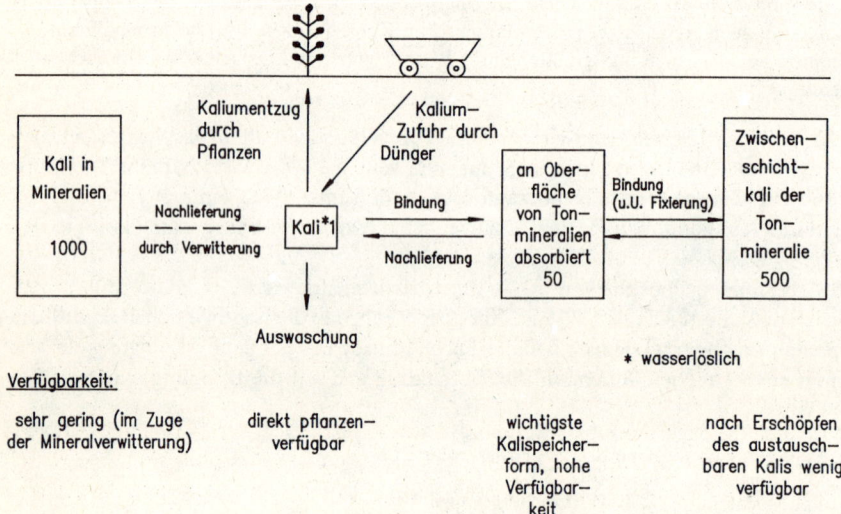

Abb. 9-5 Kaliumdynamik im Boden. Zahlen: relative Mengenverhältnisse in den einzelnen Kaliumspeichern des Bodens

Ähnliches gilt auch für das Phosphat, welches in den meisten Böden zu mehr als 50 % in organischer Bindungsform vorliegt. Anorganisch gebundene Phosphate findet man in neutralen bis alkalischen Böden als Calciumphosphat und in sauren Böden als schwerlösliche Aluminium- und Eisenphosphate. Damit Phosphat pflanzenverfügbar in der Bodenlösung vorliegt, muß es mobilisiert werden. Dies geschieht bei organisch gebundenem Phosphor durch Mikroorganismen. Anorganische Phosphate liegen in einem Lösungsgleichgewicht mit der Bodenlösung vor: Wird lösliches Phosphat durch Abbau von organisch gebundenem Phosphat oder durch Düngung zugeführt, wird der größte Teil davon als Calcium-, Aluminium- oder Eisenphosphat ausgefällt. Wird lösliches Phosphat aus der

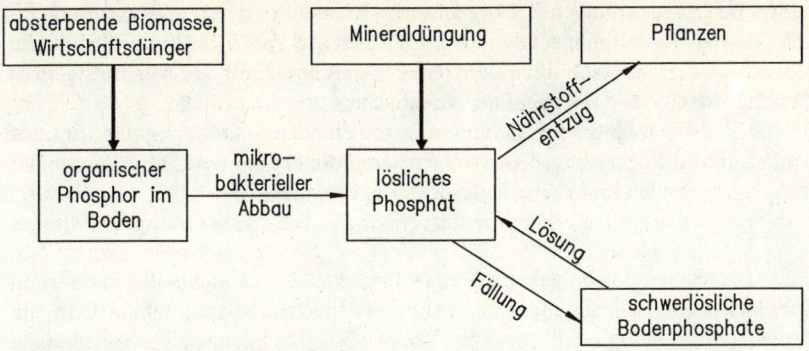

Abb. 9-6 Phosphatdynamik im Boden

Bodenlösung durch die Pflanzen aufgenommen, so wird es aus dem Depot der gebundenen Phosphate nachgeliefert.

Für die Kalium- und Phosphatdynamik im Boden gilt, daß ein Depot von sorbiertem oder ausgefälltem Kalium bzw. Phosphor vorliegt und ein Überschuß dieser Stoffe in der Bodenlösung zu weiterer Ausfällung bzw. Sorption (Immobilisierung) führt, während ein Mangel Lösung aus dem Depot bewirkt (Mobilisierung). Diese Bindungsformen stehen also im Gleichgewicht mit der Bodenlösung, so daß die Konzentration der Bodenlösung weitgehend konstant bleibt. Daher führt trotz der hohen Löslichkeit der meisten Mineraldünger eine maßvolle, den Bodenverhältnissen angepaßte Mineraldüngung selbst bei einer einmaligen Überdosierung nicht zur Auswaschung der wasserlöslichen Düngersalze, da der Boden gleichzeitig als Puffer und Nährstoffreservoir fungiert.

Ähnliches gilt auch für die beiden anderen Hauptnährelemente Magnesium und Calcium. Hier wirken die als feste Carbonate (z. B. Kalk) eingebrachten Düngermengen als Depot für Magnesium und Calcium, aus denen bei Bedarf, z. B. in sauren Böden, Ionen in Lösung gehen und gleichzeitig eine Pufferung der sauren Wirkung eintritt.

Es mag verwundern, daß trotzdem der Phosphateintrag in die Gewässer durch die Mineraldüngung doch immerhin ungefähr 7 % des Gesamteintrages beträgt (s. Text zu Tab. 9-11). Das liegt daran, daß bedingt durch die Form der Intensivlandwirtschaft große Mengen der obersten Bodenschicht erodieren und Phosphat mit dem abgetragenen Erdboden bzw. Humus in die Oberflächengewässer weggeschwemmt wird. Dem Eintrag an Düngemittelphosphat kann folglich nur durch erosionsverhindernde Maßnahmen entgegengewirkt werden.

Völlig anders stellt sich dagegen die Situation beim Stickstoff dar. Der in den Boden in Form von wasserlöslichem Nitrat eingebrachte Mineralstickstoff wird nicht an feste Bodenbestandteile gebunden. Das Nitrat wird nur in langsamen Prozessen gemäß Abb. 9-1 in die verschiedenen Formen der Biomasse eingebunden. Das restliche Nitrat wird zu ungefähr gleichen Teilen (vgl. Abb. 9-1) denitrifiziert und ausgewaschen. Das gilt natürlich für Nitrat, das aus der Mineraldüngung stammt, genauso wie für Nitrat, das durch Nitrifikation im Boden entsteht. Es gibt also keine effektive Puffer- und Depotwirkung für Nitrat im Boden. Daher kann es bei Nitrat leicht zu einer Auswaschung kommen, wenn sich überschüssiges Nitrat im Boden befindet, zumal man bestrebt ist, durch Stickstoffdüngung das Wachstum zu erhöhen, da Stickstoff unter natürlichen Bedingungen den Minimumfaktor für das Pflanzenwachstum darstellt.

Stickstoffdüngung während der Wachstumsphase erwirkt dementsprechend höhere Erträge. Stickstoffdüngung außerhalb der Wachstumsphase ist völlig unangebracht, da der Stickstoff weder aufgenommen noch immobilisiert werden kann und infolgedessen weitgehend ausgewaschen wird, so daß er im Grundwasser und damit möglicherweise im Trinkwasser in überhöhter Konzentration auftreten kann. Das gilt so für Mineralstickstoffdünger. Bei organischen Stickstoffdüngern läuft ein ähnlicher Prozeß ab, nur zeitlich versetzt. Eine organische Stickstoffdüngergabe zur Wachstumszeit bewirkt, daß pflanzenverfügbarer Stickstoff erst dann über den Mineralisierungsprozeß zur Verfügung steht, wenn er nicht mehr benötigt wird, was dann ebenfalls Auswaschung zur Folge hat.

Man erkennt: Nicht nur die Mineraldüngung, sondern auch die organische Düngung mit Stickstoff ist kompliziert und kann nur von Fachkräften beherrscht werden. Selbst bei optimal abgestimmter Düngung wird wegen des Intensivlandbaus eine Belastung des Grundwassers mit Nitrat praktisch unumgänglich sein. Erhöhte Nitrateinträge können hauptsächlich aus folgenden Gründen auftreten:

- Durch unsachgemäße Ausbringung von organischem und mineralischem Stickstoffdünger: Beim Mineraldünger ist es falscher Ausbringungszeitpunkt und falsche Bemessung, also Überdosierung; bei der organischen Düngung ist die ausgebrachte Stickstoffmenge oft nicht genau genug bekannt, und die Mineralisierung des Stickstoffs ist abhängig von der Witterung und damit zeitlich nicht genau vorhersehbar.

- Durch Anbau von intensiv gedüngten Sonderkulturen wie Hopfen, Wein, Mais und Obstbau mit geringer Bodenbedeckung, wobei der überschüssige Stickstoff praktisch nicht aufgenommen werden kann.

- Bei intensiver Viehhaltung, wenn keine Möglichkeiten vorhanden sind, die anfallende Gülle sachgerecht zu lagern. Das ist häufig der Fall, und die Gülle mit ihrer hohen Stickstoffmobilität wird aus ökonomischen Gründen somit auch in ungünstigen Jahreszeiten (während einiger Zeitabschnitte innerhalb der Vegetationspause) ausgebracht, so daß der Stickstoff von vornherein nicht von den Pflanzen aufgenommen werden kann [3]. Nitrat im Grundwasser, das von Böden mit starkem Viehbesatz stammt, ist die Folge.

- Nach großflächigem Grünlandumbruch, da das Dauergrünland viel organische Masse anreichert, die nach dem Umbruch mineralisiert wird.

- Bei brachliegenden Flächen, auch bei der Winterbrache, und bei Brachen zwischen einer Ernte und dem Anbau der Nachfrucht, da während dieser Zeiten überhaupt kein Stickstoff von Pflanzen aufgenommen und Nitrat im Boden leicht ausgewaschen werden kann.

Wir haben in Kapitel 7 gesehen, welche Gefahren von einem übermäßigen Phosphateintrag in die Oberflächengewässer ausgehen. Worin liegt aber die Gefahr bei einer Nitratauswaschung aus dem Boden in die Oberflächengewässer bzw. ins Grundwasser? Eine erhöhte Nitratkonzentration in Oberflächengewässern spielt nur dann für das Ökosystem der Gewässer eine Rolle, wenn wegen hoher Phosphatgehalte nicht mehr Phosphat, sondern Nitrat zum pflanzenwachstumsbegrenzenden Minimumfaktor geworden ist. Dies gilt für Oberflächengewässer wie Seen oder auch für die Nordsee.

Anders ist die Situation beim Grundwasser: Bei der Nutzung von nitrathaltigem Grundwasser als Trinkwasser gelangt auf diese Weise Nitrat in den Körper des Menschen. Auch Pflanzen, deren Wachstum durch überhöhte Nitratdüngung gefördert wurde, können über den normalen Gehalt hinausgehende Nitratmengen speichern. Durch Verzehr dieser Pflanzen (wie z. B. Gemüse) können also auch größere Nitratmengen in den Körper des Menschen gelangen. Dort kann Nitrat auf verschiedene Weisen wirken:

- Nitrat selbst gilt als ungiftig. Erst bei großen Mengen kann es zu Reizungen des Magen-Darm-Trakts kommen.

- Unter bestimmten Bedingungen, die beim Menschen im Mund und im Magen-Darm-Bereich anzutreffen sind, wird Nitrat über eine mikrobielle Reduktion in Nitrit umgewandelt, welches mit Aminen zu Nitrosaminen weiterreagieren kann. Viele Nitrosamine sind aber krebserregende Substanzen. Die Wirkungskette Nitrat→Nitrit→Nitrosamin ist ein derzeit noch schwer kalkulierbares Risiko für die Gesundheit des Menschen.

- Ferner ist Nitrit in der Lage, den roten Blutfarbstoff, das Hämoglobin, zu Methämoglobin aufzuoxidieren, das keinen Sauerstoff transportieren kann. Der Stoffwechsel von Erwachsenen kann diesen Schaden wieder reparieren, Säuglinge sind dazu jedoch nicht in der Lage. Bei Aufnahme von stark nitratbelastetem Wasser durch den Säugling verfärbt sich die Haut infolge von Sauerstoffmangel im Blut bläulich. Man spricht von einer Blausucht oder auch Methämoglobinämie, die im Extremfall zum Tode führen kann.

Aus diesen Gründen muß eine unnötig hohe Aufnahme von Nitrat durch Trinkwasser, aber auch durch Nahrungsmittel vermieden werden. Die durchschnittliche Nitrataufnahme liegt in der Bundesrepublik bei ca. 130 mg pro Tag. Mehr als die Hälfte hiervon entstammen dem Gemüse, weswegen vor allem Vegetarier die von der WHO (Weltgesundheitsorganisation) empfohlene maximale Tagesaufnahme von 220 mg Nitrat in Gefahr sind zu überschreiten. Tab. 9-12 zeigt die Quellen der Nitratzufuhr durch Nahrungszufuhr im einzelnen. Die dort angegebenen Werte gelten bei einer Belastung des Trinkwassers von 30 mg Nitrat pro l, dem mittleren Nitratgehalt des Trinkwassers. Der seit dem 1.1.1989 in der Bundesrepublik gültige Grenzwert beträgt 50 mg Nitrat pro l.

Tabelle 9-12 Mittlere Nitratzufuhr durch Nahrungsaufnahme pro Person und Tag in mg Nitrat (NO_3^-)

Nahrungsmittel	Nitrat	%
Milch und Milchprodukte	0.2	0.1
Beeren, Obst	1.0	0.8
Getreideprodukte	1.5	1.1
Fleisch und Wurstwaren	5.7	4.4
Trinkwasser*	58.0	44.6
Gemüse	63.7	49.0
gesamt	130.0	100.0

* bei einem Wert von 30 mg Nitrat pro l

Quelle: [16]

Der EG-Richtwert ist auf 25 mg Nitrat pro l festgelegt worden, ein Wert, der bundesweit schon längst nicht mehr einzuhalten wäre. Vielerorts muß bereits das Grundwasser mit nitratarmem Wasser verschnitten werden, um den Grenzwert einhalten zu können. Das wird durch die fortschreitende Belastung der Oberflächengewässer mit Nitrat zunehmend schwerer. Abb. 9-7 zeigt die Aufteilung der Gesamtstickstoffeinträge in die Oberflächengewässer der Bundesrepublik nach Verursachergruppen, wobei die Landwirtschaft nochmals gesondert aufgeschlüsselt ist. Der Beitrag der Landwirtschaft an dem Gesamteintrag von 34.5 % beruht hauptsächlich auf düngungsfreier Grundlast sowie Drän- und Grundwasser. Der geringere Teil ist durch Erosion, Ausbringung und Tierhaltung bedingt. Die Anteile der Landwirtschaft an den Phosphateinträgen sind in Abb. 7-5 und Tab. 9-11 dargestellt.

Bezüglich der Umweltgefährdung durch Düngemittel kann also zusammengefaßt werden, daß die vier Hauptnährelemente P, K, Ca, und Mg grundsätzlich in maßvoller Weise auf Vorrat gedüngt werden können, da die Pufferwirkung und Fähigkeit zur Depotbildung des Bodens eine Auswaschung der Düngemittel ins Grundwasser verhindert. Umweltproblematisch ist lediglich die Auswaschung von Phosphat in die Oberflächengewässer. Eine Umweltgefährdung geht aber vor allem von den Stickstoffdüngern aus. Hier ist es äußerst schwierig, eine bedarfsgerechte und auf die Witterung abgestimmte Düngung durchzuführen, ohne das Grundwasser durch übermäßigen Nitrateintrag zu gefährden.

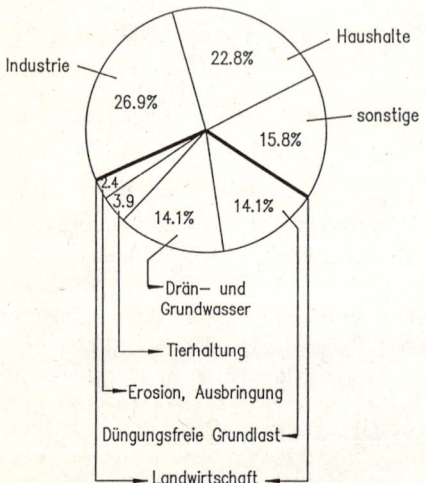

Abb. 9-7
Gesamtstickstoffeinträge in die Oberflächengewässer in die Bundesrepublik (alte Bundesländer) aufgeschlüsselt in die Verursachergruppen

In Zukunft könnte aber auch der Phosphatdünger Sorgen bereiten. Phosphate werden meist aus sedimentären Lagerstätten abgebaut und sind mit dem Schwermetall Cadmium verunreinigt (s. Kap. 10). Dadurch gelangt mit dem Phosphatdünger zwangsläufig auch Cadmium in den Boden, welches sich dort nach und nach anreichert. Phosphatdünger können auch erhebliche Mengen Arsen enthalten. Desweiteren finden sich in Rohphosphaten in nicht unerheblichen Mengen Uran, Thorium, Radium samt deren Zerfallsprodukte. Auch das Thomasmehl ist nicht frei von Schwermetallen, es kann bis zu 2 % Vanadiumpentoxid enthalten, dessen physiologische Wirkung noch kaum bekannt ist [17].

Eine weitere Kontroverse hinsichtlich der Phosphatdüngung besteht bezüglich der Düngermengen, die benötigt werden, um bestimmte der Ertragssicherheit angepaßte Phosphatgehalte im Boden zu garantieren. Derzeit wird nämlich das 1.5fache des eigentlichen Pflanzenbedarfs empfohlen und auch ausgebracht [3]. Die Begründung liegt in der Immobilisierung des Phosphats durch die Bodenbestandteile und auch durch die schnellen Festlegungsprozesse. Dadurch wird der Boden aber zwangsläufig irgendwann einmal vollständig phosphatgesättigt sein, mit Folgen, die wir noch nicht abschätzen können. Eine langfristige Phosphatdüngung, die über eine reine Ersatzdüngung hinausgeht, muß deswegen sehr skeptisch beurteilt werden.

Wir wollen uns nun den umweltgefährdenden Wirkungen durch Biozide zuwenden. Da Biozide Gifte sind, mit denen innerhalb des Kreislaufes der Nahrungskette operiert wird, besteht natürlich auch für den Menschen ein hohes Gefahrenpotential. Für die Bevölkerung der Industriestaaten liegt die Hauptgefahr in einer möglichen Verseuchung der Nahrung und des Trinkwassers. Für die Bevölkerung der Dritte-Welt-Länder sind allerdings noch andere Gefährdungen von Bedeutung. An erster Stelle stehen dort Gesundheitsbelastungen des Menschen durch orale und dermale (durch die Haut) Aufnahme von Bioziden. Bei oraler Aufnahme handelt es sich durchweg um Unglücksfälle, die durch Verwechslungen von Bioziden mit Lebensmitteln entstehen. Die Sicherheitsvorkehrungen in diesen Ländern sind meist völlig unzureichend bzw. gar nicht vorhanden. Die meisten Verwechslungen sind darauf zurückzuführen, daß Biozide mangels geeigneter Gefäße und Meßbecher zum Abmessen und Weiterverkauf in Cola- und Bierflaschen umgefüllt werden. Häufig genug werden auch leere Biozidbehälter als Wasserkanister zweckentfremdet benutzt.

Bei den dermalen Kontakten mit Bioziden handelt es sich weniger um Unglücksfälle, sondern eher um „eingeplantes Risiko". Für einen Anwender ist eine für tropische und subtropische Klimaverhältnisse angepaßte Schutzkleidung kaum denkbar und in der Regel nicht verfügbar. Möglichkeiten, sich selbst und seine Kleidung nach getaner Arbeit zu reinigen, sind in der Regel nicht vorhanden bzw. mangelhaft. Dazu kommt die Unkenntnis über die Gefährlichkeit der Mittel, mangelnde bzw. keine Ausbildung für den sachgerechten Umgang mit den Bioziden und den Spritzgeräten. Das noch weit verbreitete Analphabetentum in den Ländern der Dritten Welt trägt auch dazu bei, daß Gebrauchsanweisungen und Warnungen auf Flaschen und Verpackungen nicht zur Kenntnis genommen werden können.

Die eben angeführten Gesundheitsrisiken sind keineswegs Einzelfälle, sondern die Hauptgründe, weswegen sich täglich Hunderte von Menschen vergiften mit teilweise tödlichem Ausgang. Schätzungen sprechen von jährlich weltweit 750 000 Vergiftungsopfern bei der Herstellung und Anwendung von Bioziden, mindestens 14 000 davon überleben ihre Vergiftung nicht. Die Hälfte der Vergiftungsfälle und zwei Drittel der Todesfälle ereignen sich in der Dritten Welt, obwohl der weitaus größte Teil (mehr als 80 %) der Biozide in den Industriestaaten produziert und ausgebracht wird [12, 18].

Die Argumentation der Biozidhersteller, daß bei ordnungsgemäßem Umgang mit Bioziden praktisch keine Gefahr für den Menschen zu erwarten ist, mag zwar zutreffen, ist aber angesichts der derzeitigen Situation in den Ländern der Dritten Welt realitätsfremd. Auch in den Industriestaaten vergiften sich mangels Information bzw. Aufklärung Menschen, da die Empfehlungen der Biozidhersteller nicht immer mit der nötigen Sorgfalt beachtet werden. Oftmals kommt es zur falschen Wahl des einzusetzenden Mittels, zu falschen Dosierungen, zur Anwendung zum falschen Zeitpunkt bis hin zum Wegschütten des restlichen, nicht verbrauchten Biozids. Wegen der intensiv genutzten landwirtschaftlichen Fläche ist in den Industriestaaten der Biozideinsatz pro Hektar besonders hoch und damit auch die Gefahr einer Belastung von Böden und Gewässern mit Bioziden. Dazu kommt der ökonomische Druck, die Ernteerträge ständig steigern zu müssen, um bei den niedrigen Preisen, zu denen die Landwirte ihre Produkte verkaufen müssen, in ihrem Einkommen mit der allgemeinen Steigerung der Lebenshaltungskosten Schritt halten zu können. Probleme der Schädlingsresistenz zwingen oftmals dazu, mehr und stärker wirksame Biozide einzusetzen.

Eine Folge davon sind Nahrungsmittelbelastungen. Zulässige Grenzwerte für Biozidrückstände in Nahrungsmitteln basieren auf der Annahme einer bestimmten durchschnittlichen Menge und Zusammensetzung der aufgenommenen Nahrungsmittel eines 70 kg schweren Menschen pro Tag. Personen mit geringerem Gewicht, aber durchschnittlicher Aufnahme an Nahrungsmitteln, oder solche, die besondere Ernährungsgewohnheiten haben wie Vegetarier, laufen Gefahr, eine größere Menge an Bioziden pro Tag und kg Körpergewicht aufzunehmen, als im Durchschnitt angenommen wird. Vor allem kranke Menschen und auch Kinder können dadurch unverhältnismäßig stark belastet werden. Überhöhte Belastungen entstehen auch dann, wenn die gesetzlichen Wartezeiten von der Ausbringung des Biozids bis zum Verzehr der Nahrungsmittel nicht eingehalten werden. Auch in importierten Nahrungsmitteln aus der Dritten Welt wie Tee, Kaffee, Zucker, Bananen etc. sind häufig Biozide enthalten. 70 % der in den Ländern der Dritten Welt eingesetzten Biozide werden für Exportkulturen verwendet. So gelangen selbst Biozide auf unseren Tisch, deren Anwendung bei uns verboten ist, wie beispielsweise DDT, Aldrin, technisches HCH, Chlordan, Endrin und Heptachlor, die alle in vielen Ländern der Dritten Welt zugelassen sind [19]. Insgesamt betrachtet scheinen Biozide in Nahrungsmitteln bisher jedoch noch keine besorgniserregende Gefahr für die Gesundheit darzustellen.

Eine weitere Folge des intensiven Biozideinsatzes ist, daß dabei häufig nicht nur die „Schädlinge", sondern auch „Nutztiere" abgetötet werden. Dadurch werden die ökologischen Verhältnisse landwirtschaftlich genutzter Flächen nachhaltig gestört, ein Prozeß, der zu dem vielbeklagten Schwund der Artenvielfalt von Pflanzen und Tieren beiträgt. 38 % des Artenrückgangs in der Bundesrepublik wird der Landwirtschaft zugeschrieben [20].

In jüngerer Zeit hat das neue Konzept des „integrierten Pflanzenschutzes" von sich reden gemacht, das etwas mehr auf ökologische Verhältnisse Rücksicht nimmt. Bei diesem bereits in den 60er Jahren entwickelten Konzept wird auf die Gesamtökologie des Bodens insoweit Rücksicht genommen, als der Schädling bzw. das Unkraut nicht vollständig ausgerottet, sondern seine Population nur auf ein Maß reduziert werden soll, das zu keinen Ertragseinbußen führt. Auch der Gefahr der Entwicklung von resistenten Schädlingen soll durch den integrierten Pflanzenschutz vorgebeugt werden. In der Praxis hinkt dieses Konzept, das ein Bestandteil des Pflanzenschutzgesetzes und damit Vorgabe für die Landwirte ist, weit hinter seinen Vorgaben her. Es herrscht bedingt durch den Zwang der Landwirte zur Steigerung und Sicherung ihrer Erträge eine weite Kluft zwischen Theorie und Realität, so daß von den vielen positiven Impulsen, die man sich von dem integrierten Pflanzenschutz verspricht, derzeit noch kaum etwas zu erkennen ist [21].

Eine weitere und viel schwerwiegendere Folge des Einsatzes von Bioziden ist die Belastung des Bodens und des Grundwassers durch Biozide. Eine wesentliche Forderung, die heute an ein Biozid gestellt wird, ist neben seiner spezifischen Wirksamkeit vor allem eine rasche Abbaubarkeit im Boden. Gleichzeitig soll es aber, bis es abgebaut wird, wirksam sein, d. h. entweder pflanzenverfügbar sein bzw. in der Lage sein, Schädlinge abzutöten. Selbst bei rascher Abbauzeit im Boden ist eine Umweltgefährdung nicht auszuschließen. Das liegt u. a. an den sogenannten *gebundenen Rückständen* (bound residues), auf die wir im folgenden näher eingehen wollen.

Abb. 9-8 zeigt, was mit einem Biozid im Boden passiert. Dort ist der Umsatz von Biozidwirkstoffen und Metaboliten gegen die Zeit aufgetragen. Gleich nach der Ausbringung ist die gesamte Biozidmenge bioverfügbar. Wenige Tage danach ist bis zur Hälfte der ausgebrachten Biozidmenge an Bodenteilchen reversibel adsorbiert. Nach ca. 14 Tagen ist ein Maximum der gebundenen Biozidmenge erreicht und nur noch 10 % der ursprünglichen Menge ist in der Bodenlösung vorhanden und damit bioverfügbar. Die Mineralisierung der Biozide zu CO_2 und H_2O (und eventuell Phosphaten und Chloriden) ist nur in gelöster, also bioverfügbarer Form möglich. Sie nimmt ständig zu und zunächst adsorbierte (gebundene) Biozide werden im Laufe der Zeit wieder mobilisiert, d. h. bioverfügbar und damit auch mineralisiert, also abgebaut. Daher durchläuft die Menge der gebundenen Biozide ein Maximum in der Bodenkonzentration.

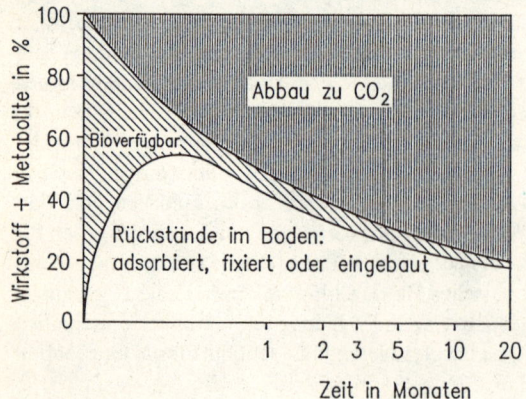

Abb. 9-8
Umsatz-Zeit-Kurve von Bioziden für Rückstände, bioverfügbare Anteile und mineralisierte Anteile (CO_2) (Quelle: [3])

Tabelle 9-13 Anteil gebundener Rückstände einiger ausgewählter Herbizide und Insektizide im Boden in % des ^{14}C der Ausgangssubstanz nach einem Monat Einwirkungszeit

Herbizide	%	Insektizide	%
2,4-DD	28	DDT**	25
3,4-Dichloranilin*	90	Fenitrothion*	50
Pirimicarb	70	Parathion	18–50
Pentachlorphenol (PCP)**	45	Methylparathion	32
Propanil*	73	Phosalon	80

 * in der Bundesrepublik nicht mehr zugelassen
** in der Bundesrepublik verboten

Quelle: [3]

Ein Teil der zunächst reversibel adsorbierten Biozide wird aber mit der Zeit fest fixiert, so daß die Biozide nicht mehr austauschbar sind. Diese festen Bindungen an Bodenteilchen und Huminstoffe sind Wasserstoffbrücken und auch kovalente Bindungen, die über Radikalreaktionen, über Copolymerisation in Huminstoffen und über Reaktion von Alkylresten geschlossen werden. Das bedeutet: Die beiden Kurven in Abb. 9-8 münden in eine gemeinsame Parallele zur Zeitachse ein. Es gibt kein bioverfügbares Biozid mehr, aber einen bestimmten Anteil gebundener Biozide. Dieser Rückstand ist nicht mehr extrahierbar, d. h. auch nicht mehr mit herkömmlichen Analyseverfahren bestimmbar. Es scheint, daß in der Regel nicht die Originalmoleküle der Biozide in diesen Komplexen fixiert sind, sondern Abbau- und Spaltprodukte, weswegen die gebundenen Biozide exakter als „gebundene Rückstände" bezeichnet werden.

Daß die dabei auftretenden Wirkstoffmengen an gebundenen Rückständen keineswegs zu vernachlässigen sind, zeigt Tab. 9-13. Dabei handelt es sich um Überreste von Bioziden, die nach einmaliger Anwendung und nach einer einmonatigen Umsetzungszeit als gebundene Rückstände in nichtextrahierbarer Form im Boden fixiert waren. Bestimmt wurden diese Rückstände durch radioaktiv markierten Kohlenstoff ^{14}C, der bei der Synthese der Wirksubstanzen mit eingebaut wurde. Schon 1975 erkannte man das Problem der gebundenen Rückstände. Bis dahin war man davon überzeugt, daß die Biozide zumindest bis auf die extrahierbaren Reste abgebaut werden würden, bis man feststellen mußte, daß sie, statt abgebaut zu werden, fest in die Bodenpartikel eingebunden werden. Inwieweit die gebundenen Rückstände in späterer Zeit wieder freigesetzt und auch wieder wirksam werden können, ist derzeit nicht bekannt.

Neben den gebundenen Rückständen ist die Belastung des Grundwassers und, wie erst kürzlich festgestellt wurde, auch des Regenwassers ein Hauptproblem der Biozidanwendung. Abb. 9-9 zeigt schematisch Transportwege und chemische Abbauwege eines Biozids, das auf die Pflanze bzw. in die oberste Bodenschicht, die Wurzelzone, eingebracht wurde. Von dort aus kann ein Teil in die Atmosphäre verdunsten und sich im Regenwasser lösen oder weitgehend photochemisch abgebaut werden. Von den Wasserwerken in Köln und auch in Amsterdam wurden 1988 im Regenwasser Konzentrationen von Atrazin gefunden, die um ein Mehrfaches über dem zulässigen Grenzwert der bundesdeutschen Trinkwasserverordnung (0.1 μg/l = 0.1 ppb) lagen [22].

Der größte Teil der Biozide kann in die in Abb. 9-9 gezeigten Formen übergehen. Die Wege sind: Entweder biochemischer Abbau (Mineralisierung), Adsorption des Biozids bzw. dessen Abbauprodukte an feste Bodenbestandteile oder Verbleib in Bodenlösung, d. h. in bioverfügbarer Form. Für eine mögliche Grundwasserbelastung ist entscheidend, welcher Anteil des Biozids in seiner gelösten, pflanzenverfügbaren Form tatsächlich von der Pflanze aufgenommen wird. Der Rest, der nicht aufge-

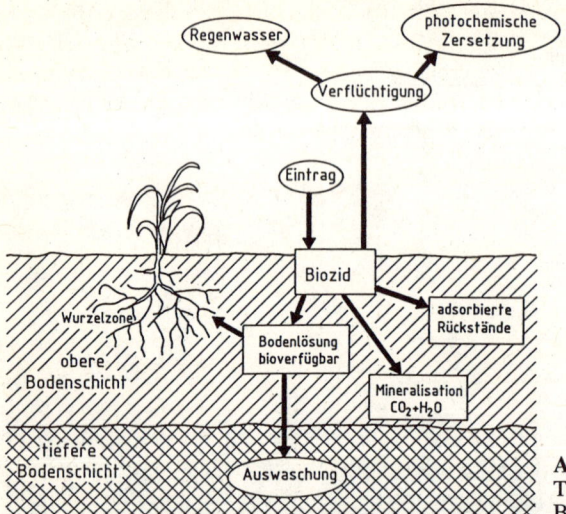

Abb. 9-9
Transportwege und chemische Abbauwege von
Bioziden im Boden und in der Luft

nommen wird, kann mit dem eindringenden Regenwasser in tiefere Bodenschichten sickern. Dort sind einerseits die Temperaturen niedriger, andererseits gibt es dort auch kaum noch Mikroorganismen, die das Biozid abbauen, so daß dieser Anteil des Biozids leicht bis ins Grundwasser gelangen kann. Das ist besonders bei Böden der Fall, die grobkörnig sind und wenig Humus enthalten, die also schlecht adsorbieren, so daß der bioverfügbare Anteil des Biozids größer ist als die Aufnahmekapazität der Pflanzen. Biozide, die keine gute Adsorptionsfähigkeit und eine lange chemische Lebensdauer im Boden haben, können am ehesten auf diese Weise in tiefere Bodenschichten eindringen. Wo beides zusammenkommt, Persistenz des Biozids und geringe Adsorption im Boden, kann es leicht zu Grundwasserbelastungen durch Biozide kommen.

Tabelle 9-14 Beispiele für nachgewiesene Biozidmengen im Grundwasser. In der Bundesrepublik liegt seit 1.10.1989 der zulässige Grenzwert bei 0.1 ppb für Einzelstoffe und bei 0.5 ppb als Summenwert.

Biozid	Konzentration in ppb	Ort
Aldicarb	1.0–50.0	USA (in 7 versch. Staaten) [23]
Atrazin	> 0.5	in allen Bundesländern außer Hessen [24]
	17.5	Schleswig-Holstein [22]
	0.3–3.0	USA (in 5 versch. Staaten) [23]
	> 0.1	Bergamo (Italien) [19]
2,4,5-T	> 0.5	Baden-Württemberg [24]
Simazin	0.2–3.0	USA (in 3 versch. Staaten) [23]
	> 0.5	Nordrhein-Westfalen [24]
	bis 5.0	Sachsen [25]

Tab. 9-14 zeigt eine Auswahl von Fallbeispielen, wo solche Belastungen entdeckt wurden, die teilweise den Grenzwert der Trinkwasserverordnung erheblich überschritten. Bei einer durch den Industrieverband Agrar durchgeführten bundesweiten Untersuchung an über 200 Entnahmestellen wurde der gültige Grenzwert für Einzelstoffe von $0.1\,\mu g/l$ im Grundwasser in etwa 10 % aller Fälle überschritten. Überschreitungen wurden für über 40 Biozidwirkstoffe – in der Bundesrepublik sind knapp 300 zugelassen – festgestellt [26]. Um den Grenzwert der Trinkwasserverordnung einhalten zu können, müssen die Biozide aus dem Wasser entfernt werden. In den Wasserwerken wird das unter sehr großem Aufwand mit Aktivkohle erreicht. In Gelsenkirchen beispielsweise werden Biozide wie Atrazin und Simazin mit einem Tagesverbrauch von 3 t Kohlepulver aus dem Trinkwasser gebunden, wodurch Kosten in Höhe von 10 000 DM pro Tag entstehen [27].

Alle durch Biozideinsatz entstandene Probleme, wie

- Belastung von Nahrungsmitteln

- Beitrag zum Rückgang der Artenvielfalt

- Vergiftungsunfälle

- gebundene Rückstände

- Belastung von Grund- und Trinkwasser

sind die Kehrseite der an immer höheren Ernteerträgen orientierten industriellen Agrartechnik. Die Form der heutigen Landwirtschaft in den Industriestaaten läßt einen verantwortbaren Minimaleinsatz an Bioziden kaum zu, der die sich anbahnenden, gefährlichen Entwicklungen aufhalten könnte. Dazu ein weiteres Zitat des Rates der Sachverständigen für Umweltfragen: „Sicher ist, daß die intensivierte Bodenbewirtschaftung und Düngung auch einen vermehrten Einsatz ertragssichernder und ertragssteigender Maßnahmen im Bereich des Pflanzenschutzes zur Voraussetzung und Folge hat." Tab. 9-15 zeigt, in welchem extremen Ausmaß der Energieeinsatz in der Landwirtschaft seit 1950 zugenommen hat, während der Einsatz menschlicher und tierischer Arbeitskraft fast vernachlässigbar klein geworden ist. Mit dem Energieeinsatz ist auch der Einsatz von Chemie angestiegen. Diese Entwicklung ist eine Folge ökonomischer Zwänge, die eine Steigerung der Erträge bei Einsparung von Personalkosten fordern. Die agrarpolitische Krise, zu der diese Entwicklung bereits heute geführt hat, ist allgemein bekannt. Ihre Darstellung ist nicht Thema dieses Buches. Alternative Konzepte für einen möglichen Ausweg wurden entwickelt, z.B. das sogenannte Landbau-Wende Konzept [13], finden aber bisher in der Praxis wenig Beachtung. Sie sollen aber erwähnt werden, da sie – ein gewisser Konsumverzicht, wie beispielsweise Einschränkung des Schweinefleischverzehrs, wird dabei vorausgesetzt – mit weniger Einsatz an Düngemittel und Bioziden auszukommen versprechen. Das ist eine Perspektive, die vom Standpunkt der fortschreitenden Umweltbelastung aus auf jeden Fall Inhalt künftiger Landwirtschaftspolitik sein sollte.

Tabelle 9-15 Energieverbrauch in der Landwirtschaft in 10^{12} kJ (Bundesrepublik)

	1950	(%)	1987	(%)
Menschliche Arbeit	73	(31)	21	(4)
Tierische Arbeit	84	(36)	–	(–)
Brenn- und Treibstoffe, Strom	23	(10)	263	(48)
externe Energie*	54	(23)	263	(48)
gesamt	244	(100)	547	(100)

* Energieeinsatz für Herstellung von Düngemitteln, Maschinen und importierten Futtermitteln

Quelle: [28]

10 Schwermetalle in der Umwelt

10.1 Eigenschaften und Vorkommen von Schwermetallen

Als *Schwermetalle* bezeichnet man i. a. Metalle mit einer Dichte von mehr als 5 g·cm^{-3}. Zu ihnen gehören Eisen Fe, Kupfer Cu, Zink Zn, Chrom Cr, Nickel Ni, Cadmium Cd, Blei Pb, Thallium Tl und Quecksilber Hg, um die wichtigsten Vertreter zu nennen. Von Natur aus kommen diese Elemente und ihre Verbindungen in der Biosphäre nur in Spuren vor und sind im biologischen Kreislauf nur in äußerst geringen Konzentrationen anzutreffen. Einige von ihnen sind für viele Lebewesen lebensnotwendig wie z. B. Fe, Cu oder Zn. Sie gehören zu den biologisch *essentiellen* Metallen. Andere Schwermetalle wie Cd, Tl, Pb oder Hg werden von den Lebewesen nicht benötigt, sie heißen daher *nichtessentielle* Metalle. Sowohl essentielle als auch nichtessentielle Schwermetalle können beim Menschen und bei vielen anderen Lebewesen schon in leicht überhöhten Konzentrationen schwere Gesundheitsschäden hervorrufen. Die toxische Wirkung eines bestimmten Schwermetalls hängt zudem noch wesentlich davon ab, in welcher chemischen Form es vorliegt. So hat beispielsweise flüssiges Hg keine unmittelbare toxische Wirkung, während Methylquecksilberchlorid CH$_3$HgCl ein sehr gefährliches Gift ist. Die toxische Wirkung eines Schwermetalls ist im allgemeinen um so größer, je besser die chemische Verbindung, in der es vorliegt, in Wasser oder in Fett löslich ist.

In Abb. 10-1 ist die physiologische Wirkung von Schwermetallen als Funktion ihrer Konzentration in Lösung einer Körperflüssigkeit, z. B. Blut, schematisch dargestellt. Bei zu geringen Konzentrationen an essentiellen Schwermetallen wie Fe oder Cu treten Mangelerscheinungen auf. Die positive physiologische Wirkung der Schwermetalle zeigt bei einer bestimmten Konzentration ein Maximum. Höhere Konzentrationen wirken aber zunehmend toxisch. Schwermetalle wie Pb oder Cd haben schon in kleinen Konzentrationen toxische Wirkungen, die sich mit wachsender Konzentration rasch vergrößern. Selbstverständlich sind solche physiologischen Wirkungsfunktionen spezifisch für jedes Schwermetall und jedes Lebewesen. Die Konzentration, bei der beispielsweise Cu beim Menschen seine optimale physiologische Wirkung zeigt, liegt bei ca. 10^{-10} mol·l^{-1} [1].

Schwermetalle kommen in den Gesteinen der Erdkruste vor und sind dort als Oxide, Sulfide und Carbonate fest eingebunden und auch in Silikaten eingeschlossen. Die *Hintergrundkonzentration*, das ist die natürliche Konzentration an Schwermetallen in der Hydrosphäre, Atmosphäre und Pedosphäre (Boden), ist äußerst gering. Höhere Konzentrationen können nur lokal in Lagerstätten oder in der Umgebung von Vulkanen und anderen natürlichen Staubquellen auftreten.

Schon in der Antike wurden Schwermetalle in Form von Erz vom Menschen abgebaut (z. B. Fe, Cu, Pb und Zn) und für vielfältige Zwecke genutzt (Waffen, Schmuck, Keramikglasuren, Trinkgefäße, Wasserrohre). Dabei gelangten sie in zunehmendem Maß in die Atmosphäre, Hydrosphäre und auch in die Pedosphäre. Mit Beginn des industriellen Zeitalters entstand mit der Verfeuerung von Steinkohle eine weitere nicht natürliche Quelle für Schwermetallemissionen, da Kohle in relativ hohen Mengen Schwermetalle enthält. Heute werden Schwermetalle in vielfältiger Weise für technische und industrielle Zwecke genutzt. Abb. 10-2 zeigt als Beispiel die Import- und Exportbilanz für Hg in der Schweiz. Die Bilanzen in der Anthroposphäre, dem Lebensraum des Menschen, der Hydrosphäre und der Pedo- bzw. Lithosphäre sind nicht ausgeglichen, im Gegensatz zu der der Atmosphäre. In der Schweiz sammeln sich im Lebensraum des Menschen jährlich 7 t Hg an (Quecksilber für die Chloralkalielektrolyse, Batterien, Thermometer, Zahnfüllungen etc.). In der Pedosphäre ist die Bilanz

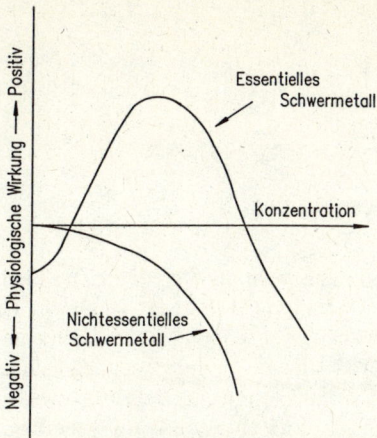

Abb. 10-1
Physiologische Wirkung von Schwermetallen als Funktion ihrer Konzentration

mit 13 t pro Jahr noch ungünstiger, d. h. diese Mengen gelangen jährlich durch Staubniederschlag und Deponierung von Siedlungsabfällen in den Boden der Schweiz. An diesem Beispiel läßt sich ganz allgemein das Umweltproblem der Schwermetalle erkennen: Sie werden durch die Tätigkeit des Menschen zunehmend in Umlauf gebracht und gelangen in die Biosphäre. Die Senken für Schwermetalle sind die Böden und die Sedimente unserer Gewässer. Dort werden die Schwermetalle akkumuliert, da sie nicht wie andere Umweltchemikalien chemisch oder biologisch abbaubar sind.

Böden und Sedimente stellen jedoch keine sicheren „Endlager" für Schwermetalle dar. Aus den Böden können sie durch Pflanzen aufgenommen werden, durch Prozesse wie Versauerung von Oberflächengewässern infolge Sauren Regens sowie durch bakterielle Tätigkeit aus den Sedimenten wieder herausgelöst werden und so weiter am Kreislauf in der Biosphäre teilnehmen. Dabei erhöhen sich die Stoffströme in diesem Kreislauf wegen des fehlenden chemischen Abbaus langsam aber stetig. Der Eintrag von Schwermetallen aus dem Boden in das Grundwasser stellt allerdings derzeit noch kein akutes Umweltproblem dar, abgesehen von speziellen lokalen Fällen wie Altlasten im Boden.

Die Menge an Schwermetallen, die durch die Aktivität des Menschen emittiert und so in diese Kreisläufe eingeschleust wird, übertrifft die Stoffmenge, die von Natur aus an diesen Kreisläufen teilnimmt, bei weitem. Als Maß dafür wird das Verhältnis der anthropogen in die Atmosphäre emittierten Menge eines Schwermetalls zu derjenigen Menge angegeben, die auf natürliche Weise emittiert wird. Dieses Verhältnis beträgt bei Blei schätzungsweise 340, bei Cadmium 19 und bei Quecksilber 275 [2]. Das bedeutet, daß 340mal soviel Pb vom Menschen in die Atmosphäre gebracht wird, als aus natürlichen Quellen dorthin gelangt. Bei der Beurteilung von etwaigen Umweltproblemen sind allerdings auch die absoluten Emissionsmengen zu berücksichtigen, die beispielsweise beim Hg wesentlich niedriger liegen als beim Pb.

10.2   Nutzung der Schwermetalle durch den Menschen

Wir wollen in diesem Abschnitt in zusammengefaßter Form die Bereiche skizzieren, in denen Schwermetalle benötigt werden und wozu sie verarbeitet werden. Wir beschränken uns dabei auf die besonders umweltrelevanten Elemente Cadmium, Blei und Quecksilber.

Cadmium kommt in der Natur meist als Begleitelement in Zinkerzen vor. Industriell wird Cadmium aus Cadmiumblende (CdS) und Cadmiumcarbonat erst seit etwa 60 Jahren gewonnen. Dennoch

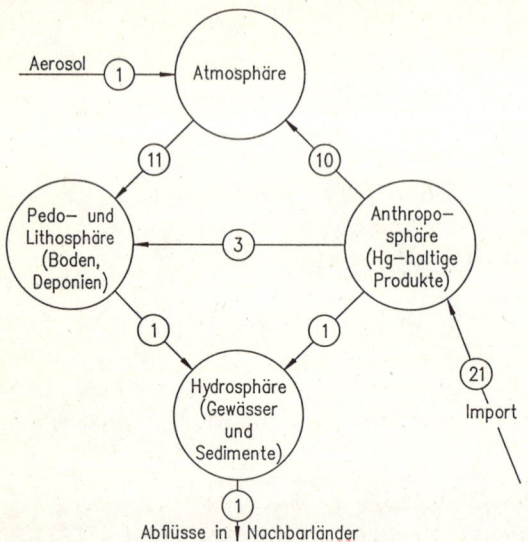

Abb. 10-2
Quecksilber-Bilanz für die Schweiz.
Netto-Zahlenangaben der Hg-Flüsse in Tonnen pro
Jahr (Quelle: [1])

gelangt es schon seit Jahrhunderten in die Umwelt, da es bei der Zinkproduktion als Verunreinigung auftritt und Zink schon seit dem Altertum abgebaut wird. In Messing, einer Legierung aus Kupfer und Zink, können bis zu 3 % Cadmium enthalten sein.

Der Cadmiumverbrauch in der Bundesrepublik (alte Bundesländer) beträgt derzeit etwa 2000 t pro Jahr. Das sind etwa 10 % des Weltverbrauchs. Ungefähr 30 % des Cadmiums werden als hellgelbe bis dunkelrote Pigmentfarbstoffe überwiegend für die Einfärbung von Kunststoffen eingesetzt. Cadmiumsulfid gibt beispielsweise dem „Postgelb" seinen Farbton. 20 % des Cadmiums werden als Korrosionsschutzmaterial für Metallteile im Maschinenbau, vor allem bei Flugzeugen und Fahrzeugen verwendet. Weitere 20 % werden als Stabilisatoren dem Kunststoff PVC zugesetzt. 30 % werden zur Herstellung von Nickel-Cadmium-Batterien und von Solarzellen benötigt.

Blei wird aus Bleiglanz (PbS) gewonnen. Es wurde schon im Altertum für die Herstellung von Küchengeschirr, Keramikglasuren, Gefäßen und Rohrleitungen genutzt. Heute liegt die Weltproduktion bei ungefähr $3.5 \cdot 10^6$ t pro Jahr. In der Bundesrepublik werden jährlich etwa 300 000 t Blei verarbeitet (alte Bundesländer), wovon fast 90 % importiert werden. Die Haupteinsatzgebiete für Blei sind Akkumulatoren (Auto-Batterien) und Anwendungen in der Farbenindustrie (z. B. Mennige) und in der Chemischen Industrie, wozu auch die Herstellung von Antiklopfmittel (Bleitetraethyl) für Kraftstoffe für Otto-Motoren gehört. In Tab. 10-1 ist die prozentuale Aufteilung des Bleiverbrauchs in den verschiedenen Anwendungsgebieten aufgelistet.

Es ist bemerkenswert, daß ein großer Teil des eingesetzten Bleis wieder zurückgewonnen wird. Dieses Blei-Recycling ist bei den Blei-Akkumulatoren am größten. Circa 90 % des Bleis in diesem Anwendungsgebiet wird zurückgewonnen und wiederverwertet. Bei Blei, das als Schriftmetall, Lagermetall oder für Formgußteile verwendet wird, werden ebenfalls hohe Prozentanteile durch Recyclingverfahren zurückgewonnen. In den Bereichen aber, in denen Blei vermischt mit anderem Abfall ist, oder in denen es in großer Verdünnung eingesetzt wird, ist ein Recycling nicht möglich, wie beispielsweise bei Bleitetraethyl.

Quecksilber kommt in der Natur vor allem als Zinnober (HgS) vor, aus dem es auch gewonnen wird. In der Bundesrepublik werden jährlich 250 t Quecksilber verwendet (alte Bundesländer). 25 % davon wird zur Chlor-Alkali-Elektrolyse eingesetzt (s. Kap. 12), der Rest geht in die Produktion

Tabelle 10-1 Verwendung, Verbrauch und prozentuale Aufteilung von Blei in der Bundesrepublik für das Jahr 1989

Anwendung	Verbrauch in t	Anteil in %
Akkumulatoren, Batterien	54000	64.0
Chemische Industrie, Farbenindustrie	9200	10.9
Legierungen	7900	9.4
Halbzeuge	6800	8.0
Fernsehbildröhren	4600	5.4
Antiklopfmittel	1400	1.7
Bleikristall	500	0.6
gesamt	84400	100.0

Quelle: [3]

von Fungiziden und Zahnfüllungen (Legierungen aus Hg, Ag und Cu) sowie in die Herstellung von Batterien, Thermometer- und Sperrflüssigkeiten.

10.3 Kreislauf der Schwermetalle in der Biosphäre

Stoffkreislaufmengen und Akkumulation von Schwermetallen in der Umwelt sind vor allem seit dem Beginn der Industrialisierung im 19. Jahrhundert rapide und stetig angestiegen, verursacht durch wachsende Emissionen aus verschiedenen Quellen. Wir haben bereits darauf hingewiesen, daß diese Emissionsquellen praktisch ausschließlich anthropogener Herkunft sind, und wir wollen uns im folgenden auch nur mit diesen Quellen und ihren Auswirkungen auf die Umwelt beschäftigen. Als Beispiel beschränken wir uns weitgehend auf die Schwermetalle Pb und Cd, die mit Abstand die größten Umweltprobleme aufwerfen. Andere Schwermetalle wie Hg oder Tl sind allerdings keineswegs unproblematisch, sie sind aber mengenmäßig nicht so stark vertreten und spielen als Schadstoffbelastungen nur lokal begrenzt eine Rolle, wie beispielsweise in den Sedimenten der Elbe (Hg) oder auch in Böden in direkter Umgebung von Zementwerken (Tl). Aus diesem Grund haben sie global betrachtet ein geringeres umweltgefährdendes Potential als Pb und Cd.

Abb. 10-3 gibt einen schematischen Überblick über den Stoffkreislauf der Schwermetalle. Sie gelangen entweder durch gezielte Produktion für bestimmte technische Zwecke oder als unerwünschte Emissionen bei der Kohleverfeuerung zur Energieerzeugung und Stahlherstellung, bei der Zementproduktion und der Glasherstellung in die Umwelt. Auch die Verbrennung von Müll und Klärschlamm und die Kfz-Abgase sind wichtige Quellen von Schwermetallemissionen. Über diese Emissionsquellen gelangen Schwermetalle in die Luft und werden auf dem Boden abgelagert. Der Boden stellt eine Senke für Schwermetalle dar. Nur ein relativ geringer Teil der in den Boden gelangten Schwermetalle wird von den Pflanzen aufgenommen, wodurch die Schwermetalle durch die Nahrungskette über die Tiere oder auch auf direktem Weg durch pflanzliche Nahrung in den menschlichen Körper gelangen. Pflanzen sowie Tiere und Menschen können Schwermetalle jedoch auch direkt aus Stäuben in der Luft aufnehmen. In die Oberflächengewässer gelangen Schwermetalle aus dem Abwasser von Industrie und Haushalten, aber auch durch die direkte Deposition schwermetallhaltigen Staubs aus der Luft (s. Abschnitt 10.5).

Ein großer Teil der Schwermetalle im Abwasser wird im Klärschlamm zurückgehalten. Der Rest gelangt in die Oberflächengewässer, vor allem in die Flüsse und damit ins Meer. Endstation sind zunächst die Sedimente der Flüsse, Seen und Meere, falls die Schwermetalle aus diesen Senken nicht

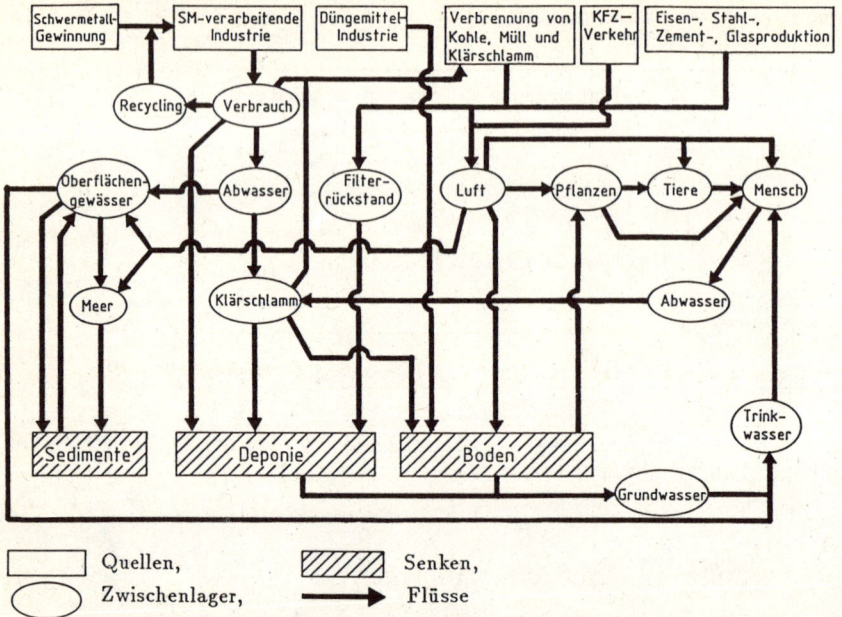

Abb. 10-3 Kreislauf der Schwermetalle

wieder remobilisiert werden und dadurch über das Trinkwasser oder die Nahrungskette zum Menschen gelangen können. Eine weitere Senke für Schwermetalle sind Deponien, wo schwermetallhaltiger Klärschlamm und schwermetallhaltiger Müll abgelagert wird, sofern dieser Abfall nicht verbrannt wird.

In den Tabellen 10-2 und 10-3 sind die anthropogenen Emissionsquellen für Cd bzw. Pb für den Bereich der Bundesrepublik im Jahr 1982 angegeben. Bei Cd stellt nicht der Produktionsprozeß cadmiumhaltiger Produkte die Hauptemissionsquelle dar, sondern die Eisen-, Stahl- und Zement-produktion sowie die Kohleverbrennung. Bei diesen Prozessen herrschen hohe Temperaturen in den Verbrennungs- und Sinteröfen. Als relativ flüchtiges Element reichert sich Cd im Staub der Verbrennungsabgase an. Diese Stäube werden zwar in Filteranlagen weitgehend zurückgehalten, dennoch gelangen noch beachtlich hohe Mengen in die Luft.

Wie beim Cadmium, so sind heute auch beim Blei die Eisen- und Stahlherstellung und die Kohleverbrennung die Hauptemittenten von Blei in der Bundesrepublik. Bis vor wenigen Jahren stellte die Bleiemission durch das den Benzinen zugesetzte Antiklopfmittel Bleitetraethyl den größten Anteil dar. Noch im Jahr 1982 waren es 58 %, wie aus der Tab. 10-3 ersichtlich ist. Durch die Einführung des bleifreien Benzins verringerte sich die absolute Emissionsrate von Blei jährlich und damit auch der prozentuale Anteil aus dem Pkw-Verkehr im Verhältnis zu den anderen Emissionsquellen. Im Jahr 1989 wurde zum ersten Mal mehr bleifreies Benzin als verbleites umgesetzt. Seitdem sind die Eisen- und Stahlindustrie sowie die energieerzeugende Industrie die Hauptemittenten von Blei.

Die Schwermetallemissionen stammen im wesentlichen aus den eingesetzten Rohstoffen wie Erze und Kohle, die in geringen Mengen Schwermetalle enthalten. Kohle enthält schwankende Mengen nichtessentieller Schwermetalle (1–100 mg/kg). Die Mittelwerte sind für Cd 2 mg/kg und für Pb 75 mg/kg. Der größte Teil dieser Schwermetalle wird mit der Asche und dem Filterrückstand letztendlich auf Deponien abgelagert. Trotzdem gelangen noch große Mengen von Schwermetallen, die an kleine Staubpartikel gebunden sind und nicht durch die Filter zurückgehalten werden, in die Atmosphäre.

Tabelle 10-2 Anthropogene Emissionsquellen von Cadmium in der Bundesrepublik (letzter verfügbarer Stand 1982)

Quelle	Emissionen in t/a	Anteil in %
Kohleverbrennung	17	26.5
Eisen- und Stahlproduktion, Zementproduktion	35	54.7
Cadmiumindustrie	7	11.0
Müllverbrennung	5	7.8
gesamt	64	100.0

Quelle: [4]

Tabelle 10-3 Anthropogene Emissionsquellen von Blei in der Bundesrepublik (letzter verfügbarer Stand 1982)

Quelle	Emissionen in t/a	Anteil in %
Vergaser-Kraftstoffe	3750	58.1
Eisen- und Stahlindustrie	2000	31.0
Kohleverbrennung	500	7.8
Nichteisenindustrie, Bleiverhüttung, Glasindustrie	200	3.1
gesamt	6450	100.0

Quelle: [4]

Der mittlere Staubauswurf eines Kohlekraftwerkblocks in der Bundesrepublik beträgt 40 ± 15 kg/h und ist weitgehend unabhängig von der Leistung des Kraftwerkblocks, die zwischen 50 und 800 MW liegen kann [2]. Das hat seinen Grund darin, daß Kraftwerksblöcke mit höherer Leistung in der Regel auch mit besseren Abgasfilteranlagen ausgestattet sind. Arbeitet ein großes Kohlekraftwerk mit 12 Kraftwerksblöcken bei Vollast, d. h. sind alle Blöcke in Betrieb, so emittiert eine solche Anlage ca. 500 kg Staub pro Stunde. Mit einem durchschnittlichen Bleianteil von 2200 ppm im Staub des gereinigten Abgases ergibt sich für Pb eine Emissionsrate von $2200 \cdot 10^{-6} \cdot 500$ kg/h = 1.1 kg/h. Bei einer jährlichen Betriebszeit von 4000 h sind das 4400 kg Blei pro Jahr. Der entsprechende Wert für Cd beträgt 70 kg pro Jahr unter Zugrundelegen von 35 ppm Cd im Abgasstaub [2].

Eine nicht zu unterschätzende Emissionsquelle für Schwermetalle stellen die Müllverbrennungsanlagen dar, zumal in Zukunft damit zu rechnen ist, daß wegen des ständig wachsenden Müllberges unserer Konsumgesellschaft immer mehr Müll verbrannt werden muß, um Raum für das schon heute zu knappe Mülldeponievolumen einzusparen. Hausmüll kann erhebliche Mengen an Schwermetallen enthalten. Es sind vor allem bestimmte Komponenten des Mülls, die hohe Schwermetallgehalte aufweisen. Beispielsweise besteht Hausmüll nur zu 6 % aus Kunststoffen, die aber wegen des hohen PVC-Anteils den größten Teil des Cd im Müll enthalten. Auch Metallabfälle, die ca. 5 % des Hausmülls ausmachen, können hohe Gehalte an Cd und Pb haben. 1 kg trockener Hausmüll enthält zwischen 3–20 mg Cd und 180–2000 mg Pb [5]. Diese Werte liegen höher als die entsprechenden Werte für Kohle (2 bzw. 75 mg/kg). Trotz der Abgasfilter von Müllverbrennungsanlagen gelangen noch 6 % [4] bzw. 2 % [6] des Cadmiums in die Luft, beim Blei sind es 0.7 % [4]. Obwohl die Menge an Pb, die bei der Müllverbrennung emittiert wird, größer ist als die von Cd, fällt diese Menge bei Pb gegenüber den Mengen, die aus anderen Emissionsquellen stammen, kaum ins Gewicht. Beim Cd ist das anders, weshalb hier die Emissionsquelle „Müllverbrennung" fast 8 % ausmacht (s. Tab. 10-2).

Die Vermeidung von Emissionen bei der Deponierung und Müllverbrennung kann durch ein effektives Recycling schwermetallhaltiger Produkte wie z. B. Batterien erreicht werden. Wir wollen den Stand der Technik dieser Möglichkeit im folgenden kurz besprechen.

Man unterscheidet nichtwiederaufladbare Primärbatterien von wiederaufladbaren Akkumulatoren. Tab. 10-4 gibt einige Batterietypen, ihre Verwendung und Entsorgungsmöglichkeiten wieder. In den Akkumulatoren werden die Metalle Blei, Nickel und Cadmium eingesetzt. Bei den Primärbatterien sind es Verbindungen wie Quecksilberoxid, Silber- und Zinkoxid. Unter dem Gesichtspunkt der Umweltbelastung gilt grundsätzlich, daß Akkumulatoren den Primärbatterien vorzuziehen sind, da die Akkumulatoren wiederaufladbar sind und daher naturgemäß eine längere Lebensdauer haben. Bei gleicher Stromleistung fällt bei Verwendung von Akkus also weniger schwermetallhaltiger Abfall an. Bei der Entsorgung ausgedienter Akkumulatoren gilt erfahrungsgemäß, daß 95 % des in den Bleiakkumulatoren enthaltenen Bleis und je 60 % an Cadmium und Nickel aus den Nickel-Cadmium-Akkumulatoren zurückgewonnen werden.

Tabelle 10-4 Die wichtigsten Batterietypen

Batterietyp	typ. Verwendung	Entsorgung
wiederaufladbar		
Blei	Auto	recyclefähig
Nickel-Cadmium	Elektronikgeräte	recyclefähig
nicht wiederaufladbar		
Lithium	Armbanduhren	recyclefähig
Alkali (Zink-Mangan)	Haushaltsbatterien	Sondermüll
Quecksilberoxid	Knopfzellen	recyclefähig
Silberoxid/Braunstein	Knopfzellen	recyclefähig
Zink-Luft	Hörgeräte	k. A.

Quelle: [7]

Bei den meisten Primärbatterien liegt die Rücklaufquote bei maximal 10 % [7]. Die in den zurückgegebenen Batterien enthaltenen Schwermetalle können heute mit recht guter Ausbeute wiedergewonnen werden. Wir wollen ein modernes Recyclingverfahren für Altbatterien kurz skizzieren [7]:

Die Batterien werden durch Erhitzen auf 650 °C aufgebrochen, wobei verschiedene Gase wie Methan, Kohlenmonoxid, Kohlendioxid oder auch Wasserstoff entweichen, aber auch Schadstoffe wie Quecksilber freigesetzt werden, die mit Filtern zurückgehalten werden können. Mit heißem Wasser werden anorganische Stoffe wie beispielsweise Mangandioxid ausgelöst. Die so ausgewaschenen Batteriefragmente versetzt man zunächst mit Tetrafluorharnsäure, um das Graphit von den Metallteilen zu trennen und elektrolysiert anschließend die Metalle aus der Säure. Graphit und nichtverwertbare Reste, wie z. B. Keramikteile, bleiben zurück.

Es zeigt sich also, daß mit einigem Aufwand aus bestimmten Batterietypen Schwermetalle zurückgewonnen werden können. Das Haupthindernis für einen vermehrten Einsatz solcher Verfahren liegt an der schlechten Rückgabequote. Von den jährlich in der Bundesrepublik verkauften 500 Millionen Batterien entfällt leider nur ein verschwindend geringer Prozentsatz auf wiederaufladbare Batterien (Akkumulatoren). Der wichtigste Ansatzpunkt, um weitere Verbesserungen bei der Vermeidung schwermetallhaltigen Abfalls zu erreichen, liegt in einer besseren Rückgabequote von nicht wiederaufladbaren Batterien. Das könnte z. B. durch die Einführung eines Batteriepfandes erzielt werden.

10.4 Anreicherung von Schwermetallen im Boden

Im vorindustriellen Zeitalter betrug der Schwermetallgehalt des Bodens nur einen Bruchteil des heute in der Bundesrepublik festgestellten Wertes. Unbelastete Böden enthalten 0.01–0.1 mg Cd bzw. 0.1–1 mg Pb pro kg Boden. Die Schwankungsbreite ist durch unterschiedliche, natürliche Schwermetall-gehalte verschiedener Böden bedingt. Es gibt allerdings auch von Natur aus höher belastete Böden wie die sogenannten Serpentinböden, in denen bis zu 5000 mg Cr pro kg zu finden sind [8]. Über diesen geogenen Werten liegende Konzentrationen von Schwermetallen in Böden traten zuerst in der Nähe von Siedlungen und Erzbergbaustätten auf. Erhöhte Schwermetallkonzentrationen dienen häufig als Hinweis auf Siedlungsabfall aus historischer Zeit. Heute findet man in der Bundesrepublik Durchschnittswerte von annähernd 0.5 mg Cd und 30 mg Pb pro kg Boden. Diese Werte unterliegen allerdings großen lokalen Schwankungen.

Von Emissionsquellen aus, die Schwermetalle gebunden an Staubpartikel durch Schornsteine in die Luft abgeben, wie z. B. Kohlekraftwerke und Verhüttungsbetriebe, können diese Stäube über viele Kilometer durch die Luft transportiert werden, bevor es zur Deposition und damit zur Bodenbelastung kommt. Die Verteilung der Deposition hängt von der Windrichtung und dem Wettergeschehen ab. Trockener Staub wird rascher und näher bei der Emissionsquelle abgelagert, während nasse Depositionen von in Regentropfen gelöstem Staub herrühren und generell weiter entfernt von der Quelle beobachtet werden. In der Nähe von Emissionsquellen sind die Bodenbelastungen höher als in sogenannten Reinluftgebieten. Wie die Bodenbelastung von Blei in der Nähe einer Autobahnstrecke als Funktion des Abstandes abfällt, zeigt Abb. 10-4. In unmittelbarer Nähe der Autobahn werden Werte von über 100 mg Pb pro kg Bodenmaterial gefunden, die erst bei Abständen von über 100 m den durchschnittlichen Bleigehalt erreichen. Qualitativ sieht die Belastung der Böden mit Schwermetallen als Funktion des Abstands von einer punktförmigen Quelle ähnlich aus wie die in Abb. 10-4 gezeigte Kurvenform.

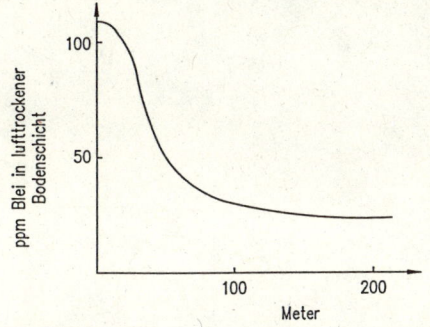

Abb. 10-4
Bleigehalt im Boden als Funktion des Abstandes vom
Autobahnrand (Durchschnittswerte)

Die ständig wachsende Belastung der Böden durch Schwermetalle hat ihre Ursache in einer unausgeglichenen Bilanz für Einträge und Austräge in und aus dem Boden, wie es am Beispiel der Schweiz bereits diskutiert wurde (s. Abb. 10-2). Wir wollen uns im folgenden näher mit diesem Problem beschäftigen und seine Folgen für die kommenden Jahrzehnte in einem Rechenbeispiel erläutern. Die Ein- und Austräge von Schwermetallen in und aus den Böden ist in Abb. 10-5 schematisch dargestellt. Einträge in den Boden stammen aus der Atmosphäre (J_S) durch Staub und Regen, von Bioziden (J_P), von der Aufbringung von schwermetallhaltigem Klärschlamm (J_K), der als Düngemittel verwendet wird, und ferner von der Mineral- und Wirtschaftsdüngung (J_D) bzw. (J_W). Phosphatdünger enthält je nach Herkunft der Rohphosphate mehr oder weniger große Anteile an Cadmium (bis zu 75 ppm). Entzogen werden dem Boden Schwermetalle durch Aufnahme von Pflanzen (J_F) und deren Ernte.

Auch Auswaschung und Erosion (J_E) sowie die Verlagerung der Schwermetalle in tiefere Schichten des Bodens (J_B) tragen zu ihrer Entfernung aus dem Boden bei.

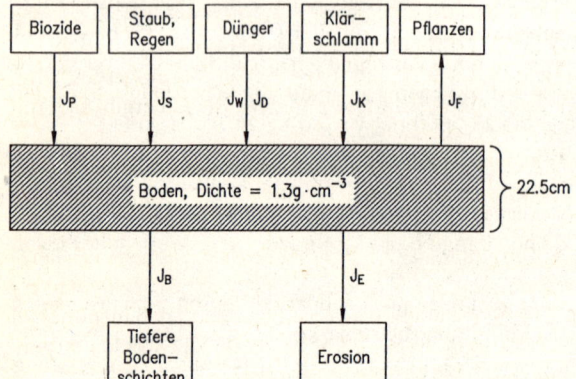

Abb. 10-5
Bilanzschema der Einträge und Austräge von Schwermetallen in der Bodendeckschicht

Im Fließschema der Abb. 10-5 stellen die Größen J_P, J_S, J_D, J_W und J_K also die Zuflußraten an Schwermetallen in den Boden dar. J_F, J_B und J_E sind die Abflußraten. Die Zu- und Abflußraten werden in Gramm pro Hektar und Jahr angegeben. Die Konzentration c eines Schwermetalls im Boden kann nun durch folgende Gleichung angegeben werden:

$$c = c_0 + [(J_P + J_S + J_D + J_W + J_K) - (J_F + J_B + J_E)] \cdot Y \cdot n \qquad (10.1)$$

Dabei ist c_0 die vorgegebene Anfangskonzentration des Bodens. Unter Zugrundelegung einer Bodentiefe von 22.5 cm und einer mittleren Bodendichte von 1.3 g/cm³ ergibt sich $Y = 3.33 \cdot 10^{-4}$ als ein Umrechnungsfaktor in der Einheit ha·mg·kg^{-1}·g^{-1}, so daß sich für c die Einheit mg pro kg Boden, also ppm ergibt. n ist die Anzahl der Jahre.

Tabelle 10-5 Durchschnittliche Einträge (+) und Austräge (−) von Blei und Cadmium von landwirtschaftlich genutzten Böden in g pro ha und Jahr in Baden-Württemberg (1984)

	Pb	Cd
Klärschlamm (J_K)	+ 317	+ 6.7
Staubdeposition und Straßenverkehr (J_S)	+ 1052	+ 10.4
Mineraldünger (J_D)	–	+ 2.5
Wirtschaftsdünger (J_W)	+ 12	+ 1.1
Biozide (J_P)	+ 0.5	+ 0.02
Pflanzenentzug (J_F)	– 1.5	– 1.5
Bodenverlagerung (J_B)	–	– 1.5
Bodenerosion (J_E)	– 30	– 0.5
Bilanz	+ 1350	+ 17.22

Quelle: [2]

Bei ausgeglichener Bilanz wird der Ausdruck in der eckigen Klammer Null. Da sie aber nicht ausgeglichen ist, kann mit Gl. (10.1) berechnet werden, in wieviel Jahren eine bestimmte Konzentration

c eines Schwermetalls im Boden vorliegen wird. Die Bilanzen eines typischen landwirtschaftlich genutzten Bodens in relativ dicht besiedeltem Gebiet sind in Tab. 10-5 für die beiden Schwermetalle Blei und Cadmium angegeben. Daraus ist ersichtlich, daß sich für Blei und Cadmium eine positive Bilanz ergibt, d. h. daß diese Schwermetalle mit der Zeit im Boden akkumuliert werden. Setzt man die Bilanzwerte von Pb und Cd aus Tab. 10-5 in Gl. (10.1) ein, so ergibt sich für Pb, daß nach 150 Jahren eine Konzentration von 100 mg/kg erreicht sein wird, wenn für $c_0 = 30$ mg/kg eingesetzt wird, der Wert des heute durchschnittlich in der Bundesrepublik belasteten Bodens. Bei Cd ergibt sich mit $c_0 = 0.5$ mg/kg, daß in ca. 175 Jahren ein Wert von 1.5 mg/kg erreicht wäre.

Für die in diesem Rechenbeispiel benutzten Zielkonzentrationen c für Pb und Cd wurden die nach der Klärschlammverordnung maximal zulässigen Konzentrationswerte eingesetzt (s. Tab. 10-6). Dies sei noch kurz erläutert.

Die Klärschlammverordnung regelt die Aufbringung von Klärschlamm als Dünger auf landwirtschaftlich, forstwirtschaftlich und gärtnerisch genutzte Flächen. Klärschlammaufbringung auf Gemüse- und Obstanbauflächen ist untersagt. Die Klärschlammverordnung erlaubt, daß maximal 5 t Trockenmasse an Klärschlamm pro ha in einem Zeitraum von 3 Jahren ausgebracht werden dürfen, wobei der Schlamm mit zulässigen Konzentrationswerten an Schwermetallen belastet sein darf, wie sie in Tab. 10-6 für Blei und Cadmium angegeben sind. Daraus ergeben sich maximal zulässige Aufbringungsraten für Schwermetalle, die ebenfalls in Tab. 10-6 enthalten sind. Darüberhinaus darf der Boden selbst keine höheren als die angegebenen Konzentrationen an Schwermetallen enthalten, sonst wird die Aufbringung von Klärschlamm ganz untersagt. Ein Boden, der diese Konzentrationswerte überschreitet, gilt als landwirtschaftlich nicht mehr nutzbar.

Tabelle 10-6   Grenzwerte für Blei und Cadmium

	Blei	Cadmium
Depositionsrate aus der Luft (TA-Luft) in g/(ha·a)	912	18.25
Maximal zulässige Konzentration im Klärschlamm (KSV*) in mg/kg TG**	1200	30
Maximale Aufbringungsrate aus Klärschlamm (KSV*) in g/(ha·a)	2000	33.3
Maximal zulässige Konzentration im Boden (KSV*) in mg/kg TG**	100	1.5

*: KSV = Klärschlammverordnung vom 25. 6. 1982. Novellierung 1991
**: TG = Trockengewicht des Bodenmaterials
Quelle: [9]

Ein entsprechend den Werten aus Tab. 10-5 belasteter Boden ist also in 150 Jahren landwirtschaftlich nicht mehr nutzbar, da sein Bleigehalt den zulässigen Grenzwert dann erreicht haben wird. Voraussetzung für dieses Rechenbeispiel ist allerdings, daß die Schwermetalleinträge immer gleich hoch bleiben, was bei Blei kaum anzunehmen ist, da die bisherige Hauptquelle für die Bleibelastung aus der Luft, nämlich die bleihaltigen Abgase des Straßenverkehrs, bereits zurückgegangen ist und in den kommenden Jahren noch weiter zurückgehen wird. Zu beachten ist jedoch, daß wir bei obigem Rechenbeispiel den Durchschnittswert für bleibelastete Böden eingesetzt haben (vgl. dazu Abb. 10-4). Bei Böden, die in unmittelbarer Nähe einer Emissionsquelle liegen, können die zulässigen Grenzwerte erheblich früher überschritten sein.

Aus den Ergebnissen einer flächendeckenden Untersuchung des Schwermetallgehalts der Böden im Rhein-Neckar-Raum ergab sich sogar, daß ein nicht unerheblicher Prozentsatz der untersuchten Flächen bereits heute schon Grenzwertüberschreitungen aufweist [10]. In Tab. 10-7 sind einige dieser Prozentsätze aufgelistet. Die Grenzwertüberschreitungen betrafen vor allem die Elemente Pb, Zn, Cr und Cd und konzentrierten sich vor allem auf das Stadtgebiet von Mannheim, wo eine hohe

Bevölkerungsdichte herrscht und eine große Zahl von Industriebetrieben existiert.

Die Akkumulation von Schwermetallen im Boden stellt überall ein wachsendes Gefahrenpotential für Pflanze, Tier und Mensch dar. Deshalb wird heute eine differenziertere Beurteilung des Schwermetallgehalts gefordert, da man einen einheitlichen Grenzwert als ein zu grobes Maß ansieht und statt dessen lokal unterschiedliche Grenzwerte fordert, die sich an der Bodenbeschaffenheit, Flächennutzung und an den hydrologischen Verhältnissen orientieren sollten [11].

Tabelle 10-7 Grenzwertüberschreitungen von Schwermetallkonzentrationen im Boden des Rhein-Neckar-Raumes in % Flächenanteile

Gebiet	Cr	Ni	Zn	Pb	Cd	Cu	Hg
Rhein-Neckar-Raum insgesamt	3.8	0.8	2.3	4.6	0.9	0.8	0.3
Stadtgebiet Mannheim	1.5	1.5	9.0	16.4	4.5	0.0	1.5
Quelle: [10]							

Die mit der Zeit zunehmenden Mengen an Pb und Cd im Boden sind dort nicht für immer fixiert, sondern können remobilisiert werden. Wie schon erwähnt, sind die für die Biosphäre wichtigsten Transportwege die Aufnahme durch die Pflanzen und die Verlagerung der Schwermetalle in tiefere Bodenschichten bis hin zum Grundwasser. Ein entscheidender Parameter für die Beweglichkeit von Schwermetallen im Boden stellt dessen pH-Wert dar. Schwermetallionen sind im Boden durch Adsorption an den Oberflächen von Mineralen oder von Humusstoffen festgehalten. Nur ein kleiner Teil der Schwermetallionen befindet sich in wässriger Lösung zwischen den Bodenkrumen. Er ist pflanzenverfügbar und kann auch in tiefere Bodenschichten durch versickerndes Wasser gelangen. Zwischen fixiertem Schwermetall $(R–O)_n–SM_{ad.}$ und mobilem, also gelöstem Schwermetall $SM_{gel.}^{n+}$ im Boden, herrscht ein chemisches Gleichgewicht, das vereinfacht wie folgt formuliert werden kann:

$$(R–O)_n–SM_{ad.} + nH_3O^+ \rightleftharpoons n\ R–OH + SM_{gel.}^{n+} + n\,H_2O \qquad (10.2)$$

Je größer die H_3O^+-Ionenkonzentration ist, desto weiter ist das Gleichgewicht in Gl. (10.2) nach rechts verschoben, desto mehr Schwermetall liegt also in gelöster Form vor. Abb. 10-6 zeigt die Löslichkeit von Schwermetallen in Böden in Abhängigkeit vom pH-Wert.

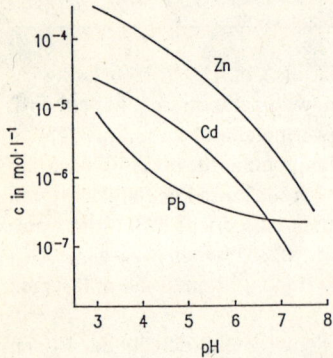

Abb. 10-6
Löslichkeit c in mol/l von Blei (Pb), Cadmium (Cd) und Zink (Zn) im Boden als Funktion des pH-Wertes (Quelle: [10])

Die Löslichkeit sinkt deutlich bei gegebenem pH-Wert im sauren Bereich in der Reihenfolge Zn, Cd, Pb. Zink und Cadmium werden also infolge ihrer größeren Mobilität im Boden leichter von Pflanzen aufgenommen als Blei. Die Löslichkeiten steigen für alle drei gezeigten Beispiele mit sinkendem pH-Wert rasch an. Der pH-Wert des Bodens beeinflußt daher die Austragsraten der Schwermetalle sowohl in die Pflanzen als auch in tiefere Bodenschichten. Versauerung des Bodens, beispielsweise durch den Sauren Regen oder durch unsachgemäße Bodennutzung, kann also zum Auswaschen von Schwermetallen in tiefere Bodenschichten und damit auch ins Grundwasser führen.

10.5   Anreicherung von Schwermetallen in Pflanzen

Pflanzen können Schwermetalle nicht nur über die Wurzeln im Boden, sondern auch durch die Spaltöffnungen der Blätter aus der Luft aufnehmen. Entsprechend der Schwermetallkonzentration in der Luft (Stäube) stellt sich in der Pflanze auch eine bestimmte Schwermetallkonzentration ein, die unabhängig von der zusätzlichen Menge ist, die durch den Transfer vom Boden in die Pflanze noch hinzukommt [2]. Beispielsweise beträgt die stationäre Konzentration von Cd in der Pflanze, die allein durch Aufnahme aus der Luft bedingt ist bei einer Depositionsrate von 18.25 g pro ha und Jahr (Grenzwert entsprechend der TA-Luft) 0.5 mg pro kg Trockengewicht der Pflanze [2]. Als vom Bundesgesundheitsamt empfohlener Richtwert für den maximal zulässigen Cadmiumgehalt in Nutzpflanzen gilt 0.1 mg Cd pro kg Frischgewicht. Das Trockengewicht einer Pflanze beträgt durchschnittlich etwa 10 % ihres Frischgewichtes.

Um zu zeigen, wie hoch der Schwermetallgehalt einer Pflanze in Abhängigkeit des Schwermetallgehalts des Bodens ist, auf dem sie wächst, wollen wir im folgenden ein Rechenbeispiel durchführen, das zeigt, nach welcher Zahl n von Jahren in Pflanzen, die auf einem Boden wachsen, der ständig Cd akkumuliert, der oben genannte Richtwert $c_{FG} = 0.1$ mg Cd pro kg Frischgewicht (FG) erreicht ist. Dazu führen wir den sogenannten Transferfaktor TF ein, der folgendermaßen definiert ist:

$$TF = \frac{\text{Gehalt an Schwermetall (Pflanzentrockengewicht) in mg/kg}}{\text{Gehalt an Schwermetall im lufttrockenen Boden in mg/kg}} \tag{10.3}$$

Der Transferfaktor ist für eine vorgegebene Kombination Pflanze/Schwermetall keine konstante Größe. Er hängt von der Art des Bodens und weiteren Parametern wie dem pH-Wert ab. Die Spannweite von Transferfaktoren ist groß. Sie liegt zwischen 0.01 und 10.

Wir nehmen an, daß für den Cadmiumeintrag in den Boden ausschließlich die Deposition aus der Luft verantwortlich ist (J_S). Es gilt dann nach Gl. (10.1) für die Cadmiumkonzentration c im Boden:

$$c = c_0 + J_S \cdot Y \cdot n \tag{10.4}$$

In unserem Beispiel setzen wir $c_0 = 0.5$ mg/kg, also den Durchschnittswert für die heutige Cd-Konzentration im Boden. Wir rechnen ferner mit einer Depositionsrate $J_S = 18.25$ g pro ha und Jahr, die dem Grenzwert der TA-Luft entspricht (vgl. Tab. 10-6). Die Grenzwerte der TA-Luft gelten gemäß den Ausführungen in Abschnitt 5.5 zwar nur für den Betrieb von stationären Anlagen, dennoch ist es sinnvoll, den angegebenen Wert für unsere Berechnungen zu verwenden, da wir mit Zeiträumen von mehreren Jahrzehnten rechnen und bei allen stationären Anlagen, die in den kommenden Jahrzehnten genehmigt werden, die Gesamtimmissionen berücksichtigt werden und keine Anlage mehr genehmigt wird, bei der die in der TA-Luft angegebenen Grenzwerte überschritten werden. Wir berechnen nun unter Verwendung des Transferfaktors TF die Konzentration an Cd in der Pflanze bezogen auf ihr Trockengewicht TG:

$$c_{TG} = TF \cdot c + 0.5 \tag{10.5}$$

Die Zahl 0.5 ist die oben erwähnte Grundkonzentration an Cd in der Pflanze in mg/kg, die sich bei einer direkten Aufnahmerate (über die Blätter) von $J_S = 18.25$ g/(ha·a) einstellt. Unter der weiteren Voraussetzung, daß das Trockengewicht einer Pflanze etwa 10 % ihres Frischgewichtes beträgt, erhalten wir für die Konzentration c_{FG}:

$$c_{FG} = [TF \cdot (c_0 + J_S \cdot Y \cdot n) + 0.5]/10 \tag{10.6}$$

Für TF setzen wir den Wert 0.33 ein, der als Durchschnittswert für verschiedene Pflanzen in einer Untersuchung ermittelt wurde [2]. Mit c_{FG} als dem empfohlenen Richtwert von 0.1 mg/kg lassen sich mit den angegebenen Zahlenwerten für c_0, TF und J_S die Zahl der Jahre n aus Gl. (10.6) berechnen, nach der der Richtwert in der Pflanze erreicht ist. In unserem Beispiel beträgt $n = 165$ Jahre. Nach dieser Zeit wären unter den gemachten Voraussetzungen Pflanzen, die auf diesem Boden wachsen, wegen überhöhten Schwermetallgehalts für den Verzehr nicht mehr geeignet. Bei einer niedrigeren Cadmiumdepositionsrate als der von uns angenommenen wird n entsprechend Gl. (10.6) größer, bei größerem TF, als dem von uns eingesetzten, verringert sich n. Unser Rechenbeispiel kann somit nur als Anhaltspunkt dienen, für jeden speziellen Fall sind die entsprechenden Werte (c_0, TF und J_S) einzusetzen.

Dieses Beispiel zeigt einmal mehr, daß Umweltschäden häufig erst allmählich in Erscheinung treten. Die Akkumulation von Schwermetallen in Böden kann sich dementsprechend zu einem ernsthaften Problem für die pflanzliche Ernährung von Tier und Mensch in den kommenden Generationen entwickeln.

10.6 Schwermetalle in den Sedimenten von Oberflächengewässern

Die Sedimente wurden als Senken für Schwermetalle bereits erwähnt. Der Schwermetallgehalt in den Sedimenten von Seen und Flüssen ist ein deutlicher Indikator für die Wasserbelastung vergangener Jahrzehnte, stellt aber auch eine Gefahrenquelle für die Umwelt dar, da unter bestimmten Bedingungen die Schwermetalle aus den Sedimenten wieder verstärkt in Lösung gehen können. In Seeböden kann der Schwermetallgehalt in Abhängigkeit von der Tiefe im Sediment Auskunft über die geschichtliche Entwicklung der Wasserbelastung durch Schwermetalle geben. Wir wollen uns in diesem Abschnitt näher mit der Sedimentation von Schwermetallen und ihrer Remobilisierung beschäftigen.

In die Sedimente gelangen Schwermetalle durch Eintrag in die Flüsse, Seen und Meere aus der Luft und über die Abwässer (vgl. Abb. 10-3). An Feststoffpartikel durch Adsorption gebunden, gelangen Schwermetalle direkt durch Sedimentation in den Seeboden. Sie können aber auch als Ionen zuerst im Wasser gelöst vorliegen, dann an organischen oder anorganischen Schwebeteilchen adsorbiert werden und so schließlich durch Sedimentation in den Seeboden gelangen. Von dort aus können Schwermetalle durch verschiedene Mechanismen wieder in Lösung gehen:

- Durch Bildung eines Aquokomplexes (hydratisiertes Schwermetallion), dessen Konzentration umso höher sein wird, je niedriger der pH-Wert des Wassers ist (vgl. Gl. (10.2)).

- Durch Komplexierung mit organischen Komplexbildnern, die mit dem Abwasser in die Oberflächengewässer gelangen (beispielsweise NTA oder EDTA, die aus Waschmitteln stammen, s. Kapitel 8).

- Durch Bildung von Chloro-Komplexen bei Gegenwart von Chloridionen (z. B. im Meerwasser).

- Durch bakterielle Umwandlung von schwermetallhaltigen organischen Sedimentpartikeln in lösliche organische Schwermetallverbindungen (beispielsweise Methylquecksilberchlorid oder Methylcadmium).

- Durch die Gegenwart von Stoffen, die oxidierend wirken und die beispielsweise schwerlösliche Schwermetallsulfide in erheblich besser lösliche Sulfate umwandeln können.

Zwischen adsorbiertem und gelöstem Zustand eines Schwermetalles stellt sich ein Gleichgewicht ein, welches man vereinfacht mit einem sogenannten Verteilungskoeffizienten K folgendermaßen beschreiben kann:

$$c_{ad.} = K \cdot c_{gel.} \tag{10.7}$$

$c_{ad.}$ ist die Konzentration an Schwermetallen sowohl in den bereits sedimentierten Teilchen als auch im Wasser suspendierten kleinsten Feststoffpartikeln, an die die Schwermetallionen durch Adsorption gebunden sind. $c_{gel.}$ ist die Konzentration gelöster Schwermetalle im Seewasser. Das Verhalten der Schwermetallbelastung des Wassers und Sedimentes eines Sees kann damit rechnerisch nach einem Modell erfaßt werden, das in Abb. 10-7 schematisch dargestellt ist. Zwei Zuflußraten J_1 und J_2 bringen Schwermetalle in den See mit dem Volumen V ein. J_1 ist die Zuflußrate der Schwermetalle aus Flüssen und Abwässern:

$$J_1 = Q \cdot c_{in} \tag{10.8}$$

Q ist das dem See zufließende Wasservolumen pro Zeiteinheit und c_{in} die Konzentration an Schwermetallen im zufließenden Wasser. J_2 ist die Zuflußrate an Schwermetallen, die vom Niederschlag aus der Atmosphäre herrührt.

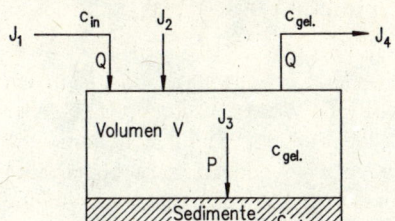

Abb. 10-7
Modell für die Schwermetallbilanz in einem See

Dem See werden Schwermetalle durch Sedimentation mit einer Abflußrate J_3 entzogen. Es gilt hierbei:

$$J_3 = P \cdot c_{ad.} \tag{10.9}$$

P ist die Sedimentationsrate der suspendierten Teilchen. Außerdem werden Schwermetalle auch durch das aus dem See abfließende Wasser ausgetragen. Für diese Abflußrate J_4 gilt:

$$J_4 = Q \cdot c_{gel.} \tag{10.10}$$

Q ist das abfließende Wasservolumen pro Zeiteinheit, das bei konstantem Seevolumen gleich der Wasserzuflußrate ist, wobei angenommen wird, daß die Wasserverdunstungsrate gegenüber der Abflußrate vernachlässigbar klein ist. Für die zeitliche Änderung der im See gelösten Menge an Schwermetallen gilt dann:

$$V \cdot \frac{dc_{gel.}}{dt} = J_1 + J_2 - J_3 - J_4 \tag{10.11}$$

bzw.:

$$\frac{dc_{\text{gel.}}}{dt} = \frac{Q \cdot c_{\text{in}} + J_2}{V} - c_{\text{gel.}} \cdot \frac{Q + K \cdot P}{V} \qquad (10.12)$$

Im stationären Zustand ($dc_{\text{gel.}}/dt = 0$) gilt:

$$c_{\text{gel.}} = \frac{Q \cdot c_{\text{in}} + J_2}{Q + K \cdot P} \qquad (10.13)$$

Bei Kenntnis der Größen Q, c_{in}, J_2 und P kann die stationäre Konzentration $c_{\text{gel.}}$ aus Gl. (10.13) berechnet werden. Aus der Literatur [1, 12] übernehmen wir die in Tab. 10-8 angegebenen Daten für den Greifensee in der Schweiz als Zahlenbeispiel. Die Übereinstimmung der mit Hilfe der Gl. (10.13) berechneten Konzentration $c_{\text{gel.}}$ ist im Vergleich mit den Meßdaten zufriedenstellend (s. Tab. 10-9).

Tabelle 10-8 Daten zur Berechnung der Konzentration der gelösten Schwermetalle $c_{\text{gel.}}$ gemäß Gl. (10.13) für den Greifensee, Schweiz (s. Text)

Schwermetall	c_{in} in mg/m³	K in m³/kg	J_2 in kg/a
Zn	19.8	25	1316
Pb	3.2	120	1376
Cu	3.8	35	224
Cd	0.1	65	6

$V = 1.25 \cdot 10^8 \, \text{m}^3$, $P = 3.7 \cdot 10^7 \, \text{kg/a}$, $Q = 8.9 \cdot 10^7 \, \text{m}^3/\text{a}$

Quelle: [1, 12]

Tabelle 10-9 Nach Gl. (10.13) berechnete und gemessene Konzentrationen $c_{\text{gel.}}$ von gelösten Schwermetallen im Greifensee in mg/m³ (s. Text)

	Zn	Pb	Cu	Cd
Berechnet	3.1	0.4	0.4	0.01
Gemessen	4.1	0.6	1.0	0.06

Quelle: [1]

Wenn die Durchmischung und die Einstellung des stationären Zustandes sich im Vergleich zu möglichen zeitlichen Veränderungen von c_{in} und J_2 rasch vollzieht, kann Gl. (10.13) auch für langsam zeitabhängige Werte von c_{in} und J_2 verwendet werden. Für die Konzentration $c_{\text{ad.}}$, also die Konzentration an Schwermetall im Sediment, gilt dann mit Gl. (10.7):

$$c_{\text{ad.}} = \left(\frac{K}{Q + K \cdot P} \right) \cdot (Q \cdot c_{\text{in}} + J_2) \qquad (10.14)$$

Der Term in der zweiten Klammer in Gl. (10.14) ist die Gesamtfracht an Schwermetallen, die dem See zugeführt wird. Ändert sich diese Fracht im Jahresdurchschnitt, so ändert sich auch proportional dazu die Konzentration der zu dem entsprechenden Jahr gehörigen Sedimentkonzentration, denn der Faktor in der ersten Klammer von Gl. (10.14) ist als langzeitlich konstant anzusehen. Die zu jedem Jahr gehörenden Sedimentablagerungen liegen am Seeboden aufeinandergeschichtet, die jüngeren jeweils auf den älteren. Die Konzentration $c_{\text{ad.}}$, gemessen als Funktion der Tiefe im Sedimentboden, stellt also eine Art Zeitmaßstab für die Ermittlung der Schwermetallbelastung durch Zuflüsse als Funktion vergangener Jahre dar. Abb. 10-8 zeigt am Beispiel des Greifensees die Konzentration c_{ad}. in ppm als Funktion der Tiefe des Seesedimentes bzw. der Jahreszahl. Daraus wird deutlich, daß die Schwermetallbelastung des Sees seit 1928 ständig zugenommen hat. Bei Zn, Cd und Cu ist seit Anfang der 70er Jahre ein leichter Rückgang der Belastung festzustellen.

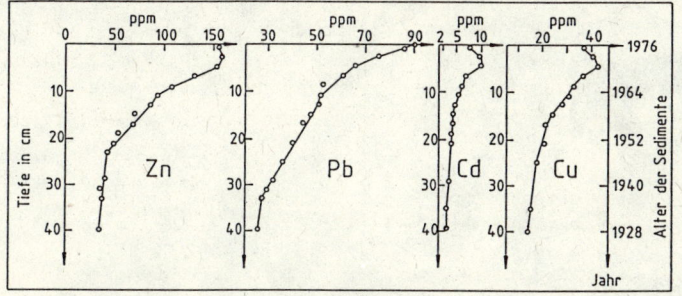

Abb. 10-8
Konzentration von Schwermetallen in den Sedimenten des Greifensees (Schweiz) als Funktion der Seebodentiefe bzw. Jahreszahl (Quelle: [1])

Tabelle 10-10 Mittlere Schwermetallkonzentration in mg/kg der Sedimente (Tonfraktion) verschiedener Flüsse 1972 und 1985

Fluß	Jahr	Pb	Cd	Hg	Zn	Cr
Niederrhein	1972	357	13	8.1	1275	405
(Basel bis Mainz)	1985	190	5	0.9	1125	197
Oberrhein	1972	157	5	5	573	239
(Mainz bis NL-Grenze)	1985	120	2	1	515	158
Elbe	1972	343	17	14	1010	292
(ab ehem. DDR-Grenze)	1985	177	12	17	1818	325
Main	1972	218	12	5	810	211
(ab Bamberg)	1985	97	4	0.6	1094	129

Quelle: [13]

Ähnliche Untersuchungen lassen sich auch in Flußsedimenten durchführen. Tab. 10-10 gibt Auskunft über den Schwermetallgehalt in den Sedimenten von Oberrhein, Niederrhein, Elbe und Main für die Jahre 1972 und 1985. Demnach ist die Schwermetallbelastung von bestimmten Ausnahmen abgesehen (vor allem bei der Elbe) in dieser Zeitspanne zurückgegangen. Hauptgrund dafür ist die zunehmende Behandlung der Abwässer in Kläranlagen, wodurch ein großer Teil der Schwermetalle im Klärschlamm zurückgehalten wird. Ob allerdings der Eintrag von Schwermetallen in die Abwässer *vor* der Kläranlage in ähnlicher Weise zurückgegangen ist, wie es die Sedimentanalysen der Flüsse nahelegen, kann nicht behauptet werden. Schwermetallhaltiger Klärschlamm muß in der Regel deponiert oder verbrannt werden (s. Abb. 10-3). Hier handelt es sich um ein Beispiel, wie Umweltprobleme verlagert werden, in diesem Fall vom Wasser auf den Klärschlamm (s. auch Abschnitt 11.5).

In neuerer Zeit sind auch systematische Untersuchungen der Schwermetallgehalte in den Sedimenten der Nordsee durchgeführt worden. Abb. 10-9 und Abb. 10-10 zeigen die Ergebnisse flächendeckender Untersuchungen für Blei bzw. Cadmium. Ganz offensichtlich sind die Cd-Konzentrationen in Küstennähe am höchsten und nehmen in Richtung auf die hohe See hin deutlich ab. Das ist ein klarer Hinweis darauf, daß Cd im wesentlichen durch den Zustrom der großen Flüsse wie Rhein,

Weser und Elbe in die Nordsee eingetragen wird. Bei Blei sieht die Verteilung der Konzentration in den Nordseesedimenten anders aus. Sie ist gleichmäßiger, und auch in küstenfernen Gebieten finden sich hohe Konzentrationen. Im Gegensatz zu Cd wird Pb im wesentlichen über die Atmosphäre in das Meer und damit in die Sedimente eingebracht. Das weiträumig in der Atmosphäre über Europa verteilte Blei aus den Autoabgasen ist dafür die Ursache.

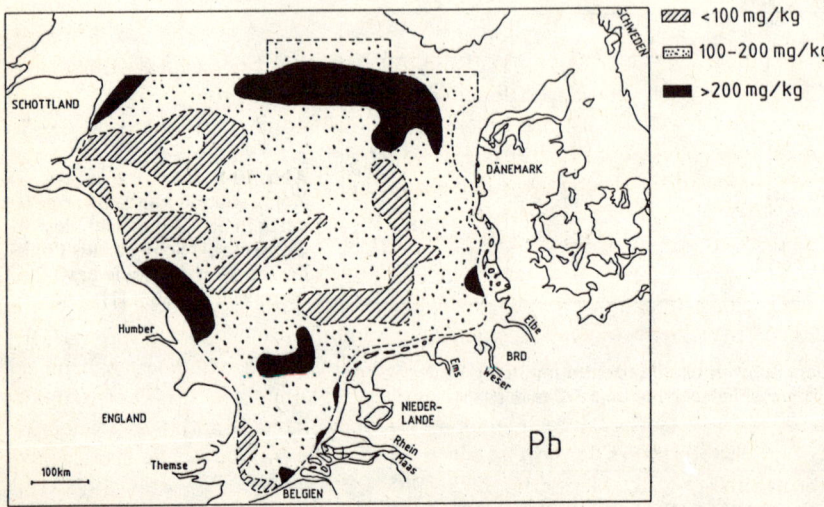

Abb. 10-9   Bleigehalt in den Sedimenten der Nordsee (Quelle: [14])

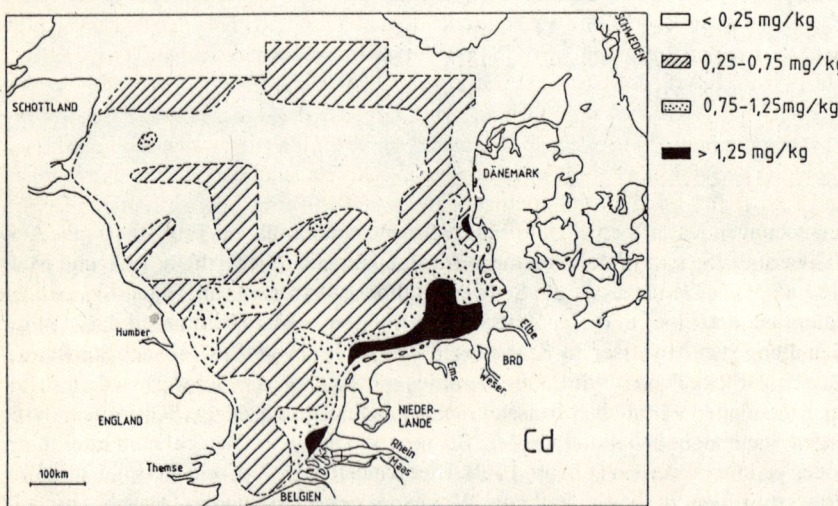

Abb. 10-10   Cadmiumgehalt in den Sedimenten der Nordsee (Quelle: [14])

Anzumerken ist, daß nach Abb. 10-9 die Nordseesedimente in der Mehrzahl Pb-Konzentrationen enthalten, die bereits über dem Grenzwert der Klärschlammverordnung von 100 mg/kg (s. Tab. 10-7) liegen, während das bei Cd auch in den küstennahen Gebieten (noch) nicht der Fall ist. Hier steckt in dem Schwermetallendlager „Sediment" ein umweltgefährdendes Potential, das in Zukunft zunehmen und nicht abnehmen wird, da das Meer ein Endlager darstellt, aus dem auf natürliche Weise nichts mehr abgetragen werden kann.

10.7 Gesundheitsgefährdung durch Schwermetalle

In Abb. 10-3 ist verdeutlicht, daß der Mensch über die pflanzliche und tierische Nahrung, über die Luft und über das Trinkwasser Schwermetalle aufnehmen kann, die zum großen Teil mit den Fäkalien wieder ausgeschieden werden. Ist die Bilanz der Aufnahme- und Ausscheidungsrate an Schwermetallen positiv, so werden sie im Laufe der Zeit angereichert. Es stellt sich nun die Frage, inwieweit das geschieht und wann gesundheitliche Schäden zu befürchten sind.

Etwa 75 % der vom Menschen aufgenommenen Schwermetalle stammen aus pflanzlicher Nahrung. Circa 20 % stammen aus tierischer Nahrung und 5 % werden über die Atemluft aufgenommen. Von den in der Nahrung enthaltenen Schwermetallen wie Blei und Cadmium werden etwa 10 % von der Magen-Darm-Wand resorbiert, der Rest verläßt den Körper wieder über den Darm und die Niere. Über die Lunge aufgenommene Schwermetalle werden durchschnittlich zu ca. 50 % resorbiert. Diese Prozentzahl hängt weitgehend von der Korngröße des schwermetallhaltigen Staubes ab, denn aus feinem Staub werden mehr Schwermetalle aufgenommen als aus grobkörnigerem. Als Durchschnittswert ergibt sich, daß ca. 12 % der insgesamt aufgenommenen Schwermetalle in das Blut gelangen. Die Akkumulation von Schwermetallen in der Umwelt führt über die Nahrungskette also auch zu einer verstärkten Anreicherung von Schwermetallen im Menschen.

Die in das Blut gelangten Schwermetalle bleiben dort allerdings nicht lange. Da sie von dort praktisch kaum direkt ausgeschieden werden, werden sie aus dem Blut heraus an bestimmten Stellen im Körper deponiert. Sie werden vor allem in den Knochen und Zähnen, aber auch in der Niere und Leber eingelagert, wo sie deren Funktionen beeinträchtigen und so Langzeitschäden hervorrufen können. Die mittlere Verweilzeit von einmal in die Blutbahn gekommenen Schwermetallen im Körper des Menschen beträgt je nach Art des Schwermetalls ungefähr 10–30 Jahre.

Der Körper des Menschen reichert daher im Laufe seines Lebens die aufgenommenen Schwermetalle an. Im Blut wirken die Schwermetalle toxisch, indem sie bestimmte enzymatische Funktionen durch Blockierung stören. Kleinkinder sind besonders durch Schwermetalle gefährdet, da bei ihnen die Bluthirnschranke noch nicht voll ausgebildet ist, so daß die Schwermetalle auch in das Gehirn gelangen können.

Eine verstärkte Remobilisierung von Schwermetallen aus den körpereigenen Depots tritt vor allem dann ein, wenn der Körper durch Krankheit geschwächt ist, mit der Folge einer dann übermäßig hohen Belastung. In der Regel führt die langsame Akkumulation von Schwermetallen zu keinen feststellbaren Erkrankungen. Menschen, die aber über lange Zeit hohen Schwermetallbelastungen ausgesetzt sind, laufen Gefahr, früher oder später an einer chronischen Schwermetallvergiftung zu erkranken. Im folgenden wollen wir auf die physiologischen Wirkungen der drei ubiquitär verbreiteten Schwermetalle Cadmium, Blei und Quecksilber im einzelnen eingehen.

Cadmium zählt zu den nichtessentiellen Metallen und ist somit schon in geringster Konzentration giftig. Es wird in der Leber und in der Niere akkumuliert. Nur geringe Mengen werden wieder ausgeschieden. Die durchschnittlich täglich aufgenommene Cadmiummenge beträgt etwa 0.05 mg. Die Weltgesundheitsorganisation (WHO) empfiehlt als gerade noch tolerierbaren Wert 0.07 mg/Tag (bezogen auf 70 kg Körpergewicht). Besonders cadmiumreich sind Muscheln, Austern und Eisbergsalat. Tabak ist sogar so cadmiumhaltig, daß die Nieren eines Rauchers etwa die doppelte Cadmiummenge enthalten wie die eines Nichtrauchers [8].

Die Giftigkeit von Cadmium wurde allgemein durch das Auftreten der sogenannten Itai-Itai-Krankheit in Japan bekannt, bei der es in Extremfällen zu einer Knochengerüstschrumpfung bis zu 30 cm gekommen ist. Japanische Bauern hatten ihre Reisfelder mit Wasser aus einem nahe gelegenen Fluß bewässert, der durch Abraumhalden eines Bergwerkes verseucht war. Der dort angebaute Reis enthielt 0.3 ppm Cd. Durch Verzehr von Reis kam es bei den betroffenen Menschen, vor allem bei älteren Frauen, zur allmählichen Zerstörung des Knochenmarks und einem damit verbundenen Rückgang der Erythrozyten, wodurch Calcium aus der Knochensubstanz herausgelöst wurde.

Blei ist sowohl als Metall als auch in seinen Verbindungen toxisch. Viele davon können sogar direkt durch die Haut aufgenommen werden. Schon die Römer kannten die tödliche Wirkung von Blei. Es wird nach Aufnahme im Blut an die Erythrozyten gebunden und erreicht so die verschiedenen Organe. Letztlich wird es in den Knochen gespeichert, wo es Calcium ersetzt. Blei inaktiviert verschiedene Enzyme, wovon vor allem die Bildung von Erythrozyten betroffen ist, mit der Folge eines erhöhten Anämierisikos. Bei sehr hohen Blutbleikonzentrationen kann Blei die roten Blutkörperchen sogar direkt zerstören [15].

Kinder, die hohen Bleikonzentrationen ausgesetzt sind, sind in ihrer mentalen Entwicklung gestört. Ein gesunder Erwachsener mit 70 kg Körpergewicht hat hierzulande durchschnittlich etwa 120 mg Blei in seinem Körper. Als duldbaren Grenzwert für die Bleiaufnahme gibt die WHO 0.5 mg Blei pro Tag an, bezogen auf 70 kg Körpergewicht.

Von allen Schwermetallen besitzen **Quecksilber**verbindungen die höchste Toxizität [16]. Diese wurde vor allem durch zwei Vergiftungsunfälle in der Weltöffentlichkeit bekannt. An der Minamata-Krankheit, die 1956 erstmals in der japanischen Kleinstadt Minamata auftrat, erkrankten weit über 1000 Menschen, 92 davon starben an den direkten Auswirkungen [5]. Fische, die in der Minamata-Bucht in Japan gefangen wurden, enthielten extrem hohe Konzentrationen an Methylquecksilberchlorid ($HgCH_3Cl$). Aus Industrieabwässern waren Quecksilberverbindungen ins Meer gelangt. Bakterien können wasserlösliche Quecksilberverbindungen in gut fettlösliches $HgCH_3Cl$ umwandeln, das von Fischen mit der Nahrung aufgenommen wird und sich im Fettgewebe anreichert mit einer 1000fach höheren Konzentration als es im Wasser vorliegt. Durch Fischverzehr gelangte das Quecksilber dann in den menschlichen Körper. Dort kam es zur Zerstörung von Zellen des Zentralnervensystems [16].

Eine akute Massenvergiftung durch Quecksilber ereignete sich 1971/72 im Irak, wo von der Bevölkerung größere Mengen Getreide verzehrt wurden, das mit überhöhten Dosen an Methylquecksilberchlorid zum Zwecke der Schädlingsbekämpfung behandelt worden war. Fast 500 Tote waren die Folge dieser Katastrophe [17].

Diese Beispiele zeigen, daß der gefährlichen Entwicklung wachsender Schwermetallbelastung in der Umwelt durch geeignete Maßnahmen begegnet werden muß. Wie in anderen Bereichen der Umweltbelastung gilt auch hier die Regel: Vermeidung hat Vorrang vor Recycling und Recycling hat Vorrang vor Entsorgung. Im Fall der Schwermetalle gehören dazu folgende Maßnahmen, die zu fordern sind und die teilweise, wenn auch langsam, zu greifen beginnen, wie das Beispiel des bleifreien Benzins zeigt:

1. Vermeidung der Herstellung von schwermetallhaltigen Produkten. Dazu gehören das langfristige und ersatzlose Angebot von bleifreiem Benzin, der Ersatz von Cadmium zum Färben und Stabilisieren von Kunststoffen, und Ersatz von Cd und Hg in Batterien und der Ersatz von Hg in Zahnfüllungen durch geeignete Stoffe. Diese Maßnahmen fordern intensive Forschungs- und Entwicklungsarbeit, welche schon teilweise eingeleitet worden ist und weiter verstärkt werden muß.

2. Lückenloses Recycling schwermetallhaltiger Produkte vor allem von Batterien mit Hilfe steuerlicher Maßnahmen oder Einführung eines Batteriepfandes.

3. Schnellerer Einbau von noch effektiveren Filteranlagen in Kohlekraftwerken, Zementfabriken, Glashütten und Müllverbrennungsanlagen.

4. Vermeidung aller Entwicklungen, die zu einer Remobilisierung von Schwermetallen im Boden und in den Sedimenten führen. Dazu gehören Maßnahmen gegen den Sauren Regen, oder auch ein Verbot komplexbildender, in Kläranlagen schlecht abbaubarer Stoffe, wie sie beispielsweise in Waschmitteln als Phosphatersatzstoffe verwendet werden.

11   Abwasserreinigung durch Kläranlagen

Guck, da kommen wiederum ein paar Barsche herunter, der Bauch nach oben, und daß man einen
Aal aus dem Wasser holt, das wird nachgrade zu einer Merkwürdigkeit und Ausnahme.

Die Folgen verschmutzten Abwassers, das unsere Flüsse belastet, hier anhand einer realitätsnahen
Schilderung des Schriftstellers Wilhelm Raabe aus dem Jahr 1884 dargestellt [1], ist nicht erst seit
einigen Jahrzehnten ein Problem der Zivilisation. Mit dem Seßhaftwerden des Menschen, zuerst in
festen Siedlungen und später in Städten, trat es immer mehr in den Vordergrund, verstärkt seit Beginn
des industriellen Zeitalters.

Die Selbstreinigungskraft unserer Flüsse ist begrenzt. Immer wieder hört man von regionalen Fischsterben in den Sommermonaten. Die Schadstoffkonzentrationen, die bei niedriger Wasserführung der
Flüsse im Sommer besonders hoch sind, und die erhöhten Wassertemperaturen führen zu Sauerstoffmangel im Wasser, da Mikroorganismen zum Abbau der organischen Schmutzstoffe Sauerstoff
verbrauchen und ferner bei höheren Temperaturen die Löslichkeit von Sauerstoff in Wasser geringer
ist (s. auch Kapitel 7). Es ist also meistens unzureichende Sauerstoffversorgung, die zum Sterben
von Fischen und anderen Lebewesen führt, und weniger häufig die unmittelbare Giftwirkung von
Schadstoffen, obwohl das auch eine Ursache sein kann, wie beispielsweise der Sandoz-Unfall bei
Basel im November 1986 und seine Folgen für den Rhein gezeigt haben. Durch die Schadstofffracht
ist auch die Trinkwasserversorgung aus dem Uferfiltrat der Flüsse gefährdet. Die Endstation der
Schadstofffrachten sind die Meere, die die wachsenden Mengen an Schadstoffen aufnehmen müssen.
Ihr ökologisches Gleichgewicht ist bereits ernsthaft gestört. Warnende Beispiele sind die Algenblüten
1988 in der Nordsee und 1989 in der Adria. Aus diesem Grund drängt die Zeit, unsere Abwässer
gründlich von allen Schadstoffen zu befreien, bevor sie in die Flüsse, Seen und Meere gelangen.

11.1   Grundlagen zur Beurteilung der Abwasserqualität und gesetzliche Regelungen

Tab. 11-1 gibt Auskunft über die *öffentlichen* Abwassermengen für den Bereich der Bundesrepublik (alte Bundesländer) und ihre Aufteilung in die verschiedenen Untergruppen. Unter *häuslichem
Schmutzwasser* versteht man Abwasser aus Haushalten, öffentlichen Gebäuden und Kleingewerbe-
gebieten. Unter *Fremdwasser* versteht man weitgehend unverschmutztes, in die Kanalisation ein-
dringendes Grund- und Oberflächenwasser sowie Regenabflußwasser. Industrielles und gewerbliches
Abwasser stammt aus größeren Industriebetrieben, die nur den kleineren Teil ihrer Abwässer in
öffentliche Kläranlagen einleiten. Der überwiegende Teil gelangt in betriebseigene Kläranlagen.

Neben den öffentlichen fallen auch nichtöffentliche Abwassermengen an. Diese betragen mit
etwa $36 \cdot 10^9 \, \text{m}^3$ pro Jahr ungefähr das 4.5-fache der öffentlichen Abassermengen. Sie setzen sich im
wesentlichen aus produktionsspezifischem Abwasser (5 %) und Kühlwasser (95 %) zusammen (alte
Bundesländer). In der ehemaligen DDR waren es etwa 25 % bzw. 75 % [3, 4].

Die Wasserverschmutzungen werden eingeteilt in **sedimentierbare**, also absetzbare Stoffe, in **nicht
absetzbare** ungelöste Stoffe, also Schwebeteilchen, und in **gelöste** Schmutzstoffe. In Tab. 11-2 ist der
Anfall an Schmutzstoffen im Abwasser aufgeteilt nach der Art der Verschmutzungen wiedergegeben.

Tabelle 11-1 Öffentliche Abwassermengen in der Bundesrepublik (1983)

	10^9 m^3/a	l pro Tag u. Einwohner	%
häusliches Schmutzwasser	3.1	157	39
Fremdwasser	3.3	178	44
industrielles und gewerbliches Abwasser	1.4	68	17
kommunales Abwasser	7.8	403	100

Quelle: [2]

Die Konzentrationen von sedimentierbaren Stoffen und von Schwebeteilchen können durch Filtration und Auswiegen bestimmt werden. Zur Konzentrationsbestimmung der gelösten Verschmutzungen, die beim kommunalen Abwasser ungefähr zwei Drittel der Gesamtschmutzfracht ausmachen, bestimmt man die Sauerstoffmenge, die zur Oxidation von organischen Schmutzstoffen zu anorganischen Endprodukten notwendig ist. Es handelt sich dabei um den *biochemischen Sauerstoffbedarf* (BSB$_5$) und um den *chemischen Sauerstoffbedarf* (CSB).

Der **BSB$_5$**-Wert ist ein Maß für die Sauerstoffmenge, die von Mikroorganismen innerhalb der Meßzeit von fünf Tagen (Index 5) bei 20 °C im aeroben Milieu verbraucht wird, um die organischen Stoffe in CO$_2$, Wasser und neue Biomasse umzusetzen. Er wird in mg O$_2$ pro l Abwasser angegeben. Der BSB$_5$-Wert ist also eine Schadstoffkonzentrationsangabe. Durch Mulitiplikation mit dem Abwasservolumen ergibt sich die BSB$_5$-Menge eines Abwassers, unter der wir eine Schadstoffmenge verstehen. Unter der BSB$_5$-Fracht verstehen wir die BSB$_5$-Menge pro Zeiteinheit. Bei der Bestimmung des BSB$_5$-Wertes werden durch die beschränkte Meßzeit von fünf Tagen die schwer abbaubaren organischen Stoffe nur teilweise oder gar nicht erfaßt. Der BSB$_5$-Wert dient als Bemessungsgrundlage für die Wirksamkeit von Kläranlagen. Allerdings ist zu bedenken, daß sich das Abwasser nur einige Stunden und nicht 5 Tage lang in der Kläranlage aufhält.

Tabelle 11-2 Mittlerer Schmutzstoffanfall des Abwassers in g pro Einwohner und Tag in der Bundesrepublik. Um auf die Konzentration g/m^3 umzurechnen, sind die Werte mit dem Faktor 5 zu multiplizieren (Annahme: Wasserverbrauch pro Einwohner und Tag = 0.2 m^3)

| Stoffgruppe | Inhaltsstoffe | | | BSB$_5$-Wert[*] |
	mineralisch	organisch	gesamt	in mg O$_2$/l
absetzbare Stoffe	20	30	50	20
nicht absetzbare Schwebestoffe	5	10	15	10
gelöste Stoffe	75	50	125	30
zusammen	100	90	190	60

[*] Der BSB$_5$-Wert ist hier auch auf nichtgelöste Stoffe bezogen

Quelle: [5]

Der **CSB**-Wert ist die Sauerstoffmenge in mg, die zur Oxidation *aller* oxidierbaren Schmutzstoffe pro Liter Abwasser benötigt wird. Er schließt also sowohl biologisch leicht als auch schwer abbaubare und persistente Stoffe wie chlororganische Verbindungen mit ein. Er wird aus der verbrauchten Menge an Kaliumdichromat ermittelt, mit der in schwefelsaurer Lösung bei 148 °C aufoxidiert wird. Der CSB-Wert gehört zu den Parametern, die bei der Bestimmung der Abwasserabgabe nach dem Abwasserabgabengesetz (s. u.) eine Rolle spielen.

Grundsätzlich ist der CSB-Wert größer als der BSB$_5$-Wert. Das Verhältnis der Werte CSB/BSB$_5$

liegt bei kommunalem Abwasser im Mittel bei 1.7. Bei Abwässern aus der chemischen oder metallverarbeitenden Industrie liegt dieses Verhältnis wegen des höheren Anteils persistenter Schadstoffe in
der Regel deutlich höher, während es beispielsweise bei Abwässern aus der nahrungsmittelverarbei-
tenden Industrie niedriger liegen kann, da hier hauptsächlich leicht abbaubare, organische Stoffe in
hoher Konzentration auftreten. Um die tatsächliche Belastung eines Abwassers durch sauerstoffzeh-
rende Stoffe beurteilen zu können, benötigt man beide Angaben, den CSB-Wert und den BSB_5-Wert.
Aus dem berechneten Verhältnis ergibt sich dann ein Hinweis auf die Herkunft des Abwassers.

Zur Belastung des Wassers zählt auch die Wärmezufuhr, die mit dem Abwasser in die Flüsse
gelangt (siehe auch Kapitel 7). Hauptverursacher ist hier das Kühlwasser von Kraftwerken und Industrie. Wärmezufuhr ist keine im Abwasserabgabengesetz zu berücksichtigende Kenngröße. Wird
durch die mit dem Kühlwasser abgegebene Wärme ein bestimmter Temperaturwert, der von der
urspünglichen Temperatur des Flußwassers abhängt, überschritten, so muß der wärmeabgebende
Prozeß zurückgefahren oder sogar vollständig abgeschaltet werden. Weitere wichtige Kenngrößen
für den Verschmutzungsgrad eines Abwassers sind der TOC-Wert, der DOC-Wert, der $P_{ges.}$-Wert, der
$N_{ges.}$-Wert und der AOX-Wert. Der **TOC**-Wert (Total Organic Carbon) gibt die gesamte Menge an
Kohlenstoff pro Liter Abwasser an, der sowohl in gelösten Verbindungen als auch in festen, kohlenstoffhaltigen Schwebeteilchen gebunden ist. Seine Messung erfolgt durch katalytische Verbrennung
zu CO_2 bei 900–1000 °C, das dann quantitativ durch Infrarotmessung bestimmt wird. Der gelöste
organische Kohlenstoff **DOC** (Dissolved Organic Carbon) wird nach Abfiltrieren aller nichtgelöster
Bestandteile des Abwassers mit derselben Methode bestimmt. **P_{ges}** ist der Gesamtphosphorgehalt in
mg/l. Analog dazu ist der Gesamtstickstoffgehalt **$N_{ges.}$** definiert. Meist wird hier jedoch zwischen
dem Ammoniumstickstoffgehalt (NH_4-N) und dem Nitratstickstoffgehalt (NO_3-N) unterschieden.
Mit dem **AOX**-Wert werden die an Aktivkohle adsorbierbaren organischen Halogenverbindungen
erfaßt ($\underline{X}$ = Halogene). In Tab. 11-3 sind die Bestimmungsmethoden für den Schadstoffgehalt eines
Abwassers und die durch diese Methoden erfaßten Schadstoffgruppen zusammengefaßt.

Industrielle Abwässer zeichnen sich im Gegensatz zu kommunalen Abwässern im allgemeinen
durch relativ hohe Anteile an persistenten Schadstoffen aus, d. h. sie weisen höhere CSB- und
AOX-Werte als kommunale Abwässer auf. Um ein einheitliches Maß für alle Arten von Abwässern
zur Verfügung zu haben, wurden sogenannte *Einwohnergleichwerte* (EGW) eingeführt. Ein EGW
entspricht der Abwasserbelastung, die ein Einwohner pro Tag verursacht, für die man eine BSB_5-
Fracht von 60 g pro Tag ansetzt. Liefert ein Betrieb beispielsweise 1500 m^3 Abwasser pro Tag mit
einem mittleren BSB_5-Wert von 800 mg/l, so beträgt die Abwasserbelastung 20 000 EGW, also soviel,
wie eine Stadt mit 20 000 Einwohnern das Abwasser belastet.

Alle Abwässer sind so sehr belastet, daß sie gereinigt werden müssen, bevor sie in Flüsse, Seen
und letztlich ins Meer gelangen. Zu diesem Zweck hat der Gesetzgeber in der Bundesrepublik Auflagen gemacht, die im Abwasserabgabengesetz festgelegt sind. Das Einleiten von Abwasser bedarf
einer behördlichen Erlaubnis. Der Erlaubnisbescheid der Behörde enthält die aufgrund der Angaben des Einleiters berechnete Jahresschmutzwassermenge und die sogenannten Überwachungswerte
für verschiedene Schadstoffkomponenten. Die Überwachungswerte sind Konzentrationswerte, die
der Einleiter nicht überschreiten darf. Die Behörden führen mehrmals im Jahr stichprobenartige
Kontrollen unangekündigt durch, um die Angaben des Einleiters zu überprüfen. Die Jahresschmutzwassermenge multipliziert mit dem Überwachungswert ergibt die zulässige Jahresschmutzfracht der
betreffenden Schadstoffkomponente. Für jede Schadstoffkomponente ist eine bestimmte Menge in
g oder kg festgelegt, der sogenannte Bewertungsfaktor, durch die eine *Schadeinheit* definiert wird.
Eine Schadeinheit entspricht ungefähr der Schadstoffmenge, die durchschnittlich ein Einwohner pro
Jahr erzeugt und die in die Oberflächengewässer gelangen würde, wenn das Abwasser unbehandelt
bliebe. Wichtige Schadstoffkomponenten und ihre Bewertungsfaktoren (Zahlen in Klammern) sind
beispielsweise: CSB (50 kg), AOX (2 kg), Hg (20 g), Cd (100 g), $N_{ges.}$ (25 kg), $P_{ges.}$ (3 kg). Um die

Tabelle 11-3 Methoden zur Konzentrationsbestimmung von Schadstoffen im Abwasser

Kenngröße	experimentelle Methode	Konzentration	erfaßte Schadstoffgruppen
BSB_5	Oxidation durch aerobe Mikroorganismen	mg O_2/l	1
CSB	Oxidation mit K-Dichromat	mg O_2/l	1+2+3+5+6
TOC	kat. Verbrennung	mg C/l	1+2+5+6
DOC	kat. Verbrennung	mg C/l	1+2
AOX	Adsorption an Aktivkohle	μg X/l	6
$N_{ges.}$	Farbstoffreaktion, photometrisch	mg N/l	3+4
$P_{ges.}$	Fällung	mg P/l	7

Bezeichnung der Schadstoffgruppen:
1 = biologisch leicht abbaubare, gelöste, kohlenstoffhaltige Verbindungen
2 = biologisch schwer abbaubare, gelöste, kohlenstoffhaltige Verbindungen
3 = NH_4^+-Stickstoff
4 = NO_3^--Stickstoff
5 = kolloidal gelöste und sedimentierbare organische Feststoffpartikel
6 = organische Halogenverbindungen (X = F, Cl, Br, J)
7 = Phosphate

Quelle [6]

Menge der Schadeinheiten zu berechnen, die durch die Jahresschmutzfracht einer Schadstoffkomponente entsteht, wird die Jahresschmutzfracht durch den Bewertungsfaktor dividiert. Die Summe aller Schadeinheiten der verschiedenen Schadstoffkomponenten wird mit dem Abgabebetrag pro Schadeinheit multipliziert (derzeit 40 DM, ab 1. 1. 1997: 80 DM, ab 1. 1. 1999: 90 DM). Dieser Endbetrag ist vom Einleiter als Abwasserabgabe pro Jahr zu bezahlen. Beträgt z. B. die CSB-Fracht 50 000 kg/a und die Hg-Fracht 30 kg/a, so ergeben sich bei einem Bewertungsfaktor von 50 kg CSB bzw. 20 g Hg für die CSB-Fracht 50 000/50 = 1000 Schadeinheiten und für die Hg-Fracht 30/0.02 = 1500 Schadeinheiten. In unserem Beispiel sind also 40·1000 und 40·1500 DM, zusammen also 100 000 DM, für das Einleiten der Schadstofffracht bezüglich CSB und Hg zu zahlen.

Die Abwasserabgabe wird direkt an die Länder entrichtet. Sie ist zweckgebunden und darf nur für Maßnahmen zur Gewässerreinhaltung verwendet werden. Seit dem 1.1.1993 gilt das Abwasserabgabengesetz in vollem Umfang auch in den neuen Bundesländern.

Wir wollen noch eine Bemerkung zu den Überwachungswerten anfügen: Die Überwachungswerte gibt der Einleiter in der Regel selbst vor. Wenn er zu niedrige Werte angibt, besteht für ihn die Gefahr, daß diese Werte nicht einzuhalten sind. Das zieht strafrechtliche Konsequenzen nach sich (Geld- oder Freiheitsstrafen). Gibt er zu hohe Überwachungswerte an, so wird die zu zahlende Abwasserabgabe höher als notwendig sein. Der Einleiter muß also zwei Risiken abwägen. Das ist vom Gesetzgeber beabsichtigt, denn das Risiko ist am geringsten, wenn die angegebenen Überwachungswerte den tatsächlichen Schadstoffkonzentrationen sehr nahe kommen.

Für Stickstoff und Phosphor sind darüber hinaus noch zusätzlich sogenannte Mindestanforderungen für die Konzentrationen im gereinigten Abwasser gesetzlich festgelegt (s. Abschnitte 11.3 und 11.4). Mögliche Überwachungswerte dürfen diese Mindestanforderungen auf keinen Fall überschreiten. Es bleibt jedoch festzuhalten, daß nach dieser gesetzlichen Regelung ein Einleiter sich auch große Jahresschmutzfrachten weitgehend „erkaufen" kann, d. h., wer es sich leisten kann, darf die Oberflächengewässer stärker belasten.

11.2   Mechanische und biologische Abwasserreinigung

Die gesetzlichen Auflagen, die wir im vorhergehenden Abschnitt im groben Umriß dargestellt haben, erfordern technische Einrichtungen zur Abwasserreinigung. Dies geschieht durch Kläranlagen, die korrekter bezeichnet Abwasserbehandlungsanlagen oder Abwasserreinigungsanlagen heißen. Der Aufbau einer Kläranlage ist schematisch in Abb. 11-1 dargestellt. Die einfachste Art der Abwasserreinigung besteht in einer mechanischen Entfernung von größeren absetzbaren oder schwimmenden Partikeln. Diese wird, eingebunden in eine Kläranlage, als *mechanische Reinigungsstufe* oder auch als *1. Reinigungsstufe* bezeichnet. Zu Beginn des 20. Jahrhunderts war dies die einzige Funktion einer Kläranlage.

Heute folgt darauf in der Regel eine weitere Stufe, die der ersten nachgeschaltet wird, die *biologische Stufe*, auch *2. Reinigungsstufe* genannt. In dieser werden auf biologischem Weg durch Mikroorganismen 85–95 % der organischen Kohlenstoffverbindungen des Abwassers abgebaut bzw. zu Klärschlamm umgesetzt. Bis in die 70er Jahre hinein beruhte das Prinzip der Kläranlagen in der Bundesrepublik weitgehend auf diesen beiden Stufen.

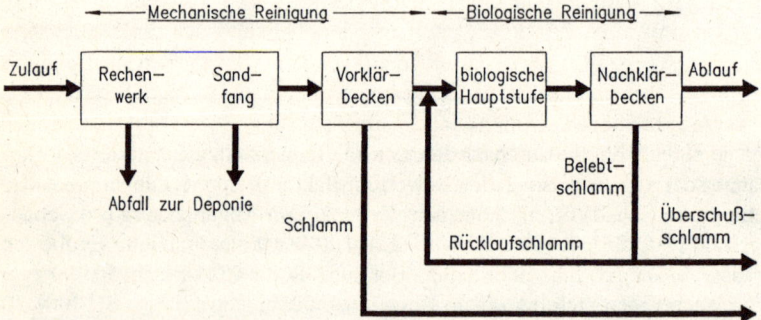

Abb. 11-1   Schema einer Kläranlage mit mechanischer und biologischer Reinigungsstufe

Alle Verfahren, die über die Wirkung der ersten beiden Stufen hinausgehen, werden unter dem Begriff *weitergehende Abwasserreinigung* zusammengefaßt. Von diesen haben heute die biologische Stickstoffelimination und die chemische bzw. biologische Phosphorelimination Bedeutung erlangt. Sie dienen im wesentlichen dazu, eutrophierend wirkende, anorganische Salze wie Phosphate, Nitrate und fischtoxische Ammoniumverbindungen zu entfernen. Die Elimination biologisch schwer abbaubarer und persistenter Stoffe wie bestimmte Tenside und chlororganische Verbindungen sowie nicht abbaubarer Stoffe wie Schwermetalle kann heute in kommunalen Kläranlagen noch nicht durchgeführt werden.

Das schadstoffbeladene Abwasser gelangt in die erste Klärstufe. Hier werden durch mechanische Rechen oder Siebe grobe Bestandteile aus dem Abwasser entfernt. Der sogenannte *Sandfang* ist ein Absetzbecken, in dem sich leicht sedimentierbare, gröbere Stoffe (Korngröße > 0.2 mm) absetzen. Fettige und ölige Stoffe, die auf dem Wasser schwimmen, werden in der Regel schon vor der Einleitung in die Kläranlage, möglichst sogar schon vor dem Einleiten ins Kanalnetz durch einen Schwimmstoffabscheider weitgehend entfernt.

Nach dieser mechanischen Grobreinigung gelangt das Abwasser zunächst in ein Vorklärbecken, in dem die Fließgeschwindigkeit sehr gering ist, so daß auch noch feinere Feststoffpartikel als Schlamm sedimentieren können. Bei den üblichen Rundbecken wird das Abwasser in der Mitte eingeführt. Es durchströmt das Becken radial nach außen und fließt über den Rand ab. Der abgesetzte Schlamm wird von einem Räumbalken in die Mitte des Beckens geschoben und von dort als Bodensatz abgesaugt.

Danach fließt das Abwasser in das biologische Reinigungsbecken ein. Das biologische Reinigungsbecken und das Nachklärbecken bilden als Einheit die 2. Reinigungsstufe. Die organischen Schmutzbestandteile des vorgeklärten Abwassers werden hier weitgehend eliminiert (biologische C-Elimination). Aerob arbeitende Mikroorganismen nutzen unter Verbrauch von Sauerstoff etwa 50 % der gelösten Kohlenstoffverbindungen zur Bildung von neuer Biomasse, also zum Wachstum bzw. zur Vermehrung [7]. Die dazu benötigte Energie wird aus dem Umsatz der anderen 50 % zu CO_2 und H_2O gewonnen. Im einfachsten Fall des Umsatzes von Kohlenhydraten $(CH_2O)_n$ gilt:

$$(CH_2O)_n + n\,O_2 \longrightarrow n\,CO_2 + n\,H_2O \tag{11.1}$$

Ein Teil der schwer abbaubaren Verbindungen wird, ohne umgesetzt zu werden, an die Bakterien angelagert und mit dem Schlamm aus dem Becken ausgetragen. In natürlichen Gewässern verläuft der mikrobiologische Abbau gelöster, organischer Substanzen im Prinzip ähnlich wie in der biologischen Stufe der Kläranlage, nur erheblich langsamer. Da aber Schadstoffe während des Durchlaufs durch das Klärbecken innerhalb einer kurzen Zeit abgebaut werden müssen, muß die Konzentration an Biomasse bzw. Mikroorganismen sehr viel höher sein als in natürlichen Gewässern. Auch muß für eine intensive Sauerstoffzufuhr gesorgt werden, um einen schnellen und möglichst effizienten Umsatz zu erzielen. Hierzu kommen zwei Verfahren in Frage, die beide in mehreren Varianten realisiert worden sind und die zwei verschiedene natürliche Umsetzungsmöglichkeiten in einem Gewässer simulieren, das sogenannte *Tropfkörperverfahren*, basierend auf sessilen Mikroorganismen und das sogenannte *Belebungsverfahren*, basierend auf frei in der Lösung schwimmenden Bakterienkolonien.

Bei dem **Tropfkörperverfahren** dient der mikrobielle Kohlenstoffumsatz, der auf dem Boden natürlicher Gewässer stattfindet, als Vorbild. Er wird an den Gesteinsoberflächen durch dort anhaftende, sogenannte sessile Mikroorganismen bewerkstelligt. Im Tropfkörperverfahren wird den Mikroorganismen eine sehr große Oberfläche als Aufwuchsfläche zur Verfügung gestellt, so daß ein hoher Biomasseumsatz erreicht wird. Eine große Oberfläche pro Volumen erhält man durch Auffüllen des Tropfkörperreaktors mit Lavaschlacke, festem Koks oder porösen Kunststoffkörpern, die eine große innere Oberfläche besitzen. Das Abwasser wird von oben auf die Hohlkörper aufgetropft und rieselt in dünner Schicht über das Füllmaterial, das der Biomasse als Aufwuchsfläche dient. Dabei wird es von organischen Verunreinigungen gereinigt, und die Biomasse wächst an. Der von den Organismen (Mikroorganismen, Pilze, Protozoen bis hin zu Würmern und Insektenlarven) benötigte Sauerstoff wird von der Luft im Zwischenraum des Füllmaterials geliefert. Es bildet sich somit im Laufe der Zeit auf dem Füllmaterial ein dichter Biomassebelag, der sogenannte Tropfkörperrasen. Nimmt die Schichtdicke des Tropfkörperrasens weiter zu, so stellt sich in den tieferen Schichten ein Mangel an Sauerstoff ein, und die Stoffwechselprozesse werden anaerob. Durch die mineralisierenden Prozesse der anaeroben Umsetzung verliert der Rasen seine schleimige Konsistenz und damit seine Haftfähigkeit an der Oberfläche des Füllkörpermaterials. Mit dem herabrieselnden Abwasser werden die sich ablösenden Bestandteile des Tropfkörperrasens weggespült. Man benötigt also in der Regel keine mechanischen Hilfsmittel, um die am Füllkörper gewachsene Biomasse aus dem Tropfkörperreaktor loszulösen und zu entfernen.

Das BSB_5-reduzierte Abwasser fließt mit den abgelösten Bestandteilen des Tropfkörperrasens in das Nachklärbecken, in dem die Biomasse als Klärschlamm sedimentiert. Der Schlamm wird jetzt jedoch nicht in den Zulauf zur biologischen Hauptstufe gefördert, wie in Abb. 11-1 illustriert, sondern entweder gleich der Schlammbehandlung zugeführt oder in den Zulauf des Vorklärbeckens eingebracht und von dort aus dann zur Schlammverwertung weitergeführt.

Auf einem anderen Prinzip, das ebenfalls von der Natur kopiert und in Abb. 11-1 angedeutet ist, basiert das **Belebungsverfahren**, auch als *Belebtschlammverfahren* bezeichnet, das nicht mit sessilen Organismen, sondern mit frei im Wasser schwimmenden Bakterien bzw. Mikroorganismen arbeitet, die zu größeren Kolonien agglomeriert sind und sogenannte *Belebtflocken* bilden. Die Belebtflocken müssen ständig in Bewegung gehalten werden. Das wird durch Lufteinblasen von unten in das Belebungsbecken oder durch Rührwerke erreicht. Dadurch werden die Mikroorganismen gleichzeitig mit genügend Sauerstoff versorgt. Im nachgeschalteten Sedimentationsbecken (Nachklärbecken) sedimentieren die Belebtflocken. Der abgesetzte *Belebtschlamm* wird im geschlossenen Kreislauf als *Rücklaufschlamm* zum Zulauf des Belebungsbeckens zurückgeführt, wo er mit dem vorgeklärten Abwasser vermischt wird. Da die Menge des Belebtschlamms ständig anwächst, wird überschüssiger Belebtschlamm kontinuierlich als *Überschußschlamm* abgezogen und der Schlammverwertung zugeführt.

Das Belebungsverfahren ist ein etwas aufwendiger zu steuerndes Verfahren als beispielsweise das Tropfkörperverfahren. Ein Auswaschen der Biomasse muß verhindert werden. Zulaufstrom und Schadstoffkonzentration dürfen bestimmte Werte nicht unter- bzw. überschreiten, damit immer ausreichende Mengen an Mikroorganismen im Belebungsbecken vorhanden sind, und ein wirksamer Abbau der Schadstoffe gewährleistet ist. Im Anhang 4 wird ein einfaches Modell vorgestellt, das die Auswirkungen der verschiedenen Parameter auf die Wirksamkeit einer Kläranlage im Belebungsbecken deutlich macht.

Auf eine Variante des Belebungsverfahrens wollen wir noch kurz eingehen, nämlich auf das Verfahren der *Turm-* oder auch *Hochbiologie*. Bei diesem in der Bundesrepublik nur in wenigen Anlagen praktizierten Verfahren beträgt die Tiefe des Belebungsbeckens bis zu 30 m (bei üblichen Belebungsbecken 4 m). Das hat einen erhöhten Sauerstoffausnutzungsgrad zur Folge und es wird weniger Luftsauerstoff pro Zeiteinheit benötigt, nämlich nur 10–20 % der bei herkömmlichen Anlagen eingesetzten Menge. Da weniger Luft gepumpt werden muß, entsteht weniger geruchsbelästigende Abluft. Da solche Anlagen in die Höhe und nicht in die Breite gebaut werden, sind die Baukosten allerdings so hoch, daß sich die Turmbiologie im Prinzip nur dann lohnt, wenn nicht genügend Fläche zur Verfügung steht bzw. wenn die Bodenpreise einen bestimmten Wert überschreiten. Außerdem fallen höhere Kosten für größere Pumpleistungen des Abwassers an. Daher bleibt die Turmbiologie auf stark verschmutzte Industrieabwässer beschränkt und hat bei der kommunalen Abwasserbehandlung keine Bedeutung.

Über die genannten einstufigen Verfahren hinausgehend wurden auch zweistufige Verfahren entwickelt, um den Wirkungsgrad der C-Elimination zu erhöhen. Dabei hat sich vor allem das Adsorptions-Belebungsverfahren (kurz AB-Verfahren) bewährt, welches in der Bundesrepublik in 25 Kläranlagen mit einer Kapazität von ungefähr $3.5 \cdot 10^6$ EGW realisiert wurde (Stand: Ende der 80er Jahre). Auf eine hochbelastete erste Belebungsstufe mit verschiedenen Bakterienstämmen folgt eine zweite mittelmäßig bis schwach belastete Belebungsstufe mit der üblichen Mikroorganismen-Population. Auf die einzelnen Vor- und Nachteile und die Leistungsfähigkeit des AB-Verfahrens können wir hier nicht weiter eingehen (näheres siehe [8, 9]).

Die bisher beschriebenen Verfahren sind aerobe Verfahren, bei denen Sauerstoff benötigt wird. Sie werden schon seit langem in der Abwasserreinigung eingesetzt. Ende der 70er Jahre fanden jedoch auch anaerobe, d. h. unter Sauerstoffausschluß arbeitende Verfahren verstärkte Aufmerksamkeit, vor allem im Hinblick auf die Entfernung von Stickstoffverbindungen und Schlammfaulungsprozessen. Im folgenden Abschnitt wollen wir zunächst auf die **anaerobe C-Elimination aus Abwässern** näher eingehen.

Statt nach dem aeroben Abbau entsprechend Gl. (11.1) können organische Verbindungen auch anaerob abgebaut werden, nämlich zu CO_2 und Methan:

$$2\,(CH_2O)_n \longrightarrow n\,CO_2 + n\,CH_4 \tag{11.2}$$

Dieser Vorgang heißt *Methangärung*. Gl. (11.2) stellt den anaeroben Abbau nur in der Bilanz dar. In Wirklichkeit sind mehrere Bakterienstämme, u. a. die sogenannten acetogenen und methanogenen Bakterien, in verschiedenen Umsetzungsphasen (Hydrolysephase, methanogene Phase etc.) an den

Abbaureaktionen beteiligt. Diese sind die gleichen wie bei dem Vorgang der Schlammfaulung und werden in Abschnitt 11.5 detaillierter besprochen.

Bei der Methangärung wird allerdings wesentlich weniger freie Enthalpie gebildet als beim aeroben Abbau nach Gl. (11.1). Das hat zur Folge, daß die Teilungszeiten der Mikroorganismen relativ lang sind und somit die Kohlenstoffumwandlung in Biomasse gering ist. Die anaeroben Mikroorganismen setzen nur etwa 3–5 % des aufgenommenen Kohlenstoffs in Wachstum, d. h in Biomasse um [7]. Über 95 % des aus den organischen Schmutzstoffen aufgenommenen Kohlenstoffs wird in Methan und CO_2 umgewandelt. Bedeutsam für die Abwasserreinigung durch anaerobe Verfahren ist ferner, daß unter diesen Bedingungen noch andere Substanzen umgesetzt werden wie beispielsweise Nitrate und Sulfate:

$$\frac{1}{n} \cdot 2\,(CH_2O)_n + NO_3^- + 2\,H_3O^+ \longrightarrow 2\,CO_2 + NH_4^+ + 3\,H_2O \tag{11.3}$$

$$\frac{1}{n} \cdot 2\,(CH_2O)_n + SO_4^{2-} + 2\,H_3O^+ \longrightarrow 2\,CO_2 + H_2S + 4\,H_2O \tag{11.4}$$

Auf diese Weise entstehen die sogenannten *Faulgase* wie beispielsweise H_2S. Alle Gase, die bei derartigen Umsetzungen entstehen, bezeichnet man als *Biogas*. Bei Kläranlagen spricht man auch von *Klärgas*. Naturgemäß schwankt der Methangehalt und damit der Brennwert des Biogases je nach Art der umgesetzten Verbindungen. Aus 1 kg Kohlenhydrate erhält man ungefähr 0.8 m^3 Biogas mit 50 % Methangehalt, aus 1 kg Protein bis zu 0.7 m^3 mit 70 % Methangehalt und aus 1 kg Fett ca. 1.2 m^3 mit ebenfalls ca. 70 % Methangehalt [10].

Der Vorteil der anaeroben Verfahrenstechniken für die Abwasserreinigung, von denen es die unterschiedlichsten Ausführungen gibt (näheres s. [5, 10, 11]), liegt in dem sehr geringen Schlammaufkommen und darin, daß auch schwerer abbaubare Substanzen eliminiert werden. Ferner wird Methan als Brennstoff zur Energieerzeugung gewonnen. Erfahrungsgemäß entsteht pro 1 g abgebauter CSB-Menge 0.3–0.6 l Biogas [10]. Nachteilig ist, daß der Prozeß unterhalb einer kritischen Belastungskonzentration nur sehr langsam abläuft. Deshalb werden anaerobe Verfahren bei organisch hochbelasteten Abwässern (CSB > 5000 mg/l) eingesetzt, wie beispielsweise bei solchen von Brauereien oder von lebensmittelverarbeitenden Betrieben. Dabei werden CSB-Reduktionen von über 80 % erreicht [7]. Bei so hohen Schadstofffrachten lohnt es sich, eine anaerob arbeitende Klärstufe einer „normalen" aerob arbeitenden Kläranlage vorzuschalten. Bei kommunalen Kläranlagen finden sie aber keine Anwendung.

11.3 Stickstoffelimination aus Abwasser

Die Stickstofffracht unserer Fließgewässer ist hoch. Ammoniumverbindungen zehren am Sauerstoffgehalt der Gewässer, da sie unter Sauerstoffverbrauch über Nitrit zu Nitrat aufoxidiert werden. Bereits kleine Konzentrationen an freiem Ammoniak oder Nitrit können fischtoxisch sein, und höhere Gehalte an Nitrat sind im Hinblick auf die Verwendung des Wassers als Trinkwasser unerwünscht und wirken zudem bei stehenden oder langsam fließenden Gewässern eutrophierend, wenn Phosphat nicht mehr der Minimumfaktor ist. Die Algenblüte in der Nordsee im Sommer 1988 und in der Adria 1989 hat dies besonders deutlich gemacht (s. auch Kapitel 7).

Die Stickstofffracht des Abwassers aus Haushalten ist direkt abhängig vom Eiweißverbrauch der Bevölkerung und beträgt in der Bundesrepublik im Mittel 30 g N pro Kopf und Tag [12]. Davon besteht ungefähr ein Drittel aus organischen Stickstoffverbindungen wie Peptiden, Aminosäuren und vor allem Harnstoff. Zwei Drittel sind Ammoniumsalze. Nitrate und Nitrite machen zusammen weniger als 3 % der gesamten Stickstofffracht aus Haushalten aus. Die organischen Stickstoffverbindungen werden im Kanalnetz und in der Vorklärung von sogenannten *heterotrophen* Bakterien, die bei ihrer Ernährung auf organische Stoffe angewiesen sind, umgesetzt. Dieser Prozeß heißt *Ammonifikation*, der beispielsweise bei Harnstoff folgendermaßen abläuft:

$$NH_2CONH_2 + H_2O \longrightarrow 2\,NH_3 + CO_2 \qquad (11.5)$$

In wässriger Lösung hydrolysiert Ammoniak und es entstehen Ammoniumionen:

$$NH_3 + H_2O \rightleftharpoons NH_4^+ + OH^- \qquad (11.6)$$

Letztendlich muß in einer Kläranlage bei der N-Elimination also nur NH_4-N entfernt werden. Bei den aeroben Verhältnissen in der biologischen Stufe einer Kläranlage wird Ammonium teilweise oxidiert und teilweise in den Klärschlamm inkorporiert. Bei einer „normalen" mechanisch-biologischen Kläranlage mit 1. und 2. Reinigungsstufe wird $N_{ges.}$ auf diese Weise um ca. 50 % reduziert, d. h. bei einem Zulauf von 30–60 mg N_{ges}/l sind im Ablauf immerhin noch 15–30 mg/l zu finden. Nach dem Gesetz darf bei einer kommunalen Kläranlage ein Überwachungswert von 10 mg NH_4-N/l (Mindestanforderung) im geklärten Abwasser nicht überschritten werden. In der Regel muß also eine zusätzliche Elimination von NH_4-N innerhalb der Kläranlagen vorgenommen werden. Ein entsprechender Überwachungswert für NO_3-N ist bisher noch nicht festgelegt. Für N_{ges} sind derzeit als Grenzwert 18 mg N/l festgeschrieben.

Verfahren wie die Alkalisierung des Abwassers mit Kalk, die zur Verschiebung des Gleichgewichts (Gl. (11.6)) nach links und damit zum Austreiben von Ammoniakgas führt, haben sich nicht bewährt. Wenn der Ammoniumgehalt gering ist, wie beispielsweise beim Trinkwasser, bietet sich die aus der Trinkwasseraufbereitung bekannte *Knickpunktchlorierung* an. Dabei wird dem Abwasser unterchlorige Säure zugesetzt:

$$NH_4^+ + HOCl \longrightarrow NH_2Cl + H_3O^+ \qquad (11.7)$$

$$NH_2Cl + HOCl \longrightarrow NHCl_2 + H_2O \qquad (11.8)$$

Dichloramin, ein instabiles Produkt, wird leicht abgebaut:

$$2\,NHCl_2 + 4\,H_2O \longrightarrow N_2 + HOCl + 3\,H_3O^+ + 3\,Cl^- \qquad (11.9)$$

Wegen der damit unausweichlich verbundenen Nebenreaktionen, bei denen organische Chlorverbindungen entstehen, kann ohne nachgeschaltete Verfahren zur Beseitigung dieser Reaktionsprodukte die Knickpunktchlorierung praktisch nicht eingesetzt werden.

Für eine effiziente N-Elimination bleiben somit nur biologische Verfahren übrig. Wie schon erwähnt, wird NH_4-N in aerobem Milieu oxidiert. Die vollständige Oxidation vom Ammonium zum Nitrat bezeichnet man als *Nitrifikation* (s. auch Kapitel 9). Damit ist der Stickstoff aber noch nicht aus dem Abwasser eliminiert. Dazu muß das Nitrat bis zur Stufe des elementaren Stickstoffs, der dann in die Luft entweichen kann, reduziert werden. Diesen Prozeß bezeichnet man als *Denitrifikation*. Die Kläranlage muß dementsprechend also Bereiche haben, in denen sowohl nitrifiziert als auch denitrifiziert werden kann.

Die beiden Prozesse der Nitrifikation und Denitrifikation schließen sich allerdings gegenseitig aus, da sie unter verschiedenen Milieubedingungen ablaufen. Bei der Nitrifikation, einem aeroben Prozeß, sind zwei Bakteriengruppen beteiligt: Die sogenannten *Nitrosomas*-Bakterien übernehmen die Oxidation von Ammonium zu Nitrit:

$$2\,NH_4^+ + 3\,O_2 + 2\,H_2O \longrightarrow 2\,NO_2^- + 4\,H_3O^+ \qquad (11.10)$$

Bakterien der Gattung *Nitrobakter* übernehmen dann die Oxidation zu Nitrat:

$$2\,NO_2^- + O_2 \longrightarrow 2\,NO_3^- \tag{11.11}$$

Die vollständige Bilanz der Nitrifikation lautet dementsprechend:

$$NH_4^+ + 2\,O_2 + H_2O \longrightarrow NO_3^- + 2\,H_3O^+ \tag{11.12}$$

Bei der Nitrifikation wird also NH_4^+ unter Sauerstoffverbrauch in NO_3^- verwandelt bei gleichzeitiger pH-Wert-Erniedrigung. Wird der pH-Wert-Bereich von 7.2–8.0 unterschritten, ist der Nitrifikationsprozeß stark behindert. Die pH-Wert-Erniedrigung wird bei „normal" belasteten Abwässern durch die Carbonathärte des Wassers abgefangen:

$$H_3O^+ + HCO_3^- \rightleftharpoons CO_2 + 2\,H_2O \tag{11.13}$$

Das CO_2 wird dann durch die Belüftung ausgeblasen. Die beiden genannten Bakteriengruppen gehören zu den sogenannten *autotrophen* Bakterien, das sind Bakterien, die – wie übrigens alle grünen Pflanzen – zum Aufbau ihrer Körpersubstanz ausschließlich anorganische Substanzen benötigen. Damit einher geht allerdings ein nur sehr kleiner Gewinn an freier Energie, der aus den Oxidationsreaktionen stammt, so daß die Wachstumsrate, bzw. die Teilungsrate dieser Bakterien sehr klein ist.

Im Unterschied zur Nitrifikation ist die Denitrifikation ein anaerober Prozeß, also ohne Sauerstoffbeteiligung, bei dem Nitrat über Nitrit in mehreren Teilschritten mit folgender Bilanz zu N_2 reduziert wird (Einzelheiten dazu s. Abschnitt 9.1):

$$2\,NO_3^- + 10\,\{H\} \longrightarrow N_2 + 4\,H_2O + 2\,OH^- \tag{11.14}$$

Bei der Denitrifikation wird also ein Wasserstoffdonator $\{H\}$ benötigt. Dieser kann ein organisches Molekül sein, wie beispielsweise Methanol:

$$5\,CH_3OH + 6\,NO_3^- \longrightarrow 5\,CO_2 + 7\,H_2O + 3\,N_2 + 6\,OH^- \tag{11.15}$$

Die Bakterien, die für ihr Wachstum aus dieser Reaktion Energie und organisches Material beziehen, sind heterotroph und arbeiten größtenteils fakultativ, sie können also unter anaeroben Bedingungen denitrifizieren, wie auch unter aeroben Bedingungen organische C-Verbindungen abbauen. Das ist wichtig für die technische Durchführung der N-Elimination in Kläranlagen. Im Prinzip wird in jeder aerob arbeitenden Kläranlage automatisch auch nitrifiziert und im Ablauf der Kläranlage befindet sich fast nur NO_3-N. Die Voraussetzung dafür ist, daß die Aufenthaltszeit des Abwassers in der Kläranlage genügend lange für einen effizienten Umsatz von Ammonium war. Das Problem besteht also darin, wie die Denitrifikation durchzuführen ist.

Eine Denitrifikation kann dem Belebungsbecken, in dem nitrifiziert wird, vor- oder nachgeschaltet werden. Abb. 11-2 (a) zeigt schematisch, wie die Methode der nachgeschalteten Denitrifikation funktioniert: Unter aeroben Bedingungen findet im Belebungsbecken sowohl eine C-Elimination als auch eine Nitrifikation statt. Das entstandene Nitrat gelangt dann in das Denitrifikationsbecken, in dem allerdings entsprechend Gl. (11.14) organische Moleküle als H-Donatoren benötigt werden. Da aber der größte Teil der organischen Moleküle durch die C-Elimination im Belebungsbecken bereits abgebaut wurde, fehlen geeignete H-Donatoren zur Denitrifikation. Ein Ausweg aus diesem Problem bietet die Möglichkeit, einen Teil des Abwassers (z. B. 15 %) direkt in das Denitrifikationsbecken zu leiten, so daß damit ausreichende Mengen an H-Donatoren zur Verfügung stehen. Bei der Denitrifikation werden diese H-Donatoren, die aus organischen Stoffen bestehen, zusammen mit der äquivalenten Menge an Nitrat nach Gl. (11.14) eliminiert. Der Anteil des Ammoniumstickstoffs jedoch, der mit dem

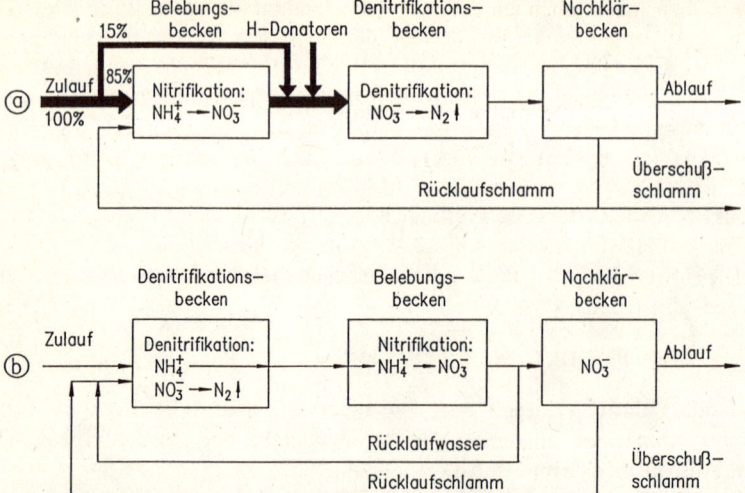

Abb. 11-2 Schema der Prozeßführung der nachgeschalteten (a) und vorgeschalteten (b) Denitrifikation

15 %igen Teilstrom direkt in das Denitrifikationsbecken gelangt, kann nicht mehr eliminiert werden. Dadurch gelangen in das Nachklärbecken grundsätzlich gewisse Mengen an Ammonium. Eine Alternative zu diesem Verfahren wäre, statt des 15 %igen Teilstroms neue H-Donatoren beispielsweise in Form von Methanol zuzuführen, was aber sehr kostspielig ist. Beide Varianten der nachgeschalteten Denitrifikation sind wegen des schwankenden N-Gehaltes des Abwassers nur schwer zu steuern.

Die Methode der vorgeschalteten Denitrifikation ist in Abb. 11-2 (b) skizziert. NH_4-N durchläuft, ohne umgesetzt zu werden, das Denitrifikationsbecken und wird im Belebungsbecken samt den organischen Kohlenstoffverbindungen oxidiert. Über das Rücklaufwasser und den Rücklaufschlamm gelangt der größte Teil des NO_3-N wieder in das Denitrifikationsbecken und wird dort denitrifiziert. Dabei wird die BSB_5-Fracht des ungereinigten Abwassers als Wasserstoffdonator genutzt, und der nicht umgesetzte Anteil der BSB_5-Fracht anschließend im Belebungsbecken umgesetzt.

Der Wirkungsgrad der Denitrifikation η_D ist derjenige Bruchteil des Gesamtstickstoffs, der zu N_2 umgesetzt wird. Er ist abhängig vom Rücklaufverhältnis $R_{ges.}$. $R_{ges.}$ ist das Verhältnis des Volumens, das pro Zeiteinheit in das Denitrifikationsbecken zurückgeführt wird, zum Volumen, das pro Zeiteinheit in das Nachklärbecken gelangt. $R_{ges.}$ setzt sich additiv aus dem Rücklaufschlammverhältnis R_S und dem Wasserrücklaufverhältnis R_W (Rezirkulationsverhältnis) zusammen, also $R_{ges.} = R_S + R_W$. Der Wirkungsgrad η_D ist dann:

$$\eta_D = \frac{R_{ges.}}{1 + R_{ges.}} \tag{11.16}$$

Das Rücklaufverhältnis des Schlamms beträgt ungefähr 1 und das des rücklaufenden Wassers 2–4, selten bis zu 8. In Abb. 11-3 ist $(1-\eta_D)\cdot 100$ als Funktion des Gesamtrücklaufverhältnisses $R_{ges.}$ dargestellt. Sie gibt also den Restgehalt an NO_3-N im ablaufenden gereinigten Abwasser in % in Abhängigkeit von $R_{ges.}$ wieder. Mit $R_{ges.} = 9$ können ca. 90 % des Nitrats und damit des Gesamtstickstoffs entfernt werden. Bei hohen Abwasserzuflüssen, beispielsweise nach Regenfällen, sind solche hohen Rücklaufverhältnisse allerdings kaum realisierbar.

Höhere Wirkungsgrade lassen sich mit der sogenannten *simultanen Denitrifikation* erreichen. Dabei zirkuliert das Abwasser in dem Belebungsbecken, welches als Umlaufbecken konstruiert ist. Die

Belüftung ist so konzipiert, daß das Abwasser abwechselnd nacheinander aerobe (nitrifizierende) und anaerobe (denitrifizierende) Bereiche durchläuft. Im Grunde genommen ist der Begriff der simultanen Denitrifikation etwas irreführend, da Nitrifikation und Denitrifikation sich ja, wie oben besprochen, gegenseitig ausschließen. Bei der simultanen Denitrifikation handelt es sich im Prinzip um eine Kombination von vor- und nachgeschalteten Denitrifikationen. Der Wirkungsgrad der simultanen Denitrifikation beträgt 95–97 %, er entspricht nach Gl. (11.16) einem $R_{ges.}$-Wert von 20–30 bei der vorgeschalteten Denitrifikation.

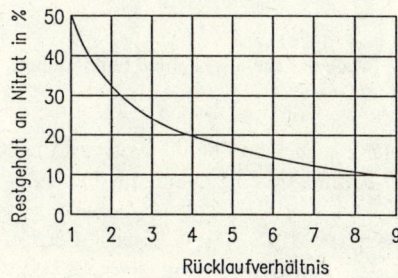

Abb. 11-3
Restgehalt an Nitrat im Abwasser als Funktion des Rücklaufverhältnisses bei der Methode der vorgeschalteten Denitrifikation (Quelle: [5])

In der Bundesrepublik haben sich vor allem die vorgeschaltete und die simultane Denitrifikation durchgesetzt. Welche Methode eingesetzt wird, hängt von der schon vorhandenen Kläranlage ab, die für eine N-Elimination in der Regel lediglich umgerüstet werden muß. Es gibt auch andere technische Varianten der Koppelung von Nitrifikation und Denitrifikation, auf die wir hier nicht weiter eingehen, sondern auf die Literatur verweisen [8, 9, 13–19].

Die biologische N-Elimination ist technisch recht gut beherrschbar, aus Kostengründen aber noch nicht weit verbreitet. In Baden-Württemberg werden 77 Kläranlagen (von insgesamt 1260) mit Denitrifikation betrieben, in Nordrhein-Westfalen 46 (von insgesamt 510), in Niedersachsen sind es ungefähr 80 und in Hessen lediglich 3 (Stand Anfang 1989, [14, 20]). Der Anteil denitrifizierender Anlagen wird aber in absehbarer Zeit sprunghaft in die Höhe gehen, da durch ein vorgesehenes Gesetz die Denitrifikation in Kläranlagen vorgeschrieben sein wird.

11.4 Phosphatelimination (P-Elimination) aus Abwasser

Auf die Umweltgefährdung durch Phosphate sind wir bereits in Kapitel 7 näher eingegangen. Quellen für den Eintrag von Phosphat in Kläranlagen sind in Abb. 7-5 wiedergegeben. Im Vordergrund steht die Eutrophierungsgefahr in stehenden und langsam fließenden Gewässern und Bedenken, daß regionale Konzentrationsanstiege im Grundwasser die Trinkwassergewinnung stören könnten.

Deswegen hat der Gesetzgeber Mindestanforderungen für die Phosphatablaufkonzentrationen von Kläranlagen erlassen, die nur mit einer zusätzlichen P-Eliminationsstufe zu erreichen sind. Für Kläranlagen ab 20 000 EGW ist ein Wert von maximal 2.0 mg P/l einzuhalten, für Großkläranlagen ab 100 000 EGW sind es sogar 1.0 mg P/l. Die P-Elimination, die dadurch praktisch für jede größere kommunale Kläranlage obligatorisch geworden ist, läßt sich sowohl chemisch als auch biologisch oder als Kombination beider Methoden durchführen.

Aus Abb. 11-4 geht hervor, daß Phosphat auf chemischem Weg mit und ohne Zugabe von Fällmitteln eliminiert werden kann. Ohne Zugabe von Fällmitteln kann Phosphat bei pH-Wert-Änderungen ausfallen, da die Löslichkeit von Phosphat stark pH-abhängig ist. pH-Wert-Änderungen finden beispielsweise bei den Nitrifikations- und Denitrifikationsprozessen (Gln. (11.12) und (11.14)) statt.

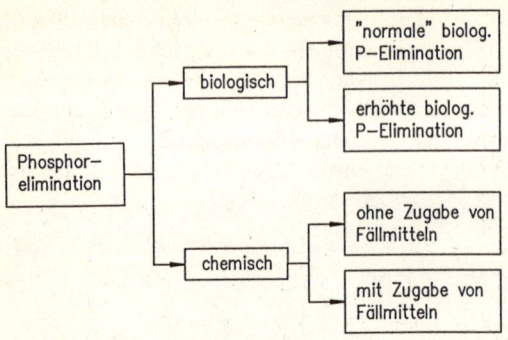

Abb. 11-4
Prinzipielle Wege der chemischen und biologischen
P-Elimination

Kontrolliert und stöchiometrisch läßt sich Phosphat aber nur unter Zugabe von Chemikalien ausfällen. Deshalb verstehen wir im folgenden unter der „chemischen" P-Elimination diejenige, die durch Zugabe von Fällmitteln erreicht wird.

Bei der chemischen P-Elimination werden nur Orthophosphate (PO_4^{3-}) mit Eisen- ($FeCl_3$), Aluminium- ($Al_2(SO_4)_3$) oder Calciumsalzen gefällt. Der Anteil von Orthophosphat im Gesamtphosphat eines typischen häuslichen Abwassers beträgt ungefähr 50 % [12]. Die übrigen Phosphorfraktionen sind Polyphosphate aus Waschmitteln und Weichmachern (ca. 7 % mit fallender Tendenz) sowie organische Phosphorverbindungen (ca. 10 %). Polyphosphate lassen sich nur ausfällen, wenn sie zuvor hydrolysiert werden:

$$P_3O_{10}^{5-} + 6\,H_2O \longrightarrow 3\,PO_4^{3-} + 4\,H_3O^+ \tag{11.17}$$

Wieviel Phosphat mit Fe^{3+}- oder Al^{3+}-Salzen ausgefällt wird, ist vom pH-Wert abhängig. Es spielen mehrere Gleichgewichte eine Rolle. Zunächst gilt für Phosphate in Lösung:

$$\begin{aligned}
H_3PO_4 + OH^- &\rightleftharpoons H_2PO_4^- + H_2O \\
H_2PO_4^- + OH^- &\rightleftharpoons HPO_4^{2-} + H_2O \\
HPO_4^{2-} + OH^- &\rightleftharpoons PO_4^{3-} + H_2O
\end{aligned} \tag{11.18}$$

Je alkalischer die Lösung ist, desto mehr PO_4^{3-}-Ionen liegen vor, die beispielsweise mit Al^{3+}-Ionen schwerlösliche Niederschläge bilden können. Andererseits werden Al^{3+}-Ionen bei hohem pH-Wert als Hydroxid ausgefällt:

$$Al^{3+} + 3\,OH^- \rightleftharpoons Al(OH)_3 \tag{11.19}$$

Befindet sich sowohl Phosphat als auch Aluminium in Lösung, so fallen als Niederschläge Mischungen von $AlPO_4$ und $Al(OH)_3$ aus, die umso weniger Phosphat und dafür umso mehr Hydroxid enthalten, je alkalischer die Lösung ist. Die Bestandteile dieses Fällungsschlamms werden als Phosphat-Hydroxidkomplexe bezeichnet. Sie haben die allgemeine stöchiometrische Zusammensetzung $Al(PO_4)_n(OH)_{3-3n}$ mit $0<n<1$, wobei n mit steigendem pH-Wert abnimmt. Bei niedrigem pH-Wert ist der Anteil an Phosphat in den Niederschlägen zwar höher, aber die Löslichkeit des Phosphats ist wegen Gl. (11.18) auch größer. Bei hohem pH-Wert enthält der Niederschlag wenig Phosphat. Es gibt also einen pH-Wert, bei dem ein Minimum der Löslichkeit von Phosphat existiert. Dieses Minimum liegt bei pH = 6. Entsprechendes gilt für Fe^{3+}. Hier ist der optimale pH-Wert ungefähr 5. pH-abhängige Löslichkeitskurven bezogen auf den gesamten Phosphorgehalt sind für Al^{3+} und Fe^{3+} in Abb. 11-5 gezeigt.

Zur Phosphatfällung kann auch zweiwertiges Eisen eingesetzt werden, das bei industriellen Prozessen als Nebenprodukt entsteht, z. B. als Eisen-(II)-Chlorid $FeCl_2$ bei der Herstellung von Titandioxid

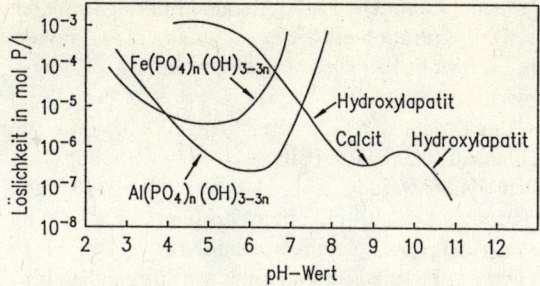

Abb. 11-5
Löslichkeit von Phosphor (Phosphat) als Funktion des pH-Wertes bei Fällung mit Aluminium-, Eisen- und Calciumsalzen

oder als Eisen-(II)-Sulfat $FeSO_4$ bei der Verhüttung. Eine der Phosphatfällung vorausgehende Oxidation zu dreiwertigem Eisen ist nicht notwendig, wenn die zweiwertigen Eisensalze zum Zweck der P-Elimination direkt in das mit reichlich Sauerstoff versehene Belebungsbecken gegeben werden. Dort werden sie oxidiert und als Phosphat ausgefällt:

$$4\,FeCl_2 + 4\,PO_4^{3-} + 4\,H_3O^+ + O_2 \longrightarrow 4\,FePO_4 + 6\,H_2O + 8\,Cl^- \tag{11.20}$$

Als drittes wichtiges Fällmittel neben den Aluminium- und Eisensalzen werden Calciumsalze eingesetzt. Verwendet wird Kalkmilch (= $Ca(OH)_2$-Lösung) oder auch gebrannter Kalk (CaO), der bei Zugabe in Wasser sofort gelöst wird:

$$CaO + H_2O \longrightarrow Ca^{2+} + 2\,OH^- \tag{11.21}$$

Man spricht von *Kalk*-Fällung. Es entsteht sogenannter Hydroxylapatit mit unterschiedlichen Mengenverhältnissen von Phosphat und Hydroxid, ähnlich wie bei der Eisen- und Aluminiumfällung. Ein Beispiel dafür ist:

$$10\,Ca^{2+} + 2\,OH^- + 6\,PO_4^{3-} \longrightarrow Ca_{10}(PO_4)_6(OH)_2 \tag{11.22}$$

Neben der Bildung von Hydroxylapatit findet eine pH-Wert-abhängige Nebenreaktion mit den HCO_3^--Ionen des Abwassers (Carbonathärte) statt, wobei Calcit $CaCO_3$ ausfällt:

$$Ca^{2+} + 2\,OH^- + Ca(HCO_3)_2 \longrightarrow 2\,CaCO_3 + 2\,H_2O \tag{11.23}$$

Wie sich die pH-Abhängigkeit der beiden „konkurrierenden" Reaktionen (Gln. (11.22) und (11.23)) auf die Löslichkeit von Phosphat auswirkt, zeigt Abb. 11-5. Bis zu pH-Werten von 8.5 entsteht praktisch nur Hydroxylapatit (Gl. (11.22)), bei höheren Werten kommt es vornehmlich zur Calcitfällung entsprechend Gl. (11.23) – in diesem Bereich steigt die Phosphatlöslichkeit sogar wieder an – und erst ab einem pH-Wert von 10 wird wieder die Hydroxylapatitbildung bevorzugt. Eine wirkungsvolle P-Elimination durch Kalkfällung ist also bei pH-Werten um 8 oder größer 10.5 möglich.

Bei allen besprochenen Fällungsreaktionen können auch Polyphosphate durch Adsorption an das Fällungsprodukt mit ausgefällt werden. Daher werden bei Fällungsreaktionen weit mehr als 50 % des Phosphors aus dem Abwasser entfernt. Damit die meist kolloidal suspendierten Fällungsprodukte später gut sedimentieren, müssen sie wirksam ausgeflockt werden. Die Flockung läßt sich in zwei Einzelvorgänge, die Entstabilisierung und den sich anschließenden Transportvorgang einteilen: Die Entstabilisierung der phosphathaltigen Kolloide kann entweder durch *Adsorptionskoagulation* an Metallhydroxid-Komplexe wie $Fe(OH)_3$ oder durch die sogenannte *Flockulation* erreicht werden. Unter Flockulation versteht man die Entstabilisierung der kolloidalen Suspension durch Verknüpfung der Kolloide über „Brücken", die von linearen Kettenmolekülen gebildet werden. Bei diesen als *Flockulationshilfsmittel* bezeichneten Stoffen handelt es sich um synthetische, organische Polyelektrolyte, in der Regel Polymere und Copolymere auf Acrylamidbasis.

Durch Diffusion der koagulierten Teilchen zueinander kommt es zur Agglomeratbildung größerer Partikel, sogenannter *Flocken*, die je nach Feststoffkonzentration entweder sedimentiert (bei hohen Konzentration) oder auch filtriert werden können. Im letzten Fall spricht man von einer *Flockungsfiltration*. Sie ist für eine Rest-P-Elimination die wirksamste Methode.

Wie läßt sich die chemische P-Elimination verfahrenstechnisch realisieren? Abgesehen von einer nachgeschalteten zusätzlichen Flockungsfiltration kann die chemische Fällung als Vor-, Simultan- und Nachfällung (bezogen auf das Belebungsbecken) realisiert werden. Abb. 11-6 zeigt diese Möglichkeiten und den zu erwartenden Wirkungsgrad η (Bruchteil des eliminierten Phosphors in %) der P-Elimination, wobei dem hier dargestellten Belebungsbecken das Belebungsverfahren (vgl. Abb. 11-1) zugrunde gelegt wurde. Aus der Abbildung geht hervor, daß man im Fall einer Vorfällung (Teilbild (c)), die im Vorklärbecken stattfindet, mit einem Wirkungsgrad von ungefähr 90 % rechnen kann. Bei der Simultanfällung (Teilbild (d)) wird Phosphat im Belebungsbecken simultan mit kohlenstoffhaltigen Verbindungen und eventuell gleichzeitiger Nitrifikation mit einem Wirkungsgrad von etwa 86 % eliminiert. Die Vor- und Simultanfällung können bei bereits bestehenden Kläranlagen ohne allzu großen zusätzlichen Aufwand realisiert werden, da keine größeren baulichen Maßnahmen erforderlich sind.

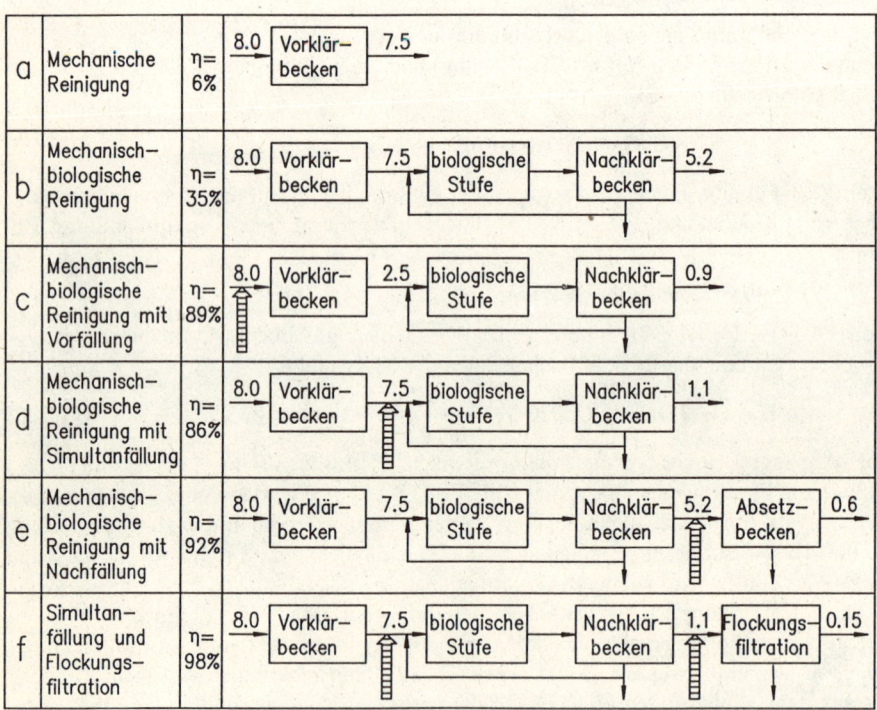

Abb. 11-6 Abwasserreinigung mit chemischer Phosphatfällung. Schraffierte Vertikalpfeile kennzeichnen die Fällungsmittelzugabe. η ist der prozentuale Anteil des gefällten Phosphates (Wirkungsgrad), Zahlenangaben in mg P/l (Quelle: [21])

Für die Nachfällung (Teilbild (e)) muß allerdings ein weiteres Sedimentationsbecken zur Verfügung gestellt werden, was höhere Kosten verursacht, aber noch bessere Ablaufwerte garantiert. Die Kombination eines dieser drei Verfahren mit einer nachgeschalteten Flockungsfiltration (Teilbild (f) im Fall einer Simultanfällung) zeigt Ablaufwerte, die in der Regel < 0.2 mg P/l sind. Sie liegen somit weit unterhalb der geforderten Mindestanforderungen von 1 bzw. 2 mg P/l. Der Zulauf von 8 mg P/l in der Abb. 11-6 entspricht dabei dem durchschnittlichen Zulauf an $P_{ges.}$ von kommunalen Kläranlagen in der Bundesrepublik [12].

Im Gegensatz zu den chemischen P-Eliminationsverfahren sind die **biologischen Verfahren** bisher kaum realisiert worden. Das liegt hauptsächlich daran, daß der Wirkungsgrad der biologischen P-Elimination nicht höher als bei den chemischen Verfahren ist, der Kenntnisstand bis vor kurzem unzureichend war und generell größere bauliche Veränderungen vorzunehmen sind, wozu Kläranlagenbetreiber auf freiwilliger Basis in der Regel nicht bereit sind. Die biologischen Verfahren werden aber in Zukunft eine größere Rolle spielen, da zwar die Investitionen für die baulichen Veränderungen recht hoch sind, die Betriebskosten aber niedriger als bei chemischen Verfahren sind.

In Abb. 11-4 werden die biologischen Verfahren in zwei Untergruppen aufgeteilt, in die „normale" und in die „erhöhte" biologische P-Elimination. Dies läßt sich mit Teilbild (b) der Abb. 11-6 einfach erklären. Durch die normale Aktivität der Belebtschlammorganismen wird bereits 29 % des Phosphats vom Zulauf auf biologischem Weg in die Biomasse inkorporiert und aus dem Wasser entfernt. In Verbindung mit den mechanischen Vorreinigungen sind das dann ungefähr 35 % an Phosphatelimination.

Bei einer Belebungsanlage beträgt die für das Wachstum der Mikroorganismen notwendige Phosphormenge 1 % der abgebauten BSB_5-Fracht. Das Verhältnis der aufgenommenen Menge P ($\Delta P_{ges.}$) zur entfernten Gesamtmenge an BSB_5 (ΔBSB_5), d. h. $\Delta P_{ges.}/\Delta BSB_5$ beträgt also 0.01. Der Begriff „erhöhte biologische P-Elimination" bezeichnet Verfahren, bei denen das Verhältnis gezielt auf höhere Werte als 0.01 gesteigert wird. Im folgenden verstehen wir unter der „biologischen P-Elimination" grundsätzlich die „erhöhte" biologische P-Elimination.

Hauptziel der biologischen P-Elimination ist, den Phosphorgehalt in den Mikroorganismen zu steigern, um dadurch eine größere Phosphormenge mit dem Überschußschlamm abziehen zu können. Dazu sind aerob arbeitende Bakterien der Gattung *Acinetobacter* in der Lage. Die biologische P-Elimination basiert auf einem Wechselspiel von aeroben und anaeroben Verhältnissen. Einzelheiten hierzu können in der Literatur nachgelesen werden [22–28].

Allen Verfahren zur biologischen P-Elimination ist gemeinsam, daß die P-Elimination nicht beliebig zu steigern ist, da sie mit der Menge des Überschußschlamms direkt zusammenhängt. $\Delta P_{ges.}/\Delta BSB_5$ beträgt bei allen biologischen Verfahren ungefähr 0.04 [28], d. h. daß eine weitgehende biologische P-Elimination nur dann erzielt werden kann, wenn das Verhältnis $P_{ges.}/BSB_5$ im Zulauf kleiner als 0.04 ist. Bei den in der Bundesrepublik im Mittel zufließenden Phosphormengen kann derzeit mit biologischen Verfahren ungefähr bis zu 75 % $P_{ges.}$ eliminiert werden, d. h. bei einem Zulauf von 8 mg P/l sind im abfließenden Wasser noch 2 mg P/l enthalten. Bei neueren Verfahrensvarianten, die sich noch in der Erprobungsphase befinden, verspricht man sich Wirkungsgrade bis zu 90 %. Ablaufwerte unter 1 mg P/l sind somit jedoch nicht über einen langen Zeitraum gesichert einzuhalten [29]. Andererseits ist die chemische P-Elimination ökologisch nicht unbedenklich, wie in Abschnitt 11.6 näher erläutert wird. Aus diesem Grund sollten in Zukunft verstärkt biologische und chemische Verfahren miteinander kombiniert werden.

11.5 Abwasserbehandlung in Europa

Es ist keineswegs selbstverständlich, daß alle Abwässer der Haushalte an die öffentliche Kanalisation abgegeben werden. Tab. 11-4 gibt für einige europäische Länder sowie zum Vergleich für Japan und die USA den Anschluß in % der Bevölkerung an öffentliche Kläranlagen wieder. Lediglich in Schweden werden 100 % erreicht, während in den südeuropäischen Ländern mehr als 2/3 der

Haushaltswasser ungeklärt in die Flüsse und Meere abfließen. Beispielsweise wird das Abwasser in Brüssel (1.6 Millionen Einwohner) direkt in die Schelde und damit in die Nordsee eingeleitet. Auch in Mailand (ca. 2 Millionen Einwohner) werden sämtliche Abwasser direkt über den Po in das Mittelmeer abgegeben. Das gleiche gilt für Athen, Neapel, Florenz, Barcelona, Malaga, Lissabon und weitere europäische Großstädte. Insgesamt gelangt das Abwasser von ca. 75 Millionen Menschen in Europa ohne jede Klärung in das Mittelmeer.

Tabelle 11-4 Anschluß der Bevölkerung ausgewählter europäischer Länder an öffentliche Kläranlagen (1990/91). Angaben in %

Land	%	Land	%
Schweden	100	Österreich	67
Dänemark	98	BRD (neue Bundesl.)	58
Niederlande	90	Frankreich	50
BRD (alte Bundesl.)	90	Japan	39
Schweiz	85	Italien	30
Großbritannien	84	Spanien	29
USA	74	Portugal	13
Quelle: [30]			

Innerhalb der Bundesrepublik zeigt sich ein ausgeprägtes West/Ost-Gefälle: Während in den alten Bundesländern 92.5 % der Bevölkerung an die Kanalisation angeschlossen sind, sind es in Ostdeutschland 72.5 %. Der Anteil des Abwassers, das tatsächlich öffentliche Kläranlagen erreicht, beträgt 89.6 bzw. 57.7 %.

Dennoch ist es kein Qualitätsmerkmal, wenn ein hoher Prozentsatz der Bevölkerung an Kläranlagen angeschlossen ist, denn es kommt hier vor allem auf die Güte der Kläranlagen an. Beispielsweise ist eine der größten französischen Kläranlagen in Marseille, die erst Ende der achtziger Jahre in Betrieb ging, lediglich mit einer mechanischen Klärstufe versehen. Über die prozentuale Aufteilung der unterschiedlichen Abwasserbehandlungsarten einiger europäischer Länder gibt Abb. 11-7 Auskunft. Hierbei wird innerhalb der Bundesrepublik zwischen alten und neuen Bundesländern unterschieden. Es zeigt sich tendenziell, daß die Länder mit einem hohen prozentualen Bevölkerungsanteil, der an öffentliche Kläranlagen angeschlossen ist, auch höhere Klärleistungen aufweisen wie z. B. Westdeutschland, Niederlande und auch Dänemark, bei denen über 75 % der Kläranlagen mit biologischer Abwasserreinigung ausgerüstet sind. Auch innerhalb Deutschlands gibt es ein deutliches Qualitätsgefälle (s. Tab. 11-5).

Tabelle 11-5 Art der Abwasserbehandlung in den alten und neuen Bundesländern (1990) in % der Bevölkerung

Abwasserbehandlung	neue Bundesländer	alte Bundesländer
unbehandelt	12	0
mechanisch	36	2
biologisch	38	68
weitergehend	14	30
gesamt	100	100
Quelle: [3]		

Entsprechend dieser Angaben liegt die Abwasserbehandlung in der Mehrzahl der europäischen

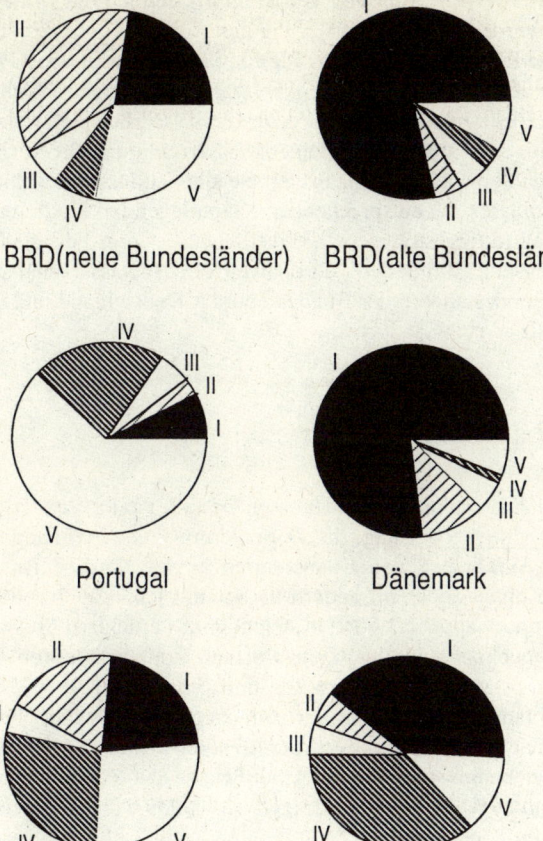

BRD(neue Bundesländer)   BRD(alte Bundesländer)

Portugal   Dänemark

Italien   Spanien

I : biologische und weitergehende Abwasserreinigung
II : mechanische Abwasserreinigung
III : Verluste in der Kanalisation
IV : mit Kanalisation, ohne Abwasserreinigung
V : ohne Kanalisation

Abb. 11-7 Vergleich der Abwasserbehandlung einiger europäischer Länder bezogen auf Einwohner, Stand 1990 (Quelle: [7])

Länder weit unter dem Stand der Technik. Um diesem Mißstand, vor allem im Bereich des Mittelmeeres, aber auch der Nordsee abzuhelfen, wurde eine Harmonisierung des Abwassergesetzes auf EG-Ebene im Jahr 1991 vorgenommen. Diese EG-Richtlinie erklärt für alle Städte über 2000 EGW im Binnenland und über 10 000 EGW an der Küste die biologische Abwasserreinigung zur Pflicht. „Empfindliche Gebiete" wie Städte im Bereich eutrophierungsgefährdeter Gewässer, beispielsweise an der Nordsee oder an der Adria, müssen mit einer weitergehenden Abwasserreinigung für Stickstoff und Phosphor versehen werden. Dazu gehören auch die Einzugsgebiete aller Zuflüsse wie Elbe, Rhein oder auch Maas. Spätestens bis 1998 müssen die entsprechenden Kläranlagen bei Städten in empfindlichen Gebieten mit über 10 000 EGW fertiggestellt sein, die restlichen bis zum Jahr 2000. Damit wird voraussichtlich Anfang des nächsten Jahrhunderts europaweit ein Abwasserstandard herrschen, wie er heute bereits in den alten Bundesländern der Bundesrepublik Deutschland und in einigen anderen Ländern wie z. B. der Schweiz erreicht ist.

11.6   Behandlung und Verwertung des Klärschlamms

Die bei der Abwasserreinigung anfallenden Klärschlammengen müssen beseitigt oder verwertet werden. Hierfür kommen die landwirtschaftliche Verwertung, die Deponierung, die Verbrennung sowie die Kompostierung in Betracht. Das Verklappen von Klärschlamm in der Nordsee ist in der Bundesrepublik seit 1982 und auch in einigen anderen Ländern verboten, nicht aber in allen Anrainerstaaten. 1988 fielen in der Bundesrepublik ca. $2.3 \cdot 10^6$ t Klärschlamm (Trockensubstanz) an, das sind 105 g Trockensubstanz pro Einwohner und Tag. Zum gleichen Zeitpunkt waren es in der ehemaligen DDR $0.24 \cdot 10^6$ t Trockensubstanz, d. h. 50 g pro Tag und Einwohner. Abb. 11-8 zeigt die prozentuale Aufteilung der Klärschlammentsorgung in der Bundesrepublik: In den alten Bundesländern werden nahezu zwei Drittel des Klärschlamms deponiert, fast ein Drittel geht in die Landwirtschaft. Der Rest wird verbrannt oder kompostiert. In den neuen Bundesländern hingegen werden 71 % landwirtschaftlich verwendet und 29 % deponiert. Im folgenden wollen wir auf die vier genannten Entsorgungsmöglichkeiten der Reihe nach eingehen.

Wie aus Abb. 11-8 hervorgeht, setzt man vor allem bei großen Kläranlagen (> 100 000 EGW) immer mehr auf Lösungen zur Klärschlammentsorgung, die besondere Technologien erfordern. Die **Deponierung** von Klärschlamm steht dabei im Vordergrund. Der Hauptgrund dafür ist, daß die täglich anfallenden Klärschlammengen so groß sind, daß es Transportschwierigkeiten zu den weit verstreuten, zur Unterbringung geeigneten Landflächen gibt. Daß diese mit entsprechender Organisation gelöst werden können, zeigt das Beispiel des Niersverbandes, der 1985 Klärschlamm in einer Größenordnung von 293 000 m³ in der Landwirtschaft untergebracht hat [5].

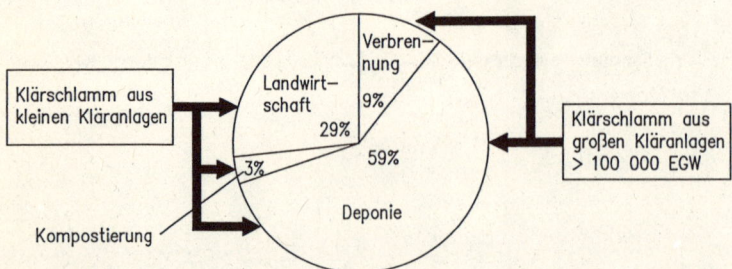

Abb. 11-8 Verwertungsbereiche für Klärschlamm in den alten Bundesländern (s. Text) (Quelle: [31])

Da der zur Verfügung stehende Deponieraum stark begrenzt ist, muß der Klärschlamm auf ein möglichst kleines Volumen reduziert, d. h. entwässert werden. Darüber hinaus muß sichergestellt sein, daß die Mikroorganismen des Klärschlamms nicht weiter zersetzend wirken und daß pathogene Keime abgetötet werden. Der Klärschlamm muß *konditioniert, stabilisiert* und *entseucht* werden.

Unter *Klärschlamm-Konditionierung* versteht man die Schlammbehandlung unter Zugabe von Chemikalien wie Eisen- oder Aluminiumsalzen. Dabei werden die Zellmembranen der Mikroorganismen gesprengt und die Zellflüssigkeit tritt aus. So wird der Schlamm in eine leicht entwässerbare Form überführt. Wasser kann dem Klärschlamm auch direkt durch eine chemische Reaktion entzogen werden, beispielsweise durch Zugabe von CaO:

$$CaO + H_2O \longrightarrow Ca(OH)_2 \tag{11.24}$$

Der konditionierte Klärschlamm wird dann durch Zentrifugieren oder in Filterpressen bei ungefähr 12 bar entwässert. Der stichfeste Filterkuchen mit einem Feuchtigkeitsgehalt von 50–60 % wird deponiert.

Unter *Klärschlammstabilisierung* versteht man das Inaktivieren sowohl anaerober als auch aerober biologischer Prozesse. Bei der Klärschlammkonditionierung mit Eisen- oder Aluminiumsalzen wird der Schlamm gleichzeitig stabilisiert, da die zugegebenen Metallsalze die Zellen der Mikroorganismen zerstören. Damit wird der Schlamm deponierfähig. Auch die Zugabe von Kalk bewirkt eine Stabilisierung, da bei hohem pH-Wert keine Mikroorganismen überleben können.

Die *Klärschlammentseuchung*, also das Abtöten von pathogenen Keimen sowie von Insekteneiern, Würmern etc., von denen eine potentielle Gefahr als Überträger von Krankheiten ausgeht, findet in der Regel bei der Konditionierung und Stabilisierung des Schlamms ebenfalls automatisch statt. Die zweite Möglichkeit der Klärschlammentseuchung ist die sogenannte *Pasteurisierung*, d. h. die Zerstörung der pathogenen Organismen bei hohen Temperaturen.

Bei einer Verwendung des **Klärschlamms in der Landwirtschaft** muß bedacht werden, daß der Rohschlamm mit seinen 60–80 % organischen Bestandteilen (bezogen auf die Trockenmasse) ein idealer Nährboden für Mikroorganismen ist. Da kein Luftsauerstoff im Rohschlamm vorhanden ist, kommt es zwangsläufig zu anaeroben mikrobiologischen Zersetzungsprozessen, die mit der Bildung geruchsbelästigender Produkte wie H_2S verbunden sind. Aus diesem Grund kann solcher Schlamm nicht auf landwirtschaftliche Flächen aufgebracht werden. Daher muß dem Rohschlamm mittels eines geeigneten Verfahrens soviel biologisch abbaubare organische Substanz entzogen werden, daß er kein geeigneter Nährboden für mikrobiologische Umsetzungsprozesse mehr sein kann.

Meistens setzt man dazu anaerobe Stoffwechselprozesse ein. Bei diesen mit *Faulung* bezeichneten Verfahren kommt der nicht konditionierte Klärschlamm in Faulbehälter, wo er *ausgefault* und als *Faulschlamm* abgezogen wird.

Bei der Faulung werden organische Verbindungen weitgehend in ein Gasgemisch umgesetzt, das vor allem aus CH_4 und CO_2 besteht. Dieses Gasgemisch heißt *Biogas*. Durch seine Verbrennung kann Energie gewonnen werden. Das Faulen bewirkt also nicht nur eine Reduzierung organischen Materials im Schlamm, sondern liefert auch nutzbare Energie. Die Faulung ist verfahrenstechnisch nicht einfach zu steuern, da eine große Zahl verschiedener Mikroorganismen an dem Gesamtprozeß beteiligt sind. Sie benötigen unterschiedliche Milieubedingungen wie Temperatur, pH-Wert oder Umsetzungszeit für einen optimalen Umsatz.

In der ersten Phase der Faulung, der *Hydrolysephase*, werden schwerlösliche hochmolekulare Stoffe (Kohlenhydrate, Fette und Proteine) von Enzymen in gelöste Bruchstücke überführt. In der sich anschließenden *Versäuerungsphase* werden daraus von Anaerobiern kurzkettige, organische Säuren und Alkohole sowie H_2 und CO_2 gebildet, wobei es zur pH-Wert-Erniedrigung kommt. Nun folgen zwei zu unterscheidende Phasen, die simultan ablaufen, da ihre Reaktionen aneinander gekoppelt sind. Essigsäure, H_2 und CO_2, das in Lösung vorwiegend als HCO_3^--Ion vorliegt, können direkt von den sogenannten *methanogenen* Bakterien zu Methan umgesetzt werden:

$$CH_3COO^- + H_2O \longrightarrow CH_4 + HCO_3^- \tag{11.25}$$

$$HCO_3^- + 4\,H_2 + H_3O^+ \longrightarrow CH_4 + 4\,H_2O \tag{11.26}$$

Dabei wird freie Enthalpie gewonnen. Die anderen kurzkettigen Produkte werden in der *acetogenen* Phase von acetogenen Bakterien ausnahmslos in Essigsäure (Acetat) umgesetzt, beispielsweise:

$$CH_3(CH_2)_2COO^- + 3\,H_2O \longrightarrow 2\,CH_3COO^- + H_3O^+ + 2\,H_2 \tag{11.27}$$

Die so entstandene Essigsäure wird dann ebenfalls nach den Gln. (11.25) und (11.26) zu CH_4 und H_2O umgesetzt. Bei der Reaktion nach Gl. (11.27) wird freie Enthalpie benötigt, die aus den Gln. (11.25) und (11.26) bezogen wird. Gl. (11.27) kann also ohne Koppelung an die Gln. (11.25) und (11.26) nicht ablaufen.

Bevor der Faulschlamm in der Landwirtschaft verwendet werden darf, muß er noch entweder durch Pasteurisierung oder durch Zugabe von Kalk entseucht werden. Der so erhaltene landwirtschaftlich verwertbare Klärschlamm hat einen beträchtlichen Düngewert: 1 t Trockensubstanz enthält durchschnittlich 40 kg $N_{ges.}$, 36 kg Phosphat, 75 kg Kalk, 10 kg Magnesium und 4 kg Kalium, das entspricht einem Mineraldüngerwert von 100–200 DM. Rechnet man noch die organischen Bestandteile des Klärschlamms als Bodenverbesserer in Torfäquivalente um, so kommt man auf 300–400 DM pro t Klärschlamm [5, 31].

Dennoch ist der Klärschlamm nicht uneingeschränkt verwendbar. Das liegt vor allem an möglichen Verunreinigungen durch Schwermetalle und Dioxine. Die Aufbringung von Klärschlamm regelt die Klärschlammverordnung. Sie untersagt, Klärschlamm auf Gemüse- und Obstanbauflächen aufzubringen. Für landwirtschaftlich, forstlich oder gärtnerisch genutzte Flächen wurden verschiedenartige Grenzwerte festgelegt, sowohl für die jährliche Gesamtfracht als auch für den Schwermetallgehalt bezüglich folgender sieben Schwermetalle: Blei, Cadmium, Chrom, Kupfer, Nickel, Quecksilber und Zink. Da Schwermetalle im Boden nicht abgebaut werden, kommt es zu einer ständigen Anreicherung mit der Folge, daß trotz Einhalten der Bestimmungen der Klärschlammverordnung in absehbaren Zeiträumen die Böden durch die Akkumulation von Schwermetallen nicht mehr landwirtschaftlich nutzbar sein werden (s. Abschnitt 10.3).

Da der Deponieraum für häusliche Abfälle immer knapper wird, ist die Deponierung von Klärschlamm, der in der Regel einen Wassergehalt von 60–65 % hat, zunehmend in Frage gestellt. Mittelfristig ist mit einem Deponierungsverbot zu rechnen. Daher ist man in den letzten Jahren verstärkt zur **Klärschlammverbrennung** übergegangen. Hierzu muß man den Klärschlamm mechanisch entwässern und trocknen, um ihn ohne Energiezufuhr verbrennen zu können. Inzwischen werden in den alten Bundesländern schon knapp 10 % des Klärschlamms in 11 Klärschlammverbrennungsanlagen und in 5 weiteren Anlagen zusammen mit Hausmüll verbrannt [3, 32]. In den neuen Bundesländern existieren keine Klärschlammverbrennungsanlagen.

Die **Klärschlammkompostierung** wird derzeit ausschließlich in den alten Bundesländern in etwa 30 Anlagen praktiziert. Der Kompost, der aus der aerob geführten Zersetzung des organischen Materials bei ca. 65 °C und bei starker Belüftung sowie unter Zugabe weiterer organischer Verbindungen entsteht, ist hygienisch einwandfrei [32]. Der Verwendung im Landbau stehen jedoch ähnliche Bedenken wie beim Klärschlamm entgegen.

11.7 Ökologische Probleme durch Abwasserreinigung

Wie wir gesehen haben, hat die Abwasserbehandlung in einigen europäischen Ländern bereits einen hohen Standard erreicht. In Skandinavien und der Schweiz wird sogar schon seit Jahrzehnten (!) das Abwasser auf chemischem Weg phosphatgereinigt. In der Schweiz ist außerdem die Verwendung von phosphathaltigen Waschmitteln völlig untersagt und die P-Ablaufwerte aus Kläranlagen sind dort mit 0.8 mg P/l um 20 % bei kleinen Kläranlagen bzw. um 75 % bei großen Kläranlagen niedriger als in der Bundesrepublik. Technisch realisierbar sind 0.2 mg P/l, ein Wert, von dem man auch in der Schweiz noch weit entfernt ist [33].

Mit der Entscheidung der Politiker, den Phosphatablauf drastisch zu reduzieren, trat ein neues Problem auf. Viele Kläranlagenbetreiber waren dadurch gezwungen, auf die bewährte chemische P-Elimination zurückzugreifen. Bei Verwendung von Eisen- oder Aluminiumsalzen als Fällmittel gelangen aber große Mengen dieser Salze in Flüsse und Seen. Um 1 t Phosphat zu fällen, werden beispielsweise 1.5 t Sulfat oder 1.2 t Chlorid an das Wasser abgegeben [34]. Jährlich werden in der Bundesrepublik ungefähr 400 000 t Eisensalze mit Steigerungsraten von ca. 50 000 t pro Jahr und etwa 80 000 t Aluminiumsalze für die Abwasserbehandlung eingesetzt [35].

Das Hauptproblem der Abwasserreinigung liegt an der Verlagerung der Schadstoffe vom Wasser in den Klärschlamm. Wegen der gestiegenen gesetzlichen Anforderungen an die Reinheit des Abwassers wird immer mehr schadstoffbelasteter Klärschlamm erzeugt. Es ist üblich geworden, Abwässer unterschiedlichen Schadstoffgehaltes in großen, zentralen Kläranlagen zusammenzuführen, beispielsweise Industrieabwässer und kommunale Abwässer. Der Klärschlamm dieser Anlagen ist meistens nicht mehr landwirtschaftlich nutzbar, da er zu sehr mit persistenten organischen Stoffen und Schwermetallen belastet ist. Damit bleibt nur noch die Deponierung oder die Verbrennung zur Beseitigung übrig. Würde man jedoch stattdessen schwerer belastete und weniger stark belastete Abwässer getrennt in verschiedenen dezentralen Kläranlagen behandeln, so könnte zumindest der Klärschlamm von Anlagen, in denen nur weniger stark belastetes Abwasser behandelt wird, landwirtschaftlich genutzt werden. Diese Lösungsmöglichkeit stößt jedoch auf nahezu unüberwindbare finanzielle Schwierigkeiten, da sie eine weitgehende Neuanlage des Kanalnetzes erfordern würde. Zu fordern ist hier eine bessere dezentrale Vorbehandlung von besonders belastetem Abwasser schon am Entstehungsort, bevor es ins Kanalnetz gelangt.

Das kann unter anderem, ähnlich wie in anderen Umweltproblembereichen, durch Einführung von Produktionsverfahren erreicht werden, die eine Schadstoffentstehung weitgehend vermeiden. Eine „end of the pipe"-Entsorgung sollte nicht der Grundsatz einer vorausschauenden Gewässerschutzpolitik sein.

12 Müll, Papierproduktion und chlorhaltige Chemikalien als Umweltproblem

Das Ende der Kette von Rohstoffgewinnung, Produktion und Konsum ist der Abfall. Die Gesellschaften der Industrienationen, oft als Leistungs- oder Konsumgesellschaften bezeichnet, verdienen vielleicht am ehesten den Namen Abfallgesellschaften, denn der Kreislauf des materiellen Konsumflusses ist nicht geschlossen. Zu den natürlichen Rohstoffquellen wie Kohle, Erdöl, Holz, Metallerze und Steinsalz (NaCl) führt kein Weg zurück. Er endet vielmehr in wachsenden Müllbergen oder in Schadstoffen, die in Luft, Boden und Gewässer gelangen und sich dort zum Teil akkumulieren. Chlor beispielsweise, das aus Steinsalz gewonnen wird, endet in Form von PVC-Müll, als Salzsäure (HCl) als lösliche Salzfracht in Gewässern oder als giftige, schwer abbaubare chlororganische Verbindung. Gerade beim Abfall gilt die Regel, daß Vermeiden vor Recycling und Recycling vor Entsorgen geht. Unter diesem Aspekt wollen wir uns mit drei wichtigen Teilbereichen der Abfallproblematik näher beschäftigen, die besonders im Mittelpunkt der Diskussion stehen: die Bewältigung der riesigen Mengen an Haus- und Gewerbemüll, die industrielle Papierproduktion sowie die Folgen des Umgangs mit chlorhaltigen Chemikalien.

12.1 Abfälle: Herkunft und Mengen

Das gesamte Abfallaufkommen der Bundesrepublik (alte Bundesländer, 1989) beträgt circa $290 \cdot 10^6$ t pro Jahr. Davon entfallen ungefähr $195 \cdot 10^6$ t auf Abfälle aus dem industriellen Bereich, die zum überwiegenden Teil aus Bauschutt bestehen. In der öffentlichen Abfallwirtschaft sind circa $90 \cdot 10^6$ t zu bewältigen, von denen etwa $50 \cdot 10^6$ t Bauschutt und $29 \cdot 10^6$ t Hausmüll, hausmüllähnlicher Gewerbemüll und Sperrmüll (sogenannte Siedlungsabfälle) sind. Der Rest besteht aus Klärschlämmen, Aschen, Schlacken und Filterrückständen aus Verbrennungsanlagen und sonstigen Abfällen. Insgesamt sind circa $5 \cdot 10^6$ t des gesamten Müllaufkommens dem sogenannten Sondermüll zuzurechnen, der wegen seiner Gefährlichkeit in besonderer Weise zu behandeln ist. Wir beschränken uns im folgenden als Beispiel für die Müllbehandlung auf die $29 \cdot 10^6$ t Siedlungsabfälle.

Abb. 12-1 zeigt, wie sich die Siedlungsabfälle prozentual zusammensetzen, woraus im einzelnen der Hausmüll besteht und wie die Siedlungsabfälle entsorgt werden. Gesamtgewicht wie auch Gesamtvolumen der Siedlungsabfällen haben in den vergangenen Jahrzehnten enorm zugenommen. Abb. 12-2 zeigt die zeitliche Entwicklung des Hausmüllaufkommens in der Bundesrepublik pro Kopf und Jahr. Derzeit entstehen pro Kopf und Jahr über 300 kg bzw. über 2000 l Hausmüll. Daß seit 1950 das Müllvolumen pro Kopf so stark angestiegen ist, liegt vor allem daran, daß spezifisch leichte Stoffe wie Verpackungsmaterial aus Pappe und Papier sowie Kunststoffe einen steigenden Anteil am Müllaufkommen einnehmen. Daran ist vor allem das unnötig große Verpackungsvolumen Schuld, das für viele Konsumgüter heute üblich ist. Dazu betrachten wir als Beispiel in Schachteln verpackte Pralinen. Pro Praline entsteht 4.5 g Abfall. Wenn jeder Einwohner der Bundesrepublik nur einmal im Jahr eine Praline ißt, entstehen auf diese Weise $4.5 \cdot 61 \cdot 10^6$ g = 275 t Abfall. Das entspricht einem mittleren Abfallvolumen von 1350 m^3. Damit könnte man eine Mauer von 25 cm Breite und 1 m Höhe bauen, die 5.2 km lang wäre.

Die riesigen Abfallmengen, die jährlich vermehrt anfallen, müssen entsorgt werden, was gleichzeitig darauf hindeutet, daß Maßnahmen zur Müllvermeidung notwendig sind. Die Entsorgung des Abfalls bringt Probleme mit sich, die mit steigenden Abfallmengen anwachsen. Ungefähr zwei Drittel des Mülls wird auf Deponien abgelagert (s. Abb. 12-1). Eine mittlere Großstadt von 250 000 Einwohnern produziert jährlich ca. 550 000 m³ Abfall. Eine Deponierung dieser Menge bedeutet, daß bei einer Müllhaldenhöhe von 30 m jährlich eine neue Fläche von 100 m · 180 m, also die Fläche von ungefähr drei Fußballfeldern, dafür bereitgestellt werden muß.

Die meisten Kommunen der Bundesrepublik haben solche Kapazitäten nicht mehr. Daher wird als Müllentsorgungskonzept immer mehr die Müllverbrennung propagiert, bei der das Volumen der anfallenden Schlacke nur noch 10,–30 % des ursprünglichen Müllvolumens beträgt, wodurch Deponieraum eingespart wird. Außerdem kann die bei der Verbrennung erzeugte Wärme energiewirtschaftlich genutzt werden. Dieser Lösungsweg der Müllentsorgung ist nicht unproblematisch, da sowohl in der Schlacke wie auch in den Filterstäuben und Rauchgasreinigungsprodukten von Müllverbrennungsanlagen Schadstoffe enthalten sind.

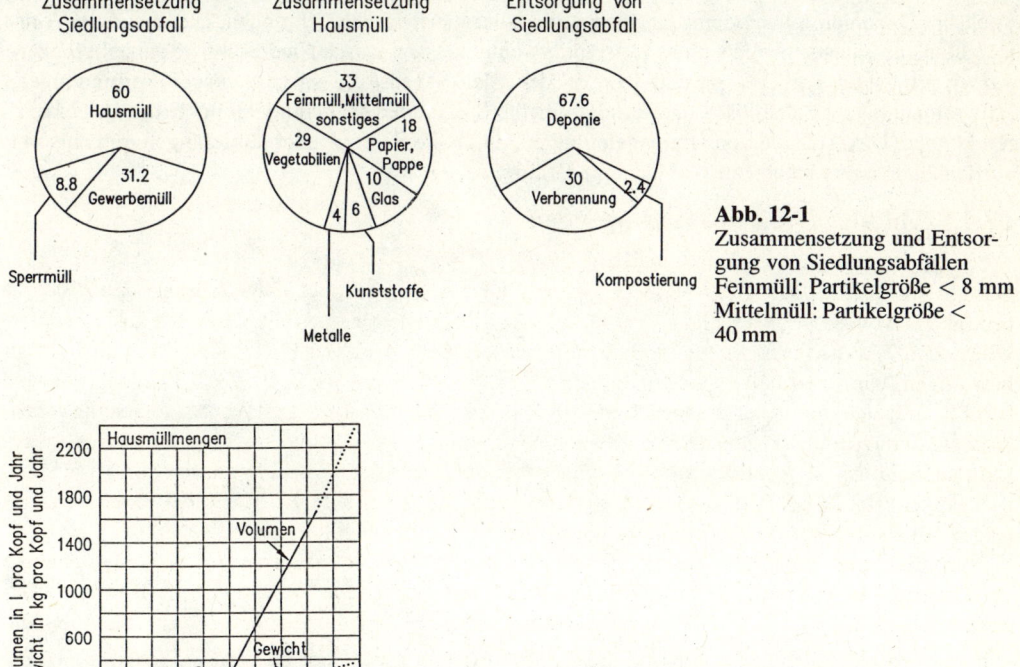

Abb. 12-1
Zusammensetzung und Entsorgung von Siedlungsabfällen
Feinmüll: Partikelgröße < 8 mm
Mittelmüll: Partikelgröße < 40 mm

Abb. 12-2
Zeitliche Entwicklung der Hausmüllmengen pro Einwohner und Jahr in der Bundesrepublik

Die neue Verpackungsordnung der Bundesrepublik Deutschland verpflichtet den Handel zur Rücknahme von Verpackungen und schreibt Erfassungs- und Sortierungsquoten für verschiedene Stoffgruppen vor. Ziel ist, ein Müllrecycling auf privatwirtschaftlicher Basis („grüner Punkt", „Duales System") einzuführen, um die Müllmengen zu reduzieren. Kritisiert wird jedoch, daß die technische Realisierung, besonders bei Kunststoffabfällen, problematisch ist und die Verordnung keinen Anreiz zum Müllvermeiden darstellt, sondern eher das Gegenteil bewirkt [1].

Bei weiter steigenden Müllbergen ist zu befürchten, daß der Müllexport, der schon heute mit teilweise kriminellen Methoden betrieben wird, insbesondere in Länder der Dritten Welt, weiter zunimmt [2, 3].

12.2   Mülldeponierung

Für die Deponierung von Siedlungsabfällen sind heutzutage sogenannte geordnete Deponien vorgeschrieben, die folgende Ausstattung besitzen:

- Eine weitgehend sichere Untergrundabdichtung

- Einrichtung zur Erfassung bzw. Ableitung von Sickerwasser (Drainageleitung)

- Anlagen zur Erfassung bzw. Verwertung von Deponiegas

Auch bei Deponien mit modernster Ausstattung sind die Bodenabdichtungen, bestehend aus Tonschichten und Kunststoffolien, nicht vollständig undurchlässig. Durch Niederschläge entsteht Sickerwasser (im Mittel 5 m^3 pro ha und Tag), in dem sich Schadstoffe wie organische Verbindungen, Schwermetalle und Salze lösen und durch undichte Stellen der Abdichtungen ins Erdreich eindringen können. Das Anlegen von Drainageleitungen, durch die Sickerwasser aufgefangen und entsorgt werden kann, bietet keinen absolut sicheren Schutz.

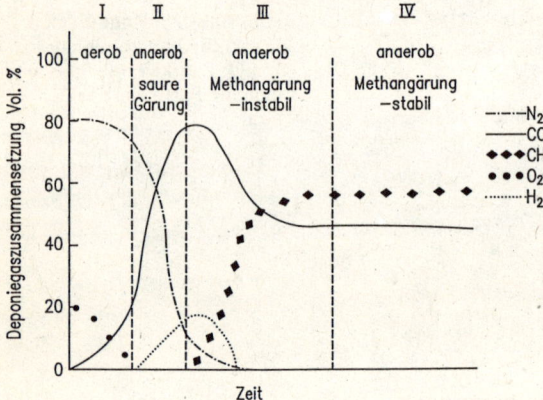

Abb. 12-3
Zusammensetzung von Deponiegas als Funktion des Deponiealters (Quelle: [4])

Eine Mülldeponie ist ein biochemischer Reaktor, in dem die organischen Bestandteile des Mülls mikrobiologisch abgebaut werden. Dabei entstehen die sogenannten *Deponiegase*. Der zeitliche Verlauf dieser Gasentwicklung ist in Abb. 12-3 schematisch dargestellt. In einer aeroben Abbauphase (I) wird der Luftsauerstoff im Müllvolumen rasch aufgebraucht. Dabei kommt es auch zur Hydrolyse von Kohlehydraten, Proteinen und Fetten, die teilweise aufoxidiert werden. Danach folgt eine zweite Phase (II), die als Versäuerungsphase oder auch als *saure Gärung* bezeichnet wird, da der pH-Wert des Reaktionsmediums bis auf den Wert 5 absinkt. In dieser Phase findet auf anaerobem Weg der stufenweise Abbau der in der ersten Phase entstandenen Produkte statt, der über niedrige Fettsäuren bis zur Essigsäure abläuft. Hierbei entstehen rasch wachsende Mengen von CO_2 und H_2. Luftstickstoff im Deponiezwischenraum wird durch diese Gase langsam verdrängt. In einer weiteren Phase (III) fällt die CO_2-Produktion wieder ab, während jetzt vor allem die Methanproduktion durch den Umsatz von Essigsäure einsetzt. Die letzte Phase (IV) ist durch eine weitgehend stabile Produktionsrate von CO_2 und Methan gekennzeichnet (s. auch Abschnitt 11.6).

Das Deponiegas setzt sich durchschnittlich aus 55 % Methan und 45 % CO_2 zusammen. Die Gesamtmenge der entstehenden Gase und die Dauer der Gasproduktion können stark schwanken. Werte zwischen 40 und 300 m^3 Gas pro t Müll und Gasproduktionszeiten von 10,–25 Jahren sind möglich [5]. Durch Deponiegase entstehen Geruchsbelästigungen, da auch Stoffe wie H_2S, Mercaptane oder niedrige Fettsäuren in geringen Mengen emittiert werden. Ferner besteht Brand- und Explosionsgefahr wegen des freiwerdenden Methans. Deponiegas, das in benachbarten Boden eindringt, verdrängt dort den Sauerstoff und stört das ökologische Gleichgewicht. Zur kontrollierten Entsorgung des Deponiegases wird dieses häufig abgefackelt, wobei allerdings schädliche Verbrennungsprodukte wie polycyclische Kohlenwasserstoffe oder chlorhaltige Verbindungen entstehen können. Die Nutzung von Deponiegas zur Energiegewinnung ist kaum lohnend. Aus einer Tonne Abfall können 1.8 GJ an Wärmeenergie gewonnen werden, aber nur 0.5 GJ davon ist nutzbare Energie [6].

Insgesamt betrachtet ist die Hausmülldeponierung nicht zukunftsträchtig. Sie erfordert große Volumina, die kaum noch zur Verfügung stehen, stellt eine schwer zu kontrollierende Schadstoffquelle dar, beeinträchtigt das Landschaftsbild und bietet außerdem nur eine recht ineffiziente Methode der Energiegewinnung aus Müll.

12.3 Müllverbrennung

Der Deponieraum für Müll wird immer knapper. Eine alternative Methode zur Müllentsorgung bei gleichzeitiger Verwertung des Mülls als Energiequelle ist die Müllverbrennung. Deswegen gilt sie als Entsorgungsmethode der Zukunft. Derzeit wird bereits ein Drittel der Siedlungsabfälle verbrannt (s. Abb. 12-1). Die Funktionsweise einer Müllverbrennungsanlage für Siedlungsabfälle ist schematisch in Abb. 12-4 dargestellt. Der Müll wird in einen Bunker entladen und von dort mit einem Kran in den Aufgabetrichter gebracht. Dann gelangt er in den Verbrennungsraum, in dem er mit einem Überschuß an Luftsauerstoff auf beweglichen Rosten bei ca. 900 °C verbrannt wird. Der Verbrennungsrückstand, die Schlacke, wird mit Wasser abgekühlt. Eisen und andere magnetische Metallteile werden mit einem Magnetabscheider aus der Schlacke entfernt. Die Schlacke muß in der Regel deponiert werden.

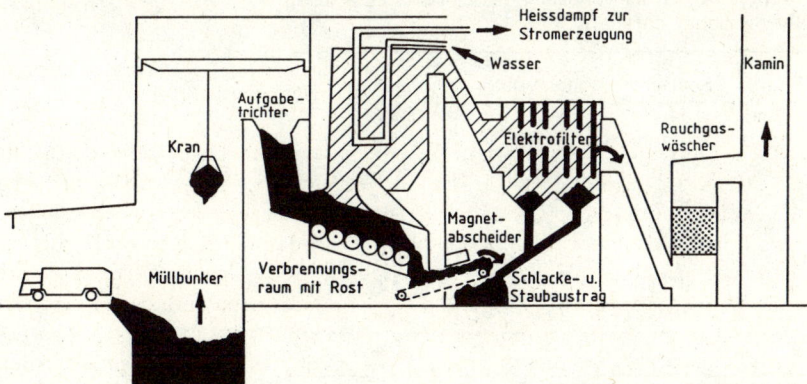

Abb. 12-4 Schematische Darstellung einer Müllverbrennungsanlage mit Energieerzeugung (Quelle: [5])

Die heißen Verbrennungsgase werden zur Wasserdampferhitzung in den Dampferzeugerrohren genutzt. Der Wärmeinhalt des heißen komprimierten Wasserdampfes kann als Prozeß- oder Fernwärme verwendet oder durch Entspannung des Dampfes in Turbinen in elektrische Energie umgewandelt werden. Nach dem Wärmeaustausch gelangen die abgekühlten Verbrennungsgase in das Elektrofiltersystem. Hier wird der Flugstaub des Abgases zu über 99 % abgeschieden. Der abgeschiedene Staub aus dem Elektrofilter wird der Schlacke zugeführt. In der Regel wird heute der Filterstaub allerdings gesondert von der Schlacke abgeschieden und auf speziellen Deponien abgelagert.

Das aus der Müllverbrennungsanlage entweichende Gas ist jedoch noch erheblich mit Schadgasen belastet. Neben den Hauptverbrennungsgasen CO_2 und Wasserdampf sowie dem Luftstickstoff und überschüssigem, bei der Verbrennung nicht umgesetztem Sauerstoff, enthält das Gasgemisch noch HCl (aus der Verbrennung von chlorierten Verbindungen wie PVC), HF (aus fluorierten Kunststoffen), SO_2 (aus organischem Abfall und Klärschlämmen), NO_x (aus organischem Abfall, Textilien und aus Oxidation des Luftstickstoffs) sowie CO (aus unvollständiger Verbrennung). Tab. 12-1 gibt die Konzentrationen und ihre Schwankungsbreiten im ungereinigten und im gereinigten Abgas sowie die gesetzlich vorgeschriebenen Grenzwerte für Schadstoffe im Abgas einer Müllverbrennungsanlage wieder.

Tabelle 12-1 Schadstoffkonzentrationen im Verbrennungsabgas einer Müllverbrennungsanlage in mg/m³ (bei 11 % O_2-Gehalt) und die entsprechenden gesetzlichen Grenzwerte (Bezugsvolumen ist der Normalkubikmeter, der auf 273 K und 1 bar Gasdruck bezogen wird)

Schadgas	Konzentration im Rohgas	Konzentration im gerein. Abgas*	TA-Luft	Stand der Technik
HCl	400 – 1500	10	50	3
HF	2 – 20	1	2	0.3
SO_2	400 – 1000	50	100	30
NO_x	100 – 400	300	500	70
CO	100 – 400	50	100	20

* heutige Genehmigungspraxis
Quelle: [5, 7, 8]

Tabelle 12-2 Schwankungsbereich des Schwermetallgehalts im Hausmüll (in g/t). Fallbeispiel einer Verteilung der Schwermetalle in Schlacke, Filterstaub und Abgas einer Müllverbrennungsanlage (in %)

Schwermetall	im Müll	Schlacke	Filterstaub	gereinigtes Abgas
Zn	456 – 3000	54.4	39.8	5.8
Cd	3 – 20	73.5	23.0	3.0
Pb	178 – 2000	97.0	2.4	0.6
Sn	k. A.	93.9	5.4	0.7
Cu	178 – 1000	80.6	17.7	1.6
Cr	k. A.	73.7	23.2	3.2
Ni	k. A.	97.0	2.0	1.0
Hg	0.4 – 5	10.0	20.0	70.0

Quelle: [5, 9]

Ein weiteres Schadstoffproblem bereiten die Schwermetalle, die im Müll in verschiedener Form enthalten sind: als Zusatz in Kunststoffen (Cd, Cr), in Batterien (Ni, Cd, Pb, Hg), in Leuchtstoffröhren

(Hg), in Thermometern (Hg) und in Farbresten (Pb, Cd, Cr). Der Gehalt einiger Schwermetalle im Müll ist in Tab. 12-2 angegeben. Er verteilt sich auf Schlacke, Filterstaub und das weitgehend gereinigte Abgas. Die Prozentzahlen dieser Verteilung machen deutlich, daß die Schwermetalle hauptsächlich in der Schlacke enthalten sind. Ein kleinerer Anteil wird im Elektrofilter zurückgehalten. Die Konzentrationen an Schwermetallen im Filterstaub sind allerdings i. a. größer als in der Schlacke, da die Menge des Filterstaubs viel kleiner ist als die der Schlacke. Nur geringe Mengen entweichen mit dem gereinigten Abgas. Eine Ausnahme bildet Quecksilber, das wegen seiner Flüchtigkeit als gasförmiges Hg weitgehend mit dem Abgas den Kamin verläßt.

Eine weitere Schadstoffgruppe, die bei Müllverbrennungsanlagen Probleme bereitet, sind organische Schadstoffe, die aus der unvollständigen Verbrennung stammen. Neben geringen Mengen an polycyclischen Verbindungen, wie beispielsweise Benzpyren, sind es vor allem chlorhaltige Verbindungen, die aufgrund des relativ hohen Chlorgehaltes des Mülls entstehen können. Zu ihnen gehören Chloraromaten wie beispielsweise Pentachlorphenol und Hexachlorbenzol, die entweder direkt aus dem Müll in die Verbrennungsgase gelangen oder die erst bei der Verbrennung aus chlorhaltigen Produkten (beispielsweise PVC) gebildet werden. Ferner gehören auch die berüchtigten polychlorierten Dibenzodioxine (PCDD) und Dibenzofurane (PCDF), die kurz als *Dioxine* bezeichnet werden, dazu. Abb. 12-5 zeigt die chemischen Formeln dieser Verbindungen. Sie können 1–8 Chloratome enthalten. Es gibt 75 unterscheidbare PCDD- und 135 unterscheidbare PCDF-Moleküle. Die Toxizität dieser Verbindungen ist sehr unterschiedlich. Zu den giftigsten dieser Verbindungen zählt das 2,3,7,8-TCDD, das sogenannte *Sevesogift* (s. Abschnitt 12.4).

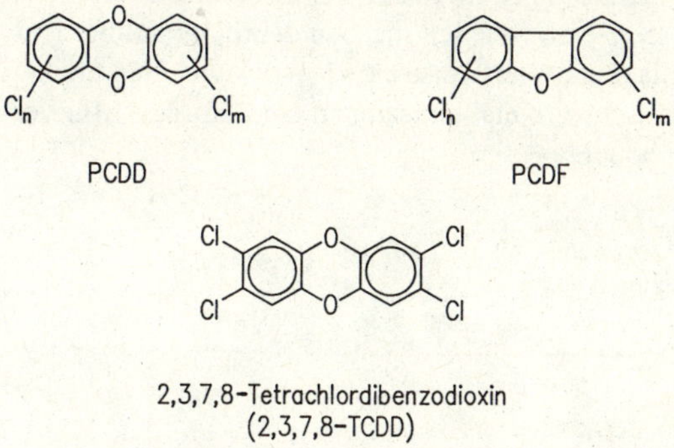

PCDD   PCDF

2,3,7,8-Tetrachlordibenzodioxin
(2,3,7,8-TCDD)

Abb. 12-5
Chemische Struktur von polychlorierten Dibenzodioxinen (PCDD) und Dibenzofurane (PCDF)

Im Elektrofilterstaub von Müllverbrennungsanlagen in der Bundesrepublik werden sehr schwankende Mengen an PCDD (0.6–70 μg/kg) und PCDF (4–107 μg/kg) gefunden [5]. Die Gehalte im gereinigten Abgas schwanken bei den PCDD zwischen 20 und 227 ng/m^3 und bei den PCDF zwischen 30 und 360 ng/m^3 [5]. Der Gehalt in der Schlacke ist erheblich geringer. Diese Tatsache läßt vermuten, daß diese Verbindungen erst nach dem eigentlichen Verbrennungsprozeß bei Temperaturen unterhalb 1000 °C entstehen. Man weiß inzwischen, daß Dioxine bevorzugt aus anorganischen Chloriden und unverbrannten Kohlestaubpartikeln bei Temperaturen von ca. 300 °C entstehen. Diese Bedingungen herrschen auf der Strecke zwischen Verbrennungsofen und Elektrofilter sowie im Elektrofilter selbst. Bei der Dioxinentstehung wirkt vor allem Kupferchlorid (CuCl$_2$) als Katalysator [10]. Je vollständiger also die Verbrennung ist, desto weniger unverbrannter Kohlenstoff liegt vor und desto geringer ist auch die Dioxinbildung. Geeignete Maßnahmen zur Vermeidung von Dioxinbildung sind eine optimale Verbrennungsführung und das rasche Passieren des Rauchgases durch den Temperaturbereich nahe 300 °C, der zwischen Verbrennungsraum und Elektrofilter liegt. Daher ist auch die Einhaltung einer Temperatur im Elektrofilter von 250 °C wichtig. Eventuell kann eine thermische Nachbehandlung des abgeschiedenen Filterstaubs bei 600 °C unter Sauerstoffausschluß erfolgen. Eine andere Möglichkeit besteht darin, den Filterstaub in den Verbrennungsofen zurückzuführen. Auf diese Weise sollen die Dioxinmengen bis auf ca. 1 % der bisher in Müllverbrennungsanlagen üblichen Emissionswerte gesenkt werden können [11].

Bevor das Abgas den Kamin verläßt, muß es noch von den Schadgasen SO_2, HCl und HF weitgehend befreit werden. Dies geschieht in der Regel in einem Rauchgaswäscher durch Einleiten des Abgases in alkalische Medien (NaOH-Lösung oder Kalk-Suspension, s. auch Kapitel 5). In einem Doppelwaschverfahren wird erst HCl und HF bei pH = 1 und dann SO_2 bei pH = 6–7 als Sulfit bzw. Sulfat aus dem Abgas herausgelöst. Die dabei entstehenden Lösungen werden neutralisiert und müssen wegen ihrer Schadstofffracht an Chloriden, Fluoriden, Sulfiten und Sulfaten weiter entsorgt werden. Dazu wird in der Regel das schadstoffbeladene Wasser mit Hilfe der bei der Müllverbrennung entstandenen Wärme verdampft. Das in der ersten Waschphase abgeschiedene, feste Produkt, das weitgehend aus NaCl oder $CaCl_2$ besteht, muß deponiert werden. Eventuell kann es auch für chemische Prozesse in der chemischen Industrie wieder eingesetzt werden.

Der NO_X-Gehalt des Rohgases bei Müllverbrennungsanlagen liegt unterhalb der Grenzwerte der TA-Luft (s. Tab. 12-1), weswegen in der Regel keine Rauchgasentstickung durchgeführt wird. Mit den in Kapitel 5 beschriebenen Rauchgasentstickungsverfahren könnte nach dem Stand der Technik der NO_X-Gehalt auf 70 mg/m^3 gesenkt werden. Die Senkung des CO-Gehaltes kann nur durch geeignete Optimierung der Feuerungstechnik erreicht werden.

Um die Emissionswerte mit anderen Verbrennungsanlagen vergleichen zu können, muß man sich auf dieselbe Einheit der Brennstoffmenge beziehen. In Tab. 12-3 sind die entstehenden Schadstoffmengen in kg pro TJ (1 TJ = 1 Terajoule = 10^{12} J) Brennstoffeinsatz bei der Verbrennung von Steinkohle und Hausmüll zum Vergleich angegeben [5]. Die Zahlen machen deutlich, daß bei gleichem Energieumsatz in einer Müllverbrennungsanlage beispielsweise ca. 17 mal soviel HCl erzeugt wird wie in einem Steinkohlekraftwerk. Auch die Schwermetallemissionen sind bei den Müllverbrennungsanlagen ohne Abgasreinigung erheblich höher.

Tabelle 12-3 Anfallende Schadstoffmengen in kg pro TJ Brennstoffeinsatz bei der Verbrennung von Steinkohle und Hausmüll jeweils ohne Abgasreinigung. Zahlen in Klammern: Bezogen auf 1 TJ nutzbare Energie, z. B. elektrische Energie

Schadstoff	Steinkohle		Hausmüll	
Staub	90	(225)	50	(> 250)
HCl	30	(75)	500	(> 2500)
HF	4	(10)	5	(> 25)
SO_2	900	(2250)	400	(> 2000)
NO_X	280	(700)	150	(> 750)
Cd	0.004	(0.01)	0.04	(> 0.2)
Zn	0.3	(0.75)	6	(> 30)
Pb	0.2	(0.5)	1.4	(> 7)
Hg	0.015	(0.38)	0.38	(> 1.9)
Quelle: [5]				

Bei SO_2 und NO_X dagegen sind die energiespezifischen Emissionen des ungereinigten Abgases in Steinkohlekraftwerken ungefähr doppelt so hoch wie bei einer Müllverbrennungsanlage. Durch Abgasreinigung nach dem Stand der Technik können diese Werte erheblich reduziert werden, so daß in Müllverbrennungsanlagen ähnlich niedrige Werte im gereinigten Abgas zu erreichen sind, wie in Steinkohlekraftwerken. Das gilt für SO_2, NO_X, HCl und HF. Die Schwermetalle sind jedoch auch im gereinigten Abgas einer Müllverbrennungsanlage dem gegenwärtigen Stand der Technik entsprechend deutlich höher als bei den Steinkohlekraftwerken, wenn man sich auf denselben Energieinhalt des Brennstoffs bezieht.

Bezieht man sich allerdings auf die nutzbare Energie, z. B. elektrische Energie, so muß der unterschiedliche Wirkungsgrad von Kohlekraftwerken und Müllverbrennungsanlagen berücksichtigt werden. Der Anteil der Heizenergie, der in elektrische Energie umgewandelt werden kann, beträgt bei Kohlekraftwerken circa 40 %, bei Müllverbrennungsanlagen weniger als 20 %. Bezogen auf den nutzbaren Energieinhalt des jeweiligen Brennstoffs, fällt nach Tab. 12-3 der Vergleich der Schadstoffemissionen von Müllverbrennungsanlagen mit denen von Kohlekraftwerken noch ungünstiger aus. Betrachtet man mengenspezifische Emissionen, etwa mg Schadstoff pro t Brennstoff, so liegen die Werte bei einer Müllverbrennungsanlage im Vergleich um den Faktor 30/8.4 = 3.57 höher, da der spezifische Brennwert für Müll durchschnittlich 8.4 GJ/t und der von Steinkohle ca. 30 GJ/t beträgt [5]. Unabhängig von der Bezugsgröße (Heizwert, nutzbare Energie oder Brennstoffmenge), sind die bei Müllverbrennungsanlagen anfallenden Schadstoffmengen, von wenigen Ausnahmen abgesehen, deutlich größer als bei Steinkohlekraftwerken.

Die Müllverbrennung ist teurer als die Mülldeponierung. Die Betriebskosten bei einer Müllverbrennungsanlage mit einem Jahresdurchsatz von 400 000 t betragen derzeit 90,–110 DM pro t Müll [5]. Bei zusätzlicher Rauchgasentstickung und bei eventuell notwendigen Sondereinrichtungen zur Entfernung von Dioxinen kommen weitere 50 DM pro Tonne hinzu. Ein Erlös von ca. 30 DM pro Tonne Abfall kommt durch Verkauf des Metallschrotts, der Schlacke und der erzeugten Nettoenergie als Strom, Fernwärme oder Prozeßwärme (Wärmekraftkoppelung) zustande und ist in dieser Kostenbilanz schon berücksichtigt. Berechnungen für geplante Neuanlagen ergeben bereits 250–350 DM pro Tonne Müll [6].

Tabelle 12-4 Brennwert, Wassergehalt, Heizwert und Gewichtsanteil verschiedener Fraktionen im Hausmüll

Fraktion	Brennwert in kJ/kg (Trockensubstanz)	Wassergehalt in Gewichts-%	Heizwert (H_i) in kJ/kg	Gewichtsanteil (w_i) in kg pro kg Müll
Papier, Pappe	16300	6	14100	0.18
Kunststoffe	40000	3	36600	0.06
Glas	0	0	0	0.10
Metalle	0	0	0	0.04
Vegetabilien	13650	60	3700	0.29
Rest	k. A.	k. A.	8000*	0.33

* Rückgerechnet aus der Bedingung, daß $H_M = 8.4$ GJ/t nach Gl. (12.1)

Quelle: [5, 7]

Im Zusammenhang mit Maßnahmen zur stofflichen Verwertung des Mülls ist es interessant zu sehen, wie sich ein getrenntes Aussortieren von Papier, Glas, Metallen, Kompost (Vegetabilien) oder Kunststoffen aus dem Müll auf den Heizwert auswirkt. In Tab. 12-4 sind die verschiedenen Müllfraktionen und deren Brennwert, Heizwert, Wassergehalt und jeweiligen Gewichtsanteile angegeben. Der jeweilige Heizwert ist geringer als der entsprechende Brennwert. Die Differenz ist die aufzubringende Verdampfungsenergie des Wassergehaltes beim Verbrennungsvorgang. w_i sind die Gewichtsanteile der Fraktionen in einer Tonne Müll. Sie entsprechen den in Abb. 12-1 dargestellten prozentualen Anteilen. Der Heizwert H_M des Gesamtmülls ergibt sich aus der Formel:

$$H_M = \frac{\sum w_i \cdot H_i}{\sum w_i} \tag{12.1}$$

Entfernt man durch teilweises Aussortieren einer oder mehrerer Müllfraktionen den jeweiligen Bruchteil f_i von w_i vor dem Transport zur Müllverbrennungsanlage, so erhält man allgemein einen veränderten Heizwert H'_M:

$$H'_M = \frac{\sum w_i \cdot (1 - f_i) \cdot H_i}{\sum w_i \cdot (1 - f_i)} \tag{12.2}$$

In Abb. 12-6 ist die Veränderung des Heizwerts als Funktion des Bruchteils f_i von entnommenem Altstoff dargestellt. Es sind drei Fälle gezeigt: Im ersten ist $f_i = f_{\text{Glas}}$ und alle anderen f_i-Werte sind Null. Es wird also nur Glas aussortiert. Im zweiten Fall ist $f_i = f_{\text{Glas}} = f_{\text{Papier}}$, es wird also der gleiche Bruchteil, bezogen auf die enthaltenen Mengen Glas und Papier, aussortiert. Im dritten Fall gilt $f_i = f_{\text{Glas}} = f_{\text{Papier}} = f_{\text{Kunststoff}} = f_{\text{Metall}}$, es kommen also beim Aussortieren noch Kunststoffe und Metalle dazu. Die Abbildung macht deutlich, daß das Aussortieren von Glas den Heizwert erhöht, da Glas nicht brennbar ist und nur mit aufgeheizt wird. Das zusätzliche Aussortieren von Papier erniedrigt den Heizwert, da dadurch eine Fraktion mit recht hohem spezifischem Heizwert nicht mehr zur Verfügung steht. Das Aussortieren von Kunststoffen trägt zu einer weiteren Heizwerterniedrigung bei, obwohl Kunststoffe nur zu ca. 6 % im Hausmüll vertreten sind. Das liegt an ihrem sehr hohen spezifischen Heizwert. Für die Ausnutzung einer Müllverbrennungsanlage als Kraftwerk wäre es also günstig, wenn Papier und Kunststoffe im Müll verblieben. Gerade Kunststoffe tragen allerdings wesentlich zu den gefährlichen Schadstoffemissionen bei, deretwegen kostenintensive Rauchgasreinigungsverfahren in die Müllverbrennungsanlagen integriert werden müssen. Von daher wäre es wünschenswert, zumindest PVC-haltige Kunststoffprodukte im Müll auszusortieren, was aber praktisch kaum durchführbar ist, da PVC-Produkte im häuslichen Abfall schwer zu klassifizieren sind.

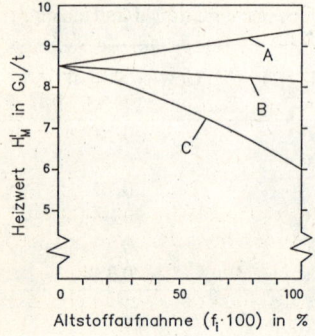

Abb. 12-6
Änderung des Heizwertes H'_M von Hausmüll in Abhängigkeit von der Altstoffentnahme in % nach Gl. (12.2). A = Glas, B = Glas und Papier, C = Glas, Papier, Metalle und Kunststoffe

Bei der Müllfraktion des Papiers ergibt sich ein anderes Bild. Ein Recycling von Papier ist schon allein aus energiewirtschaftlichen Gründen sinnvoll, da die Einsparung von Energie zur Herstellung von neuem Papier erheblich höher ist als die aus der Verbrennung des Papiers gewonnene Energie. Zur Herstellung einer Tonne neuen Papiers benötigt man durchschnittlich 7.5 GJ an Energie. Dazu kommen noch Aufwendungen von ca. 9 GJ/t bei der maschinellen Verarbeitung. Die Herstellung von Papier aus aussortiertem Altpapier erfordert dagegen nur ca. 1 GJ/t plus den 9 GJ/t für die Verarbeitung [5]. Hierbei ist schon berücksichtigt, daß im Energieaufwand bei der Neupapierherstellung das Altpapier mit einem Heizwert von 14.1 GJ/t (s. Tab. 12-4) energiegewinnend verbrannt wird.

Bezüglich der Rückgewinnung anderer Stoffe wie Metalle aus dem Hausmüll gilt ähnliches wie beim Papier. Der Schrottwert von Eisen und eisenhaltigen Metallen ist zwar nicht allzu hoch (ca. 50 DM/t), eine Entfernung von Metallen hätte allerdings auch keinen negativen Einfluß auf den Heizwert (s. Tab. 12-4). Lohnend für ein Recycling ist vor allem das Leichtmetall Aluminium, dessen Anteil im

Hausmüll mit 0.005 % allerdings nur sehr gering ist. Der Schrottpreis von Aluminium beträgt etwa 3000 DM/t.

Wir fassen zusammen: Das Recycling gewisser Müllfraktionen ist energiesparend und umweltschonend, auch wenn es, wie beim Papier, den Heizwert des Mülls erniedrigt. Bei der Müllverbrennung entstehen Schadstoffe in der Abluft und in der Schlacke bzw. im Filterstaub. Ihre Emission in die Umwelt muß durch Einsatz kostenintensiver Methoden verhindert werden. Die anfallenden Rückstände, bestehend aus Schlacke, Filterstaub und festem Rückstand aus der Abgaswäsche müssen in der Regel deponiert werden, zum Teil auf Sondermülldeponien. Das Müllvolumen beträgt nun aber nur noch 10–30 % des ursprünglichen Mülls. Neben der Müllverbrennung haben andere Verfahren der Restabfallbehandlung wie die Müllpyrolyse, die Restmüllrotte, die Restmüllvergärung oder die sogenannte Herstellung von Brennstoff aus Müll (BRAM) bisher nur untergeordnete Bedeutung erlangt. Bezüglich dieser Verfahren und den damit verbundenen Umweltproblemen sei auf die Literatur verwiesen [5, 12]. Man kann davon ausgehen, daß die Müllverbrennung in Zukunft weiter an Bedeutung gewinnt, auch wenn dieser Prozeß durch langwierige Genehmigungsverfahren beim Bau von Müllverbrennungsanlagen nur langsam vorankommt.

Eine sorgfältige Überprüfung der notwendigen Verbrennungskapazität ist sicher gerechtfertigt, denn die Müllverbrennung entspricht nicht dem im Einleitungskapitel formulierten ökologischen Prinzip, demzufolge die Vermeidung Vorrang vor Recycling und Entsorgung haben sollte.

12.4   Papierproduktion als Schadstoffquelle

Die Papiermenge, die jährlich auf der Erde verbraucht wird, beträgt ca. 230 Millionen Tonnen (1989) und steigt ständig an. Im Jahr 2000 wird mit 300 Millionen Tonnen gerechnet. Ca. 2/3 dieser Menge stammt aus frisch hergestelltem Zellstoff (Zellulose) und Holzstoff, die beide aus Holz gewonnen werden. Das restliche Drittel stammt aus wiederverwertetem Papier, sogenanntem Altpapier. Die in der Bundesrepublik Deutschland (alte Länder) verbrauchte Papiermenge beträgt 14,5 Millionen Tonnen (1990), der Altpapieranteil beläuft sich auf ca. 47 % [13, 14]. Die Papierproduktion ist in mehrfacher Hinsicht mit Umweltproblemen verbunden:

- Der gewaltige Holzbedarf führt zu Waldrodungen. Der Wald wird häufig nicht im gleichen Maß wieder aufgeforstet, es kommt zu Erosion und schweren ökologischen Schäden. Das gilt vor allem für Gebiete in USA, Kanada, Rußland und Skandinavien. Wenn überhaupt aufgeforstet wird, kommt es meistens zum Anbau von ökologisch bedenklichen Monokulturen mit raschwüchsigen Baumarten.

- Bedingt durch die chemischen Prozesse der Zellulosegewinnung aus Holz ergeben sich Schadstoffbelastungen der Luft und vor allem auch erhebliche Abwassermengen, die stark mit Schadstoffen belastet sind.

- Die verbrauchte Papiermenge landet zu 2/3 im Müll und ist eine wesentliche Ursache für das rasch ansteigende Volumen des Hausmüllaufkommens (siehe Abb. 12-2).

Wir gehen daher nur auf die umweltrelevanten Aspekte des Papierproduktionsprozesses näher ein [14, 15]. Papier – im wesentlichen aus Zellstoff bzw. Zellulose bestehend – wird aus dem Rohstoff Holz hergestellt, das sich aus 40–50 % Zellulosefasern, 20–30 % Lignin und 20–30 % Hemizellulosen und ätherischen Ölen zusammensetzt. Zur Zellstoffgewinnung müssen Lignin und Hemizellulosen weitgehend aus Holz herausgelöst werden. Dafür gibt es im wesentlichen zwei Verfahren, das sogenannte *Sulfat-Verfahren*, auch *Kraft-Verfahren* genannt, und das *Sulfit-Verfahren*. Abb. 12-7 zeigt schematisch, wie der Holzaufschluß und die Rohzellstoffgewinnung nach den genannten Verfahren technisch ablaufen. Zerkleinertes Holz, Frischwasser und Aufschlußchemikalien werden in der Aufschlußlösung vermischt. Beide Verfahren unterscheiden sich nur in der Chemie des Lösungsprozesses von Lignin und Hemizellulosen aus Holz.

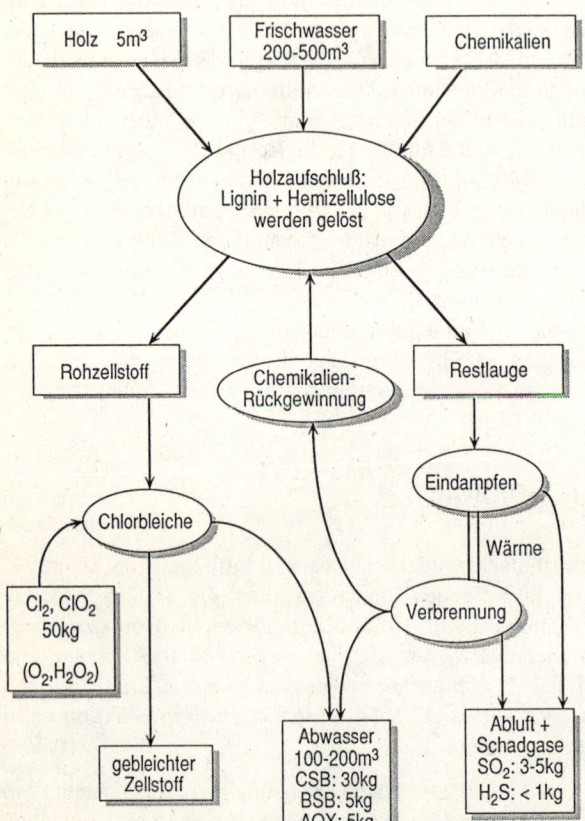

Abb. 12-7
Verfahrensschema der Papierherstellung
Alle Zahlenangaben beziehen sich auf 1 t
hergestellten Zellstoff. Quelle: [14, 15]

Sulfit-Verfahren

Hier wird beim Holzaufschluß mit saurem Sulfit- bzw. Hydrogensulfitlösungen im pH-Wert-Bereich $2 \div 4$ gearbeitet. Als Kationen treten Na^+, Ca^{2+} und Mg^{2+} auf, als Anionen HSO_3^- und SO_3^{2-}. Ferner ist SO_2 in der Aufschlußlösung enthalten. Es tritt auch in den Gasraum entsprechend dem Henryschen Gesetz (s. Gln. 3.42 und 3.44) über. Je niedriger der pH-Wert, desto höher wird der SO_2-Partialdruck über der Lösung. Die chemischen Prozesse, die Lignin und Hemizellulosen aus dem Holz herauslösen, sind schematisch in Abb. 12-8 dargestellt. Die Reste R_1 und R_2 stehen für verschiedene Teile des Lignin-Molekülgerüstes. Die drei wichtigsten Prozesse sind die additive Sulfonierung, die substituive Sulfonierung und die Molekülspaltung durch Sulfonierung (Sulfitolyse). Das aufgespaltene und sulfonierte Lignin gelangt so unter Verbrauch von SO_2 und Erhöhung des pH-Wertes in Lösung. Zellulose selbst wird kaum angegriffen und die unlöslichen Zellstofffasern können nach dem Aufschluß abgepreßt werden (Rohzellstoff). Die übriggebliebene Chemikalienlösung wird eingedampft und der organische bzw. salzhaltige Rückstand verbrannt. Die dabei erzeugte Wärme verwendet man für den Eindampfprozeß.

Bei der Verbrennung entstehen neben H_2O und CO_2 auch SO_2 als Oxidationsprodukte. SO_2 wird aber in einem Absorptionsprozess (s. auch Kap. 5) mit den festen Verbrennungsrückständen MgO, CaO wieder in Sulfit zurückverwandelt, das erneut dem Aufschlußprozeß zugeführt wird (Chemikalienrückgewinnung).

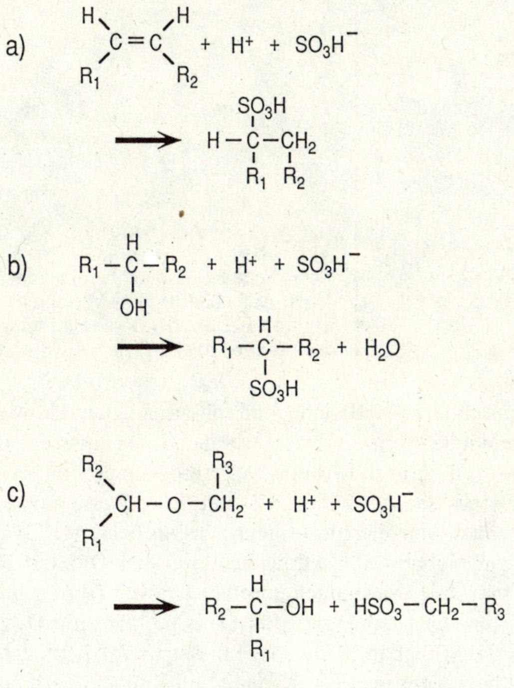

a)
$$\underset{R_1}{\overset{H}{\diagdown}} C = C \underset{R_2}{\overset{H}{\diagup}} + H^+ + SO_3H^-$$

$$\longrightarrow H - \underset{R_1}{\overset{SO_3H}{\underset{|}{C}}} - \underset{R_2}{CH_2}$$

b)
$$R_1 - \underset{OH}{\overset{H}{\underset{|}{\overset{|}{C}}}} - R_2 + H^+ + SO_3H^-$$

$$\longrightarrow R_1 - \underset{SO_3H}{\overset{H}{\underset{|}{\overset{|}{C}}}} - R_2 + H_2O$$

c)
$$\underset{R_1}{\overset{R_2}{\diagdown}} CH - O - \underset{}{\overset{R_3}{\underset{|}{CH_2}}} + H^+ + SO_3H^-$$

$$\longrightarrow R_2 - \underset{R_1}{\overset{H}{\underset{|}{\overset{|}{C}}}} - OH + HSO_3 - CH_2 - R_3$$

a) Additive Sulfonierung

b) Substitutive Sulfonierung

c) Spaltung durch Sulfonierung

Abb. 12-8
Chemische Prozesse bei der Lösung von Lignin aus Holz beim Sulfitverfahren (R_1, R_2, R_3 = Bausteine des Lignin-Molekülgerüsts)

Sulfat-Verfahren

Beim Holzaufschluß wird hier im alkalischen Bereich (pH = 14) gearbeitet. Die Chemikalienlösung enthält NaOH, Na_2CO_3 und Na_2S. Beim Lösungsprozeß von Lignin kommt es vor allem zu Etherbrückenspaltungen (s. Abb. 12.9). Die SH^--Ionen wirken im wesentlichen als Katalysator, in geringen Mengen entsteht neben Methanol auch CH_3SH. Eindampfen und Verbrennung laufen ähnlich wie beim Sulfit-Verfahren ab, wobei hier aber unter reduzierenden Bedingungen, d. h. bei gedrosselter Luftzufuhr verbrannt wird. Gleichzeitig wird Na_2SO_4 zugegeben, um Schwefelverluste auszugleichen. Daher stammt der Name „Sulfatverfahren". Unter den Verbrennungsbedingungen wird dabei Sulfat und organisch gebundener Schwefel in Na_2S zurückverwandelt, die organische Substanz wird zu CO_2 und H_2O verbrannt. Ähnlich wie beim Sulfitverfahren werden also die Chemikalien für die Aufschlußlösung weitgehend wieder zurückgewonnen.

Der erhaltene, gelbliche Rohzellstoff enthält noch ca. 5–10 % Lignin. Dieses Restlignin wird im konventionellen „Bleichprozeß" durch Behandlung mit Chlorgas entfernt. Weitere Zugabe von ClO_2 oder Hypochlorit bleichen den Zellstoff vollständig aus. In dieser Form kann er direkt zu Papier verarbeitet werden.

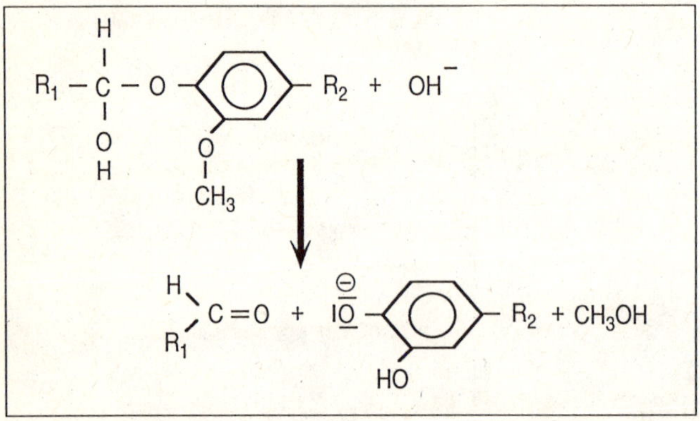

Abb. 12-9
Chemische Reaktionen beim alkalischen Aufschluß (Sulfat-Verfahren) von Lignin aus Holz (R_1, R_2 = Bausteine des Lignin-Molekülgerüsts)

Das Sulfit- wie das Sulfatverfahren und die anschließende Bleiche sind mit erheblichen Umweltbelastungen verbunden (s. Abb. 12-7). Neben dem hohen Frischwasserverbrauch ist es einerseits die Abluft beim Eindampf- und Verbrennungsprozess, die mit SO_2 (beim Sulfatprozeß auch mit H_2S) und Merkaptanen belastet ist, andererseits das Abwasser, das hohe CSB- und BSB-Werte aufweist (s. Kap. 11). Durch die Chlorbleiche entstehen große Mengen chlororganischer Stoffe (s. AOX-Wert in Abb. 12-7), die in Kläranlagen praktisch nicht abbaubar sind. Zu ihnen gehören auch Dioxine. Die Chlorbleiche zählt zu den wichtigsten nichtthermischen Dioxinquellen in der Umwelt (s. Abschnitt 12.5). In letzter Zeit verwendet man statt Chlor bzw. ClO_2 zunehmend H_2O_2 kombiniert mit O_2 zur Zellstoffbleiche. Dies ist beim Sulfit-Verfahren, das vor allem in Europa eingesetzt wird, heute technisch gut möglich. Beim Sulfat-Verfahren, das bevorzugt in USA, Kanada und Rußland verbreitet ist, wird derzeit aus ökonomischen Gründen auf den Chloreinsatz nicht verzichtet.

Neben dem Sulfit- und Sulfat-Verfahren gibt es noch das Holzstoff-Verfahren, das statt eines chemischen Aufschlusses in Lösung nach einem mechanischen Verfahren arbeitet [14, 15]. Gebleicht wird mit Peroxiden. Die organische Abwasserbelastung ist geringer als beim Sulfit- und Sulfatverfahren. Auch erfordert das Holzstoff-Verfahren einen deutlich geringeren spezifischen Energiebedarf als das Sulfit- bzw. Sulfatverfahren.

Eine Reduzierung der durch die Papierproduktion verursachten Umweltbelastung kann erreicht werden

- durch höheren Altpapiereinsatz, vor allem im graphischen Bereich. Die Substitution von frisch hergestelltem Papier durch Recycling-Papier reduziert die Abwassermenge um 50 %, die Schadstofffracht der Luft um 74 % und die Abwasserbelastung durch organische Stoffe um 35 % [13]. Die verbleibende Abwasserbelastung rührt von Papierresten und vom sogenannten De-Inking-Prozeß her, bei dem die Druckfarbe mit Detergentien entfernt wird. Der Bleichmitteleinsatz ist gering. Falls überhaupt notwendig, kann H_2O_2 verwendet werden. Der Energieverbrauch reduziert sich von 7.5 GJ auf 1 GJ pro Tonne Papier (ohne maschinelle Vorbereitung) [5]. Außerdem wird Müllvolumen eingespart,

- vor allem aber durch vollständigen Ersatz von Chlor und ClO_2 in der Bleiche von neu hergestelltem Papier durch H_2O_2 bzw. H_2O_2/O_2,

- durch generelle Papiereinsparung, vor allem im Bereich der Verpackungen und der graphischen Papiere, die in der Bundesrepublik Deutschland knapp 90 % ausmachen.

12.5 Chlorierte Verbindungen als Beispiel für den Sondermüllnotstand

Die Entsorgungskapazität von Sonderabfällen, von denen jährlich ca. $5 \cdot 10^6$ t anfallen (alte Bundesländer), ist in der Bundesrepublik praktisch erschöpft. Es gibt kaum noch öffentlich betriebene Sondermülldeponien und Sondermüllverbrennungsanlagen. Geplant sind für die Zukunft $10-12$ Sondermüllverbrennungsanlagen, wobei Standorte und Zeitpunkte für Bau und Inbetriebnahme noch ungeklärt sind [16]. Diese Situation wird allgemein als Sondermüllnotstand bezeichnet. Die gängige Praxis ist, daß dieser Müll zwischengelagert, exportiert und verbrannt wird. Nur ein geringer Teil wird wieder aufgearbeitet. Am Beispiel der industriellen Chlorchemie, der Verwendung chlorhaltiger Lösemittel und anderer chlorhaltiger Substanzen, wollen wir einen wichtigen und zugleich typischen Problemfall näher studieren.

Chlor ist ein Element, das in der Natur als Chlorid, vor allem als NaCl im Meer, in organischen Molekülen aber von Natur aus praktisch nicht vorkommt. Alle chlorhaltigen organischen Produkte im menschlichen Umfeld sind synthetisch hergestellt. Eine Ausnahme ist das im Ozean durch mikrobakterielle Aktivität entstehende Methylchlorid, das aber nur in äußerst geringer Konzentration im Meerwasser und in der Atmosphäre auftritt. Die chemische Produktion chlororganischer Substanzen begann mit dem großtechnischen Einsatz der Chloralkalielektrolyse, bei der nach drei Verfahren, dem Amalgam-, dem Diaphragma- sowie dem Membranverfahren aus NaCl in wässriger Lösung unter Zufuhr elektrischer Energie Chlorgas und Wasserstoffgas hergestellt werden [17, 18]:

$$2\,NaCl + 2\,H_2O \longrightarrow 2\,NaOH + Cl_2 + H_2 \tag{12.3}$$

Ursprünglich war man bei diesem Verfahren nur an der Herstellung von NaOH interessiert. Cl_2 trat als Abfallprodukt auf, und die chemische Industrie suchte dafür nach einer Absatzmöglichkeit. Die gute Reaktionsfähigkeit von Cl_2 und von chlorhaltigen Verbindungen führte bald zu einer sich rasch entwickelnden Chlorchemie, über die heute die Herstellung eines großen Teils chemischer Produkte in unserer Industriegesellschaft abläuft. Tab. 12-5 zeigt die Verteilung von Chlor auf die verschiedenen Produkte. In der Sparte „chlorfreie Produkte", in die die Hauptmenge an Chlor eingeht, werden über chlorhaltige Zwischenstufen chlorfreie Endprodukte hergestellt. Das Chlor gelangt dann in der Regel als Salz (NaCl oder $CaCl_2$) in die Umwelt, d. h. in Gewässer oder auf Deponien. Lösungsmittel sind eine weitere Klasse von Verbindungen, die ca. 1/4 des produzierten Chlors enthalten. Zu ihnen gehören die Chlormethane, Trichloräthylen (TRI) und Perchloräthylen (PER), Allylchlorid und verschiedene C_3- und C_4-Alkylchloride. Auch fluorierte Chlorkohlenwasserstoffe (FCKW) zählen zu dieser Produktgruppe. Ein großer Teil dieser Verbindungen, beispielsweise die verschiedenen Chlormethane und Allylchlorid, sind lediglich Zwischenprodukte und werden weitgehend für die Herstellung chlorfreier Endprodukte eingesetzt, wobei Chlor wiederum letzten Endes als Chlorid in die Umwelt gelangt. Direkt als Lösemittel in der Metallindustrie und in der Textilreinigung eingesetzte chlorierte Kohlenwasserstoffe (CKW) machen fast die Hälfte der Sparte „Lösemittel" in Tab. 12-5 aus. Sie stellen ein großes Umweltproblem dar, da sie zum großen Teil nach der Anwendung in Luft und Gewässer gelangen. Geringe Mengen des produzierten Chlors gehen in anorganische Verbindungen (z. B. $AlCl_3$ und $FeCl_3$) ein oder in die Chloraromatenproduktion, Grundlage für die Herstellung von

Farbstoffen, Pigmenten und Bioziden. Relativ kleine Mengen werden direkt als elementares Chlorgas in der Wasseraufbereitung und der Papierbleiche eingesetzt. Gerade in diesem Bereich entstehen aber besondere Umweltprobleme (s. Abschnitt 12.4).

Tabelle 12-5 Prozentuale Verteilung von Chlor auf chlorhaltige Produkte in der Bundesrepublik (1990). Chlorgesamtproduktion im Jahr 1990: ca. $3.4 \cdot 10^6$ t

Verwendung	Prozent
Vinylchlorid	25.2
Lösemittel (CKW: C_1–C_4-Derivate, FCKW)	25.5
Chlorfreie Produkte (Endprodukte: NaCl, $CaCl_2$)	35.1
sonstige Derivate (Chloraromaten, Biozide u. a.)	4.7
anorganische Verbindungen (Chloride)	8.7
Bleichmittel (Papierindustrie) (Cl_2 oder ClO_2)	0.2
Wasserbehandlung (Cl_2)	0.6
gesamt	100.0

Quelle: [18]

Die wichtigste chemische Verbindung, die Chlor enthält, ist Vinylchlorid. Aus Vinylchlorid wird Polyvinylchlorid (PVC) durch Polymerisation hergestellt.

$$\text{n } CH_2 = CHCl \longrightarrow (-CH_2 - CHCl-)_n \tag{12.4}$$

Für die Herstellung von Vinylchlorid kann das aus der Elektrolyse stammende Chlor verwendet werden, entweder als HCl (aus $Cl_2 + H_2 \rightarrow 2\,HCl$) oder direkt als Cl_2-Gas. Dazu geht man von Acetylen (C_2H_2) bzw. von Ethylen (C_2H_4) aus, Massenprodukte, die aus Kohle bzw. Erdöl hergestellt werden:

$$HC \equiv CH + HCl \longrightarrow CH_2 = CHCl \tag{12.5}$$
$$H_2C = CH_2 + Cl_2 \longrightarrow CH_2 = CHCl + HCl \tag{12.6}$$

Eine neuere Variante ist die sogenannte *Oxichlorierung*:

$$H_2C = CH_2 + 1/2\,O_2 + 2\,HCl \longrightarrow ClH_2C - CH_2Cl + H_2O \tag{12.7}$$
$$ClH_2C - CH_2Cl \longrightarrow CH_2 = CHCl + HCl \tag{12.8}$$

In der Bilanz von Gl. (12.7) und (12.8) ergibt sich:

$$H_2C = CH_2 + 1/2\,O_2 + HCl \longrightarrow CH_2 = CHCl + H_2O \tag{12.9}$$

Der in Gl. (12.9) benötigte Chlorwasserstoff kann aus Gl. (12.6) gewonnen werden, wobei die Gln. (12.6) und (12.9) in der sogenannten *integrierten Oxichlorierung* aneinandergekoppelt werden.

Heute werden 15 % des Vinylchlorids nach Gl. (12.5) aus Acetylen und 85 % aus Ethylen (integrierte Oxichlorierung) gewonnen, insgesamt sind das in der Bundesrepublik ca. $1.5 \cdot 10^6$ t Vinylchlorid pro Jahr. Aus der Not des Chlorüberschusses hat also die chemische Industrie eine „Tugend" gemacht und im Gegensatz zu früher gibt es heute eher das Problem, wo die überschüssige NaOH aus der Elektrolyse untergebracht werden soll. Der bundesdeutsche Exportüberschuß an NaOH betrug 1983 ca. 18 %, das sind 600 000 t [19].

Alle chlorhaltigen Produkte, die heute in der Anthroposphäre vorkommen, haben in unserer Konsumgüterlandschaft ihren festen Platz bzw. erfüllen einen bestimmten Zweck. Angesichts der toxischen Eigenschaften der meisten dieser Stoffe und ihrer Umwandlungsprodukte muß jedoch die Frage gestellt werden, ob chlorhaltige Produkte nicht in Zukunft durch chlorfreie ersetzt werden müssen, die dieselbe Funktion übernehmen können. Hier müssen Modelle entwickelt werden, die marktwirtschaftliche Lenkungsmechanismen oder auch die Einführung einer „Chlorsteuer" in die Diskussion bringen. Ein mögliches Modell wird in [19] vorgestellt.

Auf fünf besonders problematische chlororganische Stoffe bzw. Stoffgruppen wollen wir nun näher eingehen. Es handelt sich dabei im einzelnen um:

- Polyvinylchlorid (PVC)

- Chlorierte Kohlenwasserstoffe (CKW) mit einem oder zwei C-Atomen

- Polychlorierte Biphenyle (PCB)

- Pentachlorphenol (PCP)

- Trichlorphenoxyessigsäure, PCDD und PCDF

Polyvinylchlorid (PVC)

PVC wird unter Druck durch Polymerisation aus Vinylchlorid (Gl. (12.4)) hergestellt. Vinylchlorid ist toxisch und hat sich im Tierversuch als cancerogen erwiesen. Bei der Herstellung von Vinylchlorid selbst und beim Polymerisationsprozeß zu PVC werden enorme Stoffmengen umgesetzt (ca. $1.6 \cdot 10^6$ t PVC pro Jahr in der Bundesrepublik, weltweit ca. $15 \cdot 10^6$ t PVC pro Jahr), von denen unvermeidlich ein gewisser, wenn auch sehr kleiner Anteil mit der Prozeßabluft in die Atmosphäre gelangt.

PVC ist ein Massenkunststoff, der wegen seiner niedrigen Herstellungskosten andere Kunststoffe, die ähnliche Zwecke erfüllen könnten, verdrängt und breite Anwendung gefunden hat. Er ist im täglichen Leben praktisch allgegenwärtig. Reines PVC ist ein ungiftiges und hartes Material. Um es flexibler zu gestalten, werden in unterschiedlichem Ausmaß, vom Anwendungsbereich abhängige Mengen von sogenannten Weichmachern bzw. Stabilisatoren zugegeben. Man unterscheidet daher Hart-PVC- und Weich-PVC-Produkte. Beispiele sind: **Hart-PVC:** Rohre, Fensterrahmen, Fußbodenbeläge, Gefäße des häuslichen und gewerblichen Gebrauchs aller Art, Spielzeuge, Schallplatten etc.

Weich-PVC Umkabelungsmaterial, Schläuche aller Art, Tischdecken, Duschvorhänge, Verpackungsfolien, Margarinebecher, Kfz-Unterbodenschutz, etc.

Unter Sonnenlichteinwirkung wird PVC rasch brüchig und spröde. Deshalb kann PVC zur Stabilisierung gegen Sonnenlichteinfluß Cadmium- und Bariumstearate (ca. 0.4 %) enthalten. Farbige PVC-Produkte enthalten häufig Chrom, Blei und Molybdän als Farbpigmente. Allerdings ist der Einsatz von Schwermetallen als Stabilisatoren seit Beginn der 90er Jahr deutlich zurückgegangen [18]. Weich-PVC-Produkte können bis zu 50 % (!) ihres Gewichts an Weichmachern enthalten. Es handelt sich dabei fast ausschließlich um Phthalsäureester, insbesondere um Di-(2-ethylhexyl)phthalat (DEHP) und Dibutylphthalat (DBP) (s. Abb. 12.10). Sie sind schwerflüchtig und praktisch wasserunlöslich und bleiben daher unter normalen Bedingungen weitgehend im PVC enthalten. Dennoch verliert PVC im Laufe der Zeit geringe Mengen dieser Stoffe, insbesondere bei starker Erwärmung oder auch bei Behandlung des PVC-Produktes mit organischen Lösemitteln oder Haushaltsreinigungsmitteln, ferner bei Kontakt mit fetthaltigen Nahrungsmitteln wie Butter oder Käse. Phthalate werden deshalb überall in der Umwelt gefunden. Dabei ist zu bedenken, daß diese Stoffe, von denen insgesamt über 300 000 t pro Jahr [20] in der Bundesrepublik hergestellt werden (ca. 85 % davon gehen in PVC-Produkte), toxikologisch nicht unbedenklich sind. Die akute Toxizität ist relativ gering, bei höheren Dosen kommt es zu Schwindelgefühlen und Schleimhautreizungen. Bei lebenslanger Applikation von DEHP wurde bei Ratten ein signifikanter Anstieg an Lebertumoren festgestellt [21]. Neben diesen umweltgefährdenden Eigenschaften von PVC-Produkten trägt PVC zu ca. 60 % zur HCl-Entstehung in Müllverbrennungsanlagen bei (s. Abschnitt 12.3). Heute wird zunehmend von der Industrie auf die technischen Möglichkeiten eines PVC-Recycling hingewiesen mit dem Ziel, die Verwendung von PVC auch in einer umweltbewußten Zukunft zu sichern. Die Realisierung ist jedoch mit großen organisatorischen Problemen verbunden. Auch sollte hier wie in anderen umweltrelevanten Bereichen gelten, daß Vermeidung – in diesem Fall Ersatz von PVC durch andere chlorfreie Kunststoffe – Vorrang vor Wiederverwertung haben sollte.

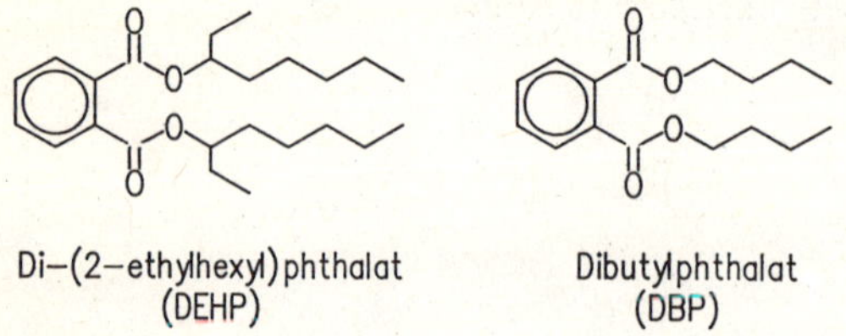

Di–(2–ethylhexyl)phthalat
(DEHP)

Dibutylphthalat
(DBP)

Abb. 12-10
Beispiele für Weichmacher in PVC-Produkten

Chlorierte Kohlenwasserstoffe (CKW) mit einem oder zwei C-Atomen

Die bekanntesten Vertreter dieser Stoffe sind Methylenchlorid CH_2Cl_2, Trichlorethylen $Cl_2C=CClH$ (TRI), 1,1,1 Trichloräthan $CCl_3–CH_3$ und das Perchlorethylen $Cl_2C=CCl_2$ (PER), die vor allem in der Metallindustrie zur Metallentfettung, für die chemische Reinigung von Textilien und als Extraktions- bzw. Lösemittel in der chemischen Industrie und in der Nahrungsmittelindustrie eingesetzt werden. Die Einsatzmenge dieser vier Stoffe ist in der Bundesrepublik Deutschland von 1986 bis 1990 von 180 000 t auf 100 000 Tonnen pro Jahr zurückgegangen [18]. Alle diese Stoffe sind humantoxisch, die Symptome sind: Reizung der Atemwege, narkotisierende Wirkung, Leber- und Nierenschäden. Zumindest für PER ist auch die cancerogene Wirkung im Tierversuch erwiesen [22]. Die besondere Gefahr dieser Stoffe besteht in ihrer Persistenz, d. h. in Oberflächen- oder Grundwasser gelangte Mengen werden nur sehr langsam biologisch abgebaut. Auch in Kläranlagen werden diese Stoffe nicht entfernt (s. Kapitel 11). Dadurch gelangen sie über die Nahrungskette zu höheren Tieren und zum Menschen, wo sie sich wegen ihrer guten Fettlöslichkeit (Beispiel: Muttermilch) anreichern und ihre gesundheitschädigende Wirkung ausüben können. Die direkte Einwirkung der flüchtigen Dämpfe dieser Stoffe ist eine weitere Gefahrenquelle. Besonders gefährdet sind Menschen, die in chemischen Reinigungsbetrieben oder in metallverarbeitenden Betrieben arbeiten.

Zu diesen Produkten der Chlorchemie sind auch die fluorierten Chlorkohlenwasserstoffe (FCKW) zu rechnen. Sie sind chemisch inert, praktisch unbrennbar und ungiftig. Sie werden als Treibmittel, Kühlmittel und Aufschäummittel in vielen Bereichen eingesetzt. Ihre Produktion soll jetzt weltweit drastisch gesenkt werden, da sie nachweislich zur Zerstörung der Ozonschicht beitragen, wenn sie in die Atmosphäre emittiert werden. Diese Probleme, sowie Eigenschaften und Wirkungsweisen der FCKW wurden bereits ausführlich in Kapitel 4 behandelt.

Polychlorierte Biphenyle (PCB)

Von den chloraromatischen Umweltchemikalien, die heute fast ubiquitär verbreitet sind, zählen die PCB zu den wichtigsten. Es gibt 209 zu unterscheidende chlorierte Biphenyle (Monochlor- bis Dekachlorverbindungen). Ein Strukturformelbeispiel für Verbindungen dieser Stoffklasse ist in Abb. 12-11 gezeigt. PCB sind schwerflüchtige Öle, die schwer entflammbar sind. Sie werden als Isolierflüssigkeiten in Kondensatoren und Transformatoren, sowie als Hydraulik- und Sperrflüssigkeiten beispielsweise im Bergbau verwendet. Seit feststeht, daß sich die PCB im Tierversuch als krebserregend erwiesen haben, wurde ihr weiterer Einsatz in der Bundesrepublik 1978 verboten. Einzige Ausnahme ist der Bergbau. Aufgrund eines schweren Grubenunglücks, das durch brennbare Hydrauliköle verursacht wurde, setzt man im Bergbau immer noch PCB-Öle statt anderer leichter brennbarer Schweröle ein. In anderen Bereichen, wie bei der Anwendung als Schmiermittel, Weichmacher in Kunststoffen, Zusätze in Durchschlagpapier, Imprägnier- und Flammschutzmittel, Zusätze in Kitten, Spachtel- und Vergußmassen, als Sperrflüssigkeiten in Meßgeräten oder Schweröl in Ringwaagen finden PCB keine Verwendung mehr. Das heißt jedoch nicht, daß keine PCB in solchen Produkten vorhanden sind, die älteren Herstellungsdatums und noch in Gebrauch sind.

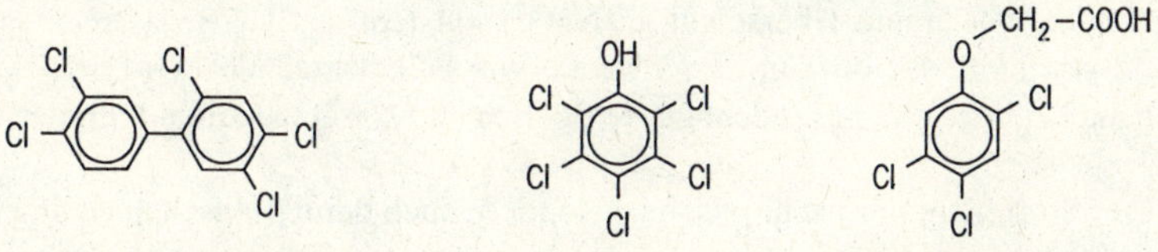

2,3',4,4',5-Pentachlorbiphenyl   Pentachlorphenol (PCP)   2,4,5-Trichlorphenoxy-essigsäure (2,4,5-T)

Abb. 12-11 Beispiele für umweltrelevante chloraromatische Verbindungen

Insgesamt wurden in der Bundesrepublik 55 000 t PCB hergestellt. Die Firma Bayer, der einzige bundesdeutsche PCB-Hersteller, stellte seine PCB-Produktion 1983 ein. Weltweit wurden seit 1930 bis heute ungefähr 10^6 t PCB produziert. Große Mengen an PCB lagern auf sogenannten „wilden" Deponien und bergen in dieser Form als Altlasten noch erhebliche Gefahren.

Tabelle 12-6 Bioakkumulationsdaten für PCB in der Nordsee

	PCB-Gehalt in mg/l bzw. mg/kg Fettgewebe	Anreicherungsfaktor bezogen auf die Wasserkonzentration
Wasser	$2 \cdot 10^{-6}$	1
Sediment (Trockengewicht)	$5 \cdot 10^{-3}$	2500
pflanzliches Plankton	8	$4 \cdot 10^6$
tierisches Plankton	10	$5 \cdot 10^6$
wirbellose Tiere	5 – 11	$2.5 \cdot 10^6 - 5.5 \cdot 10^6$
Fische	1 – 37	$0.5 \cdot 10^6 - 18.5 \cdot 10^6$
Seevögel	110	$55 \cdot 10^6$
Meeressäuger	160	$80 \cdot 10^6$
Quelle: [23]		

Wie bei den CKW besteht auch bei den PCB, Hexachlorbenzol (HCB), Hexachlorcyclohexan (s. Kap. 9) und ähnlichen schwerflüchtigen, chlororganischen Stoffen die besondere Umweltgefährdung darin, daß sie sehr persistent sind und sich wegen ihrer Fettlöslichkeit leicht in der Nahrungskette anreichern. Die Gefährlichkeit dieser Verbindungen wird so hoch eingeschätzt, daß die chemischen Landesuntersuchungsanstalten in der Bundesrepublik Muttermilch kostenlos auf PCB und HCB sowie verschiedene chlororganische Pestizide untersuchen. Tab. 12-6 zeigt als Beispiel die Ergebnisse von Untersuchungen der Bioakkumulation von PCB im Wasser und in Lebewesen der Nordsee, die in der Nahrungskette in der von oben nach unten angegebenen Reihenfolge stehen. Ein Modell, wie es zu solchen Anreicherungsraten fettlöslicher Stoffe in der Nahrungskette kommen kann, ist in Anhang 5 dargestellt.

Pentachlorphenol (PCP)

Diese chloraromatische Verbindung (Formel s. Abb. 12-11) hat eine weite Verbreitung als Holzschutzmittel und Fungizid gefunden. 1980 wurden fast 5000 t dieses Stoffes in der Bundesrepublik hergestellt, aber nur ca. 15 % davon im Inland verbraucht, der Rest wurde exportiert. 1984 betrug die Weltproduktion fast 40 000 t [21]. PCP ist ein typisches Produkt der weitverzweigten Chlorchemie. Es wird entweder katalytisch aus Phenol oder Trichlorphenol und Chlorgas oder aus Hexachlorbenzol (HCB) und NaOH hergestellt. HCB ist ein Nebenprodukt der Vinylchlorid-Produktion, das auch als Pestizid Verwendung findet. Mit einem Überschuß an NaOH entsteht aus HCB das recht gut wasserlösliche Natriumsalz von PCP, das für ähnliche Zwecke wie PCP verwendet wird. PCP ist, wie andere Chloraromaten auch, persistent, besonders gut fettlöslich und somit zur Bioakkumulation fähig (s. Anhang 5).

Seit bekannt ist, daß dieser Stoff nicht nur fischtoxisch ist, sondern auch beim Menschen zu erheblichen Gesundheitsschäden führen kann, insbesondere bei der im privaten Bereich weit verbreiteten Anwendung als Holzschutzmittel in geschlossenen Räumen, wurde die Produktion in der Bundesrepublik seit 1985 weitgehend eingestellt. Besonders bedenklich ist auch die Tatsache, daß im technisch hergestellten PCP polychlorierte Dibenzodioxine und Dibenzofurane auftreten können. Beispielsweise ist Octachlor-Dibenzodioxin mit 200 ppm und das besonders gefährliche 2,3,7,8-TCDD mit < 0.1 ppm in PCP gefunden worden [21]. Inzwischen ist PCP in der Bundesrepublik nicht mehr zugelassen. Es darf also nicht mehr in den Handel gebracht werden, aber Restbestände dürfen noch eingesetzt werden. Mit PCP behandelte Holzauskleidungen in Räumen gelten als sanierungsbedürftig. Die Kosten muß auch hier der Betroffene und nicht der Produzent als der eigentliche Verursacher tragen.

Trichlorphenoxyessigsäure, PCDD und PCDF

Die Bedeutung dieser Stoffe ist ein besonders betrübliches Kapitel der Chlorchemie. Die 2,4,5-Trichlorphenoxyessigsäure, kurz 2,4,5-T genannt, ist ein weitverbreitetes Herbizid (s. auch Kapitel 9), dessen Produktion mit der Entstehung von 2,3,7,8-TCDD, dem giftigsten aller chlorierter Dibenzodioxine, aufs engste verknüpft ist. Abb. 12-12 zeigt den Syntheseprozeß von 2,4,5-T aus Tetrachlorbenzol. Von der Prozeßführung bei der Herstellung von 2,4,5-Trichlorphenol (TCP) hängt wesentlich ab, wie viel 2,3,7,8-TCDD als Nebenprodukt gebildet wird. Die Bildungsreaktion von TCP läuft bei erhöhtem Druck und einer Temperatur um 150 °C ab. Werden die Reaktionspartner zu schnell durchmischt, so steigen Temperatur und Druck an und oberhalb von 180 °C werden merkliche Mengen von 2,3,7,8-TCDD durch Kondensation zweier TCP-Moleküle unter HCl-Abspaltung gebildet [24]. Bei dem tragischen Unfall bei Seveso in Oberitalien im Jahr 1976 brachten überhöhte Temperatur und Druck den Reaktionsbehälter zum Bersten und mit dem Reaktionsgemisch traten erhebliche Mengen von 2,3,7,8-TCDD aus, die den Boden verseuchten und Menschen und Tiere vergifteten. Bisher gab es eine ganze Reihe weiterer Unfälle, bei denen nachweislich 2,3,7,8-TCDD freigesetzt wurde, wie beispielsweise bei einem Transformatorenbrand in den USA (Binghampton, New York) im Jahr 1981. Die Transformatoren enthielten PCB.

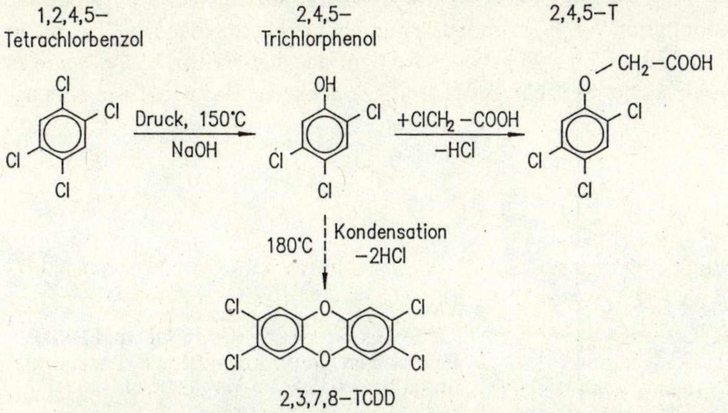

1,2,4,5–
Tetrachlorbenzol

2,4,5–
Trichlorphenol

2,4,5–T

Druck, 150°C / NaOH

+ ClCH$_2$–COOH / –HCl

CH$_2$–COOH

180°C Kondensation –2HCl

2,3,7,8–TCDD

Abb. 12-12 Chemischer Syntheseweg von 2,4,5-T und die Nebenreaktion zu 2,3,7,8-TCDD

Grundsätzlich kann 2,3,7,8-TCDD auch bei Verbrennungsprozessen chlorhaltiger Materialien auftreten. Bei der Müllverbrennung wurde 2,3,7,8-TCDD nachgewiesen (s. Abschnitt 12.3).

Die akute humantoxische Wirkung von 2,3,7,8-TCDD ist die Chlorakne, die eitrige Geschwüre auf der Haut bildet, die monate- bis jahrelang nicht ausheilen. Cancerogene und mutagene Wirkungen sind wahrscheinlich. In Tierversuchen an Meerschweinchen und Ratten erwies sich 2,3,7,8-TCDD als eine der giftigsten bekannten organischen Substanzen, giftiger als Strychnin und Morphin [25]. Wohlbekannt ist die Giftwirkung von 2,3,7,8-TCDD aus dem Vietnamkrieg, in dem ein Gemisch von Estern von mit 2,3,7,8-TCDD verunreinigtem 2,4,5-T als Entlaubungsmittel eingesetzt wurde, das berüchtigte „Agent Orange".

2,3,7,8-TCDD ist ubiquitär in der Umwelt verbreitet. Von den nicht mit Verbrennungsvorgängen verbundenen Dioxinquellen ist die industrielle Chlorbleiche von Zellstoff (s. Abschnitt 12.4) die wichtigste. Die Bodenbelastung ist im Klärschlamm der Papierindustrie 3000 mal größer als in unbelastetem Boden [18]. Der Gesamteintrag von PCDD/PCDF aus Verbrennungsquellen auf die Fläche der Bundesrepublik Deutschland (alte Bundesländer) ist in Tab. 12-7 in Einheiten von sogenannten Toxizitätsäquivalenten (TE) pro Jahr angegeben (1 TE entspricht der Toxizität von 2,3,7,8-TCDD).

Tabelle 12-7 Berechneter Eintrag von PCDD/PCDF aus Verbrennungsquellen in der Bundesrepublik Deutschland (1990). g-TE/Jahr Einheiten (Quelle [18])

Hausmüll	432	Benzin (bleihaltig)	20.9	Klärschlamm	0.66
Nichteisenmetalle	380	Klinikmüll	5.4	Benzin (bleifrei)	0.45
Hausbrand	164	Sondermüll	1.6	Zigarettenrauch	0.012

Demnach sind Müllverbrennungsanlagen die größten Emittenten. Die Emission aus Benzin stammt von den sogenannten „Scavengern", die vor allem dem bleihaltigen Benzin zugesetzt werden (s. Kap. 5). Zigarettenrauch ist zwar bezogen auf die Gesamtfläche der Bundesrepublik Deutschland eine ganz untergeordnete Emissionsquelle, wegen der hohen Rauchkonzentration in der Lunge aber sind Raucher besonders durch Dioxinaufnahme gefährdet. Wie groß die Gefahren durch Dioxine für den Menschen sind, ist umstritten. Es bleibt dennoch festzuhalten, daß 2,3,7,8-TCDD und andere PCDD und PCDF durch die Chlorchemie in die Umwelt gelangt sind, und daß die natürliche Hintergrundkonzentration dieser Stoffe demgegenüber vernachlässigbar gering ist. So ist beispielsweise

ein signifikant korrellierender Zusammenhang vom Anstieg an PCDD und PCDF in Sedimentablagerungen des Huron-Sees (USA) mit dem Anstieg der Produktionsrate chlororganischer Verbindungen
in den USA gefunden worden. Abb. 12-13 zeigt diesen Zusammenhang [20].

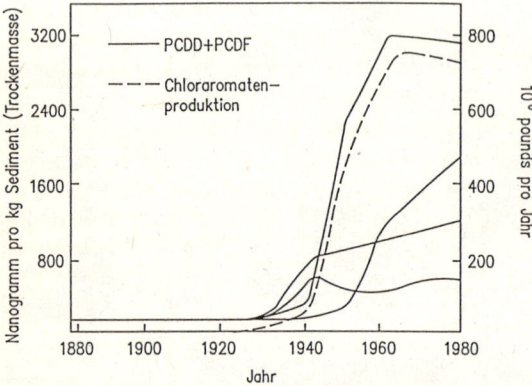

Abb. 12-13
Konzentrationsanstieg von PCDD und PCDF
gemessen an vier Sedimentkernen des
Huron-Sees (USA) im Vergleich zur
Produktionsrate chloraromatischer
Verbindungen in den USA (Quelle: [20])

12.6   Vermeidung und Entsorgung chlororganischer Stoffe

Am Beispiel der CKW wollen wir untersuchen, welchen Weg diese Stoffe von der Produktion aus
nehmen und wo sie verbleiben. 1988 wurden in der Bundesrepublik Deutschland 225 000 t Chlor in
die CKW-Produktion eingebracht. Ein Teil davon geht in die Propylenoxidproduktion. Propylenoxid
ist kein chlorhaltiges Produkt. Es wird aus einem chlorhaltigen Zwischenprodukt hergestellt. 47 000
t eingesetztes Chlor werden dabei als $CaCl_2$ und HCl ausgeschleust.

Der Stofffluß der restlichen Chlormenge verteilt sich nun folgendermaßen: 109 000 t werden zu
weiteren chlorhaltigen Kohlenwasserstoffen weiterverarbeitet oder verkauft, 15 000 t werden rezy-
cliert, 43 000 t werden entsorgt, d. h. im wesentlichen verbrannt und 58 000 t gelangen durch Emission
in die Umwelt. Alle Zahlenangaben beziehen sich auf die Menge an Chlor in den chlorhaltigen Produkten [26].

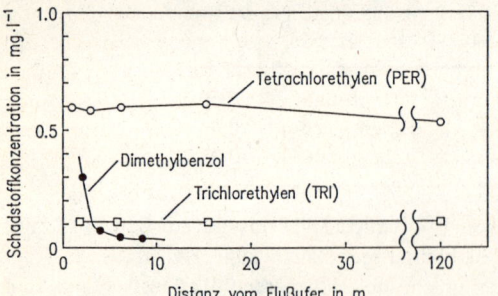

Abb. 12-14
Konzentration organischer Stoffe im Grundwasser
als Funktion der Fließstrecke in verschiedenen
Abständen vom Flußufer der Glatt (Schweiz)
(Quelle: [27])

Da CKW in Kläranlagen nicht abbaubar sind, gelangen sie in die Flüsse und von dort durch
Uferfiltration (s. Abb. 7-1) teilweise ins Grundwasser. Als Beispiel betrachten wir die Situation eines
schadstoffbelasteten Flusses, der Glatt in der Schweiz [27]. Im Grundwasser wurden bei verschiedenen Abständen senkrecht zum Flußverlauf die in Abb. 12-14 gezeigten Konzentrationen an gelösten

organischen Schadstoffen gemessen. Die Fließgeschwindigkeit des Grundwassers beträgt durchschnittlich 5 m in 10 Tagen. Während nichthalogenierte organische Schadstoffe, wie das Beispiel von Dimethylbenzol zeigt, recht rasch mikrobiologisch abgebaut werden, bleiben die Konzentrationen von PER und TRI wegen ihrer Persistenz praktisch unverändert. An diesem Beispiel wird die Gefahr deutlich, daß sich CKW in der Umgebung einer Infiltrationsquelle im Grundwasser weitflächig ausbreiten und anreichern können. Ähnliches gilt auch für viele chlorhaltige Pestizide (s. Kapitel 9). Die Sanierungskosten für solche Grundwasserverseuchungen sind hoch, das geförderte Wasser muß, wenn das überhaupt möglich ist, über Aktivkohlefilter in den Wasserwerken gereinigt werden.

Besondere Probleme treten bei sogenannten *Altlasten* auf. Darunter versteht man ungeordnete und ungesicherte Ablagerungen gefährlichen Chemiemülls auf sogenannten „wilden" Deponien, wie sie bis Anfang der 70er Jahre durchaus üblich waren. In offiziellen Statistiken sind über 48 000 Standorte auf dem Gebiet der alten Bundesländer verzeichnet. Auf dem Gebiet der neuen Bundesländer sind es ca. 28 000, der Erfassungsgrad wird aber nur auf 60 % geschätzt! Bei den Standorten in der ehemaligen DDR treten teilweise schon gravierende Boden- und Grundwasserkontaminationen auf [26].

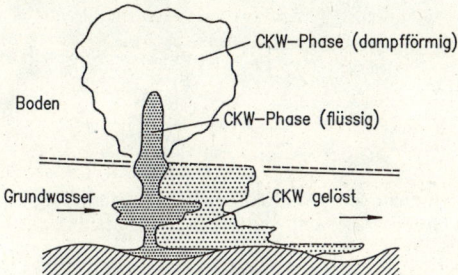

Abb. 12-15
Boden- und Grundwasserkontamination durch eine Altlast von chlorierten Kohlenwasserstoffen (CKW)

Am Beispiel der Sanierung einer Altlast, bestehend aus chlororganischen Stoffen, wollen wir das Problem darstellen und eine Sanierungsmöglichkeit diskutieren. Abb. 12-15 zeigt schematisch eine Kontamination des Bodens durch CKW, die beispielsweise aus leckgeschlagenen oder durchgerosteten Fässern einer wilden Deponie stammen könnten. Die von oben in den Boden eingesickerte flüssige CKW-Phase hat bereits das Grundwasser erreicht und durchdrungen. Im darüberliegenden Boden hat sich zusätzlich ein Bereich in der Bodenluft ausgebildet, der dampfförmige CKW enthält. Eine Kontaminationsfahne von im Wasser gelösten CKW zieht mit dem Grundwasser in Fließrichtung ab. Solche Boden- und Grundwasserkontaminationen können, wenn sie noch einigermaßen lokalisierbar sind, mit einer Methode saniert werden, die in Abb. 12-16 dargestellt ist [28]. Ein Sanierungsbrunnen wird bis ins Grundwasser an der kontaminierten Stelle eingelassen. Er besteht aus einem Rohr, das im unteren Teil mit einem Filter für Flüssigkeiten und Gase ausgestattet ist. Zwei Absaugleitungen innerhalb des Rohres sind einerseits für das Abpumpen des kontaminierten Wassers (unten) und andererseits der Bodenluft (weiter oben) vorgesehen. Die abgesaugte Bodenluft wird durch einen Aktivkohlefilter geblasen, in dem die gasförmigen CKW adsorbiert werden. Die gereinigte Abluft verläßt den Aktivkohlefilter. In der anderen Absaugleitung wird Grundwasser abgepumpt. Die Saugwirkung erzeugt einen trichterförmigen Verlauf des Grundwasserspiegels. Das Grundwasser wird durch einen sogenannten Stripper geleitet. Dabei werden die CKW aus dem Wasser ausgeblasen und im Aktivkohlefilter adsorbiert.

Mit Hilfe von Belüftungslanzen wird Luft direkt ins Grundwasser geblasen, um durch Ausgasung der CKW die gasförmige Absaugung durch das Rohr zu unterstützen, so daß nicht unnötig große Mengen an Wasser gepumpt werden müssen. Mit Kontrollanzen im Umkreis der Sanierung wird durch Probenentnahmen Fortschritt und Erfolg der Maßnahme kontrolliert. Ein Problem stellt

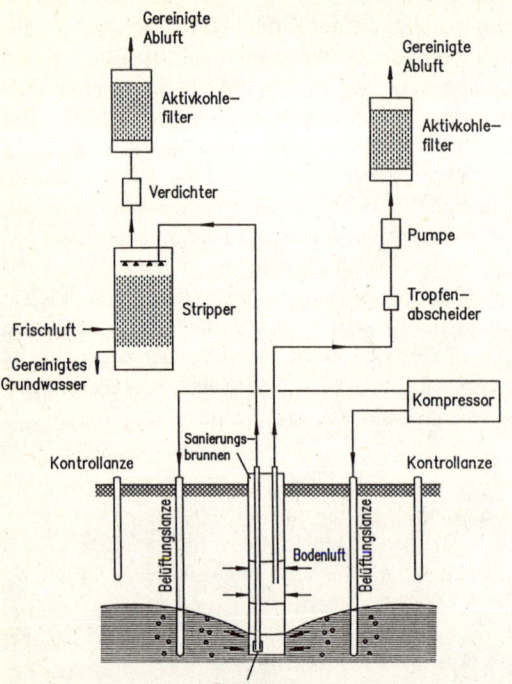

Abb. 12-16
Verfahrensschema zur Sanierung von verunreinigtem Grundwasser und verunreinigter Bodenluft

die Entsorgung der mit CKW beladenen Aktivkohle dar. Verbrennung in einer Sondermüllverbren-
nungsanlage ist teuer und aus Kapazitätsgründen auch kaum möglich. Eine Möglichkeit besteht in
der Entfernung des CKW von der Aktivkohle mit heißem Wasserdampf. Das dabei entstehende
Wasser/CKW-Gemisch kann durch Destillation oder durch Membranverfahren aufgetrennt werden.
Dann ist die Aktivkohle regeneriert und wiederverwertbar. Andere Sanierungskonzepte für solche
Fälle, die ähnlich arbeiten oder bei denen Erdaushub erforderlich ist, sind in der Literatur beschrieben
[29, 30].

Wir wollen zum Abschluß noch eines der neueren Verfahren erwähnen, bei dem man in der chemischen Produktion das Entstehen chlorhaltiger Verbindungen durch neue Reaktionswege vermeiden
kann. Es handelt sich um die Epoxidierung von Ethylen zu Ethylenoxid, einem wichtigen Zwischenprodukt bei chemischen Synthesen [31]. Früher war zur Herstellung von Ethylenoxid der Einsatz von
Chlor notwendig:

$$CH_2 = CH_2 + Cl_2 + H_2O \longrightarrow HOCH_2 - CH_2Cl + HCl \qquad (12.10)$$

$$2\,HOCH_2 - CH_2Cl + Ca(OH)_2 \longrightarrow 2\,CH_2\underset{\diagdown\ \diagup}{\overset{}{-}}CH_2 + CaCl_2 + 2\,H_2O \qquad (12.11)$$
$$O$$

Als Bilanz ergibt sich, wenn man das Doppelte von Gl. (12.10) zu Gl. (12.11) addiert:

$$2\,CH_2 = CH_2 + 2\,Cl_2 + Ca(OH)_2 \longrightarrow 2\,CH_2\underset{\diagdown\ \diagup}{\overset{}{-}}CH_2 + 2\,HCl + CaCl_2 \qquad (12.12)$$
$$O$$

Bei diesem Reaktionsverlauf fallen pro Tonne produziertem Ethylenoxid 60 t Abwasser an, das HCl, $CaCl_2$ und nicht geringe Mengen an CKW enthält, die als Nebenprodukte auftreten. Dieses Verfahren kann heute durch ein katalytisches Verfahren ersetzt werden, das chlorfrei arbeitet und bei dem statt 60 t nur 1 t Abwasser anfällt, wobei gleichzeitig auch noch die Entstehung von CKW völlig vermieden wird:

$$CH_2 = CH_2 + 1/2\, O_2 \xrightarrow{\text{Kat.}} CH_2 - CH_2 \atop \diagdown O \diagup \tag{12.13}$$

Zusammenfassend kann festgehalten werden, daß organische Chlorverbindungen, zu denen zahlreiche Lösemittel, Pestizide und Kunststoffe gehören, zum großen Teil gefährliche Umweltchemikalien darstellen, da sie sich wegen ihrer Persistenz und Fettlöslichkeit in der Nahrungskette anreichern können. Für eine Vermeidung ihrer Entstehung oder für ihre Entsorgung wird im allgemeinen noch zu wenig getan. Es besteht ein Mißverhältnis darin, in welchem Ausmaß aus der Produktion dieser Stoffe Gewinn geschöpft wird, im Vergleich zu den Aufwendungen, die zu einer Emissionsvermeidung dieser Stoffe oder ihrer Umwandlungsprodukte notwendig wären. Die chemische Produktion von chlororganischen Stoffen und die Art ihrer Vermarktung gehören zu denjenigen umweltrelevanten Bereichen, wo das Prinzip vom Vorrang der Schadstoffvermeidung vor Recycling und Entsorgung noch am wenigsten Eingang gefunden hat, seine konsequente Anwendung aber dringend geboten ist.

A 1 Temperaturgradient in der Troposphäre

Die Temperatur nimmt in der Troposphäre mit der Höhe über dem Meeresspiegel ab. Um dies nicht nur qualitativ zu verstehen (s. Kapitel 1), sondern auch quantitativ zu erfassen, benötigt man den ersten Hauptsatz der Thermodynamik. Falls nur Volumenarbeit geleistet wird, lautet er in differentieller Form geschrieben:

$$dU = \delta Q - pdV \qquad (A1.1)$$

dU ist die differentielle Änderung der molaren inneren Energie U eines Systems, z. B. die eines Gases. δQ ist die differentielle Wärmemenge, die das System mit der Umgebung austauscht, und $-pdV$ die differentielle Volumenarbeit, die das System leistet oder die an ihm geleistet wird. Der Grund für das negative Vorzeichen ist folgender: Wenn das System Volumenarbeit leistet, ist dV positiv, die mit der geleisteten Arbeit verbundene Änderung der inneren Energie $-pdV$ jedoch negativ. Wird dagegen an dem System Arbeit geleistet, ist diese Änderung der inneren Energie positiv, denn dV ist in diesem Fall negativ, $-pdV$ ist also nach Gl. ($A1.1$) positiv.

Einen Prozeß nennt man *adiabatisch*, wenn dabei keine Wärme mit der Umgebung ausgetauscht wird, d. h. $\delta Q = 0$. Für ein adiabatisches System wird Gl. ($A1.1$) zu:

$$dU = -pdV \qquad (A1.2)$$

Die Luft der Erdatmosphäre können wir in sehr guter Näherung als ideales Gas behandeln. Die innere Energie U hängt dann nur noch von der Temperatur T ab, und mit der Molwärme c_V gilt für dU:

$$dU = c_V \cdot dT = -pdV \qquad (A1.3)$$

Die Druckänderung dp in der Atmosphäre wird, wie wir ausführlich in Kapitel 1 erläutert haben, durch die sogenannte hydrostatische Grundgleichung beschrieben:

$$dp = -g \cdot \varrho \cdot dh \qquad (A1.4)$$

Umgeschrieben ergibt sich:

$$V \cdot dp = -g \cdot M \cdot dh \qquad (A1.5)$$

Dabei ist V das Molvolumen und M die Molmasse. Des weiteren gilt nach dem idealen Gasgesetz:

$$d(pV) = pdV + Vdp = R \cdot dT \qquad (A1.6)$$

Einsetzen dieser Gleichung in Gl. ($A1.5$) ergibt:

$$R \cdot dT - pdV = -g \cdot M \cdot dh \qquad (A1.7)$$

Wenn wir davon ausgehen, daß die in der Atmosphäre aufsteigende Luft adiabatisch expandiert, können wir Gl. ($A1.3$) in Gl. ($A1.7$) einsetzen:

$$R \cdot dT + c_V \cdot dT = -g \cdot M \cdot dh \qquad (A1.8)$$

Durch Umformen erhalten wir:

$$\frac{dT}{dh} = -\frac{g \cdot M}{R + c_V} \tag{A1.9}$$

Mit $g = 9.81$ m/s^2 $= 9.81 \cdot 10^{-3}$ J/(g·m), R $= 8.314$ J/(K·mol), $M_{\text{Luft}} = 29$ g/mol und $c_V = 20.8$ J/(K·mol) erhält man:

$$\frac{dT}{dh} = -9.8 \cdot 10^{-3} \quad K/m \tag{A1.10}$$

Das ist der adiabatische Temperaturgradient der trockenen Luft in der Erdatmosphäre.

A 2 Strahlungsgleichgewicht

Zur Ableitung der Wärmestrahlungsgleichung gehen wir von der differentiellen Form des Lambert-Beerschen Gesetzes aus, nach dem für die differentielle Änderung der Lichtintensität dI bei Durchdringen eines optischen Mediums der differentiellen Schichtdicke dz gilt:

$$dI = -\kappa\rho \cdot I \cdot dz \qquad (A2.1)$$

Hierbei ist ρ die Massendichte des Mediums und κ der sogenannte *Absorptionskoeffizient*, der i.a. wellenlängenabhängig ist. Bei dieser Formulierung wird jedoch

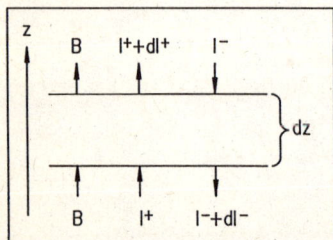

Abb. A 2-1
Lichtabsorption im optischen Medium der Schichtdicke dz

vernachlässigt, daß die Materie in der Schichtdicke dz auch Wärmestrahlung ausstrahlt, und zwar in beide Richtungen mit gleicher Intensität. Bezeichnen wir diese Intensität mit B und nehmen wir ganz allgemein an, daß Licht von unten (I^+) wie von oben (I^-) in die differentielle Schichtdicke einfällt, (s. Abb. A2-1), so gilt für die gesamte Änderung dI^+:

$$dI^+ = \kappa\rho \cdot (B - I^+) \cdot dz \qquad (A2.2)$$

dI^+ setzt sich also aus einem negativen Anteil, der von der Schwächung des von außen einfallenden Lichtes der Intensität I^+ herrührt, sowie einem positiven Anteil zusammen, der als nach oben gerichteter Wärmestrahlungsanteil noch hinzukommt. Entsprechend gilt für die nach unten austretende Intensität I^- (negative z-Richtung!):

$$dI^- = \kappa\rho \cdot (B - I^-) \cdot (-dz) \qquad (A2.3)$$

Wir schreiben diese Gleichungen in einer Form nieder, bei der statt z die sogenannte optische Weglänge χ benutzt wird. Es gilt dann mit $d\chi = -\kappa \cdot \rho \cdot dz$:

$$\frac{dI^+}{d\chi} = I^+_{(\chi)} - B_{(\chi)} \qquad (A2.4)$$

$$-\frac{dI^-}{d\chi} = I^-_{(\chi)} - B_{(\chi)} \qquad (A2.5)$$

Da I^+, I^- und B allgemein vom Ort, also von z bzw. χ abhängen, stellen die Gln. ($A2.4$) und ($A2.5$) Differentialgleichungen dar, die zwar linear aber inhomogen sind. Die Lösung von Gl. ($A2.4$) läßt sich aus der Lösung der entsprechend homogenen Gleichung ($B_{(\chi)} = 0$) nach der Methode der Variation der Konstanten gewinnen. Die Lösung der zu Gl. ($A2.4$) homogenen Gleichung ($B = 0$) lautet offensichtlich:

$$I^+ = C \cdot e^\chi \tag{A2.6}$$

Als Lösungsansatz machen wir die Konstante C zu einer zu bestimmenden Funktion von χ, die wir mit $C_{(\chi)}$ bezeichnen. Einsetzen in Gl. ($A2.4$) führt zu:

$$\frac{dC_{(\chi)}}{d\chi} = -B_{(\chi)} \cdot e^{-\chi} \tag{A2.7}$$

bzw. nach Integration zu:

$$C_{(\chi)} = -\int_{\chi_0}^{\chi} B_{(\chi')} e^{-\chi'} \cdot d\chi' + C_{(\chi_0)} \tag{A2.8}$$

wobei gilt:

$$\chi - \chi_0 = -\int_0^z \rho_{(z')} \kappa \cdot dz' \tag{A2.9}$$

Wir wählen für χ_0:

$$\chi_0 = \int_0^{z_g} \rho_{(z')} \kappa \cdot dz' \tag{A2.10}$$

wobei z_g die gesamte geometrische Weglänge des durchstrahlten Mediums ist. Man erhält somit für χ als Funktion von z:

$$\chi(z) = -\int_0^z \rho_{(z')} \kappa \cdot dz' + \int_0^{z_g} \rho_{(z')} \kappa \cdot dz' = \int_z^{z_g} \rho_{(z')} \kappa \cdot dz' \tag{A2.11}$$

Falls das optische Medium die Atmosphäre ist, wird z_g gleich unendlich. χ und χ_0 bleiben endlich, da $\rho_{(z)} = 0$ für $z \rightarrow \infty$. Wir lassen im folgenden den Index z bei χ fort. Einsetzen von Gl. ($A2.8$) in Gl. ($A2.6$) ergibt:

$$I^+_{(\chi)} = C_{(\chi)} \cdot e^\chi = C_{(\chi_0)} \cdot e^\chi - e^\chi \int_{\chi_0}^{\chi} B_{(\chi')} e^{-\chi'} \cdot d\chi' \tag{A2.12}$$

Für $\chi = \chi_0$ verschwindet das Integral in Gl. ($A2.12$) und die Integrationskonstante $C_{(\chi_0)}$ kann nun festgelegt werden:

$$I^+_{(\chi_0)} = C_{(\chi_0)} \cdot e^{\chi_0} \tag{A2.13}$$

Damit kann man statt Gl. ($A2.12$) schreiben:

$$I^+_{(\chi)} = I^+_{(\chi_0)} \cdot e^{\chi - \chi_0} - e^\chi \int_{\chi_0}^{\chi} B_{(\chi')} e^{-\chi'} \cdot d\chi' \tag{A2.14}$$

In ganz analoger Weise läßt sich Gl. ($A2.5$) lösen. Das Ergebnis lautet:

$$I^-_{(\chi)} = I^-_{(\chi_0)} \cdot e^{\chi_0 - \chi} + \int_{\chi_0}^{\chi} B_{(\chi')} e^{\chi' - \chi} \cdot d\chi' \tag{A2.15}$$

Statt der Variablen χ gehen wir nun zu der Variablen τ über, die folgendermaßen definiert ist:

$$\tau = e^{\chi - \chi_0} \qquad \text{bzw.} \qquad \tau' = e^{\chi' - \chi_0} \tag{A2.16}$$

Einsetzen der Gln. ($A2.10$) und ($A2.11$) in die Gl. ($A2.16$) ergibt:

$$\tau = \exp[-\int_0^z \rho_{(z')} \cdot \kappa \cdot dz'] \tag{A2.17}$$

τ bezeichnet man als den *Transmissionskoeffizienten* ($0 \leq \tau \leq 1$). Er gibt den Bruchteil des Lichtes der Intensität I_0 bei $z = 0$ an, der nach Durchstrahlen der Strecke z bzw. der optischen Weglänge $\chi_0 - \chi$ an der Stelle z noch vorhanden ist. Wenn wir noch bedenken, daß

$$dτ' = τ' \cdot dχ, \tag{A2.18}$$

können wir nun in den Gln. $(A2.14)$ und $(A2.15)$ $χ$ durch $τ$ substituieren:

$$I^+_{(τ)} = I^+_{(τ=1)} \cdot τ + τ \int_τ^1 B_{(τ')} \cdot \frac{1}{τ'^2} dτ' \tag{A2.19}$$

$$I^-_{(τ)} = I^-_{(τ=1)} \cdot τ^{-1} - τ^{-1} \int_τ^1 B_{(τ')} \cdot dτ' \tag{A2.20}$$

Bzw. umgeformt:

$$I^-_{(τ=1)} = I^-_{(τ)} \cdot τ + \int_τ^1 B_{(τ')} \cdot dτ' \tag{A2.21}$$

Die physikalische Bedeutung der Gln. $(A2.19)$ bis $(A2.21)$ ist die folgende: $I^+_{(τ=1)}$ ist die von unten bei $z = 0$ in das optische Medium einfallende Strahlungsintensität, die nach Durchlauf der Strecke z um den Faktor $τ$ geschwächt wird. Zusätzlich zu $I_{(τ=1)} \cdot τ$ tritt aber noch ein zweiter Term hinzu, der die Summe (Integral!) der aus allen Schichttiefen zwischen 0 und z herrührende Wärmestrahlung berücksichtigt. Entsprechendes gilt für die umgekehrte Strahlungsrichtung von oben nach unten. Zu einfachen Ergebnissen gelangt man für den Fall, daß $B_{(τ')}$ = const., also B unabhängig von $τ'$ bzw. z ist:

$$I^+_{(τ)} = I^+_{(τ=1)} \cdot τ + B(1 - τ) \tag{A2.22}$$

$$I^-_{(τ=1)} = I^-_{(τ)} \cdot τ + B(1 - τ) \tag{A2.23}$$

Die Größe $1 - τ = ε$ bezeichnet man als *Emissionskoeffizienten*.

B ist nach dem Stefan-Boltzmannschen Gesetz proportional zu T^4. Wenn B nicht von $τ'$ bzw. z abhängt, gilt das also auch für T. Wenn unser optisches Medium die Erdatmosphäre ist, bedeutet die Anwendung der Gln. $(A2.22)$ und $(A2.23)$, daß eine isotherme (T = const.) Atmosphäre vorausgesetzt wird. Obwohl diese Voraussetzung nicht erfüllt ist (s. Anhang 1 und auch Abb. 1-6), wollen wir Gl. $(A2.22)$ und Gl. $(A2.23)$ zur Beschreibung des Wärmestrahlungstransportes in der Atmosphäre heranziehen. Es gilt dann am unteren Atmosphärenrand, also am Erdboden ($z = 0$, $τ = 1$), daß dort $I^+_{(τ=1)} = σ \cdot T_0^4$, da $σ T_0^4$ die von unten nach oben, vom Boden mit der Temperatur T_0 in die Atmosphäre eindringende Wärmestrahlung ist. Da am oberen Atmosphärenrand keine Wärmestrahlung nach unten in die Atmosphäre eindringt, ist dort $I^-_{(τ=τ_A)} = 0$, wobei $τ_A = e^{-χ_0}$ (für $z = ∞$ bzw. $χ = 0$) den Gesamttransmissionskoeffizienten der Atmosphäre bezeichnet. Für die von der Atmosphäre mit der mittleren Temperatur T_A zur Erde zurückgestrahlten Leistung, die bei $z = 0$ bzw. $τ = 1$ nach unten zum Erdboden hin austritt, gilt dann nach Gl. $(A2.23)$:

$$I^-_{(τ=1)} = B(1 - τ_A) = σ \cdot T_A^4 \cdot ε_A \tag{A2.24}$$

Für den gesamten am oberen Atmosphärenrand austretenden Strahlungsfluß gilt dann:

$$I^+_{(τ=τ_A)} = τ_A σ \cdot T_0^4 + σ \cdot T_A^4 \cdot ε_A \tag{A2.25}$$

Für den gesamten am unteren Rand (Boden) auffallenden Nettostrahlungsfluß (einfallende minus austretende Strahlung) gilt dann analog:

$$I^-_{(τ=1)} - I^+_{(τ=1)} = ε_A \cdot σ T_A^4 - σ \cdot T_0^4 \tag{A2.26}$$

Die Gln. ($A2.25$) und ($A2.26$) stellen die Nettoflüsse für die Wärmestrahlung am oberen und unteren Rand (Erdboden) der Atmosphäre dar. Von diesen Beziehungen wird bei Aufstellung der Gesamt-energiebilanz der Erde in Abb. 2-6 und in den Gln. (2.8) und (2.9) Gebrauch gemacht. Wenn man die allgemeinen Gln. ($A2.19$) und ($A2.21$) mit dem speziellen Fall (B =const.) der Gln. ($A2.22$) und ($A2.23$) vergleicht, so kann formal diese Schreibweise beibehalten und für die Integrale auf der rechten Seite der Gln. ($A2.19$) und ($A2.21$) geschrieben werden:

$$\tau \int_\tau^1 B_{(\tau')} \frac{1}{\tau'^2} d\tau' = \bar{\epsilon}_+ \cdot \sigma T_A^4 \qquad (A2.27)$$

$$\int_\tau^1 B_{(\tau')} d\tau' = \bar{\epsilon}_- \cdot \sigma T_A^4 \qquad (A2.28)$$

Hierbei sind T_A, $\bar{\epsilon}_+$ und $\bar{\epsilon}_-$ geeignete Mittelwerte für die Temperatur der Atmosphäre und die Emissionskoeffizienten für Strahlung nach oben (+) und nach unten (−). Bei isothermer Atmosphäre gilt nach den Gln. ($A2.22$) und ($A2.23$): $\bar{\epsilon}_+ = \bar{\epsilon}_- = \bar{\epsilon}$. Wenn in der Atmosphäre jedoch T sich mit der Höhe ändert ($\frac{dT}{dz} \neq 0$), dann gilt allgemein, daß $\bar{\epsilon}_- \neq \bar{\epsilon}_+$. Diese Unterscheidung wurde in den Gln. (2.8) und (2.9) berücksichtigt. Es soll nun an zwei Beispielen gezeigt werden, daß $\bar{\epsilon}_- > \bar{\epsilon}_+$ bzw. $\tilde{\epsilon} = \frac{\bar{\epsilon}_-}{\bar{\epsilon}_+} > 1$, wobei der Wert von $\tilde{\epsilon}$ von τ_A, dem *atmosphärischen Transmissionskoeffizienten*, abhängt.

Als einfachste Möglichkeit für eine Temperaturabhängigkeit von B nehmen wir an, B habe den Wert B_0 von $z = 0$ (bzw. $\tau' = 1$) bis z_M (bzw. $\tau' = \tau_M$) und den Wert $\beta \cdot B_0$ von z_M bis $z = \infty$ (bzw. τ_M bis τ_A), wobei $0 < \beta < 1$. Einsetzen dieser Stufenfunktion in die Gln. ($A2.27$) und ($A2.28$) ergibt:

$$\bar{\epsilon}_+ \cdot T_A^4 = \tau_A \cdot B_0 [\beta(\frac{1}{\tau_A} - \frac{1}{\tau_M}) + (\frac{1}{\tau_M} - 1)] \qquad (A2.29)$$

und

$$\bar{\epsilon}_- \cdot T_A^4 = B_0 \cdot [\beta(\tau_M - \tau_A) + 1 - \tau_M] \qquad (A2.30)$$

Damit folgt:

$$\tilde{\epsilon} = \frac{\bar{\epsilon}_-}{\bar{\epsilon}_+} = \frac{\beta \cdot (\tau_M - \tau_A) + 1 - \tau_M}{\beta \cdot (1 - \frac{\tau_A}{\tau_M}) + \frac{\tau_A}{\tau_M} - \tau_M} \qquad (A2.31)$$

Für die Atmosphäre gilt $\tau_A = 0.036$ (Gl. (2.13)). Setzt man $\beta = (\frac{T_E}{T_0})^4 = 0.61$, ein realistischer Wert, und nimmt an, daß τ_M (der Wert von τ bei z_M), wo der Temperatursprung stattfinden soll, bei 0.10 liegt, so ergibt Gl. ($A2.31$) für $\tilde{\epsilon} = 1.45$, den bei der Erde beobachteten Wert (s. Gl. (2.14)). Abb. A2-2 zeigt zur Erläuterung den Zusammenhang von τ, B und z.

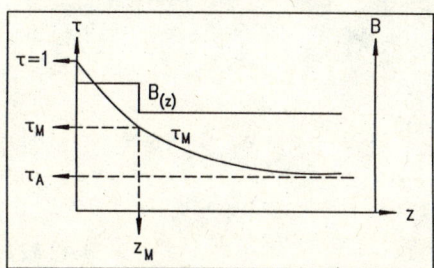

Abb. A 2-2
Beispiel einer Abhängigkeit (Stufenform) von B bzw. τ von der Höhe z

Wenn $\tau_A = 0.036$ durch Erhöhung der Spurengaskonzentrationen $\rho_{(z)} = \sum \rho_{i(z)}$ sich weiter er-niedrigt, verändern sich auch noch in Gl. ($A2.31$) die $\tilde{\epsilon}$–Werte. Für $\tau_A = 0.03$ wird $\tilde{\epsilon} = 1.50$, für $\tau_A = 0.025$ ist $\tilde{\epsilon} = 1.56$. Damit steigen nach Gl. (2.10) die Werte von T_0 auf 289 K bzw. auf 291 K. Das ist der Treibhauseffekt, der bedingt ist durch die Erhöhung der Spurengaskonzentration ρ.

Als zweites Beispiel wollen wir den Fall betrachten, daß der gesamte Wärmeenergietransport allein durch Wärmestrahlung ohne Konvektion und latente Wärme zustande kommt. Im stationären Zustand muß der Strahlungsfluß dann unabhängig von der Höhe z konstant sein. Wir gehen von den integrierten Strahlungsflüssen aufwärts (+) und abwärts (−) aus, für die gilt:

$$I^+_{(\tau_A)} = I^+_{(\tau=1)} \cdot \tau_A + \tau_A \int_{\tau_A}^1 B_{(\tau')} \frac{d\tau'}{\tau'^2} \qquad (A2.32)$$

$$I_{(\tau=1)} = I^-_{(\tau_A)} \cdot \tau_A + \int_{\tau_A}^1 B_{(\tau')} d\tau' \qquad (A2.33)$$

Konstanter Nettostrahlungsfluß bedeutet:

$$I^+_{(\tau)} - I^-_{(\tau)} = const. = \phi \qquad (A2.34)$$

Wir definieren die Größe ψ:

$$\psi = I^+_{(\tau)} + I^-_{(\tau)} \qquad (A2.35)$$

Die Addition von Gl. ($A2.4$) und ($A2.5$) ergibt:

$$\frac{d(I^+ - I^-)}{d\chi} = \frac{d\phi}{d\chi} = 0 = \psi - 2B \qquad (A2.36)$$

Subtraktion der Gl. ($A2.5$) von Gl. ($A2.4$) ergibt andererseits:

$$\frac{d(I^+ + I^-)}{d\chi} = \frac{d\psi}{d\chi} = I^+ - I^- = \phi \qquad (A2.37)$$

Aus den Gln. ($A2.36$) und ($A2.37$) folgt somit:

$$\frac{dB}{d\chi} = \phi/2 \qquad (A2.38)$$

Integration ergibt:

$$B = \frac{\phi}{2} \cdot \chi + const. \qquad (A2.39)$$

Die Konstante const. wird bestimmt durch die Bedingung, daß am oberen Atmosphärenrand, wo $\tau = \tau_A$ und $\chi = 0$ ist, $I^-_{(\tau_A)} = 0$ ist, da kein Wärmefluß vom Weltall in die Atmosphäre stattfindet. Dort gilt also $\phi = \psi$. Für $\chi = 0$ erhalten wir dann:

$$B_{(\chi=0)} = const. = \frac{\psi_{(\chi=0)}}{2} = \frac{\phi}{2} \qquad (A2.40)$$

Damit erhält man:

$$B = \frac{\phi}{2}(\chi + 1) \qquad (A2.41)$$

Wir substituieren jetzt χ durch τ'. Da $\tau' = e^{\chi' - \chi_0}$, gilt:

$$B = \frac{\phi}{2}(\ln \tau' + \chi_0 + 1) \qquad (A2.42)$$

B nimmt mit wachsender Höhe z ab, da χ nach Gl. ($A2.11$) abnimmt, d. h. daß auch die Temperatur T mit z abnimmt! Einsetzen von Gl. ($A2.42$) in die Gln. ($A2.19$) und ($A2.20$) ergibt für $I^+_{(\tau)} = \phi(1 + 1/2 \ln \frac{\tau}{\tau_A})$ und $I^-_{(\tau)} = \phi/2 \ln \frac{\tau}{\tau_A}$, also $I^+_{(\tau)} - I^-_{(\tau)} = \phi$, wie es vorausgesetzt wurde. Wir geben das Ergebnis für $\tilde{\epsilon} = \epsilon^- / \epsilon^+$ entsprechend den Gln. ($A2.27$) und ($A2.28$) an:

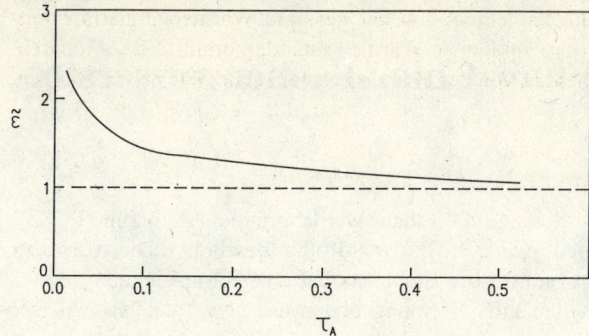

Abb. A 2-3
Abhängigkeit von $\tilde{\epsilon}$ als Funktion vom Transmissionskoeffizienten τ_A für eine Atmosphäre mit reiner Strahlungsbilanz

$$\tilde{\epsilon} = \frac{\frac{1}{2}\ln\tau_A}{\tau_A - \frac{\tau_A}{2}\ln\tau_A - 1} \qquad (A2.43)$$

Abb. A2-3 zeigt $\tilde{\epsilon}$ als Funktion von τ_A. Man sieht, daß $\tilde{\epsilon} > 1$ ist. Bei $\tau_A = 0.036$ ist $\tilde{\epsilon} = 1.83$, ein Wert, der viel zu hoch liegt gegenüber der Realität ($\tilde{\epsilon} = 1.45$). Das Modell des Energietransportes allein durch Strahlung kann also für die Erdatmosphäre nicht zutreffen. In der Tat wissen wir, daß ein großer Teil der Energie durch thermische Konvektion und latenten Wärmefluß transportiert wird, wie es in Kapitel 2 beschrieben ist. Dennoch zeigt das Modell des reinen Strahlungsflusses sehr drastisch, daß Erniedrigung von τ_A, verursacht durch Erhöhung der Spurengaskonzentrationen, zur Erhöhung von $\tilde{\epsilon}$ bei besonders kleinen τ_A-Werten unterhalb 0.1 führt und damit nach Gl. (2.10) auch zu einem stärkeren Treibhauseffekt!

A 3 Nomenklatur der Fluor-Chlor-Kohlenwasserstoffe (FCKW)

Die mit Fluor und/oder Chlor halogenierten Methane und Ethane werden mit der Abkürzung FCKW bezeichnet. Im angelsächsischen Raum spricht man von CFC (chlorofluorocarbons). Die American Society of Heating, Refrigeration and Air Conditioning Engineers hat eine Kennzeichnung dieser Stoffe eingeführt, die auch von der deutschen DIN-Normung übernommen wurde. Nach dieser Kennzeichnung kann bei teilhalogenierten FCKW auch die Abkürzung H-FCKW verwendet werden. Oftmals findet man auch die Abkürzung F statt FCKW, so beispielsweise F 12 anstatt FCKW 12. Dies ist eine Abkürzung, die sich wegen der einfacheren Handhabung immer mehr einbürgert, aber nicht den Nomenklaturregeln entspricht.

Der Abkürzung FCKW folgt eine zwei- oder dreistellige Zahl (z. B. FCKW 115). Aus der Zahl kann die Zusammensetzung des FCKW bestimmt werden, nicht aber dessen Struktur, d. h. isomere Molekülformen werden nicht erfaßt. Es gelten folgende Nomenklaturregelungen:

– Die letzte Ziffer gibt die Anzahl der Fluoratome an.

– Die vorletzte Ziffer minus 1 gibt die Anzahl der Wasserstoffatome an.

– Die drittletzte Ziffer plus 1 gibt die Anzahl der Kohlenstoffatome an. Wenn diese Zahl Null ist, wird sie weggelassen.

– Die restlichen Bindungsplätze an den Kohlenstoffatomen sind durch Chlor substituiert.

Handelt es sich insgesamt um eine zweistellige Zahl, so liegt dementsprechend ein halogeniertes Methan vor, ist die drittletzte Ziffer eine 1, so liegt ein halogeniertes Ethan vor. Ist die drittletzte Ziffer größer 1, so liegt kein Einzelmolekül, sondern eine Mischung von FCKW vor, deren Bestandteile direkt aus der Ziffernfolge **nicht** hervorgehen. Beipielsweise ist FCKW 502 eine Mischung aus 48.8 % FCKW 22 und 51.2 % FCKW 115. Mit diesen Regeln lassen sich die Summenformeln der FCKW in Tab. 4-1 des Kapitels 4 direkt ableiten, FCKW 115 beispielsweise ist $CClF_2\text{-}CF_3$.

A 4   Kinetik des Belebungsverfahrens

In Abb. A4-1 ist ein Modell skizziert, nach dem wir das Belebungsverfahren einer Kläranlage (s. Abschnitt 11.2) quantitativ behandeln wollen.

In das Belebungsbecken mit dem Volumen V fließt das Abwasser mit einer Volumengeschwindigkeit Q ein. Die Schmutzfracht an abbaubaren gelösten Schmutzstoffen im Zufluß ist:

$$\left(\frac{dm_S}{dt}\right)_{ein} = Q \cdot [S_0] \tag{A4.1}$$

Dabei sind $[S_0]$ die Massenkonzentration des Schmutzstoffes im zufliessenden Wasser, m_S die Masse des Schmutzstoffes und t die Zeit. Die Schmutzstoffe werden nun im gut durchmischten Belebungsbecken von Mikroorganismen unter ständiger Sauerstoffzufuhr umgesetzt.

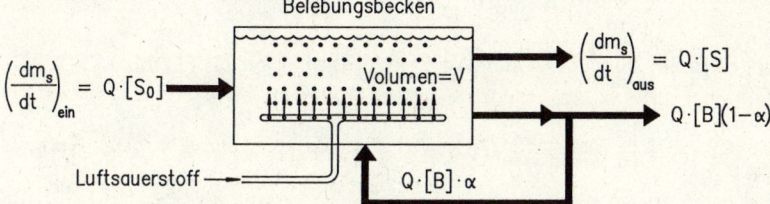

Abb. A 4-1   Schematische Darstellung eines Belebungsbeckens mit Sauerstoffversorgung sowie Zu- und Abflüssen (s. Text)

Die Schmutzfracht im ablaufenden Abwasser ist:

$$\left(\frac{dm_S}{dt}\right)_{aus} = Q \cdot [S] \tag{A4.2}$$

Hier bedeutet $[S]$ die Konzentration von Schmutzstoffen im ablaufenden Abwasser. Die Konzentration von Mikroorganismen (Biomassekonzentration) bezeichnen wir mit $[B]$. Biomasse bzw. Belebtschlamm wird mit der Rate

$$\left(\frac{dm_B}{dt}\right) = Q \cdot [B] \tag{A4.3}$$

mit dem abfließenden Abwasser ausgetragen, aber der Bruchteil α des Belebtschlamms wird wieder in das Belebungsbecken zurückgeführt, so daß in der Bilanz der Austrag nur $Q \cdot [B] \cdot (1-\alpha)$ beträgt.

Wir stellen jetzt nach den Gesetzen der chemischen Kinetik zwei Bilanzgleichungen für die zeitliche Änderung der Konzentrationen $[S]$ und $[B]$ im Belebungsbecken auf, die dem von Michaelis und Menten 1913 aufgestellten Geschwindigkeitsgesetz entsprechen, nach dem ein Substrat (S) durch ein Enzym (B) abgebaut wird:

$$\frac{d[S]}{dt} = -k_1 \cdot [B] \cdot \frac{[S]}{K_S + [S]} + \frac{Q}{V} \cdot ([S_0] - [S]) \tag{A4.4}$$

$$\frac{d[B]}{dt} = +k_1'[B] \cdot \frac{[S]}{K_S + [S]} - \frac{Q}{V}(1-\alpha) \cdot [B] \tag{A4.5}$$

K_S ist die sogenannte Michaelis-Konstante [1]. k_1 bzw. k_1' sind die Reaktionsgeschwindigkeitskonstanten, die allerdings noch von der Konzentration des gelösten Sauerstoffs abhängen. Der erste Term der rechten Seite der Gl. ($A4.4$) bezeichnet die Geschwindigkeit, mit der S durch Reaktion mit B abgebaut wird. S wird teilweise in Biomasse und teilweise in CO_2 und H_2O umgewandelt. Wenn wir vereinfacht unter S Kohlehydrate der stöchiometrischen Zusammensetzung CH_2O verstehen, heißt das:

$$B = y \cdot CH_2O \longleftarrow (x + y) \cdot CH_2O + x \cdot O_2 \longrightarrow x \cdot H_2O + x \cdot CO_2 \qquad (A4.6)$$

Der zweite Term auf der rechten Seite der Gl. ($A4.4$) ist der Anteil von $\frac{d[S]}{dt}$, der durch die Bilanz von Zu- und Abfluß zustande kommt. Entsprechendes gilt für $\frac{d[B]}{dt}$. Der erste Term auf der rechten Seite der Gl. ($A4.5$) ist die Geschwindigkeit, mit der nach Gl. ($A4.6$) Biomasse gebildet wird. Er unterscheidet sich vom ersten Term der rechten Seite der Gl. ($A4$-4) nur dadurch, daß $k_1' \leq k_1$, da pro Zeiteinheit mehr Masse an S biochemisch umgesetzt als Biomasse B gebildet wird, denn ein Teil von S wird ja in CO_2 und H_2O umgewandelt. k_1/k_1' ist ungefähr 2, d. h. 50 % von S wird in Biomasse umgewandelt.

Wir betrachten nun den stationären Zustand. Hier gilt:

$$\frac{d[S]}{dt} = 0 \quad \text{und} \quad \frac{d[B]}{dt} = 0 \qquad (A4.7)$$

Einsetzen dieser Gleichungen in die Gln. (A4.4) und (A4.5) und Elimination des Faktors $[S]/(K_S + [S])$ ergibt:

$$\frac{[S_0] - [S]}{[S_0]} = \frac{k_1}{k_1'} \cdot (1 - \alpha) \cdot \frac{[B]}{[S_0]} \qquad (A4.8)$$

Gl. ($A4.8$) multipliziert mit dem Faktor 100 gibt den Umsatz des Schmutzes in % an. Die Konzentration an Biomasse $[B]$ ist von derjenigen des einfließenden Schadstoffs $[S_0]$ abhängig. Aus den Gln. ($A4.4$) und ($A4.5$) ergibt sich unter Berücksichtigung der Bedingungen von Gl. ($A4.7$):

$$[B] = \frac{k_1'}{k_1} \cdot \frac{1}{1 - \alpha} \cdot \left([S_0] - \frac{\frac{Q}{V} \cdot (1 - \alpha) \cdot K_S}{k_1' - \frac{Q}{V} \cdot (1 - \alpha)} \right) \qquad (A4.9)$$

Eingesetzt in Gl. ($A4.8$) ergibt das:

$$\frac{[S_0] - [S]}{[S_0]} = 1 - \frac{\frac{Q}{V} \cdot (1 - \alpha) \cdot K_S}{[S_0] \cdot (k_1' - \frac{Q}{V} \cdot (1 - \alpha))} \qquad (A4.10)$$

Theoretisch ist der maximal mögliche Umsatz gleich 1. Dieser kann nur bei $Q = 0$ oder bei $\alpha = 1$ erreicht werden, also wenn der Abwasserstrom verschwindet bzw. kein Belebtschlamm ausgetragen wird. In der Praxis ist aber $Q > 0$. $\alpha = 1$ ist im stationären Betrieb nicht möglich, da $[B]$ nach Gl. ($A4.9$) sonst unendlich groß wird.

Will man beispielsweise 90 % der Schmutzstoffe umsetzen unter der Annahme, daß $\alpha = 0.5$ und $k_1/k_1' = 2$, so ist $[B]/[S_0] = 0.9$. Biomassekonzentration und einlaufende Schmutzkonzentration sind also ähnlich groß. Ist $\alpha = 0.9$, so gilt $[B]/[S_0] = 4.5$.

Die Gln. ($A4.9$) und ($A4.10$) haben noch eine weitere wichtige Bedeutung. Die Biomassekonzentration $[B]$ wird Null, wenn die runde Klammer in Gl. ($A4.9$) gleich Null wird. Für $[B] = 0$ ist Q/V eine Funktion von $[S_0]$:

$$\frac{Q}{V} = \frac{k_1'}{1 - \alpha} \cdot \frac{[S_0]}{K_S + [S_0]} \qquad (A4.11)$$

Diese Kurve ist in Abb. A4-2 wiedergegeben. Sie trennt zwei Bereiche voneinander. Im schraffierten Bereich ist $[B] > 0$. Auf der Kurve und oberhalb davon im weißen Bereich ist $[B]= 0$. Das bedeutet: Ist Q/V größer als der durch Gl. ($A4.11$) gegebene Grenzwert, wird die Biomasse aus dem Belebungsbecken vollständig ausgewaschen. Das ist ein irreversibler Prozeß, er kann durch nachfolgende Erniedrigung von Q/V nicht mehr rückgängig gemacht werden.

In der Praxis bedeutet das, daß bei Überschreiten der Grenze des schraffierten zum weißen Bereich im Abwasser kein Umsatz mehr stattfindet, das Abwasser also ungeklärt in den Fluß gelangt. Das kann beispielsweise bei starken Regenfällen geschehen, weil Q sich dann erhöht und sich $[S_0]$ gleichzeitig erniedrigt, wenn die Schmutzfracht konstant bleibt. Eine weitere Möglichkeit, bei der ein solcher Zusammenbruch der Reinigungskraft einer Kläranlage stattfindet, ist die plötzliche Veränderung der Art des Schmutzes im Zulauf. Die Mikroorganismen benötigen eine gewisse Adaptionszeit, bis sie sich auf die "Verdauung" einer neuen Art von Schmutzteilchen eingestellt haben. Während dieser Zeit kann der Wert von k_1', der ja als Reaktionsgeschwindigkeitskonstante ein Maß für die Fähigkeit ist, wie schnell der Schmutz abgebaut wird, so weit absinken, daß auch bei konstanten Werten von Q und $[S_0]$ die Kurve in Abb. A4-2 stark abflacht und so Bedingungen erreicht werden, die dem weißen, also instabilen Bereich entsprechen.

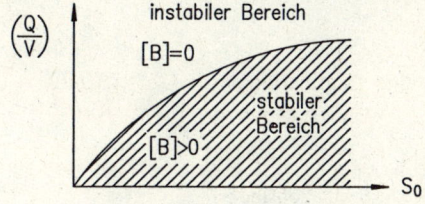

Abb. A 4-2
Wasserzulaufrate Q bezogen auf das Beckenvolumen V als Funktion der Schmutzkonzentration im Zulauf $[S_0]$ für den stabilen und instabilen Bereich eines Belebungsbeckens

Bei einer Kläranlage muß also durch gute Steuerung der Prozeßparameter immer gewährleistet sein, daß der schraffierte Bereich in Abb. A4-2 im stationären Betrieb nie verlassen wird.

A 5   Ein Modell für die Bioakkumulation

Wir wollen ein vereinfachtes Modell entwickeln, das zeigt, wie sich ein Schadstoff von Glied zu Glied in einer Nahrungskette anreichert. Abb. A5-1 stellt das n-te Glied einer Nahrungskette, z. B. einen Fisch, als ein System dar, dessen Körpervolumen sich zum einen Teil aus wässrigem Milieu und zum anderen Teil aus Fettgewebe zusammensetzt. Dieses Nahrungskettenglied der Ordnung n nimmt Nahrung durch Verzehr eines Nahrungskettengliedes der Ordnung $n-1$ (bei einem Fisch wäre es Zooplankton) auf. Die Konzentration eines Schadstoffes bezogen auf das ganze Körpervolumen wird mit $C_{S,n}$ bezeichnet. Der Index S steht für Schadstoff und der Index n zeigt die Stellung in der Nahrungskette an.

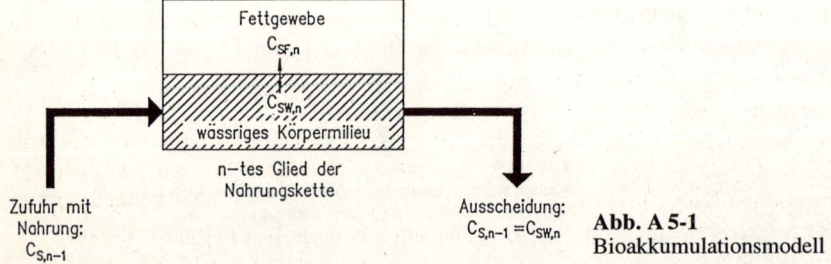

Abb. A 5-1
Bioakkumulationsmodell

Im Lauf seines Lebens nimmt der Fisch ständig in ungefähr gleichen Mengen Nahrung zu sich, so daß sich in seinem Körper ein Gleichgewicht zwischen der im wässrigen Körpermilieu und der im Fettgewebe verteilten Schadstoffmenge einstellt. Dieses Gleichgewicht wird durch einen Verteilungskoeffizienten $K_{S,n}$ beschrieben:

$$K_{S,n} = \frac{C_{SF,n}}{C_{SW,n}} \qquad (A5.1)$$

Dabei bedeuten $C_{SF,n}$ die Konzentration an Schadstoff im Fettgewebe (Index F) und $C_{SW,n}$ diejenige im wässrigen Milieu (Index W). Für die Gesamtmenge $m_{S,n}$ an Schadstoff im Fisch gilt unter Berücksichtigung von Gl. ($A5.1$):

$$m_{S,n} = (V_{W,n} + K_{S,n} \cdot V_{F,n}) \cdot C_{SW,n} \qquad (A5.2)$$

Dabei ist $V_{W,n}$ das Volumen des wässrigen Milieus und $V_{F,n}$ das des Fettgewebes im Fisch. Entscheidend für unser Modell ist nun die Annahme, daß die Konzentration $C_{SW,n}$ im wässrigen Körpermilieu des Fisches (Verdauungsorgane) gleich der Gesamtkonzentration des Schadstoffes $C_{S,n-1}$ im Körper des Lebewesens ist, das dem Fisch als Nahrung dient, in unserem Beispiel also des Zooplankton. Es gilt also:

$$C_{SW,n} = C_{S,n-1} \qquad (A5.3)$$

Für $C_{S,n}$ gilt unter Berücksichtigung der Gln. ($A5.2$) und ($A5.3$):

$$C_{S,n} = \frac{m_{S,n}}{V_{W,n} + V_{F,n}} = C_{S,n-1} \cdot (\phi_{W,n} + K_{S,n} \cdot \phi_{F,n}) \qquad (A5.4)$$

$\phi_{W,n}$ und $\phi_{F,n}$ sind die Volumenbruchteile des wässrigen Körpermilieus bzw. die des Fettgewebes ($\phi_{W,n} + \phi_{F,n} = 1$). Wir machen nun die weitere Annahme, daß die Werte von $\phi_{W,n}$ und $\phi_{F,n}$ unabhängig vom Lebewesen in der Nahrungskette, also unabhängig von n sind. Das bedeutet, daß das Volumenverhältnis von Fettgewebe zu wässrigem Körpermilieu in allen Nahrungskettengliedern gleich ist und daß auch die Art des wässrigen Milieus und des Fettgewebes einander so ähnlich sind, daß $K_{S,n}$ in allen Lebewesen der Nahrungskette denselben Wert hat. Bei diesen Größen lassen wir im folgenden den Index n fort. Der Unterschied der Lebewesen in der Nahrungskette besteht also in unserem Systemmodell nur in der Körpergröße. Setzt man beginnend mit $n = 1$ die Gl. ($A5.4$) sukzessive in dieselbe Gleichung mit jeweils $n + 1$, so erhält man:

$$C_{S,n} = C_{S,0} \cdot (\phi_W + K_S \cdot \phi_F)^n \qquad (A5.5)$$

Da $\phi_W + \phi_F = 1$ und wir annehmen, daß $K_S > 1$, ergibt sich aus Gl. ($A5.5$), daß die Schadstoffkonzentration mit der Potenz n der Stellungszahl n in der Nahrungskette anwächst. Als Zahlenbeispiel nehmen wir an, daß $K_S = 100$, $\phi_W = 0.1$ und $\phi_F = 0.9$. Dann ist im vierten Glied der Nahrungskette der Anreicherungsfaktor $\alpha_n = C_{S,n}/C_{S,0} = (0.9 + 10)^4 = 1.41 \cdot 10^4$. Betrachten wir die Nahrungskette Phytoplankton $\rightarrow$ Zooplankton $\rightarrow$ Fische $\rightarrow$ Seevögel, so sagt dieses Rechenbeispiel aus, daß die Konzentration eines Schadstoffes, beispielsweise in einer Seemöwe, mit $K_S = 100$ über 14000 mal höher als im Meerwasser ($C_{S,0}$) ist.

Solche starken Anreicherungen ergeben sich nur, wenn K_S erheblich größer als 1 ist. Das ist bei gut fettlöslichen Umweltchemikalien wie den chlorierten Kohlenwasserstoffen (CKW) der Fall. K_S-Werte für solche Stoffe wie beispielsweise PER, Dioxine, HCB oder PCB liegen zwischen 10^2 und 10^6. Auch sehr geringe Konzentrationen dieser persistenten Stoffe im Wasser können also zu hohen Konzentrationswerten in Lebewesen führen, die in der Nahrungskette weit oben stehen.

Schon dieses vereinfachte Modell der Bioakkumulation zeigt uns, daß fettlösliche, persistente Stoffe wie CKW, die durch den Menschen in Umlauf gebracht werden und in der Umwelt eigentlich nur in geringen Konzentrationen zu finden sind, sich ausgerechnet dort wieder zu hohen Konzentrationen anreichern, wo sie am gesundheitsgefährlichsten sind, nämlich in den höheren Lebewesen.

Literaturhinweise und Quellenangaben

Bei den mit [*] gekennzeichneten Hinweisen handelt es sich um zusätzliche weiterführende Literatur

Einleitung

[1] N. Meyers (Hrsg.): GAIA – Der Ökoatlas unserer Erde, Fischer Verlag, Frankfurt (1985)

[2] R. H. Strahm: Warum sie so arm sind, Peter Hammer Verlag, Wuppertal (1987)

[3] Frankfurter Rundschau vom 17. 10. 1988

[4] Frankfurter Rundschau vom 15. 8. 1989

[5] Frankfurter Rundschau vom 21. 2. 1992

[6] M. Mantner: Chemical & Engineering News, 1989 in: Die Welt vom 2. 12. 1989

[7] Lehrbücher der Thermodynamik, z. B.: G. Kortüm, H. Lachmann: Einführung in die chemische Thermodynamik, Verlag Chemie, Weinheim (1981)

[8] M. Klöcker, U. Tworuschka (Hrsg.): Ethik der Religionen – Lehre und Leben Bd. 5 : Umwelt, Verlag Kösel/Vandenhoek und Ruprecht, Göttingen (1986)

[9] G. Liedke: Im Bauch des Fisches – Ökologische Theologie, Kreuz Verlag, Stuttgart (1984)

[10] U. Beck: Risikogesellschaft auf dem Weg in eine andere Moderne, edition suhrkamp, Frankfurt (1986)

[11] H. Weiss: Die unteilbare Landschaft. Für ein erweitertes Umweltverständnis, Orell Füssli Verlag, Zürich (1987)

[12] H. v. Ditfurth: So laßt uns denn ein Apfelbäumchen pflanzen – es ist soweit, Rasch und Röhring Verlag, Hamburg (1985)

[13] H. Friege, F. Claus (Hrsg.): Chemie für wen?, Rowohlt Taschenbuch Verlag, Reinbek (1988)

[14] M. Held (Hrsg.): Chemiepolitik: Gespräch über eine neue Kontroverse, VCH Verlagsgesellschaft, Weinheim (1984)

[15] J. Grün, D. Wiener: Global denken, vor Ort handeln – Kontroversen über unsere Zukunft, Dreisam-Verlag, Freiburg (1984)

[16] Naturwissenschaft und Theologie im Gespräch: Chemie – im Dienst des Lebens?, Tagung vom 29.–31. 1. 1988 in der Evang. Akademie Bad Boll, Protokolldienst 7/88, Bad Boll (1988)

[17] H. Skolimowski: Öko-Philosophie – Entwurf für neue Lebensstrategien, C. F. Müller Verlag, Karlsruhe (1988)

[18] U. E. Simonis (Hrsg.): Ökonomie und Ökologie – Auswege aus einem Konflikt, C. F. Müller Verlag, Karlsruhe (1988)

[19] E. Laszlo: Global denken. Die Neugestaltung der vernetzten Welt, Horizonte-Verlag, Rosenheim (1989)

[20] U. Duchrow, G. Liedke: Schalom, Kreuz Verlag Stuttgart (1988)

[21] F. Vester: Unsere Welt – ein vernetztes System, Deutscher Taschenbuch Verlag, München (1987)

[22] E. U. von Weizsäcker, Erdpolitik, Wissenschaftliche Buchgesellschaft, Darmstadt (1990)

[23] P. Bloch: Die Natur im Blickfeld einer neuen Ethik, Verlagsgesellschaft BUND, Freiburg (1986)

Kapitel 1

[1] M. Schidlowski: Die Geschichte der Erdatmosphäre, Spektrum der Wissenschaften, Heft 4, 17–27 (1981)

[2] P. Fabian: Atmosphäre und Umwelt, Springer Verlag, 2. Aufl., Heidelberg (1987)

[3] J. Herrmann: Die Sterne, Mosaik-Verlag, München (1985)

[4] Enquête-Kommission „Vorsorge zum Schutz der Erdatmosphäre" (Hrsg.): Dritter Bericht, Bonn (1990)

[5] Globus Statistiken Nr. 7304

[*] J. Schmetz, E. Raschke: Bewölkung und Strahlungshaushalt der Erde, Spektrum der Wissenschaften, Heft 1, 96–109 (1986)

[*] A. P. Ingersoll: Die Atmosphäre, Spektrum der Wissenschaften, Heft 11, 108–121 (1983)

[*] P. Cloud: Die Biosphäre, Spektrum der Wissenschaften, Heft 11, 126–137 (1983)

[*] J. Fricke, W. L. Borst: Energie, ein Lehrbuch der physikalischen Grundlagen, 2. Aufl., Oldenbourg Verlag, München (1984)

Kapitel 2

[1] Deutsche Physikalische Gesellschaft und Deutsche Meteorologische Gesellschaft: Warnung vor drohenden weltweiten Klimaänderungen durch den Menschen, Bad Honnef (1987)

[2] E. Keppler: Die Luft in der wir leben, Piper, München (1988)

[3] C. D. Schönwiese, B. Diekmann: Der Treibhauseffekt, DVA, Stuttgart (1988)

[4] H. Graßl: Forstw. Cbl. 106, 236–248 (1987)

[5] Enquête-Kommission „Vorsorge zum Schutz der Erdatmosphäre", Dritter Bericht, Bonn (1990)

[6] Umweltbundesamt (Hrsg.): Daten zur Umwelt 1990/91, Erich Schmidt-Verlag, Berlin (1992)

[7] U. Schmailzl: Forstw. Cbl. 106, 248–262 (1987)

[8] C. D. Schönwiese, J. Malcher: Der anthropogene Spurengaseinfluß auf das globale Klima. Statistische Abschätzungen auf der Grundlage der Beobachtungsdaten, Bericht Nr. 67, Institut für Meteorologie und Geophysik, Universität Frankfurt (1987)

[9] N. Meyers (Hrsg.): GAIA – Der Ökoatlas unserer Erde, Fischer Verlag, Frankfurt (1985)

[10] M. Held (Hrsg.): Ökologische Folgen des Flugverkehrs, Tutzinger Materialien Nr. 50, Tutzing (1988)

[11] M. Pfeiffer, M. Fischer (Hrsg.): Unheil über unseren Köpfen?, Quell Verlag, Stuttgart (1989)

[12] K. C. Zachariak, M. T. Vu: World Population Projections 1987–88, Baltimore (1988), in: H. Bick, H. Birg, W. Schug: Weltentwicklungspolitik: Perspektiven fürs Überleben, Studienbrief 1, Funkkolleg Humanökologie, Beltz-Verlag, Weinheim/Basel (1991)

[13] K. W. Edwin: Energiewirt. Tagesfragen 38, 425–432 (1988)

[14] C. D. Schönwiese: Das Problem menschlicher Eingriffe in das Globalklima („Treibhauseffekt") in aktueller Übersicht, Frankfurter Geowissenschaftl. Arbeiten, Serie B, Band 3, Universität Frankfurt (1991)

[15] C. D. Schönwiese: Private Mitteilungen 26. 6. 1989

[16] J. Fricke, U. Schüßler, R. Kümmel: Physik i. u. Zeit, 20, 56 (1989)

[17] J. Schüßler: Physik i. u. Zeit, 21, 155 (1990)

[18] C. L. Gray, J. A. Alson: Spektrum der Wissenschaft, Heft 1, 74–81 (1990)

[19] Umweltbundesamt (Hrsg.): Ökologische Bilanz von Rapsöl bzw. Rapsölmethylester im Vergleich zu Dieselkraftstoff (Ökobilanz Rapsöl), Reihe TEXTE, Berlin (1992)

[20] U. Höpfner, W. Knörr: Motorisierter Verkehr in Deutschland – Energieverbrauch und Luftschadstoffemissionen des motorisierten Verkehrs in der DDR, Berlin (Ost) und der Bundesrepublik Deutschland im Jahr 1988 und in Deutschland im Jahr 2005, Erich Schmidt Verlag, Berlin (1992)

[*] W. Roedel: Physik der Atmosphäre, Springer Verlag, Heidelberg/Berlin (1991)

[*] Spektrum der Wissenschaft (Hrsg.): Sonderheft 1990

Kapitel 3

[1] R. Jaenicke (Deutsche Forschungsgemeinschaft) (Hrsg.): Atmosphärische Spurenstoffe, VCH Verlagsgesellschaft mbH, Weinheim (1987)

[2] E. Keppler: Die Luft in der wir leben, Piper, München (1988)

[3] H. Menig: Abgasentschwefelung und -entstickung, Deutscher Fachschriftenverlag, Wiesbaden (1987)

[4] Enquête-Kommission „Vorsorge zum Schutz der Erdatmosphäre", Dritter Bericht, Bonn (1990)

[5] Umweltbundesamt (Hrsg.): Daten zur Umwelt 1990/91, Erich Schmidt Verlag, Berlin (1992)

[6] Fonds der Chemischen Industrie (Hrsg.): Reinhaltung der Luft, Frankfurt (1986)

[7] P. Fabian: Atmosphäre und Umwelt, Springer, Berlin (1987)

[8] M. Schmidt, U. Schmailzl: Photochemische Bildung von Ozon und mögliche emissionsmindernde Maßnahmen zur Verringerung der Ozonbelastung, ifeu–Gutachten, Heidelberg (1990)

[9] Umweltbundesamt (Hrsg.): Was Sie schon immer über Luftreinhaltung wissen wollten, Kohlhammer, Stuttgart (1989)

[10] W. Odzuck: Umweltbelastungen, Ulmer, Stuttgart (1982)

[11] Arbeitskreis Chemische Industrie und Katalyse Umweltgruppe Köln e. V. (Hrsg.): Das Waldsterben, Kölner Volksblatt Verlag, Köln (1983)

[*] Fonds der Chemischen Industrie (Hrsg.): Reinhaltung der Luft, Frankfurt (1986)

[*] P. Fabian: Atmosphäre und Umwelt, Springer, Berlin (1987)

[*] Umweltbundesamt (Hrsg.): Was Sie schon immer über Luftreinhaltung wissen wollten, Kohlhammer, Stuttgart (1989)

[*] M. L. Edwan, L. F. Phillips: Chemistry of the Atmosphere, Edward Arnold, London (1975)

[*] E. Keppler: Die Luft in der wir leben, Piper, München (1986)

[*] R. Jaenicke (Deutsche Forschungsgemeinschaft) (Hrsg.): Atmosphärische Spurenstoffe, VCH Verlagsgesellschaft mbH, Weinheim (1987)

[*] R. Kümmel, S. Papp: Umweltchemie, 2. Aufl., Deutscher Verlag für Grundstoffindustrie, Leipzig (1988)

[*] H. Becker, G. Löbel (Hrsg.): Atmosphärische Spurenstoffe und ihr physikalisch-chemisches Verhalten, Springer, Berlin/Heidelberg (1985)

Kapitel 4

[1] S. Chapman: Mem. Roy. Met. Soc. 3, 103–125 (1930)

[2] R. Weston, H. A. Schwarz: Chemical Kinetics, Prentice Hall Inc., Englewood Cliffs, N. J. (1972)

[3] P. J. Crutzen: Quart. J. R. Met. Soc. 96, 320–325 (1970)

[4] D. Kley: Chemie in unserer Zeit 8, 54–62 (1974)

[5] U. Schurath: Chemie in unserer Zeit 11, 181–189 (1977)

[6] M. J. Ewan, L. F. Phillips: Chemistry of the Atmosphere, Edward Arnold, London (1975)

[7] M. J. Molina, F. S. Rowland: Nature 289, 810 (1974)

[8] J. P. Jessen: Angew.Chemie 89, 507–574 (1977)

[9] Der Bundesminister für Forschung und Technologie (Hrsg.): Klimaprobleme und ihre Erforschung, Bonn (1987)

[10] Enquête-Kommission „Vorsorge zum Schutz der Erdatmosphäre, Dritter Bericht, Bonn (1990)

[11] H. Bräutigam, 6. DECHEMA-Fachgespräch Umweltschutz, Frankfurt (1988)

[12] P. J. Crutzen: 6. DECHEMA-Fachgespräch Umweltschutz, Frankfurt (1988)

[13] M. Pfeiffer, M. Fischer (Hrsg.): Unheil über unseren Köpfen, Quelle Verlag, Stuttgart (1989)

[14] Evangelische Akademie Tutzing (Hrsg.): Ökologische Folgen des Luftverkehrs, Tutzinger Materialien Nr. 50, Tutzing (1988)

[15] F. Zabel: Chemie in unserer Zeit 21, 141–150 (1987)

[16] T. Ewe: Bild der Wissenschaft, Heft 6, 38–57 (1986)

[17] P. Fabian: Physikalische Blätter 44, 2 (1988)

[18] E. Keppler: Die Luft in der wir leben, Piper, München (1988)

[19] D. J. Hofmann, J. W. Harder, S. R. Rolf, J. M. Rosen: Nature 326, 59 (1987)

[20] S. Solomon, R. R. Garcia, F. S. Rowland, D. J. Wuebbles: Nature 321, 755 (1986)

[21] Messungen der „National Ozone Expedition 1986", zitiert in 15]

[22] M. A. McElroy, R. J. Salawitch, S. C. Wolfsky, J. A. Logan: Nature 321, 759 (1986)

[23] F. Arnold, Physik i. u. Zeit 21, 175–177 (1990)

[24] R. Wietasch: Natur und Umwelt, Heft 2, 22 (1988)

[25] C. Schäfer: Bild der Wissenschaft, Heft 2, 50 (1988)

[26] J. Fricke, Physik i. u. Zeit 20, 180–191 (1989)

[27] Süddeutsche Zeitung vom 21. September 1987

[28] M. J. Prather, R. T. Watson, Nature 344, 729 (1990)

[*] H. W. Jakobi: Fluorchlorkohlenwasserstoffe, Verwendung und Vermeidungsalternativen, Erich Schmidt Verlag, Berlin (1988)

[*] G. Fellenberg: Chemie der Umweltbelastung, Teubner, Stuttgart (1990)

Kapitel 5

[1] Fonds der Chemischen Industrie (Hrsg): Umweltbereich Luft, Frankfurt (1986)

[2] W. Odzuck: Umweltbelastungen, Ulmer Verlag, Stuttgart (1982)

[3] M. Hildebrand: Rauchgasentschwefelung bei EVU-Kraftwerken, Energiewirt. Tagesfr. 38, 533–539 7(1988)

[4] F. Baumüller: Entschwefelung – Überblick über die Entschwefelungsverfahren, Anwenderreport Rauchgasreinigung

[5] H. Menig: Abgasentschwefelung und -Entstickung, Deutscher Fachschriftenverlag, Wiesbaden (1987)

[6] Dokumentation Rauchgasreinigung, Sonderteil der Zeitschriften BWK, STAUB, UMWELT, Düsseldorf (1985)

[7] E. Lahmann: Luftverunreinigung-Luftreinhaltung: Eine Einführung in ein interdisziplinäres Wissensgebiet, Paul Parey, Berlin/Hamburg (1990)

[8] R. Görgen: Maßnahmen gegen Sommersmog, in: Bundesminister für Umwelt, Naturschutz und Reaktorsicherheit (Hrsg.): Umwelt, 197–201, 5(1992)

[9] S. Rümmele: Schmutzige Luft – kranke Menschen? UmweltMagazin, 64–65, 2 (1991)

[10] K. Dienes: Die neue Technische Anleitung Luft '86, Energiewirt. Tagesfr., 971–983 12(1986)

[11] H. Lichtenthaler, C. Buschmann: Das Waldsterben aus botanischer Sicht, Verlag G. Braun, Karlsruhe (1984)

[12] M. Schmidt, U. Mampel, V. Neumann: Gesundheitsschäden durch Luftverschmutzung, Wunderhorn-Verlag, Heidelberg (1987)

[13] D. Kuhnt: Die Verordnung über Großfeuerungsanlagen, Energiewirt. Tagesfr., 567–584 8(1983)

[14] F. W. Fluck: Einfluß der Großfeuerungsanlagen-Verordnung auf die Emissionen in der Bundesrepublik

Deutschland, Brennstoff-Wärme-Kraft 35, 424–427 (1983)

[15] W. Tegethoff: Die Großfeuerungsanlagen-Verordnung in der Praxis, Energiewirt. Tagesfr., 173–188 3(1985)

[16] Umweltbundesamt (Hrsg.): Daten zur Umwelt 1990/91, Erich Schmidt Verlag, Berlin (1992)

[17] U. Höpfner, W. Knörr et al.: Motorisierter Verkehr in Deutschland – Energieverbrauch und Luftschadstoffemissionen des motorisierten Verkehrs in der DDR, Berlin (Ost) und der Bundesrepublik Deutschland im Jahr 1988 und in Deutschland im Jahr 2005, Erich Schmidt Verlag, Berlin (1992)

[18] N. Moussiopoulos, W. Oehler, K. Zellner: Kraftfahrzeugemissionen und Ozonbildung, Springer, Berlin/Heidelberg (1989)

[19] O. Willenbockel: Katalysatorkonzepte zur Erfüllung neuer Abgasvorschriften, VDI Berichte Nr. 531, VDI Verlag, Düsseldorf (1984)

[20] K. Obländer, J. Abthoff und H.–D. Schuster: Der Dreiwegkatalysator – eine Abgasreinigungstechnologie für Kraftfahrzeuge mit Ottomotoren, VDI Berichte Nr. 531, VDI Verlag, Düsseldorf (1984)

[21] G. Schuster: Der Tod im Tank, Natur, Heft 3, 30–35 (1986)

[22] Der Bundesminister für Verkehr (Hrsg.): Verkehr in Zahlen 1991, Bonn (1991)

[23] U. Höpfner, M. Schmidt, A. Schorb, J. Wortmann: PKW, Bus oder Bahn?, Raben Verlag, München (1988)

[24] Fonds der Chemischen Industrie (Hrsg.): Die Chemie des Chlors und seiner Verbindungen, Frankfurt (1992)

[25] B. H. Engler: Katalysatoren zur Reduzierung von Schadstoffen in Autoabgasen, Luftreinhaltung, 22–28 6(1988)

[26] P. Zeranski: Im Ruß liegt das Problem, UmweltMagazin, 40–42 4(1991)

[27] D. Hassel et al. (TÜV Rheinland): Das Abgas-Emissionsverhalten von Personenkraftwagen in der Bundesrepublik Deutschland im Bezugsjahr 1985, Köln (1987)

[28] T. Niedrig: Die Verwertung von REA-Gips, Energiewirt. Tagesfr., 410–412 5(1987)

[29] S. Tsuru, A. Weidner: Ein Modell für uns: Die Erfolge der japanischen Umweltpolitik, Kiepenheuer und Witsch, Köln (1985)

[*] W. Bernhardt: Dreiweg-Katalysatoren für Kraftfahrzeuge, Energiewirt. Tagesfr., 456–462 6(1988)

[*] E. Koberstein: Katalysatoren zur Reinigung von Autoabgasen, Chemie in userer Zeit, 37–45 2(1984)

[*] Bundesministerium für Umwelt, Naturschutz und Reaktorsicherheit (Hrsg.): Was Sie schon immer über Auto und Umwelt wissen wollten, Kohlhammer, Stuttgart (1989)

Kapitel 6

[1] Bundesminister für Ernährung, Landwirtschaft und Forsten (Hrsg.): Waldzustandsbericht des Bundes – Ergebnisse der Waldschadenserhebung – 1991, Bonn (1991)

[2] Umweltbundesamt (Hrsg.): Jahresbericht 1991, Berlin (1992)

[3] P. Schütt (Hrsg.): So stirbt der Wald, Schadbilder und Krankheitsverlauf, BLV Verlagsgesellschaft, München (1985)

[4] H. E. Papke, B. Krahl-Urban, K. Peters, Chr. Schimansky et al.: Ursachenforschung in der BRD und den Vereinigten Staaten von Amerika – Waldschäden, Hrsg. Kernforschungsanlage Jülich GmbH (1985)

[5] Bundesminister für Forschung und Technologie (Hrsg.): Research on Environmental Damage to Forests, Bonn (1984)

[6] Umweltbundesamt (Hrsg.): Daten zur Umwelt 1990/91, Erich Schmidt Verlag, Berlin (1992)

[7] Waldschadenserhebung 1987, Energiewirt. Tagesfragen, 38, 106-108 (1988)

[8] Bundesministerium für Ernährung, Landwirtschaft und Forsten (Hrsg.): Waldschadenserhebung 1988,

Bonn (1988)

[9] U. Weissbach: Total unter Spannung, GLOBUS, 170–178 7(1992)

[10] Bundesminister für Ernährung, Landwirtschaft und Forsten (Hrsg.): Waldzustandsbericht des Bundes – Ergebnisse der Waldschadenserhebung – 1989, Bonn (1990)

[11] Bayerische Staatsforstverwaltung (Hrsg.): Information 1/83

[12] B. Hock, E. F. Elstner (Hrsg.): Pflanzentoxikologie, 2. Aufl., Bibliographisches Institut, Zürich (1988)

[13] H. Lichtenthaler, C. Buschmann: Das Waldsterben aus botanischer Sicht, Verlag G. Braun, Karlsruhe (1984)

[14] Arbeitskreis Chemische Industrie / Katalyse Umweltgruppe Köln e. V. (Hrsg.): Das Waldsterben, Kölner Volksblatt Verlag, Köln (1983)

[15] W. Ziechmann, U. Müller-Wegener: Bodenchemie, BI-Wissenschaftsverlag, Mannheim (1991)

[16] R. Schildhauer: Die unsichtbare Gefahr, kosmos, 85–89 10(1992)

[17] Umweltbundesamt (Hrsg.): Was Sie schon immer über Luftreinhaltung wissen wollten, Kohlhammer Verlag, Stuttgart (1989)

[18] Bundesminister für Ernährung, Landwirtschaft und Forsten (Hrsg.): Waldzustandsbericht des Bundes – Ergebnisse der Waldschadenserhebung 1992, Bonn (1992)

[*] Verein Deutscher Ingenieure (Hrsg.): Säurehaltige Niederschläge – Entstehung und Wirkungen auf terrestrische Ökosysteme, VDI-Verlag, Düsseldorf (1983)

[*] E. Nießlein, G. Voss: Was wir über das Waldsterben wissen, DIV, Köln (1985)

[*] R. Grießhammer: Letzte Chance für den Wald?, Dreisam Verlag, Freiburg (1983)

[*] P. Breloh: Energiewirt. Tagesfragen 37, 134-139 (1987)

[*] W. Bosshard (Hrsg.): Kronenbilder, Eidgenössische Anstalt für das forstliche Versuchswesen, Birmensdorf (1986)

[*] Landesanstalt für Umweltschutz (Hrsg.): Immissionsökologischer Wirkungskataster BW, Jahresbericht 1987, Karlsruhe (1987)

Kapitel 7

[1] Fonds der Chemischen Industrie (Hrsg.): Reinhaltung des Wassers, Folienserie Nr. 13, 1. und 2. Aufl., Frankfurt (1986, 1990)

[2] J. Ditfurth, R. Glaser (Hrsg.): Die tägliche Verseuchung unserer Flüsse, Rasch und Röhring, Hamburg (1987)

[3] J. Grün, D. Wiener: Global denken vor Ort handeln, Dreisam Verlag, Freiburg (1984)

[4] Ländergemeinschaft Wasser, Bundesverband der Deutschen Gas- und Wasserwirtschaft (1986)

[5] Umweltbundesamt (Hrsg.): Daten zur Umwelt 1990/91, Erich Schmidt Verlag, Berlin (1992)

[6] D. Gleisberg: Phosphat und Umwelt, Chemie in unserer Zeit 22, 201–207 6(1988)

[7] T. Höpner: Der ökologische Zustand der Nordsee, Chemie in unserer Zeit 23, 1–9 1(1989)

[*] M. Kummert, W. Stumm: Gewässer als Ökosysteme, Verlag der Fachvereine, Zürich (1988)

[*] K. Buchwald: Nordsee – Ein Lebensraum ohne Zukunft? Verlag Die Werkstatt, Göttingen (1990)

[*] H. Schäfer: Zeitbombe Wasser, Orac-Verlag, Wien (1989)

[*] G. Ditfurth, R. Glaser (Hrsg.): Die tägliche legale Verseuchung unserer Flüsse und wie wir uns dagegen wehren können, Rasch und Röhring, Hamburg (1987)

[*] Th. Kluge, E. Schramm: Wassernöte – Zur Geschichte des Trinkwassers, Volksblatt Verlag, Köln (1988)

[*] U. Förstner: Umweltschutztechnik, 2. Aufl., Springer, Berlin/Heidelberg/New York (1990)

Kapitel 8

[1] Umweltbundesamt (Hrsg.): Jahresbericht 1991, Berlin (1992)

[2] H. Stache, H. Großmann: Waschmittel, Springer-Verlag, Berlin/Heidelberg (1985)

[3] Umweltbundesamt (Hrsg.): Daten zur Umwelt 1990/91, Erich Schmidt Verlag, Berlin (1992)

[4] Fonds der chemischen Industrie (Hrsg.): Tenside, Folienserie Nr. 14, Frankfurt (1987)

[5] BUND (Hrsg.): GLOBUS-Heft Nr. 4(1991)

[6] Industrieverband Körperpflege und Waschmittel (Hrsg.): Der Weißheit letzter Schluß?, Frankfurt (1986)

[7] W. Giger: Umwelt-Geochemie von Waschmittelchemikalien, Vortrag im geochemischen Kolloquium, Institut für Sedimentforschung, Universität Heidelberg (1987)

[8] R. Kummert, W. Stumm: Gewässer als Ökosysteme, Verlag der Fachvereine, Zürich (1988)

[9] G. Vollmer, M. Franz: Chemische Produkte im Alltag, Thieme, Stuttgart (1985)

[10] Synthetische Zeolithe und Aluminophosphate, Nachr. Chem. Techn. Lab. 36, 624–630 6(1988)

[11] Bundesminister für Umwelt, Naturschutz und Reaktorsicherheit (Hrsg.): Umwelt Nr. 3, Bonn (1992)

[12] Umweltbundesamt (Hrsg.): Sauber ohne Reue, Berlin (1987)

[13] J. Pütz, D. Wundram: Wäsche waschen – sanft und sauber, Verlagsgesellschaft Köln, Köln (1989)

[14] Kombinieren Sie richtig!, Waschen mit Enthärtungsmitteln, Test, Heft 1 (1989)

[*] G. Vollmer, M. Franz: Chemische Produkte im Alltag, Thieme, Stuttgart (1985)

Kapitel 9

[1] L. H. Moll: Taschenbuch für den Umweltschutz III: Ökologische Informationen, Reinhardt-Verlag, München (1982)

[2] B. Scheffer, W. Walther: Stickstoffumsetzungen im Boden und Folgen für die Nitratauswaschung, gwf-Wasser/Abwasser 129, 451–456 H.7(1988)

[3] D. Sauerbeck: Funktionen, Güte und Belastbarkeit aus agrikulturchemischer Sicht, Kohlhammer, Stuttgart (1985)

[4] W. Odzuck: Umweltbelastungen, Ulmer, Stuttgart (1982)

[5] Der Spiegel, Heft Nr.49 (1987)

[6] United Nations Industrial Development Organisation: Global overview of the Pestizide Industry subsector, PPD. 98 vom 2. 12. 1988

[7] Die Grünen im Bundestag / AK Umwelt (Hrsg.): Pestizide, Volksblatt-Verlag, Köln (1985)

[8] R. H. Strahm: Warum sie so arm sind, P. Hammer Verlag, Wuppertal (1987)

[9] Wood Mackenzie & Co. Ltd. (ed.): Agrochemical Service, Edinburgh (1988)

[10] Industrieverband Agrar (Hrsg.): Jahresbericht 1991/92, Frankfurt (1992)

[11] I. Witte, u. a.: Gefährdungen der Gesundheit durch Pestizide, Fischer, Frankfurt (1988)

[12] A. Ernst, K. Langbein, H. Weiss: Gift-Grün, Chemie in der Landwirtschaft und seine Folgen, Kiepenheuer & Witsch, Köln (1986)

[13] A. Bechmann: Landbau-Wende, Fischer, Frankfurt (1987)

[14] Fonds der chemischen Industrie (Hrsg.): Pflanzenschutz, Folienserie Nr. 10, Frankfurt (1985)

[15] Pestizid-Aktions-Netzwerk (PAN): Stellungnahme zum Vorschlag der Gruppe Agrarfragen des Rates für eine Richtlinie des Rates über das Inverkehrbringen von EWG-zugelassenen Pflanzenschutzmitteln in der Fassung vom 5. Juni 1990, Hamburg (1991)

[16] BASF AG: Private Mitteilungen (1989)

[17] L. H. Moll: Taschenbuch für den Umweltschutz IV: Chemikalien in der Umwelt, Reinhardt-Verlag, München (1987)

[18] W. Bödeker: Das Spiel mit dem Tod, EPK, 29–32 2(1987)

[19] Bund für Umwelt und Naturschutz Deutschland (Hrsg.): Globus Mappe Nr. 1, Stuttgart (1987)

[20] A. Bechmann: Ökobilanz, Heyne Verlag, München (1987)

[21] R. Heitefuss: Verbundforschung zur integrierten Pflanzenproduktion, in: Biolog. Bundesanstalt für Land- und Forstwirtschaft (Hrsg.): 46. Deutsche Pflanzenschutztagung, Mitteilungen – Heft 245, Berlin (1988)

[22] Frankfurter Rundschau vom 26. 5. 1989

[23] K. S. Porter, M. W. Stimmann: Protecting Groundwater, New York State Water Resources Institute, Office of Pesticide Information and Coordination (1988)

[24] M. Schmitz: Erkenntnisse zur Gewässerbelastung durch Pflanzenschutzmittel bei den Wasserwerken in der Bundesrepublik Deutschland, Schriftenreihe WaBoLu (1988)

[25] H. Schmidt, R. Winkler: Bewertung der Belastung des Bodens und der Ökosysteme der ehemaligen DDR mit Pflanzenschutzmitteln, im Auftrag des Umweltbundesamtes, Berlin (1991)

[26] Umweltbundesamt (Hrsg.): Daten zur Umwelt 1988/89, Erich Schmidt Verlag, Berlin (1989)

[27] Chemische Rundschau vom 12. 5. 1989

[28] L. H. Moll: Taschenbuch für den Umweltschutz II: Biologische Informationen, Reinhardt–Verlag, München (1983)

[*] Auswertungs- und Informationsdienst für Ernährung, Landwirtschaft und Forsten e.V.: Nitrat in Grundwasser und Nahrungspflanzen, Nr. 1136, Bonn (1988)

[*] G. H. Schmidt: Pestizide und Umweltschutz, Vieweg, Braunschweig (1986)

[*] R. Diercks: Einsatz von Pflanzenbehandlungsmitteln und die dabei auftretenden Umweltprobleme, Kohlhammer, Stuttgart (1984)

[*] Pestizid-Aktions-Netzerk (Hrsg.): Petizideinsatz in Entwicklungsländern: Gefahrend und Alternativen, verlag josef margraf, Weikersheim (1989)

[*] I. Witte u. a.: Gefährdungen der Gesundheit durch Pestizide, Fischer, Frankfurt (1988)

[*] R. Kümmel, S. Papp: Umweltchemie, 2. Aufl., Deutscher Verlag für Grundstoffindustrie, Leipzig (1988)

[*] K. H. Domsch: Pestizide im Boden, VCH, Weinheim (1992)

[*] G. Fellenberg: Chemie der Umweltbelastung, Teubner, Stuttgart (1990)

Kapitel 10

[1] R. Kummert, W. Stumm: Gewässer als Ökosysteme, Verlag der Fachvereine Zürich, Zürich (1987)

[2] Schwermetalle in der Umwelt, Grundsatzstudie im Auftrag des Bundesministers des Inneren und des Umweltbundesamtes, VDI-Verlag, Düsseldorf (1984)

[3] Landesgewerbeanstalt Bayern (Hrsg.): Eintrag von Schwermetallen in die Umwelt, im Auftrag des Umweltbundesamtes, Berlin (1991)

[4] Bremer Umweltinstitut (Hrsg.): Schwermetalle – Endlager Mensch, Kölner Volksblatt Verlag, Köln (1985)

[5] T. C. Koch, J. Seeberger, H. Petrik: Ökologische Müllverwertung, C. F. Müller Verlag, Karlsruhe (1986)

[6] Bundesarbeitgeberverband Chemie und Verband der Chemischen Industrie (Hrsg.): Fakten zur Chemie-Diskussion. Schwermetalle in der Umwelt, Frankfurt (1987)

[7] G. Zimmermann: Aufbereiten von Batterien, Umwelt 19, 192–194 4(1989)

[8] A. Kloke: Richt- und Grenzwerte für Schwermetalle in Böden, Pflanzen und Lebensmitteln, Vortrag im Umweltgeochemischen Kolloquium der Universität Heidelberg im Oktober 1987

[9] Umweltbundesamt (Hrsg.): Was sie schon immer über Wasser wissen wollten, 2. Aufl., Kohlhammer

Verlag, Stuttgart (1987)

[10] G. Müller, L. Haamann, R. Kubat, K. Nöe: Schwermetalle und Nährstoffe in den Böden des Rhein-Neckar-Raumes, Heidelberger Geowissenschaftliche Abhandlungen Band 13, Heidelberg (1987)

[11] D. Behrens, J. Wiesner (Hrsg.): DECHEMA-Fachgespräche Umweltschutz, Beurteilung von Schwermetallkontaminationen im Boden, Frankfurt (1987)

[12] D. M. Imboden, J. Tschopp, W. Stumm: Die Rekonstruktion früherer Stofffrachten in einem See mittels Sedimentuntersuchungen, Schweiz. Z. Hydrol. 42, 1–14 (1980)

[13] G. Müller: Schadstoffe in Sedimenten – Sedimente als Schadstoffe, Mitt. Österr. Geol. Ges. 79, 107–126 (1986)

[14] G. Irion, G. Müller: Heavy Metals in Surficial Sediments of the North Sea, in: Heavy Metals in the Environment, Int. Conference, New Orleans (1987)

[15] M. Schmidt, U. Mampel, U. Neumann: Gesundheitsschäden durch Luftverschmutzung, Wunderhorn Verlag, Heidelberg (1987)

[16] W. Odzuck: Umweltbelastungen, Ulmer, Stuttgart (1982)

[17] W. L. H. Moll: Taschenbuch für Umweltschutz IV: Chemikalien in der Umwelt, Reinhardt Verlag, München (1987)

[*] E. Merian (Hrsg.): Metalle in der Umwelt – Verteilung, Analytik und biologische Relevanz, VCH, Weinheim (1984)

[*] R. Kümmel, S. Papp: Umweltchemie, 2. Aufl., Deutscher Verlag für Grundstoffindustrie, Leipzig (1988)

Kapitel 11

[1] W. Raabe: Pfisters Mühle. Ein Sommerferienheft (1884), S. 54, Reclams Universal-Bibliothek, Stuttgart (1980)

[2] J. Gilles: Öffentliche Abwasserbeseitigung im Spiegel der Statistik, Korrespondenz Abwasser 34, 414–437 (1989)

[3] Umweltbundesamt (Hrsg.): Daten zur Umwelt 1990/91, Erich Schmidt Verlag, Berlin (1992)

[4] Umweltbundesamt (Hrsg.): Jahresbericht 1991, Berlin (1992)

[5] K. Mudrack, S. Kunst: Biologie der Abwasserreinigung, 2. Auflage, G. Fischer Verlag, Stuttgart (1988)

[6] K. Höll: Wasser-Untersuchung, Beurteilung, Aufbereitung, Chemie, Bakteriologie, Virologie, Biologie. 7. Aufl., Walter de Gruyter, New York/Berlin (1986)

[7] M. Radke: Chancen für die anaerobe Abwasserreinigung, Umwelt, 40–42 1-2(1989)

[8] B. Böhnke: Das Adsorptionsbelebungsverfahren, Manuskript des Vortrags des Seminars „Neue Technologien zur weitgehenden Abwasserreinigung" VDI Bildungswerks, 30. 11–1. 12. 1988 in Düsseldorf

[9] B. Böhnke: Das AB-Verfahren zur biologischen Abwasserreinigung, Institut für Siedlungswasserwirtschaft der Rhein.-Westf. Techn. Hochschule Aachen, Aachen (1987)

[10] H. Bettmann: Anaerobe Abwasserreinigung der Natur abgeschaut, Teil 1–4, UmweltMagazin, Hefte: 11(1988), 12(1988), 1/2(1989) und 3(1989)

[11] C. F. Seyfried: Verfahrenstechnik der anaeroben Abwasserreinigung – Theorie und Praxis, Manuskript des Vortrags der Diskussionstagung „Verfahrenstechnik der mechanischen, thermischen, chemischen und biologischen Abwasserreinigung" der GVC/VDI, 17.–19. 9. 1988 in Baden-Baden

[12] F. Pöpel: Lehrbuch für Abwassertechnik und Gewässerschutz, Deutscher Fachschriften-Verlag, Wiesbaden (1975/1988)

[13] ATV (Abwassertechnische Vereinigung): Umwandlung und Elimination von Stickstoff im Abwasser, Korrespondenz Abwasser 34, 77–85 1(1987) und 167–171 2(1987)

[14] H. J. Pöpel: Verfahrenstechnik der biologischen Stickstoffelimination, Manuskript des Vortrags der Diskussionstagung „Verfahrenstechnik der mechanischen, thermischen, chemischen und biologischen Abwasserreinigung" der GVC/VDI, 17.–19. 9. 1988 in Baden-Baden

[15] S. Schlegel: Bemessung und Ergebnisse von Belebungsanlagen mit Stickstoffelimination, Manuskript des Vortrags der Seminars „Neue Technologien zur weitgehenden Abwasserreinigung" VDI Bildungswerks, 30. 11–1. 12. 1988 in Düsseldorf

[16] H. J. Pöpel: Grundlagen und Bemessung der biologischen Stickstoffelimination, Teil 1: Nitrifikation, gwf-wasser/abwasser 128, 415–421 H.8(1987)

[17] H. J. Pöpel: Grundlagen und Bemessung der biologischen Stickstoffelimination, Teil 2: Denitrifikation, gwf-wasser/abwasser 128, 469–474 H.9(1987)

[18] A. Feyen: Biologische Stickstoffelimination in einer schwach belasteten Belebungsanlage, Manuskript des Vortrags des Seminars „Neue Technologien zur weitgehenden Abwasserreinigung" VDI Bildungswerks, 30. 11–1. 12. 1988 in Düsseldorf

[19] J. Pinnekamp: Einstufige Nitrifikations- und Denitrifikationsanlagen, EP-Spezial No. 5, 27–32 (1989)

[20] A. Feyen: Persönliche Mitteilungen vom 19. 8. 1989

[21] R. Kummert, W. Stumm: Gewässer als Ökosysteme, Verlag der Fachvereine, Zürich (1988)

[22] W. Bischofsberger: Stand der biologischen Phosphatelimination, Wasser und Boden, 240–243 5(1988)

[23] J. Pinnekamp: Grundlagen, Verfahren und Leistungsfähigkeit der erhöhten biologischen Phosphorelimination, abwassertechnik, Heft 4, 21–26 (1988)

[24] J. Pinnekamp: Bemessung von Belebungsanlagen zur Stickstoff- und Phosphorelimination, Manuskript des Vortrags des Seminars „Neue Technologien zur weitgehenden Abwasserreinigung", VDI Bildungswerk, 30. 11–1.12.1988 in Düsseldorf

[25] N. Peschen: Phosphatfällung mit Kalk unter Berücksichtigung der Nitrifikation und Denitrifikation, abwassertechnik, Heft 1 (1989)

[26] N. Peschen: Simultane Phosphorelimination mit Kalk, Wasserwirtschaft 71, Heft 6, 175–178 (1981)

[27] Kronos-Titan GmbH: Wassertechnische Informationen: Praxis der Phosphateliminierung durch Simultanfällung mit Eisensalzen, Leverkusen (1986)

[28] K. Krauth, W. Meier: Biologische Phosphorelimination mit gleichzeitiger Nitrifikation und Denitrifikation, Manuskript des Vortrags der Diskussionstagung „Verfahrenstechnik der mechanischen, thermischen, chemischen und biologischen Abwasserreinigung" der GVC/VDI, 17.–19. 9. 1988 in Baden-Baden

[29] Landesamt für Wasser und Abfall Nordrhein-Westfalen: Technischer Leitfaden zur Elimination von Phosphor in kommunalen Kläranlagen, Merkblatt Nr. 1, 1989

[30] Globus–Statistik Nr. 8315

[31] J. Jobst: Klärschlamm – wertvoller Rohstoff oder Abfall? UmweltMagazin, 24–26 3(1989)

[32] Umweltbundesamt (Hrsg.): Was sie schon immer über Wasser wissen wollten, 2. Aufl., Kohlhammer Verlag, Stuttgart (1987)

[33] M. Boller: Verfahrenstechnik der chemischen Phosphorelimination, Manuskript des Vortrags der Diskussionstagung „Verfahrenstechnik der mechanischen, thermischen, chemischen und biologischen Abwasserreinigung" der GVC/VDI, 17.–19. 9. 1988 in Baden-Baden

[34] Bundesverband der Deutschen Kalkindustrie e.V. (Hrsg.): Phosphatfällung mit Kalk unter Berücksichtigung der Nitrifikation und Denitrifikation, Ausstellerseminar 13. 4. 1989 während der ENVITEC '89 in Düsseldorf mit verschiedenen Referenten

[35] G. von Hagel: Neuere Aspekte zum Stand des Einsatzes der chemischen Fällung/Flockung in der Abwasserreinigung, Korrespondenz Abwasser 33, Heft 10, 908–915 (1986)

[*] U. Förstner: Umweltschutztechnik, 2. Aufl., Springer, Berlin/Heidelberg/New York (1990)

Kapitel 12

[1] BUND-Berichte Nr. 11: Verpackungsflut ohne Ende?, BUND (1992)

[2] K. Boldt: epd-Entwicklungspolitik Juli 1988

[3] Die ZEIT vom 3. 6. 1988

[4] R. Stegmann, H.–J. Ehrig: Müll und Abfall, 2(1980)

[5] T. C. Koch, J. Seeberger, H. Petrik: Ökologische Müllverwertung, 2. Aufl., C. F. Müller Verlag, Karlsruhe (1988)

[6] J. Giegrich: persönliche Mitteilungen vom 6. 11. 1992

[7] J. Giegrich (IFEU Heidelberg): Vortrag in Seminar „Chemie und Umwelt", Physikalisch Chemisches Institut, Universität Heidelberg im November 1988

[8] J. Giegrich: Energie und Abfall, in: Bürgerinformation Neue Energietechniken (Hrsg.): Informationspaket Rationelle Energieverwendung und Nutzung erneuerbarer Energiequellen im kommunalen Bereich, TÜV Rheinland, Köln, im Druck

[9] A. Nottrodt in H. Straub, G. Hösel, W. Schenkel (Hrsg.): Müll- und Abfallbeseitigung – Müllhandbuch Bd. 4, Berlin (38 Lfg. XI/75)

[10] L. Stieglitz, H. Vogg: Chemosphere 16, 1917 8/9(1987)

[11] Mitteilung des Kernforschungszentrums Karlsruhe, in: Chemie in unserer Zeit 22, 34 (1988)

[12] E. Brehm, W. Kerler: Deponie Erde, Freizeit–Verlags GmbH, Baden-Baden (1985)

[13] R. Patt, U. Schmitt, I. Neumann, O. Kordsachia: Vom Holz zum Papier, Phys. i. u. Zeit 23, 129(1992)

[14] Greenpeace Studie: Papier, Hamburg (1991)

[15] Ullmanns Encyclopädie der Technischen Chemie, 4. Aufl., Band 17, Verlag Chemie, Weinheim (1979)

[16] Interview mit Bundesminister K. Töpfer: Bild der Wissenschaft, Heft 2, 75 (1989)

[17] E. Wiberg (Hrsg.): Holleman-Wiberg, Lehrbuch der anorganischen Chemie, Walter de Gruyter, Berlin (1976)

[18] Fond der Chemischen Industrie (Hrsg.): Die Chemie des Chlors und seiner Verbindungen, Frankfurt/Main (1992)

[19] H. Friege, F. Claus (Hrsg.): Chemie für wen?, Rowohlt Verlag, Reinbek (1988)

[20] F. Claus, M. Dickel, H. u. H. Friege, M. Mehnert, A. Radünz: Dioxin – der Preis des Fortschritts. Chemiepolitik für PVC-Kunststoffe, Verlagsgesellschaft BUND, Freiburg (1986)

[21] F. Korte: Lehrbuch der ökologischen Chemie, Thieme Verlag, Stuttgart (1987)

[22] O. Strubelt: Bild der Wissenschaft, Heft 3, 126 (1989)

[23] Globus-Begleitmappe Nr. 8 (BUND), 151 (1985) nach H. Friege, R. Nagel: Umweltgift PCB, BUND Information Nr. 21, Freiburg (1982)

[24] O. Hutzinger, M. Fink, H. Thoma: Chemie in unserer Zeit 20, 165 (1986)

[25] M. Schwenk: Bild der Wissenschaft, Heft 11, 64 (1984)

[26] Umweltbundesamt (Hrsg.): Daten zur Umwelt, Erich Schmidt Verlag, Berlin (1992)

[27] R. Kummert, W. Stumm: Gewässer als Ökosysteme, Verlag der Fachvereine, Zürich (1988)

[28] C. Häußer (BUND): Vortrag in Seminar „Chemie und Umwelt", Physikalisch Chemisches Institut, Universität Heidelberg im Dezember 1987

[29] P. Fendrich: in: Bund für Umwelt und Naturschutz Deutschland e. V. (Hrsg.): Globus Begleitmappe Nr. 9, 240 (1987)

[30] R. Weinand, H. von Kienle: Sanierung von Grundwasserschäden, Chemie in unserer Zeit 23, 130–136 (1989)

[31] Fonds der Chemischen Industrie (Hrsg.): Reinhaltung des Wassers, Folienserie Nr. 13, Frankfurt (1986)

[*] U. Förstner: Umweltschutztechnik, 2. Aufl., Springer, Berlin/Heidelberg/New York (1990)

[*] T. C. Koch, G. Seeberger, H. Petrik: Ökologische Müllverwertung, Alternative Konzepte Nr. 44, 2. Aufl., C. F. Müller, Karlsruhe (1986)

Sachwortverzeichnis

Energie- und CO$_2$-Bilanzierung nachwachsender Rohstoffe

Theoretische Grundlagen und Fallstudie Raps

von Guido A. Reinhardt

2., durchgesehene und erweiterte Auflage 1993. VIII, 192 Seiten. Gebunden. ISBN 3-528-16501-4

In der Diskussion um den Einsatz nachwachsender Rohstoffe zeigt sich, daß die bisher vorgenommenen Bilanzierungen zu kaum vergleichbaren Ergebnissen und Bewertungen führen. Eine Ursache dafür sind die hierbei verwendeten unterschiedlichen Bilanzierungsmöglichkeiten, für die auch das Umweltbundesamt die Entwicklung einer Standardmethode fordert. Der Autor entwirft in einem ersten theoretischen Teil ein methodisches Konzept zur vergleichenden Bilanzierung von Umweltbelastungen, die mit dem Anbau und der Produktion nachwachsender Rohstoffe auf der einen Seite verbunden sind.

Dieses in der zweiten Auflage erweiterte Konzept bietet nun die Möglichkeit, Gesamtökobilanzen auf ein gemeinsames Fundament zu stellen. Der Autor wendet diese Methode in seiner erfolgreichen Studie „Energie- und CO$_2$-Bilanz von Rapsöl und Rapsölester im Vergleich zu Dieselkraftstoff", die den zweiten Teil des Buches bildet, beispielhaft und konsequent an.

Über den Autor: Dr. Guido A. Reinhardt ist wissenschaftlicher Mitarbeiter am Institut für Energie- und Umweltforschung in Heidelberg. Darüber hinaus ist er für mehrere Umweltinitiativen in der Erwachsenenbildung mit Schwerpunkt Ökologie/Umweltproblematik tätig. Bekannt wurde er als Koautor des Buches Heintz/Reinhardt, Chemie und Umwelt, erschienen im Verlag Vieweg.

Verlag Vieweg · Postfach 58 29 · 65048 Wiesbaden

vieweg

Umwelt-Handbuch

Arbeitsmaterialien zur Erfassung und Bewertung von Umweltwirkungen

Herausgegeben vom Bundesministerium für wirtschaftliche Zusammenarbeit (BMZ)

Band 1: Einführung, Sektorübergreifende Planung, Infrastruktur
1993. VIII, 591 Seiten mit 13 Abbildungen und 12 Tabellen. Gebunden.
ISBN 3-528-02303-1

Band 2: Agrarwirtschaft, Bergbau/Energie, Industrie/Gewerbe
1993. VI, 734 Seiten mit 26 Abbildungen und 68 Tabellen. Gebunden.
ISBN 3-528-02304-X

Band 3: Katalog umweltrelevanter Standards
1993. VIII, 743 Seiten. Gebunden.
ISBN 3-528-02305-8

Um die Umweltrelevanz eines geplanten technischen Projektes oder einzelner planerischer Aktivitäten sachgerecht beurteilen zu können, ist ein breites und vertieftes Fachwissen nötig. Zur Vorbereitung, Durchführung und Überprüfung entsprechender Untersuchungen stehen nicht immer ausgewiesene Fachleute zur Verfügung.

Die sechzig „Umweltkataloge" in den Bänden I und II geben einen Überblick über mögliche Umweltwirkungen und bekannte Umweltschutzmaßnahmen und können als ein „Checksystem" für eine umfassende Untersuchung der Umweltaspekte eines Vorhabens benutzt werden. Sie sind so verfaßt, daß sie sowohl von Planern/innen als auch von Entscheidungsträgern/innen eingesetzt werden können. Die Auswahl der Themenfelder (Planung, Infrastruktur, Agrarwirtschaft, Bergbau/Energie, Industrie/Gewerbe) deckt die wichtigsten Tätigkeitsfelder der entwicklungspolitischen Zusammenarbeit, aber auch der allgemeinen Planungstätigkeit ab.

Band III bietet eine übersichtliche Zusammenstellung vieler umweltrelevanter Parameter und der zugehörigen Grenzwerte (Standards) verschiedener Länder und ermöglicht so eine Bewertung einzelner Umweltwirkungen.

Verlag Vieweg · Postfach 58 29 · 65048 Wiesbaden